AF513816

## *Klassiker der Technik*

*Die „Klassiker der Technik" sind unveränderte Neuauflagen traditionsreicher ingenieurwissenschaftlicher Werke. Wegen ihrer didaktischen Einzigartigkeit und der Zeitlosigkeit ihrer Inhalte gehören sie zur Standardliteratur des Ingenieurs, wenn sie auch die Darstellung modernster Methoden neueren Büchern überlassen.*
*So erschließen sich die Hintergründe vieler computergestützter Verfahren dem Verständnis nur durch das Studium des klassischen fundamentaleren Wissens.*
*Oft bietet ein „Klassiker" einen Fundus an wichtigen Anwendungsbeispielen, die auch für viele moderne Problemstellungen als Musterlösungen dienen können.*

Adolf J. Schwab

# Hochspannungsmesstechnik

## Messgeräte und Messverfahren

2. Auflage 1981

Nachdruck 2011 in veränderter Ausstattung

Springer

Prof. Dr.-Ing. Adolf J. Schwab
Institut für Elektroenergiesysteme und Hochspannungstechnik
Karlsruher Institut für Technologie (KIT)
(ehemals Universität Karlsruhe)
Kaiserstraße 12
76128 Karlsruhe
Deutschland
a.schwab@kit.edu

2. Auflage 1981; Nachdruck 2011 in veränderter Ausstattung

ISBN 978-3-642-19881-6 e-ISBN 978-3-642-19882-3
DOI 10.1007/978-3-642-19882-3
Springer Heidelberg Dordrecht London New York

Die Deutsche Nationalbibliothek verzeichnet diese Publikation in der Deutschen Nationalbibliografie; detaillierte bibliografische Daten sind im Internet über http://dnb.d-nb.de abrufbar.

© Springer-Verlag Berlin Heidelberg 1969, 1980, 1981, 2011
Dieses Werk ist urheberrechtlich geschützt. Die dadurch begründeten Rechte, insbesondere die der Übersetzung, des Nachdrucks, des Vortrags, der Entnahme von Abbildungen und Tabellen, der Funksendung, der Mikroverfilmung oder der Vervielfältigung auf anderen Wegen und der Speicherung in Datenverarbeitungsanlagen, bleiben, auch bei nur auszugsweiser Verwertung, vorbehalten. Eine Vervielfältigung dieses Werkes oder von Teilen dieses Werkes ist auch im Einzelfall nur in den Grenzen der gesetzlichen Bestimmungen des Urheberrechtsgesetzes der Bundesrepublik Deutschland vom 9. September 1965 in der jeweils geltenden Fassung zulässig. Sie ist grundsätzlich vergütungspflichtig. Zuwiderhandlungen unterliegen den Strafbestimmungen des Urheberrechtsgesetzes.
Die Wiedergabe von Gebrauchsnamen, Handelsnamen, Warenbezeichnungen usw. in diesem Werk berechtigt auch ohne besondere Kennzeichnung nicht zu der Annahme, dass solche Namen im Sinne der Warenzeichen- und Markenschutz-Gesetzgebung als frei zu betrachten wären und daher von jedermann benutzt werden dürften.

*Einbandentwurf:* WMXDesign GmbH, Heidelberg

Gedruckt auf säurefreiem Papier

Springer ist Teil der Fachverlagsgruppe Springer Science+Business Media (www.springer.com)

# Vorwort zur ersten Auflage

Das vorliegende Buch ist aus den Unterlagen zu meiner Vorlesung über Hochspannungsmeßtechnik entstanden, die ich im Rahmen eines Lehrauftrages seit 1964 am Hochspannungsinstitut der Universität Karlsruhe halte. Die Auswahl des Stoffs richtet sich neben dem allgemein angestrebten Überblick nach Fragestellungen, die sich während zahlreicher Studien- und Forschungsarbeiten an aktuellen Problemen der Hochspannungstechnik ergaben. Als besonders dringlich erschien mir eine zusammenfassende Behandlung der Messung nichtsinusförmiger schnellveränderlicher hoher Spannungen und Ströme, die in den vergangenen Jahren auch außerhalb der eigentlichen Hochspannungstechnik, beispielsweise in der Plasmaphysik und der Leistungselektronik, große Bedeutung gewonnen hat. Der Starkstromtechniker alter Prägung kam im Gegensatz zum Ingenieur der Nachrichtentechnik während seiner Ausbildung nur wenig mit der Erzeugung, Übertragung und Messung von Impulsen in Berührung. Um so schwerer fiel ihm in der Praxis die Einarbeitung in den Umgang mit schnellveränderlichen nichtsinusförmigen Größen, deren meßtechnische Erfassung in der Starkstromtechnik wegen der sie begleitenden hohen Störspannungen und -leistungen mit besonderen Schwierigkeiten verbunden ist. Einer Einführung in diesen Problemkreis dienen die im ersten Kapitel gegebenen Hinweise über die Ursache von Störspannungen und deren Beseitigung. Der Vollständigkeit halber werden in einem weiteren Kapitel auch die etwas geläufigeren Verfahren der Messung hoher Wechsel- und Gleichspannungen behandelt, wobei ein eigener Abschnitt über die meßtechnische Erfassung elektrostatischer Aufladungen der zunehmenden Verwendung von Kunststoffen in der Technik und im Alltag Rechnung trägt. Erwähnenswert schienen mir weiter die durch die Entwicklung der Verlustfaktormeßbrücke mit Stromkomparator erzielten Fortschritte auf dem Gebiet der dielektrischen Messungen sowie eine gedrängte Darstellung der verschiedenen Verfahren der Teilentladungsmeßtechnik. Auf eine Behandlung der Messung elektrischer Felder habe ich bewußt verzichtet, da einerseits schon ein Buch über deren Messung vorliegt und andererseits ihre numerische Berechnung durch Anwendung digitaler Rechenmaschinen zunehmend Bedeutung gewinnt.

Mein besonderer Dank gilt meinem verehrten akademischen Lehrer, Herrn Professor Dr.-Ing. Hermann Lau, für seine vielfältige Unterstützung und sein reges Interesse an meiner Arbeit, sowie Herrn Dr.-Ing. Walter Zaengl für wertvolle fachliche Diskussionen zum Abschnitt über die Messung schnellveränderlicher hoher Spannungen.

Karlsruhe, Februar 1969 Adolf Schwab

# Vorwort zur zweiten Auflage

Die erste Auflage hat mit insgesamt 12500 Exemplaren in deutscher, englischer und russischer Sprache eine freundliche Aufnahme erfahren. Die noch rege Nachfrage mit einem unveränderten Nachdruck zu decken schien verlockend, wurde jedoch von Verfasser und Verlag verworfen, um den seit Erscheinen der Erstauflage erfolgten technologischen Fortschritt dem Leser nicht vorzuenthalten. Da sich die Art der Darstellung sowohl bei Lehrenden und Lernenden wie auch bei Physikern und Ingenieuren in Forschung und Industrie gleicher Beliebtheit erfreute, wurde der grundsätzliche Charakter des Buches beibehalten, der vorhandene Stoff jedoch an den heutigen Stand des Wissens angepaßt und um neue Erkenntnisse und Methoden bereichert. Besonders hervorgehoben seien die verbesserten bzw. neu hinzugekommenen Abschnitte über Transientenrecorder, elektromagnetische Verträglichkeit in Hochspannungslaboratorien, Stoßspannungsmeßtechnik, kapazitive Spannungsteiler, nichtkonventionelle Strom- und Spannungsmessung, Teilentladungsmeßtechnik und schließlich das beträchtlich ergänzte Schrifttum.

Mein Dank gilt zahlreichen Studenten sowie ehemaligen und derzeitigen Mitarbeitern, die im Rahmen der Durchführung und Betreuung von Diplom- und Studienarbeiten zum Fortschritt des Wissensstandes auf dem Gebiet der Hochspannungsmeßtechnik beigetragen haben. Den Herren Dipl.-Ing. Bellm, Epping, Geibig, Imo und Sautter danke ich für Ihre Beteiligung am Korrekturlesen sowie für die Einbringung zahlreicher Verbesserungsvorschläge. Herrn Professor emer. Dr.-Ing. Hermann Lau, meinem verehrten akademischen Lehrer, danke ich sehr herzlich für die allzeit gewährte vielfältige Unterstützung und die wohlwollende harmonische Zusammenarbeit.

Karlsruhe, April 1980 Adolf Schwab

# Inhaltsverzeichnis

# 1 Oszilloskopmeßtechnik für schnellveränderliche hohe Spannungen und Ströme

Die meßtechnische Erfassung des zeitlichen Verlaufs schneller Strom- und Spannungsänderungen ist in der Hochspannungstechnik mit besonderen Schwierigkeiten verbunden. Die Scheitelwerte können mehrere Millionen Volt bzw. mehrere Millionen Ampere betragen. Damit sind sie einer direkten Messung nicht mehr zugänglich. Meist erzeugt ein Spannungsteiler oder, bei der Messung von Impulsströmen, ein niederohmiger Meßwiderstand ein Meßsignal $u_M(t)$, das der zu messenden Größe mehr oder weniger proportional ist. Dieses Meßsignal wird über ein Meßkabel einem Elektronenstrahloszilloskop zugeleitet und dort registriert. Sowohl bei der Umsetzung der zu messenden Größe in das Meßsignal als auch bei der Fortleitung des Signals auf dem Kabel und seiner Registrierung auf dem Bildschirm des Elektronenstrahloszilloskops entstehen Übertragungsfehler. Zusätzlich induzieren und influenzieren die mit den schnell veränderlichen Vorgängen verknüpften elektromagnetischen Felder Störspannungen im Meßkreis, die bei einem Meßaufbau, wie er in der Nachrichtentechnik durchaus üblich und ausreichend wäre, eine Auswertung der Oszillogramme unmöglich machen. Im folgenden werden zunächst die Probleme, die sich bei der Registrierung des bereits vorhandenen Meßsignals ergeben, behandelt. Die bei der Umwandlung der zu messenden Größe in das zu verarbeitende Meßsignal $u_M(t)$ entstehenden Übertragungsfehler sind Bestandteil eigener Kapitel.

## 1.1 Elektronenstrahloszilloskope

Anstelle der früher gängigen Kaltkathodenoszillographen mit direktem Hochspannungseingang bis zu 100 kV und unmittelbar im Vakuum auf Photopapier schreibendem Elektronenstrahl [1, 2, 571, 572] sind in neu eingerichteten Hochspannungslaboratorien fast ausschließlich Elektronenstrahloszilloskope[1] mit abgeschmolzenen Glühkathodenröhren in Gebrauch.

Der Vorteil der Kaltkathodenoszillographen lag in ihrer hohen Schreibgeschwindigkeit und in der Tatsache, daß vergleichsweise hohe Spannungen ohne Spannungsteiler direkt dem Ablenksystem zugeführt werden konnten. Die Ablenkempfindlichkeiten der Elektronenstrahloszilloskope mit Warmstrahlröhre betragen wenige Millivolt bis zu 100 V/cm, so daß die Zwischenschaltung eines Spannungsteilers unerläßlich ist.

[1] Oszilloskop: Aus dem engl. übernommene neue Bezeichnung für nicht direkt auf Registriermaterial schreibende Oszillographen.

In neuerer Zeit entwickelte Spannungsteiler besitzen jedoch auch bei sehr schnellen Spannungsänderungen ausgezeichnete Übertragungseigenschaften, die eine direkte Zuführung der Hochspannung zu den Ablenkplatten entbehrlich machen. Außerdem hat man es heute in der Hand, die Schreibgeschwindigkeit durch Anwendung entsprechend hoher Nachbeschleunigungsspannungen der Bandbreite des Oszilloskops anzupassen. Beispielsweise besitzt das 1 GHz Oszilloskop Tektronix Typ 7904 bei einer Nachbeschleunigungsspannung von 24 kV eine Schreibgeschwindigkeit von 10 cm/ns, mit diffuser Vorbelichtung 20 cm/ns. Elektronenstrahloszilloskope mit micro-channel-Bildschirm[2] erlauben sogar bei normaler Raumbeleuchtung die direkte Beobachtung von Signalen mit 20 cm/ns Strahlpunktgeschwindigkeit (Tektronix Typ 7104, s. a. 1.2).

Damit sind die Elektronenstrahloszilloskope mit abgeschmolzener Warmstrahlröhre den Kaltkathodenoszillographen im normalen Laborbetrieb nicht nur ebenbürtig, sondern aufgrund der kleineren geometrischen Abmessungen ihrer Ablenksysteme sogar überlegen.

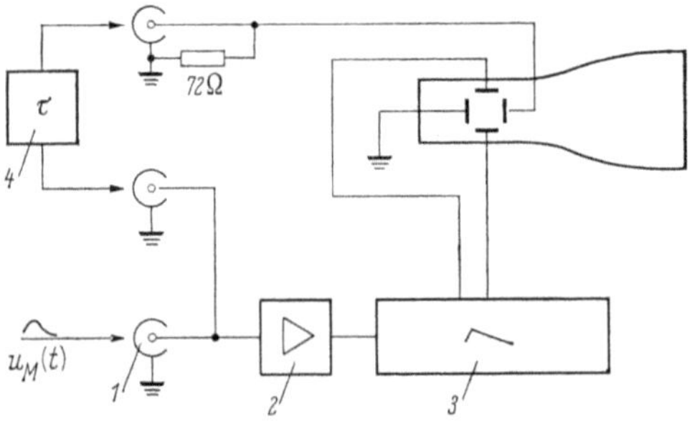


**Bild 1.** Vereinfachtes Blockschaltbild des Stoßspannungsoszilloskops Tektronix Typ 507. *1* Eingangsbuchse, *2* Triggerverstärker, *3* Sägezahngenerator, *4* von außen zuschaltbare Verzögerungsleitung.

Die speziellen Stoßspannungsoszilloskope besitzen keinen Vertikalverstärker. Ihre Eingangsempfindlichkeit ist durch die Ablenkempfindlichkeit der Elektronenstrahlröhre gegeben und liegt bei mehreren 10 V/cm (z. B. Tektronix Typ 507 und Hipotronics Typ ISO-77A, 50 V/cm). Das Eingangssignal gelangt direkt von der Eingangsbuchse, meist noch über einen umschaltbaren Abschwächer, zu den Ablenkplatten. Bild 1 zeigt das vereinfachte Blockschaltbild des Stoßspannungsoszilloskops Tektronix Typ 507. Im Gegensatz zu den normalen in der Nachrichten- und Hochfrequenztechnik gebräuchlichen Elektronenstrahloszilloskopen mit Eingangsempfindlichkeiten von wenigen Millivolt pro Zentimeter sind die Stoßspannungsoszilloskope ziemlich unempfindlich gegen Störspannungen, da der Abstand zwischen Nutzsignal und Störspannung vergleichsweise groß ist. Eine Abschirmkabine ist meist entbehrlich (Bild 2). Es lassen sich jedoch auch mit gewöhnlichen Elektronenstrahloszilloskopen hoher Eingangsempfindlichkeit einwandfreie Messungen durchführen, wenn für die Störspannungsunterdrückung geeignete Maßnahmen ergriffen werden (s. 1.5).

Außerdem sind neuere Elektronenstrahloszilloskope mit Empfindlichkeiten im Millivolt-Bereich häufig in störspannungsgeschützter Ausführung erhältlich,

[2] Englische Kurzbezeichnung für einen scheibenförmigen Vielkanal-Sekundärelektronenvervielfacher.

bei denen durch Filter in den Netzleitungen und HF-dichte Gehäuse ein hohes Maß an elektromagnetischer Verträglichkeit für leitungsgebundene und durch Strahlung übertragene Störspannungen gewährleistet ist (z. B. Tektronix Typ 466).

Bild 2 zeigt ein Zweistrahl-Stoßspannungsoszilloskop der Firma Haefely. Die Zweistrahlröhre erlaubt die Beobachtung zweier gleichzeitig auftretender schnellveränderlicher Spannungen. Von dieser Möglichkeit macht man beispielsweise bei der Stoßspannungsprüfung von Transformatoren und Wicklungen der Geräte für die Energieversorgungstechnik Gebrauch [73—78, 573, 574].

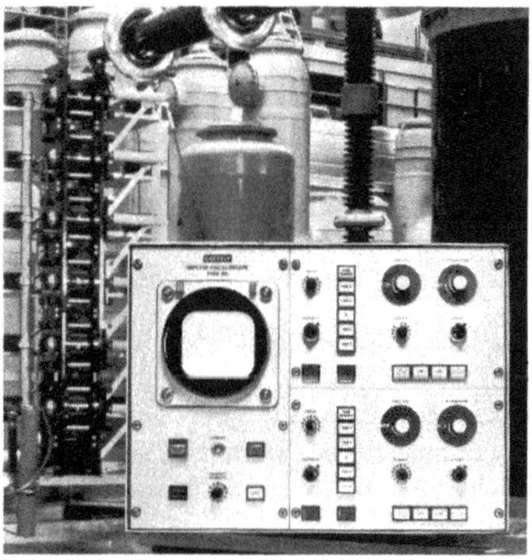

**Bild 2.** Zweistrahl-Stoßspannungsoszilloskop. Die Zweistrahlröhre erlaubt die Beobachtung und Messung zweier gleichzeitig auftretender schnellveränderlicher Spannungen. Anstiegszeit $T_a = 5\,\text{ns}$, Ablenkempfindlichkeit 100 V/cm (Haefely).

Die in der Hochspannungstechnik auftretenden schnell veränderlichen Spannungen und Ströme sind meist einmalige Vorgänge in Form von Stoßspannungen und Stoßströmen. Sie erfordern eine gesteuerte Auslösung der Zeitablenkung. Die gesteuerte Erzeugung der Sägezahnspannung wird mit dem Ausdruck Triggerung bezeichnet[3]. Je nachdem, ob das Meßsignal selbst im Innern des Elektronenstrahloszilloskops den Zeitablenkgenerator ansteuert, oder von außen zu einem bestimmten Zeitpunkt ein Triggersignal in eine besondere Eingangsbuchse für externe Triggerung gegeben wird, spricht man von Eigen- oder Fremdtriggerung. Der Triggerimpuls durchläuft den Triggerverstärker und stößt den Zeitablenkgenerator an; schließlich muß die erzeugte Sägezahnspannung noch im Horizontalverstärker verstärkt werden, ehe sie an den Ablenkplatten wirksam wird. Vom Eintreffen des Meßsignals bis zum Beginn der Zeitablenkung verstreicht eine Zeit von etwa 100 ns. Mit anderen Worten, das Meßsignal trifft um diese Zeitspanne früher an den Vertikalablenkplatten ein. Da aber die Zeitablenkung noch nicht begonnen hat, wird die Stirn des Impulses nicht abgebildet. Zur Umgehung dieser Schwierigkeit verzögert man das Meßsignal mittels einer Verzögerungsleitung um die bewußte Zeitspanne. Die Verzögerungsleitung wird meist in den Verstärker einbezogen (Bild 3).

[3] Trigger, engl: Abzug einer Schußwaffe.

Bei den speziellen Stoßspannungsoszilloskopen ohne eingebaute Verzögerungsleitung kann die Verzögerung und Triggerung auf verschiedene Arten erfolgen:

a) Das Meßkabel vom Spannungsteiler zum Elektronenstrahloszilloskop dient gleichzeitig als Verzögerungsleitung (Länge 20 bis 40 m). Die Triggerung erfolgt über eine Antenne, deren Spannung auf die Eingangsbuchse für Fremdtriggerung gegeben wird.

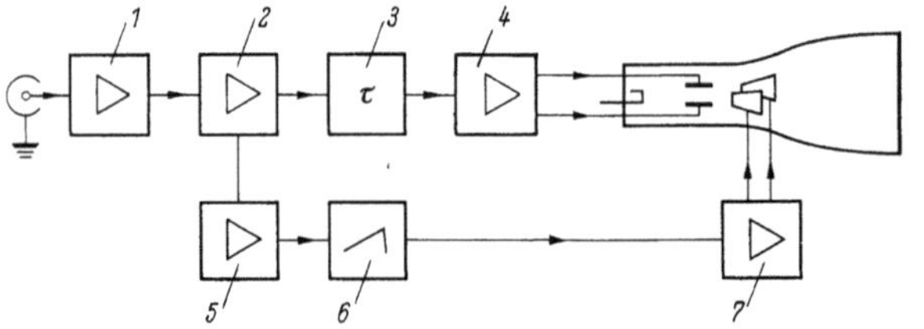


**Bild 3.** Vereinfachtes Blockschaltbild eines Elektronenstrahloszilloskops. *1* Vorverstärker mit Abschwächer, *2* Vertikalverstärker, *3* Verzögerungsleitung, *4* Endstufe für Ablenksystem, *5* Triggerverstärker, *6* Sägezahngenerator, *7* Horizontalverstärker.

b) Das Meßsignal gelangt über ein normal langes Kabel zum Elektronenstrahloszilloskop. Die Verzögerung wird durch Zuschalten von Koaxialkabeln, deren Länge nach der erforderlichen Laufzeit bemessen wird, erreicht (Bild 1). Ein geringer Bruchteil der Signalenergie speist den hochohmigen Eingang des Triggerverstärkers, aus dessen nachgeschalteter Impulsformerstufe ein definierter Steuerimpuls entnommen wird, der den Sägezahngenerator anstößt.
c) Der Stoßgenerator wird gesteuert ausgelöst. Dazu benötigt man ein elektronisches Steuergerät, das auf Kommando mindestens zwei Spannungsimpulse mit einstellbarem zeitlichen Abstand erzeugt. Der erste Spannungsimpuls dient zur Auslösung der Zeitablenkung am Elektronenstrahloszilloskop, der zweite Spannungsimpuls leitet die Zündung des Stoßgenerators ein. Fast immer gibt das Steuergerät auch noch einen dritten zeitlich gestaffelten Spannungsimpuls zur Zündung der Abschneidfunkenstrecke ab (z. B. Trigatron von Haefely, Bild 4).

Wenn es nur um die Zündung des Stoßgenerators geht, nicht auch um die Zündung einer Abschneidfunkenstrecke, so kann unter Umständen auf ein besonderes Steuergerät verzichtet werden. Beispielsweise besitzt das Stoßspannungsoszilloskop Tektronix Typ 507 einen eingebauten Impulsgenerator, der nach Drücken

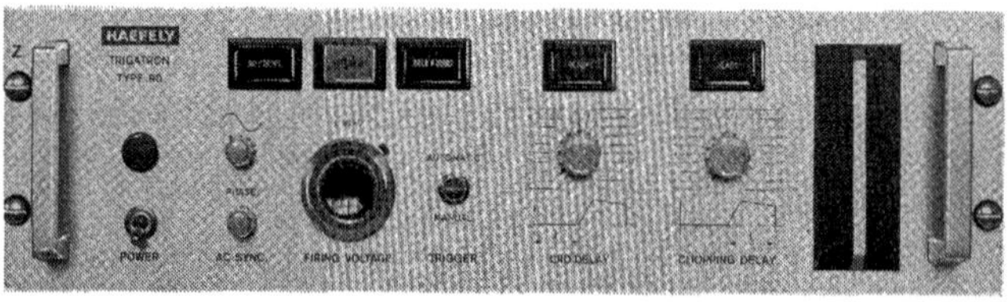


**Bild 4.** Elektronisches Mehrkanaltriggergerät Trigatron zur gesteuerten Auslösung von Stoßspannungsoszilloskop, Stoßspannungsgenerator und Abschneidfunkenstrecke (Haefely).

einer Taste an der Frontplatte sowohl die Zeitablenkung auslöst als auch an einer UHF-Buchse einen Spannungsimpuls von etwa 700 V abgibt. Dieser Spannungsimpuls kann nach Durchlaufen eines Zündimpulsverstärkers zum Auslösen des Stoßgenerators dienen. Vom Drücken der Taste bis zum tatsächlichen Durchzünden des Stoßspannungsgenerators vergeht eine gewisse Zeit, innerhalb der die Zeitablenkung anlaufen kann.

Wesentliche Qualitätsmerkmale eines guten Stoßauslösegeräts sind gute Reproduzierbarkeit durch ladespannungsabhängige automatische Auslösung, Brauchbarkeit für Keil- und Schaltstoßspannungen sowie ein eingebauter Überladeschutz bei nicht erfolgter Zündung des Stoßspannungsgenerators.

Die unter c) beschriebenen Verfahren sind sehr zweckmäßig, da die Länge des Verbindungskabels vom Spannungsteiler zum Elektronenstrahloszilloskop nicht mehr nach der zur Verzögerung erforderlichen Laufzeit bemessen werden muß. Damit ergeben sich im allgemeinen verhältnismäßig kurze Kabellängen, deren

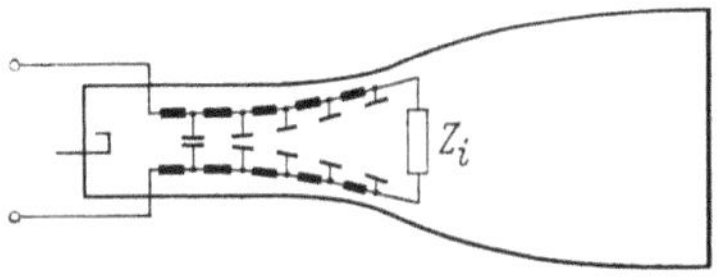


**Bild 5.** Elektronenstrahlröhre mit vertikalem Kettenleiterablenksystem. $Z_i$ Abschlußwiderstand des Kettenleiters (Wellenwiderstand).

Übertragungsfehler im Rahmen der übrigen Fehlermöglichkeiten vernachlässigt werden können.

Für extreme Bandbreiten (100 bis 2000 MHz) besteht das vertikale Ablenksystem nicht mehr nur aus einer oberen und unteren Ablenkplatte, sondern aus mehreren Elektroden, die in Art eines Kettenleiters elektrisch untereinander verbunden sind (Bild 5.). Man bemißt die Leitungsparameter so, daß die Fortpflanzungsgeschwindigkeit des Signals längs des Ablenksystems gleich der Geschwindigkeit der Elektronen im Elektronenstrahl ist [18, 541]. Bei höchsten Frequenzen wird das Kettenleiterablenksystem direkt aus zwei Flachwendeln konstanten Wellenwiderstands gebildet [19].

Wenn die volle Bandbreite dieser Röhren ausgenutzt werden soll, betreibt man sie ohne Vertikalverstärker. Das Signal wird unmittelbar der Ablenkeinheit zugeführt. Die Anwendung dieser sogenannten Wanderwellenoszilloskope wird durch ihren stets niederohmigen Eingangswiderstand (z. B. Tektronix Typ 519, $Z_i = 125\,\Omega$; Edgerton, $Z_i = 100\,\Omega$ [23]), der durch den reflexionsfreien Abschluß des Kettenleiterablenksystems bedingt ist, eingeschränkt. Sie können zur Messung von steilen Spannungsstößen nur in Verbindung mit ohmschen Spannungsteilern verwendet werden. Kapazitive Spannungsteiler erfordern eine Impedanzwandlerstufe, deren Eingang auf das Niederspannungsteil des kapazitiven Teilers abgestimmt ist und deren Ausgangsimpedanz dem Wellenwiderstand des Ablenksystems entspricht [4].

## 1.2 Speicheroszilloskope und photographische Aufzeichnung

Bis vor wenigen Jahren erfolgte die Auswertung und Aufzeichnung schneller einmaliger Vorgänge ausschließlich auf photographischem Wege. Heute kommen zunehmend Speicheroszilloskope zum Einsatz, die die Strahlspur über längere Zeit zu speichern vermögen. Man unterscheidet mit wachsender speicherbarer Schreibgeschwindigkeit zwischen bistabiler, Halbton- und Transferspeicherung, einer Kombination der beiden erstgenannten Verfahren.

Elektronenstrahlröhren mit Speicherfähigkeit weisen neben der Elektronenkanone für den Schreibstrahl eine oder mehrere Hilfskathoden mit konischem, über den ganzen Bildschirm verteilten Elektronenschauer auf (Bild 6).

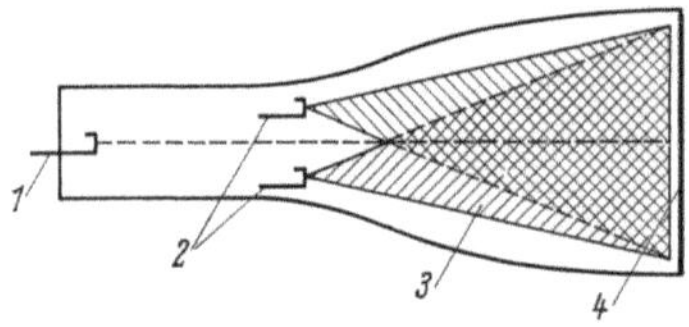


**Bild 6.** Vereinfachte Darstellung einer Elektronenstrahlröhre mit Speichereinrichtung. *1* Schreibstrahlkathode, *2* Hilfskathoden zur Erzeugung eines ungebündelten Elektronenschauers, *3* kegelförmige Verteilung der Schauerelektronen, *4* Spezialbildschirm mit halbleitender Beschichtung (Tektronix).

Beim bistabilen Verfahren besitzt die Rückseite des Bildschirmphosphors eine hochisolierende Oberfläche mit speziellen Eigenschaften der Sekundärelektronenauslösung. Im unbeschriebenen Zustand besteht zwischen Schirm und Hilfskathoden eine relativ kleine Potentialdifferenz, so daß die Teilchenenergie im Elektronenschauer nicht ausreicht, um den Bildschirmphosphor zum Leuchten anzuregen. Beim Auftreffen der energiereichen Teilchen des Schreibstrahls hebt sich wegen der vermehrten Sekundärelektronenauslösung das Potential der beschriebenen Stellen an, wobei die hochisolierende Oberfläche dafür sorgt, daß die durch Sekundärelektronenauslösung erzeugten positiven Ladungen sich nicht über die beschriebenen Stellen hinaus ausbreiten. Die auf die positiv geladene Strahlspur zufliegenden Schauerelektronen können längs ihres Flugwegs durch die höhere Potentialdifferenz mehr Energie aufnehmen und damit den Bildschirmphosphor zur Lumineszenz anregen. Dieser Zustand bleibt erhalten, wenn der Schreibstrahl die Speicherschicht mindestens so weit positiv aufgeladen hat, daß auch die Schauerelektronen Sekundärelektronen im Verhältnis größer eins auslösen und die positiv geladene Strahlspur nicht löschen. Unterhalb dieses positiven Mindestpotentials entladen die Schauerelektronen die Strahlspur sofort, es findet keine Speicherung statt. Kehrt die Signalspannung jedoch mehrfach wieder, ist durch wiederholtes Beschreiben eine Speicherung möglich („Integrate"-Betrieb). Für einmalige Vorgänge läßt sich die speicherbare Schreibgeschwindigkeit durch Anlegen einer positiven Vorspannung erhöhen („Enhance"-Betrieb, bis ca. 5 cm/µs). Da die bistabile Speicherung nur zwei Helligkeitswerte kennt — den gespeicherten Pegel, Sekundärelektronenauslösung durch Schauerelektronen im Verhältnis größer eins — und den nicht gespeicherten Pegel, Verhältnis kleiner eins, und daher alle gespeicherten Informationen die gleiche Helligkeit besitzen, eignet sie sich vorzugsweise für Signale mit stark unterschiedlicher Strahlgeschwindigkeit, d. h. für Signale mit kleiner Anstiegszeit und langem Rücken sowie für lange Beobachtungszeiten (Größenordnung Stunden).

Bei Elektronenstrahlröhren für Halbtonspeicherung ist die Speicherschicht vom eigentlichen Bildschirm getrennt und besitzt eine Gitterstruktur. Auf die beschriebenen Stellen der Speicherschicht zufliegende Schauerelektronen treten durch das Gitter hindurch und werden durch eine Nachbeschleunigungsspannung von einigen Kilovolt in Richtung Bildschirm beschleunigt. Im Gegensatz zum bistabilen Verfahren bedarf es nicht des Erreichens eines positiven Mindestpotentials, da die Schauerelektronen von der Nachbeschleunigungsspannung abgesaugt werden und die positive Strahlspur nicht löschen können. Das Fehlen der Forderung nach dem positiven Mindestpotential ermöglicht eine höhere Schreibgeschwindigkeit und die Wiedergabe von Halbtönen je nach Höhe der vom Schreibstrahl hervorgerufenen positiven Aufladung. Die Lebensdauer des Speicherzustands wird dadurch begrenzt, daß die Schauerelektronen in Stoßprozessen Restgasatome ionisieren und die dabei entstehenden positiven Gasionen die nicht beschriebenen Stellen im Laufe der Zeit ebenfalls aufladen (Größenordnung Minuten). Der Speicherzustand läßt sich auch absichtlich verkürzen (variable Nachleuchtdauer[4]), in dem an das Speichergitter positive Spannungsimpulse gelegt werden, die während der Impulsphasen eine vermehrte Elektronenaufnahme, d. h. Verringerung des positiven Potentials der beschriebenen Stellen ermöglichen. Die Halbtonspeicherung eignet sich für den Vergleich ständig sich ändernder Signale, für die Aufzeichnung schneller einmaliger Ereignisse (äquivalente photographische Schreibgeschwindigkeit 200 cm/μs) und für Anwendungen, die bislang Elektronenstrahlröhren mit langer Nachleuchtdauer erforderlich machten.

Elektronenstrahlröhren für das Transferverfahren besitzen zwei Speicherschichten, die je nach einem der beiden bereits beschriebenen Verfahren arbeiten. Zunächst wird der Schreibstrahl auf der der Kathode am nächsten liegenden Schicht nach dem schnelleren Halbtonverfahren gespeichert, anschließend auf die zweite, bistabile Speicherschicht mit hohem Kontrast und langer Lebensdauer umgeladen. Das Transferverfahren besitzt die höchste speicherbare Schreibgeschwindigkeit (2,5 cm/ns, [663]) und eignet sich damit auch für die Aufzeichnung von Impulsflanken im Nanosekunden-Bereich. Meist lassen sich die beiden im Transferverfahren kombinierten Speichermöglichkeiten auch einzeln benutzen. Die genannten Zahlen für speicherbare Schreibgeschwindigkeiten verschiedener Verfahren stellen nur Anhaltswerte dar, die je nach Gerätetyp und Betriebsart („Integrate", „Enhance", „Reduced Scan") sehr verschieden sein können.

Die physikalischen Vorgänge bei der Speicherung sowie die Probleme der konstruktiven Gestaltung der Röhre einschließlich bislang noch nicht erwähnter Kollektor- und Kollimatorelektroden sind im einzelnen recht kompliziert. Ausführliche Betrachtungen finden sich bei Kolar [15], Anderson [542] und Lipinski [577, 583, 646, 647].

Extrem schnelle Schreibgeschwindigkeiten lassen sich auch mit konventionellen photographischen Methoden erreichen [21, 36]. Im einfachsten Fall der photo-

[4] Engl.: variable persistence

graphischen Dokumentation liefert eine lichtstarke Kleinbildkamera, die mit einem lichtdichten, innen geschwärzten Tubus vor den Bildschirm montiert wird, völlig ausreichende Ergebnisse. Höheren Bedienungskomfort gewähren Spezialkameras mit variablem Abbildungsmaßstab, elektrisch betätigtem Verschluß und eigens für die kurzen Aufnahmeentfernungen korrigierten Spezialobjektiven (Bild 7).

Das Maß für die Leistungsfähigkeit einer photographischen Registriereinrichtung in Zusammenhang mit einer bestimmten Oszilloskopröhre ist die maximale Schreibgeschwindigkeit. Darunter versteht man nicht die maximale Bewegungsgeschwindigkeit des Leuchtflecks allein, sondern die Geschwindigkeit des Leuchtflecks, die bei vorgegebenen Aufnahmebedingungen auf dem photographischen

**Bild 7.** Oszilloskopkamera mit Polaroid-Sofortbildrückteil (Steinheil).

Material eine gerade noch kopierfähige Schwärzung ergibt [17, 21, 541, 543]. Große Leuchtfleckhelligkeit, tatsächliche Leuchtfleckgeschwindigkeit (geometrische Summe aus Vertikal- und Horizontalablenkung), Lichtstärke des Kameraobjektivs, Empfindlichkeit des Aufnahmematerials und andere Parameter bestimmen gemeinsam die Schreibgeschwindigkeit. Beispielsweise besitzt das Elektronenstrahloszilloskop Tektronix Typ 7904 (1 GHz) in Verbindung mit der Kamera Tektronix Typ C 51 (Lichtstärke 1:1,2) eine Schreibgeschwindigkeit von über 10 cm/ns. Meist wird als Aufnahmematerial Polaroid-Land-Film verwendet, der in wenigen Sekunden ein entwickeltes und fixiertes Papierbild liefert. Die erhöhten Kosten für das Aufnahmematerial werden in fast allen Fällen durch die Ersparnis an Zeit wettgemacht. Für die wissenschaftliche Schirmbildphotographie kommen die Filme Polaroid Typ 47 (36 DIN) und Typ 410 (41 DIN) in Frage. Beide sind panchromatisch, d. h. ihre Empfindlichkeit ist vergleichsweise unabhängig von der spektralen Zusammensetzung des von den verschiedenen Leuchtschirmen abgestrahlten Lichts. Größere Unterschiede bestehen dagegen zwischen den einzelnen Bildschirmphosphoren, deren sichtbares Strahlungsmaximum möglichst kurzwellig, d. h. blau bzw. violett sein sollte (z. B. Phosphore P 7 u. P 11).

Von den herkömmlichen Filmmaterialien eignen sich besonders die speziellen Röntgenfilme für Schirmbildphotographie:

| | Hersteller |
|---|---|
| Skopix RP 1 | |
| Skopix RP 1 C (kontrastreicher) | Agfa-Gaevert |

sowie höchstempfindliche Schwarzweißfilme wie

| | | |
|---|---|---|
| Ilford HP5 | 30 DIN | (Mit empfindlichkeitssteigender Entwicklung) |
| Kodak Trix X | 30 DIN | |

und andere.

Trotz der großen Empfindlichkeit der oben genannten Filmmaterialien ist häufig eine weitere Steigerung der Schreibgeschwindigkeit bei einmaligen Vorgängen erwünscht. Die maximale Schreibgeschwindigkeit einer Meß- und Registrieranordnung mit Polaroid-Land-Film kann nahezu verdoppelt werden, wenn man die Entwicklungszeit um etwa 50% verkürzt. Die Bilder werden dadurch zwar konstrastärmer, die Leuchtfleckspur ist jedoch noch gut zu erkennen. Eine Steigerung der maximalen Schreibgeschwindigkeit je nach Filmart auf das Drei- bis Vierfache kann durch eine diffuse Vor- oder Nachbelichtung des Aufnahmematerials (engl.: prefogging, postfogging) erreicht werden. Optimal ist die gleichzeitige Zusatzbelichtung während der Aufnahme [578, 649]. Manche modernen Oszilloskopkameras besitzen eine eingebaute Zusatzbelichtungsautomatik.

Auch bei herkömmlichen Filmen mit normaler Dunkelkammertechnik läßt sich durch diffuse Vorbelichtung und verlängerte Entwicklung mit sogenannten empfindlichkeitssteigernden Entwicklern die maximale Schreibgeschwindigkeit erhöhen.

Die richtige Belichtungszeit wird in der Schirmbildphotographie meist durch Testaufnahmen ermittelt. Da die Ablenkgeschwindigkeit des Leuchtflecks auf dem Schirm sehr unterschiedlich sein kann, muß die Belichtungszeit auf den Teil des Vorgangs abgestimmt werden, der genau ausgemessen werden soll. Die Schwierigkeit, Leuchtfleckspuren stark unterschiedlicher Bewegungsgeschwindigkeit mit annähernd gleicher Schwärzung auf dem Film einzufangen, kommt die Eigenschaft der hochempfindlichen Filme sehr entgegen, starke Kontraste weich zu verarbeiten.

In vielen Fällen wird die Ermittlung der richtigen Belichtungszeit durch echte Messung der Helligkeit der Strahlspur mittels eines elektronischen Belichtungsmessers [21] oder durch Vergleich mit einem in der Kamera eingebauten Helligkeitsnormal erleichtert (z. B. Tektronix C 51).

Ultrahohe Schreibgeschwindigkeiten lassen sich mit Spezialelektronenstrahlröhren erreichen, bei denen die Strahlelektronen in einem vor dem Bildschirm befindlichen scheibenförmigen Vielkanal-Sekundärelektronenvervielfacher vermehrt und anschließend nochmals beschleunigt werden (engl. micro-channel plate, z. B. Tektronix 7104, 20 cm/ns, [672]).

## 1.3 Digitale Speichersysteme

An Stelle von Speicheroszilloskopen werden zunehmend digitale Speichersysteme zur Messung und Speicherung des zeitlichen Verlaufs schnellveränderlicher einmaliger Vorgänge herangezogen. Gegenüber Speicheroszilloskopen bieten sie je nach Systemkonzept den Vorzug extremer äquivalenter photographischer Schreibgeschwindigkeit (Tektronix R 7912, 30 div/ns) sowie die Fähigkeit, analoge Signale in digitalisierter Form für die Weiterverarbeitung mittels Rechnersystemen zur Verfügung zu stellen. Gerade letztere Eigenschaft kommt dem Trend zur automatisierten Hochspannungsprüftechnik entgegen [649–653, 673, 809] und ermöglicht in gewissem Umfang auch die Korrektur systembedingter Übertragungsfehler.

Die zahlreichen Verfahren zur Digitalisierung transienter Signale lassen sich im wesentlichen in zwei Gruppen einteilen. Bei den Verfahren der ersten Gruppe wird das Meßsignal zunächst mit einem schnellen Analogspeicher erfaßt (Photographische Registrierung, Sample und Hold-Schaltungen, Magnetträger, Speicheroszilloskop, Nachleuchtende Elektronenstrahlröhren) und anschließend vergleichsweise langsam digitalisiert, bei den Verfahren der zweiten Gruppe erfolgt die A/D-Wandlung unmittelbar elektronisch. Eine Sonderstellung nehmen A/D-Wandler mit Elektronenstrahlröhre ein. Wegen ihrer Bedeutung für die Hochspannungsmeßtechnik wird im folgenden die Wirkungsweise der Geräte der zweiten Gruppe, „Transientenrecorder", sowie die des A/D-Wandlers mit Elektronenstrahlröhre, „Transient-Digitizer", näher erläutert. Das vereinfachte Blockschaltbild eines Transientenrecorders zeigt Bild 8.

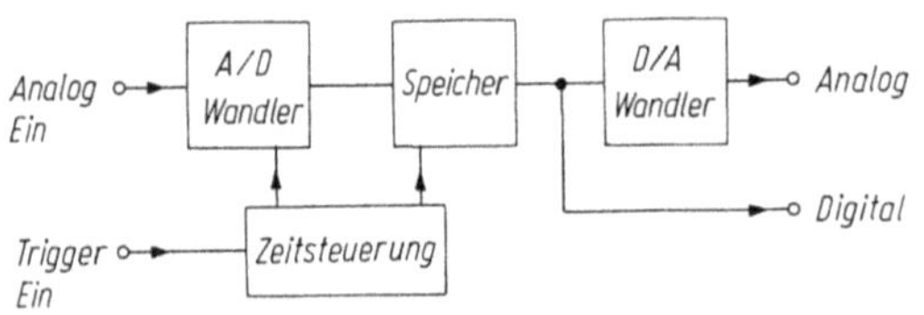


**Bild 8.** Vereinfachtes Blockschaltbild eines Transientenrecorders

Das analoge Eingangssignal wird in einem A/D-Wandler digitalisiert und in einem dynamischen Schieberegister gespeichert. Die vom A/D-Wandler gelieferte Information geht nach Durchlaufen aller Speicherplätze wieder verloren, wenn die Aufzeichnung nicht vorher gestoppt wird. Im Gegensatz zum normalen Oszilloskop, bei dem die Aufzeichnung durch das Eintreffen eines Ereignisses getriggert wird, beendet beim Transientenrecorder das Triggerereignis die Aufzeichnung. Diese nur bei fortlaufend speichernden Verfahren realisierbare Betriebsart nennt man „Pre-Trigger-Mode". Sie ermöglicht beispielsweise bei Durchschlagsuntersuchungen die zeitliche Erfassung des Übergangs vom Vorentladungsstadium in die stromstarke Hauptentladung. Selbstverständlich ist auch eine dem normalen Oszilloskop entsprechende Aufzeichnung möglich, indem mittels einer Triggerverzögerung der Speichervorgang erst nach Verstreichen der Zykluszeit des Schieberegisters abgebrochen wird („Post-Trigger-Mode"). Nach Beendigung des Aufzeichnungsvorgangs zirkuliert die gespeicherte Information im Speicher und kann beliebig oft wahlweise in digitaler oder analoger Form (D/A-Wandler) abgerufen werden.

Die Genauigkeit, mit der sich ein Analogsignal durch das Digitalsignal darstellen läßt, hängt wesentlich von drei Gerätespezifikationen ab: der horizontalen Auflösung (Abtastrate bzw. Abtastfrequenz), der vertikalen Auflösung (z. B. 6 oder 8 bit) und der sogenannten Analogbandbreite. Letztere ist leicht irreführend und nicht mit dem gewohnten Begriff, etwa der Bandbreite eines Oszilloskops, gleichzusetzen: Während beispielsweise ein Elektronenstrahloszilloskop mit 2 MHz Bandbreite zur Darstellung einer genormten Blitzstoßspannung gewöhnlich ausreicht, läßt sich mit einem Transientenrecorder, dessen „Analogbandbreite" mit 2 MHz spezifiziert ist, nur eine beschränkte Auflösung erzielen, da die der „Analogbandbreite" angepaßte Abtastfrequenz von 10 MHz nur alle 100 ns einen Amplitudenwert ermittelt. Größere Unsicherheiten treten bei der Messung des Scheitelwerts in der Stirn abgeschnittener Stoßspannungen sowie bei der Messung von Zeitparametern auf. Beispielsweise zeigt Bild 9 zwei mögliche Aufzeichnungen ein und desselben Signals mit 100 ns Abtastintervall.

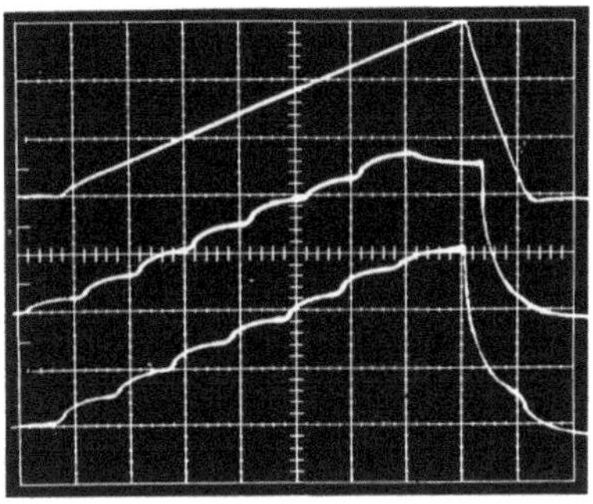

**Bild 9.** Zum methodischen Fehler von Transientenrecordern. Obere Kurve: Simulation einer nach etwa 700 ns abgeschnittenen Blitzstoßspannung. Untere Kurven: Aufeinanderfolgende Aufzeichnungen ein und desselben Signals mit 10 MHz Abtastfrequenz

Für ideale Keilwellen läßt sich der maximale prozentuale Scheitelwertfehler aus nachstehender Gleichung abschätzen:

$$\Delta U = \left(-\frac{t_i}{T_c} \pm \frac{0{,}5}{2^k} - \frac{1}{2\pi B T_c}\right) \cdot 100\%.$$

Hierin bedeuten:

$t_i$ Abtastintervall = 1/Abtastfrequenz,
$T_c$ Abschneidezeit (s. 3.1),
$k$ vertikale Auflösung in bit
$B$ Analogbandbreite = $1/2\pi T_R$ ($T_R$ Antwortzeit, s. 3.1).

Der erste Term der Klammer berücksichtigt den von der endlichen Abtastfrequenz hervorgerufenen Fehler, der zweite die endliche Amplitudenauflösung, der dritte die Analogbandbreite des Eingangsverstärkers. Zu diesem methodischen Fehler kommen die üblichen Fehlereinflüsse, wie Verstärkungsschwankungen, Rauschen, Drift etc. s. a., [839]. Zusammenfassend läßt sich feststellen, daß sich für die Aufgabenstellungen der Hochspannungstechnik nur Transientenrecorder mit Abtastfrequenzen von 100 MHz ($\triangleq$ Abtastrate 10 ns) und mehr eignen.

Das Herz des „Transient Digitizer" ist die sogenannte „Scan Converter-Röhre" [656].[5] Sie besteht im wesentlichen aus der in einem Glaskolben untergebrachten Kombination zweier Elektronenstrahlröhren, von denen eine als Schreibsystem, die andere als Lesesystem ausgebildet ist (Bild 10). Zwischen beiden Systemen befindet sich als „Bildschirm" das Target[6], bestehend aus einer Matrix sehr dicht

[5] scan: engl., abtasten
[6] target: engl., Zielscheibe

beieinanderliegender, in integrierter Technik hergestellter Halbleiterdioden. Im unbeschriebenen Zustand lädt der Lesestrahl das Target negativ auf, die Dioden sind in Sperrichtung vorgespannt. Beim Schreiben erzeugen die energiereichen Elektronen des Schreibstrahls auf dem Target Elektronen-Loch Paare, die zu einer Entladung der getroffenen Dioden führen. Während der unmittelbar sich anschließenden Abtastung durch den Lesestrahl werden die beschriebenen Dioden wieder geladen, was sich für jede Diode in der Zuleitung zum Target als Stromimpuls auswirkt. Diese Stromimpulse werden verstärkt und können wahlweise sofort als TV-Signal auf einem Monitor dargestellt (äquival. Schreibgeschwindigkeit 30000 div/μs) oder digital gespeichert werden (äquival. Schreibgeschwindigkeit 8000 div/μs).

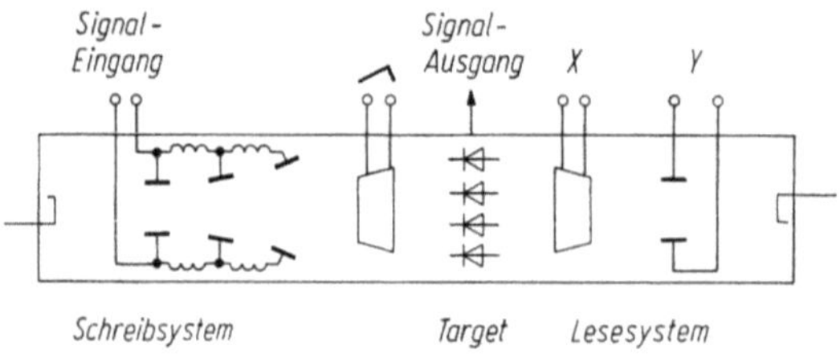


**Bild 10.** „Scan-Converter-Röhre" des Transient Digitizer (Tektronix)

## 1.4 Meßkabel

Aus Gründen der Sicherheit, zur Verringerung von Fremdfeldeinstreuungen oder auch nur wegen der vereinfachten Bedienung steht das Elektronenstrahloszilloskop meist nicht direkt neben dem Stoßspannungsteiler oder dem Impulsstrommeßwiderstand. Das Meßsignal $u_M(t)$ muß daher über ein Koaxialkabel zum Oszilloskopeingang übertragen werden. Bei vergleichsweise langsam veränderlichen Meßspannungen dient die koaxiale Anordnung von Meßleitungen lediglich der Abschirmung des Meßkreises gegen Störspannungen. In Bild 11 sei angenommen, daß sich in der näheren Umgebung der Meßleitungen ein dritter stromdurchflossener Leiter befinde. Der durch diesen Leiter fließende Störstrom $i_{St}(t)$ erzeugt ein zeitlich veränderliches Magnetfeld, das die Meßschleife durchsetzt. Die in der Schleife induzierte Spannung wird als Störspannung dem eigentlichen Meßsignal überlagert. Parallel dazu wird über die Streukapazität $C_{Str}$ eine weitere Störspannungskomponente eingekoppelt. Um beide Störspannungskomponenten zu unterdrücken, führt man die Meßleitungen koaxial aus, Bild 11. Die kapazitiv eingekoppelte Störspannung kann dann vollständig eliminiert werden, da alle elektrischen Feldlinien zwischen dem Störstrom führenden Leiter und den eigentlichen Meßleitungen auf dem geerdeten Kabelmantel enden. Die Schirmung gegen elektrische Felder ist insofern nicht ganz ideal, als bei gewöhnlichen koaxialen Meßkabeln der Kabelmantel aus einem Drahtgeflecht besteht, das noch einen gewissen Durchgriff in den Innenraum zuläßt. Flexwellkabel[7], deren Abschirmung aus einem gewellten Metallrohr besteht, schirmen den Innenleiter völlig gegen elektrische Felder ab.

[7] Flexwell: Warenbezeichnung der Firma Kabelmetal, Hannover.

Die Abschirmung der magnetischen Feldkomponente wird durch ein Gegenfeld bewirkt, das von den in der Abschirmung durch das äußere magnetische Wechselfeld induzierten Wirbelströmen herrührt. Die üblicherweise unmagnetischen Abschirmungen von Koaxialkabeln dämpfen magnetische Gleichfelder nicht und magnetische Wechselfelder niederer Frequenz nur schlecht, weil keine oder nur geringe Wirbelströme induziert werden. Dies ist jedoch nicht bedeutend, da die induzierte Störspannung der Frequenz des Störstroms proportional ist und dementsprechend bei kleinen Frequenzen nur geringe Werte annimmt, die keiner Dämpfung bedürfen. Mit zunehmender Frequenz steigt die Schirmdämpfung

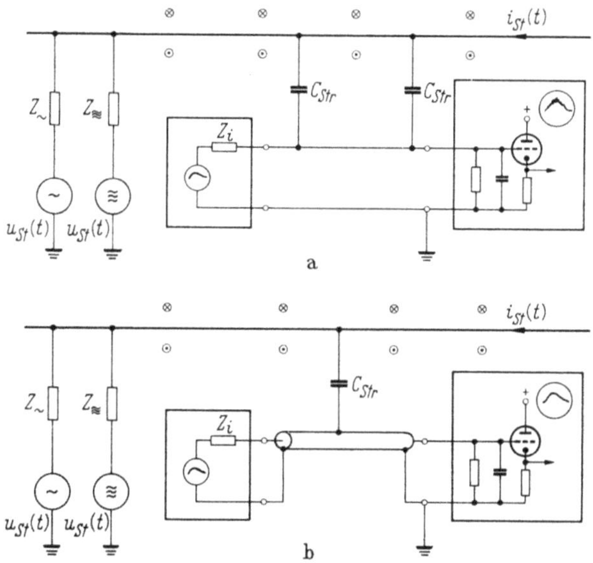


**Bild 11.** Entstehung von Störspannungen durch benachbarte stromführende Leiter

für magnetische Felder an und strebt einem Endwert zu, der im wesentlichen durch die Dichte des Drahtgewebes bestimmt wird. Bei Flexwellkabeln steigt die Schirmdämpfung für magnetische Felder mit zunehmender Frequenz aufgrund der Stromverdrängung unbegrenzt an.

Trotz der Verwendung koaxialer Meßleitungen treten bei der Messung sehr schnell veränderlicher Vorgänge weiterhin Störspannungen auf, deren Ursache und Dämpfung später noch ausführlich behandelt werden wird.

Für langsame Vorgänge, deren Spektren keine vergleichsweise hohen Frequenzen enthalten, stellen Kabel und Leitungen, je nach ihrem Zustand am Kabelende, Kapazitäten oder Induktivitäten dar. Bei sehr schnellen Spannungsänderungen erblickt dagegen eine in ein Kabel einlaufende Spannungswelle nur dessen Wellenwiderstand $Z$, unabhängig davon, ob das Kabel am Ende leerläuft, kurzgeschlossen oder mit einem beliebigen Widerstand belastet ist. Die Art der am Ende angeschlossenen Last kann sich am Anfang des Kabels frühestens nach Ablauf der doppelten Laufzeit bemerkbar machen. Ein Kabel muß also dann als Leitung mit verteilten Parametern aufgefaßt werden, wenn seine Laufzeit in die Größenordnung der Anstiegszeit der zu übertragenden Impulse kommt.

Die Fortpflanzungsgeschwindigkeit eines Signals auf einer Leitung ist gegeben durch

$$v = \frac{c}{\sqrt{\varepsilon_{\text{rel}}\mu_{\text{rel}}}}.$$

Da für normale Meßkabel $\mu_{\text{rel}} = 1$ ist, vereinfacht sich obige Gleichung zu

$$v = \frac{c}{\sqrt{\varepsilon_{\text{rel}}}}.$$

Meist wird das Verhältnis der Fortpflanzungsgeschwindigkeit im Kabel zur Geschwindigkeit im freien Raum ($c = 300000$ km/s) als relative Ausbreitungsgeschwindigkeit angegeben:

$$v_{\text{rel}} = \frac{v}{c} \cdot 100\%.$$

Bei den für koaxiale Meßkabel verwendeten Dielektrika beträgt die Ausbreitungsgeschwindigkeit im allgemeinen 50 bis 70% der Lichtgeschwindigkeit.

Der reziproke Wert der Fortpflanzungsgeschwindigkeit ist die längenbezogene Laufzeit

$$T = \frac{1}{v}.$$

Sie wird von den Kabelherstellern meist in Mikrosekunden pro Meter angegeben. Die absolute Laufzeit berechnet man aus

$$\tau = Tl = \frac{l}{c}\sqrt{\varepsilon_{\text{rel}}}.$$

Nach dieser Gleichung werden die zur Verzögerung eines Meßsignals benötigten Kabellängen bemessen.

Ein wesentliches Merkmal einer echten Leitung ist die Tatsache, daß bei einem Abschlußwiderstand ungleich $Z$ ein Teil des Signals am Ende reflektiert wird und zum Anfang der Leitung zurückläuft. Ist der Innenwiderstand der Quelle ebenfalls ungleich $Z$, wird die rücklaufende Welle dort erneut reflektiert. Auf dem Bildschirm des Elektronenstrahloszilloskops erscheint ein Spannungsverlauf, der auch nicht mehr annähernd mit dem zeitlichen Verlauf des ursprünglichen Meßsignals $u_M(t)$ übereinstimmt. Sollen die durch Mehrfachreflexionen bedingten Abweichungen unter 1% bleiben, so gelten für Rampenfunktionen (Spannungssprünge mit endlicher Anstiegszeit $T_a$) Meßkabel strenggenommen dann als elektrisch lang, wenn ihre Laufzeit mehr als das 0,0125fache der Anstiegszeit $T_a$ beträgt. In praxi wird diese Forderung dadurch abgeschwächt, daß meist kein idealer Leerlauf- bzw. Kurzschlußbetrieb vorliegt, die Impulse in den Ecken mehr oder weniger verrundet sind, und außerdem die Mehrfachreflexionen wegen der frequenzabhängigen Dämpfung der Meßkabel stark verformt werden und schnell abklingen. Eine praxisnahe Forderung ist $T_a > 5 \cdots 10\tau$.

Damit Meßsignale auf elektrisch langen Leitungen einwandfrei übertragen werden können, sind die Meßkabel wenigstens an einem Ende mit ihrem Wellenwiderstand abzuschließen (Bild 12a, b).

Bei Abschluß am Ausgang sieht die ankommende Spannungswelle die Abschlußimpedanz $Z$ und erfährt daher keine Reflexion. Auf dem Bildschirm eines Elektronenstrahloszilloskops wird für $R_i \ll Z$ die Leerlaufklemmenspannung bzw. für $R_i < Z$, $R_i = Z$ oder $R_i > Z$ die um das Übersetzungsverhältnis $(R_i + Z)/Z$ verkleinerte Leerlaufspannung dargestellt.

Bei niederohmigen Quellen (Meßwiderstände, kapazitive Teiler) wird das Meßkabel häufig nur eingangsseitig durch einen Reihenwiderstand der Größe $Z$ abgeschlossen (Bild 12b). Dieser Widerstand bildet zusammen mit dem Wellen-

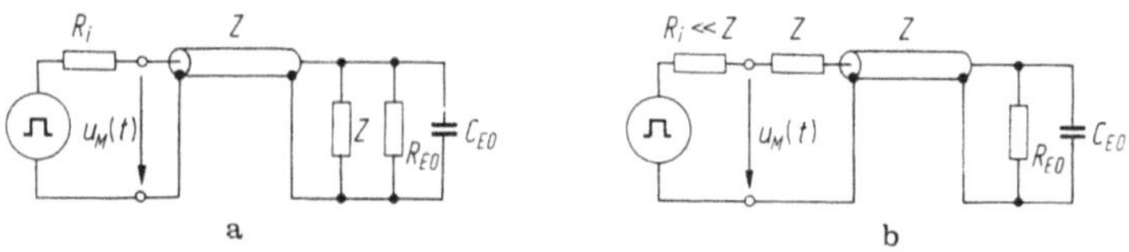


**Bild 12.** Anschluß einer Impulsspannungsquelle an ein Elektronenstrahloszilloskop über eine elektrisch lange Leitung. **a** Abschluß am Ausgang; **b** Abschluß am Eingang. $R_i$ Ausgangsimpedanz der Quelle (Innenwiderstand), $Z$, $\tau$ Wellenwiderstand und Laufzeit des Meßkabels, $R_{EO}$, $C_{EO}$ Eingangsimpedanz des Elektronenstrahloszilloskops.

widerstand der Leitung einen Spannungsteiler, der die Leerlaufspannung der Quelle im Verhältnis 1:2 teilt. Die in die Leitung einlaufende Wanderwelle $u_M(t)/2$ wird am leerlaufenden Ende mit gleichem Vorzeichen reflektiert, so daß auf dem Bildschirm wieder die Leerlaufspannung $u_M(t)$ erscheint. Die reflektierte Welle wird vom eingangsseitigen Abschlußwiderstand reflexionsfrei absorbiert.

Leider läßt sich ein idealer Abschluß nicht verwirklichen, da z. B. bei Abschluß am Ausgang dem Abschlußwiderstand $Z$ immer die Eingangsimpedanz des nachfolgenden Elektronenstrahloszilloskops parallel geschaltet wird (meist 1 M$\Omega$ parallel mit 10 bis 50 pF). Bei niederen Frequenzen macht sich diese Parallelschaltung praktisch nicht bemerkbar. Für sehr hohe Frequenzen jedoch kommt $1/\omega C_{EO}$ sehr schnell in die Größenordnung von $Z$, so daß kein einwandfreier Kabelabschluß mehr vorliegt (z. B.: Für $C_{EO} = 20$ pF und $f = 100$ MHz wird $1/\omega C_{EO} = 80\ \Omega$). Damit das reflektierte Signal am Kabelanfang nicht nochmals reflektiert wird, empfiehlt es sich, möglichst auch dem Innenwiderstand der Quelle den Wert $Z$ zu geben. Man darf jedoch nicht übersehen, daß im angepaßten Betriebszustand — d. h. Innenwiderstand der Quelle, Wellenwiderstand des Meßkabels und Abschlußwiderstand besitzen den gleichen Wert — die auf dem Elektronenstrahloszilloskop beobachtete Spannung mit dem Faktor 2 multipliziert werden muß, um die Leerlaufklemmenspannung der Quelle zu erhalten. Besitzt zum Beispiel ein ohmscher Spannungsteiler mit $R_2 = Z$ ein Leerlaufübersetzungsverhältnis

$$\ddot{u} = \frac{R_1 + R_2}{R_2} = 1000,$$

und wird die am Niederspannungsteil abgegriffene Spannung mit einem angepaßten Kabel zum Elektronenstrahloszilloskop übertragen, so ergibt sich praktisch ein Übersetzungsverhältnis von $ü = 2000$, da der wirksame Widerstand im Niederspannungsteil durch die Parallelschaltung des mit seinem Wellenwiderstand abgeschlossenen Kabels auf die Hälfte verkleinert wird.

Die Kabeldämpfung und die damit verbundenen frequenzabhängigen Übertragungsfehler werden bei einer gegebenen Kabeltype um so kleiner, je kürzer das Kabel ist. Für die in der Hochspannungsmeßtechnik zu übertragenden Spannungsimpulse können Kabellängen $< 10$ m im Rahmen der durch die übrigen Teile der Meßeinrichtung bedingten Fehler als verlustfreie Leitungen ohne Dämpfung aufgefaßt werden. Hier zeigt sich der Vorteil der im vorangegangenen Abschnitt unter c) aufgeführten Triggermöglichkeit mittels gesteuerter Auslösung des Stoßgenerators. Das Verbindungskabel vom Spannungsteiler zu den Ablenkplatten des Elektronenstrahloszilloskops muß nicht mehr nach einer von der Zeitablenkung geforderten Verzögerung bemessen werden, sondern kann den jeweiligen Umständen entsprechend beliebig kurz sein.

Lange Koaxialkabel dürfen nicht mehr als quasi verlustfreie Leitungen aufgefaßt werden. Bei der Übertragung von Impulsen mit großer Rückenzeit tritt an der Serienschaltung des Kabellängswiderstands $\overline{R}l$ und dem ohmschen Abschlußwiderstand $Z$ eine Spannungsteilung auf, die zu dem sogenannten Gleichspannungsfehler führt,

$$\Delta U = u_2(t)\,\frac{\overline{R}l}{Z}.$$

Sollen steile Flanken übertragen werden, z. B. Keilwellen, so muß man bei großer Steilheit aufgrund der Wirkwiderstandserhöhung durch Skineffekt mit einer starken Amplitudenabsenkung rechnen. Beide Fehler fallen bei Kabellängen $< 10$ m kaum ins Gewicht. Bei großen Längen empfiehlt sich auf jeden Fall die Verwendung von Kabeln mit geringem Wellenwiderstand, da diese von Natur aus große Innenleiterdurchmesser und damit einen kleinen Widerstandsbelag $\overline{R}$ besitzen. Ausführlichere Überlegungen und Gleichungen zur Berechnung der Übertragungsfehler langer Koaxialkabel finden sich bei Park [7] und anderen [5, 6, 24–28, 630].

Häufig stellt sich die Aufgabe, den Wellenwiderstand eines vorhandenen Koaxialkabels zu bestimmen. Die Kabelhersteller verwenden hierzu aufwendige Meßplätze, die die Messung der Kabeleigenschaften über einen weiten Frequenzbereich erlauben. Man kann den Wellenwiderstand aber auch mit einfacheren Geräten und einer für die hier betrachteten Anwendungsfälle ausreichenden Genauigkeit ermitteln. Bekanntlich ist der Wellenwiderstand eines verlustarmen Koaxialkabels definiert durch

$$Z = \sqrt{\frac{\overline{L}}{\overline{C}}}.$$

Kennt man den Induktivitäts- und den Kapazitätsbelag des Kabels, so läßt sich der Wellenwiderstand berechnen. Beide Leitungsbeläge können in der Praxis einfach bestimmt werden. Mit einer Induktivitätsmeßbrücke (oder auch einem

Resonanzverfahren) mißt man die Induktivität des einseitig kurzgeschlossenen Kabels beziehungsweise eines Probestücks. Sodann mißt man die Kapazität der gleichen Probe bei ausgangsseitigem Leerlauf. Die Wurzel aus dem Quotienten beider Messungen ergibt den Wellenwiderstand.

Während die Kapazität eines PE-isolierten Kabels in erster Näherung frequenzunabhängig ist, nimmt die Induktivität bei Frequenzen zwischen $10^5$ und $10^7$ Hz abhängig vom Kabeltyp um etwa 20% ab (aufgrund der Stromverdrängung strebt die innere Induktivität der Leiter gegen Null). Da der Wellenwiderstand sich mit $\sqrt{L}$ ändert, beträgt die Abnahme des Wellenwiderstands im gleichen Frequenzbereich etwa 10%. Abhängig von der Meßfrequenz des Induktivitätsmeßgeräts ergeben sich demnach verschiedene Werte für $Z$. Die meisten Geräte arbeiten bei Frequenzen $\leq$ 1 MHz, so daß man im allgemeinen die höheren Werte erhalten wird. Die Abrundung des berechneten Werts auf den nächst kleineren genormten Wellenwiderstand, der von den Kabelherstellern bei mehreren 100 MHz bestimmt wird, führt dann zu dem Widerstandswert, der bei der Übertragung von Signalen mit steilen Flanken in Betracht gezogen werden muß.

## 1.5 Elektromagnetische Verträglichkeit

Bei der erstmaligen Inbetriebnahme einer Meßeinrichtung zum Aufzeichnen von Stoßspannungen oder Stoßströmen, bestehend aus Spannungsteiler oder Impulsstrommeßwiderstand, Verbindungskabel und Elektronenstrahloszilloskop, wird man auf dem Bildschirm eine Wiedergabe gemäß Bild 13 erhalten. In den

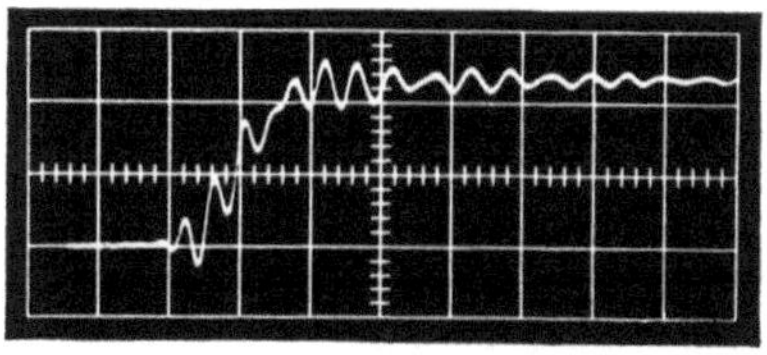

**Bild 13.** Oszillogramm des aperiodischen Stromverlaufs beim Entladen eines auf 100 kV aufgeladenen Kondensators (gemessen als Spannungsabfall an einem in den Entladekreis geschalteten Meßwiderstand). Die überlagerte HF-Schwingung stellt eine Störspannung dar.

allermeisten Fällen, insbesondere bei den Elektronenstrahloszilloskopen mit Einschubtechnik, entspricht diese Wiedergabe nicht dem tatsächlichen zeitlichen Verlauf des zu erfassenden Vorgangs. Dem eigentlichen Meßsignal $u_M(t)$ sind Störspannungen überlagert, die auf verschiedenen Wegen das Ablenksystem erreichen. Im Zweifelsfall läßt sich durch zwei Testmessungen leicht klären, ob die hochfrequenten Schwingungen eines Oszillogramms tatsächlich dem Meßsignal eigen sind oder echte Störspannungen darstellen. Bei der ersten Testmessung wird der Kabelmantel des Koaxialkabels mit der geerdeten Klemme der Impulsspannungsquelle (Niederspannungsteil eines Teilers oder niederohmiger Meßwiderstand) verbunden, der Innenleiter jedoch nicht angeschlossen. Mit anderen Worten, das Meßkabel wird eingangsseitig im Leerlauf betrieben. Bei der zweiten Testmessung verbindet man zusätzlich noch den Innenleiter mit der geerdeten Klemme der Impulsspannungsquelle, betreibt das Meßkabel also eingangsseitig im Kurzschluß. In beiden Fällen darf während der Zeit, in der der zu messende Vorgang abläuft, auf dem Bildschirm des Elektronenstrahloszilloskops keine Auslenkung des Strahls bemerkbar sein.

Die Ursachen der Störspannungen liegen in Potentialanhebungen und dem Vorhandensein der mit den schnell sich ändernden Spannungen und Strömen verknüpften elektromagnetischen Felder, insbesondere der beim Auf- beziehungsweise Entladen von Streukapazitäten entstehenden Streufeldänderungen [8—11, 22, 38—41.]

Für das Zustandekommen der verzerrten Darstellung in Bild 13 gibt es vier Möglichkeiten:

1. Die elektromagnetischen Felder durchdringen das unvollkommen abschirmende Gehäuse des Elektronenstrahloszilloskops und rufen direkt im Vertikalteil Störspannungen hervor. Diese Schwierigkeit kann beseitigt werden, indem man

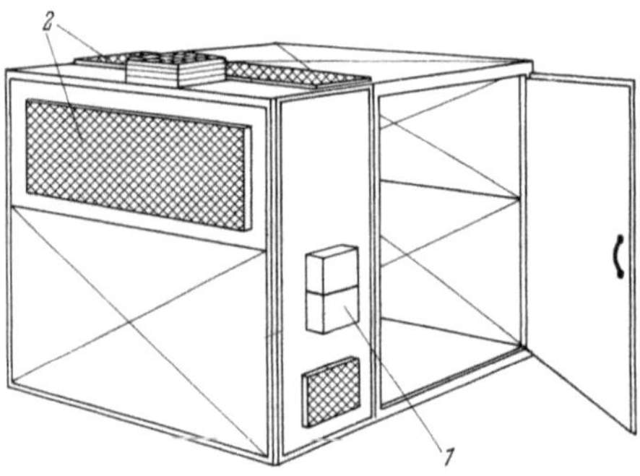


**Bild 14.** Transportable, vollgeschirmte Meßkabine. *1* Netzverriegelung zur Unterdrückung leitungsgebundener Störspannungen, *2* Wabenkaminfenster zur Beleuchtung und Klimatisierung (Siemens).

das Elektronenstrahloszilloskop in einem abgeschirmten Meßraum aufstellt (Bild 14). Je nach Feldstärke und Frequenz genügt auch oft ein einseitig offener Blechkasten.

Der Einfluß der Störfeldstärken wird weiter verringert, wenn die Entfernung zwischen Elektronenstrahloszilloskop und Stoßkreis vergrößert wird. Vollgeschirmte Meßkabinen besitzen Schirmdämpfungen von 80 bis 100 dB für Frequenzen bis zu 35 GHz, entsprechend einem Schirmfaktor von 1:10000 bis 1:100000. Damit lassen sich direkte Einstreuungen auf das Oszilloskop in fast allen Fällen ausschalten.

2. Quasistationäre magnetische und elektrische Felder durchdringen die unvollkommene Abschirmung des Meßkabels. Elektrische Felder greifen bei geringer Geflechtdichte auf den Innenleiter durch und influenzieren unmittelbar auf ihm eine Störspannung. Ein Maß für diese Störspannung ist der sogenannte Durchgriffsleitwert des Kabels. Magnetfelder erzeugen zu beiden Seiten des Innenleiters zwei gleichgroße, gegenphasige Spannungen, die sich gegenseitig aufheben. Aufgrund immer vorhandener leichter Exzentrizitäten des Innenleiters verbleibt eine Restspannung. Beide Störspannungen können jedoch im allgemeinen gegen

die durch Kabelmantelströme verursachten Störspannungen vernachlässigt werden [657–661].

3. Das Elektronenstrahloszilloskop fängt die Störspannung als leitungsgebundene Störung ($\leq$ 30 MHz) über seine Stromversorgung ein. Dies wird zweckmäßigerweise dadurch verhindert, daß man die Netzleitung mit einem Durchführungsfilter für Funkentstörung verriegelt. Die Filter bestehen im allgemeinen aus zwei kapazitiven Quergliedern und einem induktiven Längsglied in $\pi$-Schaltung. In Bild 15 ist das Ersatzschaltbild und die Betriebsdämpfung eines Breitbanddurchführungsfilters in Abhängigkeit von der Frequenz wiedergegeben [12]. Um eine breitbandige Kopplung hoher Güte zu erreichen, werden die Filter im allgemeinen in eine Abschirmwand eingesetzt, d. h. mit einer der oben genannten Abschirmmaßnahmen kombiniert.

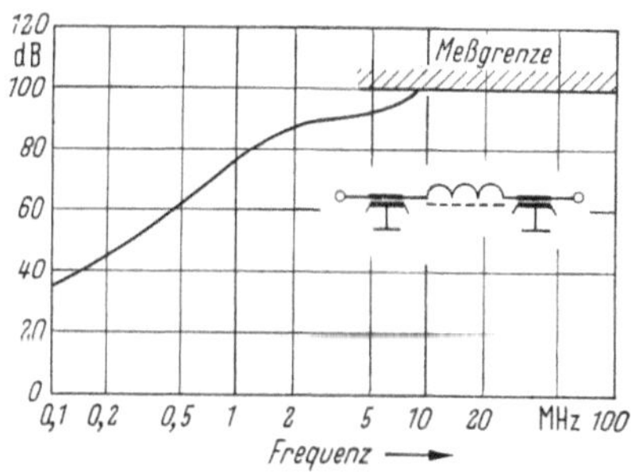


**Bild 15.** Betriebsdämpfung des Breitbanddurchführungsfilters B 85321 ABO 1, gemessen in einer 60-Ω-Leitung (Siemens).

Manchmal genügt es, die Netzleitung um einen Ferritkern zu wickeln, oder über die Netzzuleitung einen flexiblen Tombakschlauch zu schieben, der mit der Abschirmwand beziehungsweise mit dem Gehäuse des Elektronenstrahloszilloskops gut leitend verbunden wird.

4. Kabelmantel- und Gehäuseströme, bedingt durch Potentialdifferenzen in den Erdleitungen, verursachen Spannungsabfälle, die über den Kopplungswiderstand (engl.: coupling impedance) Störspannungen erzeugen.

Wenn ein von einer äußeren Spannungsquelle hervorgerufener Störstrom über einen Kabelmantel oder -schirm fließt, so verusacht er an der inneren Oberfläche des Mantels einen Spannungsabfall, der sich als Störspannung in dem vom Kabelmantel geschirmten Leitungssystem bemerkbar macht [34, 575, 660, 661].

Der Kopplungswiderstand[8] wird aus Bild 16 unter der Voraussetzung, daß die Leitungslänge $l$ klein gegen $\lambda/4$ ist, definiert zu:

$$\boldsymbol{R}_K(\omega) = \frac{\boldsymbol{U}_{St}(\omega)}{\boldsymbol{I}_{St}(\omega)\, l}$$

[8] Im englischen ist für abgeschlossene Leitungen auch der Begriff „surface transfer impedance" üblich:

$$\boldsymbol{Z}_{\alpha,\beta} = \frac{2\boldsymbol{U}_{St}(\omega)}{\boldsymbol{I}_{St}(\omega)\, l}$$

Je kleiner der Kopplungswiderstand eines Koaxialkabels ist, desto besser ist seine Schirmwirkung und desto kleiner die erzeugte Störspannung. Mitunter benützt man zur Verringerung des Kopplungswiderstands doppelt oder dreifach geschirmte Leitungen oder Flexwellkabel, deren Außenleiter aus einem gewellten, nahtlos verschweißten Metallmantel besteht.

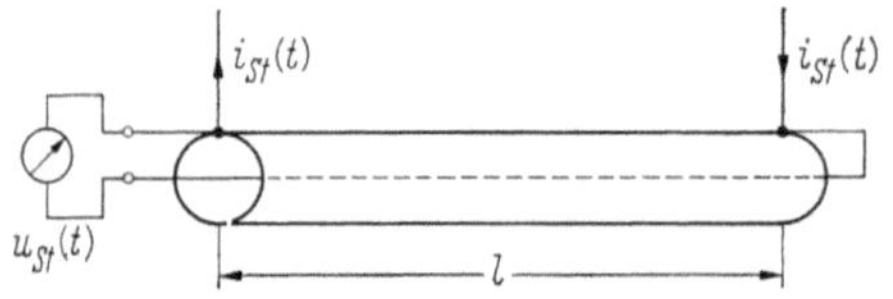


**Bild 16.** Zur Definition des Kopplungswiderstands $\boldsymbol{R}_K$ eines Koaxialkabels.

Bild 17 zeigt den typischen Verlauf des Kopplungswiderstands von Flexwellkabeln und gewöhnlichen Koaxialkabeln mit Geflechtschirm. Die Ursache für das unterschiedliche Verhalten beider Schirmarten bei hohen Frequenzen wurde bereits in 1.5 erläutert.

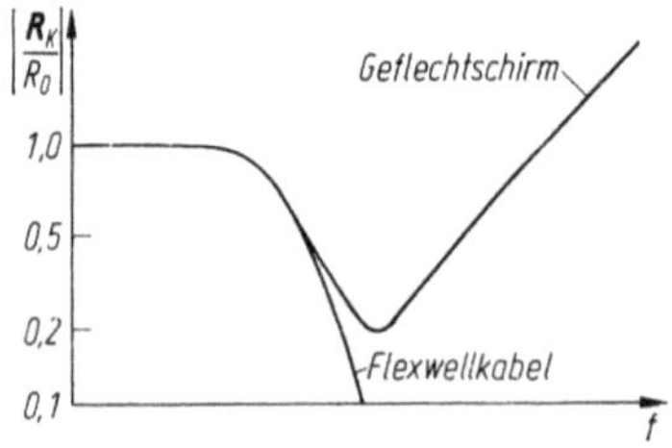


**Bild 17.** Kopplungswiderstand $\boldsymbol{R}_K(f)$ von Flexwellkabeln und gewöhnlichen Koaxialkabeln.

In gleicher Weise wie an den Kopplungswiderständen von Kabeln bewirken die Kabelmantelströme auch an den Übergangswiderständen lösbarer koaxialer Steckverbindungen sowie an Gehäusetrennfugen und Chassisteilen (Gehäuseströme) zusätzliche Störspannungen.

Ein Kabelmantelstrom, der durch den mit Masse verbundenen Kragen der Eingangsbuchse eines Oszilloskops in das Gehäuse eintritt und dieses durch die Erdkapazität und den Schutzleiter wieder verläßt, erzeugt längs des Chassis Spannungsabfälle, die galvanisch dem Nutzsignal $u_M(t)$ überlagert werden, teilweise aber auch durch kapazitive Kopplung auf den Abschwächer und das Gitter der Eingangsröhre gelangen (Bild 18).

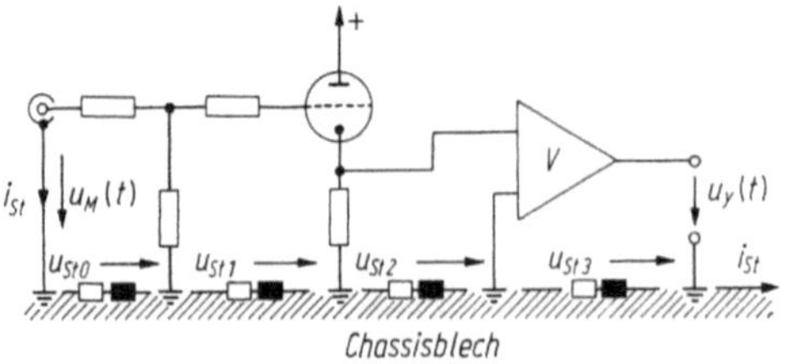


**Bild 18.** Zur Erklärung des Kopplungswiderstands eines Verstärkerchassis.

Bei Kabellängen von wenigen Metern überwiegt der Kopplungswiderstand des Oszilloskops im allgemeinen den Kopplungswiderstand des Meßkabels. Um den Kopplungswiderstand eines Oszilloskops und damit dessen Störspannungsempfindlichkeit abschätzen zu können, wird in den Mantel eines am Eingang kurzgeschlossenen Meßkabels ein Stromsprung eingespeist, Bild 19, [674, 675].

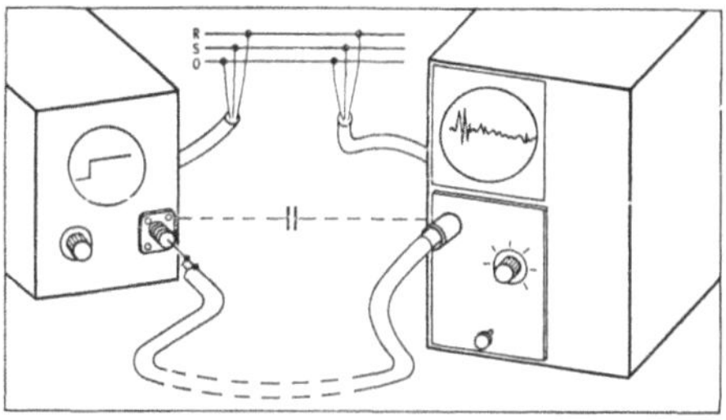

**Bild 19.** Ermittlung der Störspannungsempfindlichkeit eines Elektronenstrahloszilloskops gegen Gehäuseströme.

Als Stromquelle dient ein Impulsgenerator mit Quecksilberschalter. Das Oszillogramm in Bild 20 zeigt repräsentativ für eine Vielzahl von Messungen das auf dem Bildschirm beobachtete Signal.

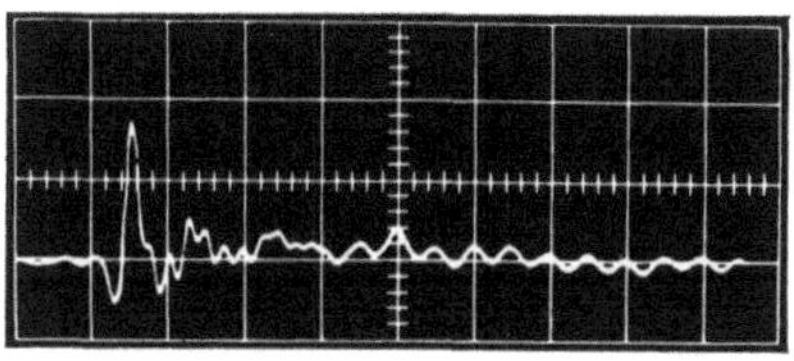

**Bild 20.** Störspannung hervorgerufen durch einen Gehäusestrom von 1 A. Zwischen den Abschwächerstellungen 1 mV/cm bis 20 V/cm ändert sich die Wiedergabe nur unwesentlich.

Die maximale Störspannungsamplitude ändert sich nur unwesentlich beim Öffnen des Kurzschlusses am Kabeleingang bzw. bei direkter Einspeisung auf die Erdbuchse des Elektronenstrahloszilloskops. Desgleichen verändern sich die hochfrequenten Anteile der Störspannung praktisch nicht, wenn eines der beiden Geräte ohne Schutzkontakt betrieben wird, da für hohe Frequenzen die Gehäuse über ihre Erdstreukapazität geerdet bleiben.

Der bizarre Verlauf der Störspannung rührt einmal vom resonanzartigen Charakter des Oszilloskopkopplungswiderstands, zum anderen von Wanderwellenschwingungen auf dem Kabelmantel her. Bei tatsächlichen Stoßversuchen wird der zeitliche Verlauf der Ausgleichsströme und Potentialanhebungen durch Mehrfachreflexionen und Wanderwellenschwingungen im gesamten Erdungssystem bestimmt, wodurch der Störspannungsverlauf noch komplexer wird.

Im folgenden werden nun die elektromotorischen Kräfte für das Entstehen der Kabelmantelströme ergründet und daraus geeignete Gegenmaßnahmen abgeleitet.

*a) Spannungsabfälle längs des Schutzleiters*

Aus Gründen der Betriebssicherheit sind die Gehäuse elektrischer Geräte im allgemeinen mit dem Nulleiter des Mehrphasensystems oder auch einem gesonderten

Schutzleiter verbunden. Über diese Leitungen fließen die Ableitströme aller anderen am gleichen Netz betriebenen Verbraucher, über den Nulleiter zusätzlich noch ein Teil der Betriebsströme dieser Geräte. Durch galvanische Verbindungen zwischen beiden Leitern kann der Schutzleiter ebenfalls einen Teil der Betriebsströme führen. Diese Ströme rufen längs der Null- und Schutzleiter Spannungsabfälle hervor, so daß zwischen den Schutzleiterkontakten verschiedener Steckdosen und auch zwischen verschiedenen Erdklemmen einer Schalttafel beachtliche Spannungen vorhanden sein können.

Werden nun mehrere elektronische Geräte aus verschiedenen Steckdosen betrieben, so entstehen zusammen mit den Mänteln der koaxialen Signalkabel sogenannte „Ringerden" (engl.: ground loop). Durch diese Erdschleifen fließen Ausgleichsströme, die den eigentlichen Signalen eine Störspannung mit einer Grundfrequenz von 50 Hz überlagern (50 Hz-Brumm). Um diese Störspannung zu vermeiden, werden die Erdschleifen unterbrochen, indem nur ein Gerät mit Schutzkontakt betrieben wird. (Die Betriebssicherheit des Versuchsaufbaus leidet darunter zunächst keinen Schaden, da zwischen dem einen geerdeten Gerät und den nicht über einen Schutzleiter geerdeten Geräten eine galvanische Verbindung über die Kabelmäntel der Signalleitungen besteht. Trotzdem empfiehlt sich die Anwendung zusätzlicher Schutzmaßnahmen wie Schutztrennung, Standortisolierung etc.)

Der gleiche Effekt tritt auch bei der Messung schnell veränderlicher hoher Spannungen auf, wenn der Hochspannungskreis direkt und das Elektronenstrahloszilloskop über seinen Schutzleiter geerdet wird. Während sich jedoch 50-Hz-Störspannungen sofort beseitigen lassen, indem meist das Oszilloskop ohne Schutzleiter betrieben wird, bleiben hochfrequente und transiente Störspannungen auch nach Auftrennen redundanter Schutzleiter bestehen, da das Oszilloskop und andere Geräte für hohe Frequenzen nach wie vor über ihre Erdstreukapazitäten mit Erde verbunden sind.

*b) Induzierte und influenzierte elektromotorische Kräfte*

Die mit den schnellveränderlichen Vorgängen verknüpften quasistationären magnetischen und elektrischen Felder induzieren und influenzieren auf dem Kabelmantel ($C_{Str}$ in Bild 21) bzw. in der Erdschleife (schraffierte Fläche in Bild 21) elektromotorische Kräfte, die ebenfalls Kabelmantel- und Gehäuseströme ver-

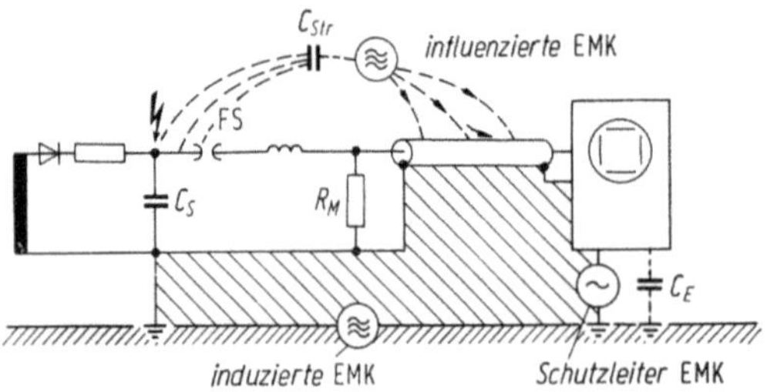


**Bild 21.** Schematische Darstellung eines Stoßstromentladekreises (FS Schaltfunkenstrecke, $C_S$ Stoßkapazität, $R_M$ Strommeßwiderstand, $L$ Arbeitsspule). Entstehung von Kabelmantelströmen durch induzierte und influenzierte elektromotorische Kräfte sowie durch unterschiedliche Schutzleiterpotentiale.

ursachen. Die Wirkung beider Felder wird durch Verlegung der Meßleitungen in Stahlpanzerrohren, die an beiden Enden geerdet sind, verringert. Das Stahlpanzerrohr schirmt elektrische Felder nahezu ideal, da die elektrischen Feldlinien jetzt nicht mehr auf dem Kabelmantel, sondern auf dem geerdeten Stahlpanzerrohr enden. Bei sehr hohen Frequenzen verringert sich die elektrische Schirmdämpfung; sie besitzt jedoch für die meisten Anwendungen noch ausreichend hohe Werte [34].

Die Schirmwirkung gegen magnetische Wechselfelder beruht auf der Tatsache, daß in der Schleife, gebildet aus dem an beiden Seiten geerdeten Stahlpanzerrohr und Erde, ein Strom fließt, dessen Magnetfeld das äußere Feld zu kompensieren sucht.

c) *Potentialanhebungen im Stoßentladekreis*

Potentialanhebungen des Stoßgenerators sind neben induzierten und influenzierten elektromotorischen Kräften die wesentliche Ursache für das Entstehen von Störspannungen.

Bild 22a, b zeigt einen Hochspannungskreis, bestehend aus dem Generator $G$ und dem Prüfling $P$; $Z_E$ stellt die unvermeidliche Erdimpedanz dar.

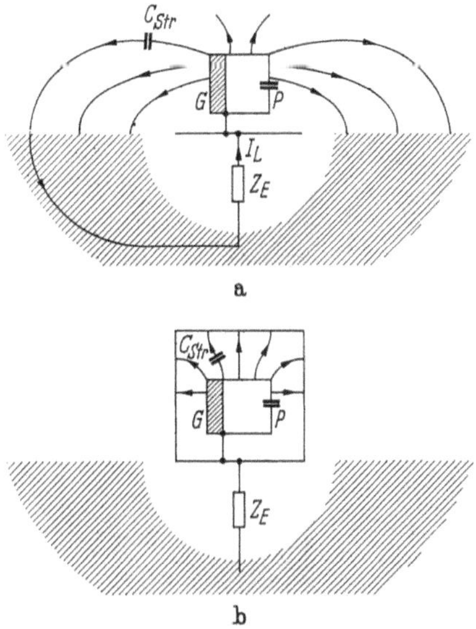


**Bild 22.** Anhebung des Erdpotentials in einem Hochspannungsentladekreis. **a** zeigt den Verlauf der Streufeldlinien bei einem normalen Versuchsaufbau; **b** den Verlauf, wenn sich die gesamte Anordnung innerhalb eines Faraday-Käfigs befindet. (Nach Nielsen und Odershede [22]).
$G$ Stoßspannungsgenerator, $P$ Prüfling, $C_{Str}$ Streukapazitäten, $Z_E$ Erdimpedanz, $I_L$ Ladeströme der Streukapazitäten

Von den auf Hochspannungspotential befindlichen Teilen der Anlage gehen Feldlinien zu der auf Erdpotential liegenden benachbarten Umgebung aus. Diesen Feldlinien ordnet man Streukapazitäten $C_{Str}$ zu, die bei Stoßvorgängen in kurzer Zeit aufgeladen oder entladen werden. Wegen der großen Änderungsgeschwindigkeiten der Spannungen können die Ladeströme sehr hohe Werte annehmen [9—11]. Die Ladeströme fließen über die Erdimpedanz zum Fuß des Generators zurück und erzeugen auch bei kleinen Werten von $Z_E$ beträchtliche Potentialanhebungen, die Ausgleichsströme innerhalb des gesamten Erdnetzes verursachen. Befindet sich der Hochspannungskreis innerhalb eines Faraday-Käfigs, Bild

22b, so enden die Streufeldlinien alle auf der Abschirmung. Die Ladeströme fließen auf der Innenseite der Käfigwand [34] und können keine Potentialanhebung an $Z_E$ bewirken. Besondere Tiefenerder erübrigen sich in diesem Fall.

Bild 23 veranschaulicht die Entstehung von Potentialanhebungen längs der Rückleitung zum Fuß eines Stoßgenerators.

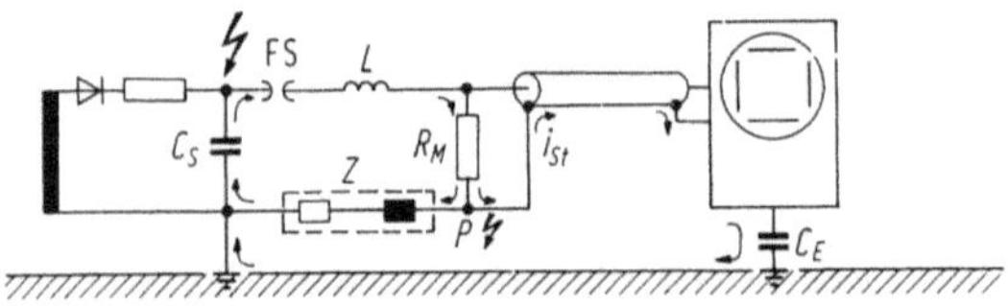


**Bild 23.** Schematische Darstellung eines Stoßstromentladekreises. Zur Erklärung des Entstehens von Störspannungen durch Potentialanhebungen an der Impedanz der Rückleitung des Arbeitskreises (Generator geerdet).

Nach dem Zünden der Funkenstrecke entlädt sich der Kondensator über die Arbeitsspule und den Meßwiderstand $R_M$. Am Verzweigungspunkt $P$ — Anschluß des Kabelmantels des Signalkabels — teilt sich der Entladestrom auf. Der überwiegende Teil des Stroms fließt unmittelbar zum geerdeten Belag des Stoßkondensators zurück. Dabei ruft er einen Spannungsabfall über der Impedanz $Z$ der Rückleitung hervor und hebt somit das Potential des Punktes $P$ an. Diese Potentialanhebung ist die EMK für den Kabelmantelstrom. Um sie zu vernichten, wird allgemein empfohlen, nicht den Fuß des Stoßgenerators, sondern den Verzweigungspunkt $P$, die Erdklemme des Meßwiderstands, zu erden (Bild 24).

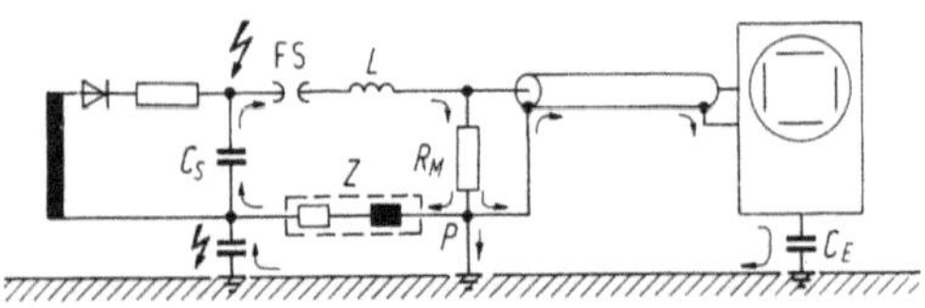


**Bild 24.** Schematische Darstellung eines Stoßstromentladekreises. Zur Erklärung des Entstehens von Störspannungen durch Potentialanhebungen an der Impedanz der Rückleitung des Arbeitskreises (Meßwiderstand geerdet).

In dieser Schaltung liegt der Punkt $P$ auf Erdpotential, dafür hebt sich aber jetzt das Potential des erdnahen Belags der Stoßkapazität um etwa den gleichen Betrag an. Aufgrund der Erdstreukapazität des Arbeitskreises wird auch diese Potentialanhebung wieder zur EMK für Kabelmantelströme. Offensichtlich gibt es zwar bestimmte optimale Erdungsverhältnisse, bei denen die elektromotorischen Kräfte für die Kabelmantel- und Gehäuseströme vergleichsweise kleine Werte annehmen; ganz vermeiden lassen sie sich jedoch nicht. Der Ausweg aus dieser Situation liegt in einem Versuchsaufbau gemäß Bild 25, der Kabelmantel- und Gehäuseströme, gleich welchen Ursprungs, eliminiert.

Aufgrund der Stromverdrängung fließt der Störstrom bevorzugt über den zusätzlichen äußeren Schirm und die äußere Oberfläche der Schirmkabine nach Erde ab. Er wird also am Meßkabelmantel und am Oszilloskopgehäuse vorbeigeleitet. Diesen „bypass“ zu schaffen, ist in einer Vielzahl von Anwendungen die Hauptaufgabe der Schirmkabine und des doppelten Schirms eines Koaxialkabels, weniger deren eigentliche Schirmwirkung. Als Schirmkabine kann daher oft ein einseitig offener Blechkasten mit in der Rückwand eingesetzter Netzverriegelung dienen.

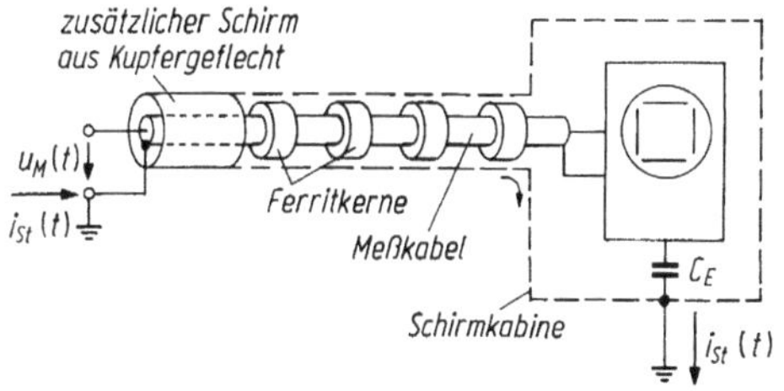


**Bild 25.** Meßaufbau zur Unterdrückung von Kabelmantel- und Gehäuseströmen.

Die angestrebte Störstromverteilung wird unterstützt durch die auf dem Meßkabelmantel aufgebrachten Ferritkerne, die die für den Störstrom wirksame Impedanz des Meßkabelmantels vergrößern und somit den Störstrom auf den äußeren Schirm zwingen [594].

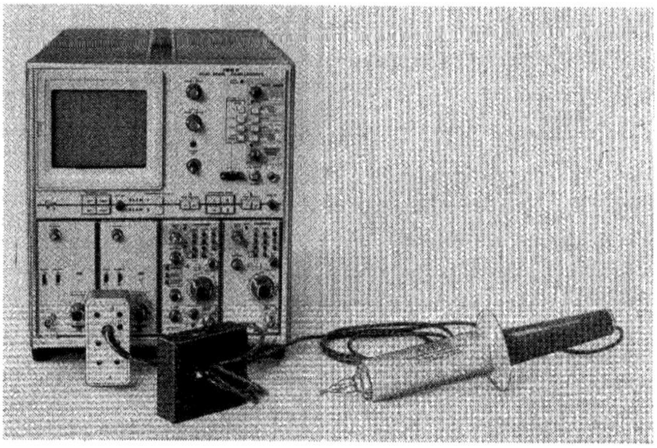

**Bild 26.** Unterdrückung von Kabelmantel- und Gehäuseströmen durch Aufwickeln des Meßkabels auf einen weichmagnetischen Kern.

In einfach gelagerten Fällen läßt sich der Kabelmantel für hochfrequente Ströme sperren, indem man seine Induktivität durch Aufwickeln eines Teils des Kabels auf einen weichmagnetischen Kern vergrößert, Bild 26. Die Induktivitätserhöhung ist proportional dem Quadrat der Windungszahl. Die Kabel müssen einen Kunststoffmantel besitzen, damit die einzelnen Windungen nicht kurzgeschlossen werden und die parallel zur Induktivität liegende Wicklungskapazität klein gehalten wird. Bei großen Kabellängen wird die Spannungs- und Stromverteilung auf dem Kabelmantel abhängig vom Ort. In diesen Fällen bewirkt eine konzentrierte Drossel keine breitbandige Sperrung mehr. Für bestimmte Frequenzen können Lage eines Stromknotens und Drossel zusammenfallen. Deshalb muß für Mantelströme, deren Wellenlängen klein gegen die Länge des Meßkabels sind, das weichmagnetische Material in Form einer gestreckten Drossel über eine größere Leitungslänge verteilt werden [14].

Sehr zu empfehlen ist die Verlegung der Meßleitungen in außerhalb der Abschirmung bzw. unterhalb des Hallenerdnetzes liegenden Stahlpanzerrohren. Da die Ladeströme für die Streukapazitäten aufgrund der Stromverdrängung vorzugsweise auf der Innenseite der Abschirmung fließen (vgl. Erläuterung zu Bild 22b) bleiben die Meßleitungen frei von Kabelmantelströmen.

Stoßanlagen für Abnahmeprüfungen an Geräten der Energieversorgungstechnik besitzen nicht nur eine koaxiale Meßleitung vom Spannungsteiler zum Elektronenstrahloszilloskop, sondern eine Vielzahl von Steuer- und Meßleitungen zwischen der eigentlichen Stoßanlage und dem Kommandopult mit Meßeinrichtung. Hier ist die Gefahr des zufälligen und unbewußten Entstehens von Erdschleifen besonders groß. Bild 27b zeigt den prinzipiellen Aufbau einer Stoßanlage, in der mit Sicherheit unkontrollierte Potentialanhebungen und unbefriedigende Meßergebnisse zu erwarten sind [35]. Bild 27a zeigt dagegen den vorschriftsmäßigen Aufbau der gleichen Anlage. Alle Leitungen gehen als Stichleitungen von einem Kabelbaum ab. Die Verdrahtung enthält keine Maschen, sondern nur Zweige.

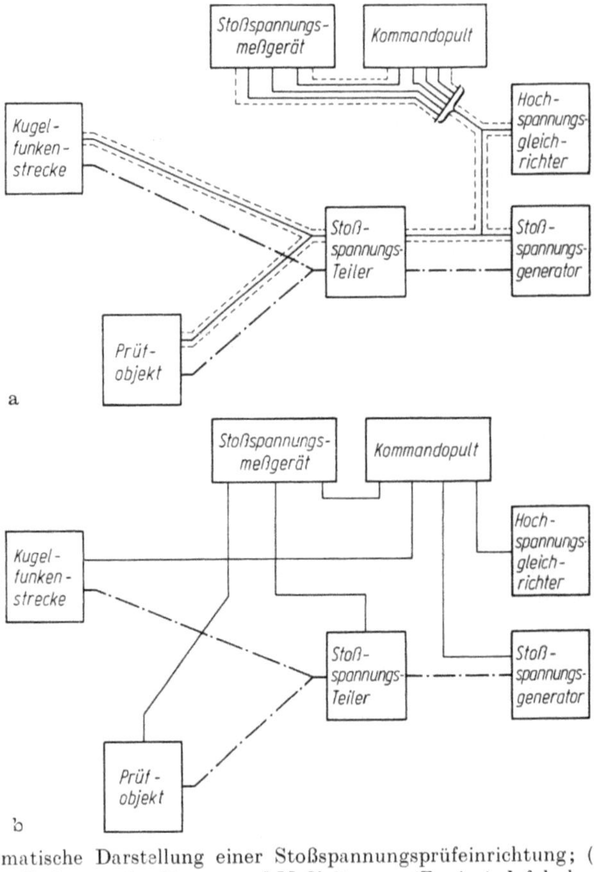


**Bild 27.** Schematische Darstellung einer Stoßspannungsprüfeinrichtung; (Haefely [35]). **a** Zweckmäßige Verlegung der Steuer- und Meßleitungen (Zweige); **b** falsche Verlegung der Steuer- und Meßleitungen (Maschenbildung).

Sollten die äußeren Umstände einmal so ungünstig liegen, daß trotz aller beschriebenen Maßnahmen zur Störspannungsunterdrückung keine einwandfreien Messungen zu erreichen sind[9], so gibt es immer noch die Möglichkeit der völligen galvanischen Trennung des Arbeits- und Meßkreises durch Lichtleiter (s. 5) und Übertragung des Signals auf optoelektrischem Wege [30—33, 595, 806—810].

## 1.6 Messungen mit Differenzverstärkern

Die Verarbeitung der an Spannungsteilern oder niederohmigen Meßwiderständen abgegriffenen Meßsignale $u_M(t)$ setzt im allgemeinen voraus, daß eine der beiden Klemmen, zwischen denen $u_M(t)$ existiert, auf Erdpotential liegt. Sollte noch keine definierte Erdverbindung vorhanden sein, so erfolgt spätestens beim Anschließen des koaxialen Meßkabels zwangsweise eine Erdung der Klemme, die mit dem auf Erdpotential befindlichen Kabelmantel verbunden wird; der Anschluß eines geerdeten Koaxialkabels ist selbstverständlich nur dann zulässig, wenn nicht schon andere Erdverbindungen im eigentlichen Arbeitskreis bestehen, da sonst unweigerlich Schaltelemente des Arbeitskreises kurzgeschlossen würden. Zum Beispiel stellt sich bei Stromrichterschaltungen der Leistungselektronik die Aufgabe, Steilheiten, Lösch- und Zündzeitpunkte von Thyristoren zu messen, deren Hauptanschlüsse nicht auf Erdpotential, sondern möglicherweise einige Kilovolt über Erdpotential liegen. Hier wird häufig von der Möglichkeit Gebrauch gemacht, das Elektronenstrahloszilloskop über einen Isoliertransformator zu betreiben. Dadurch wird dann — zumindest für niedrige Frequenzen — die Erdung der Abschirmung der koaxialen Meßleitung und des Gehäuses des Elektronenstrahloszilloskops unterbrochen, so daß auch Meßsignale von Quellen, deren beide Ausgangsklemmen eine Potentialdifferenz gegen Erde besitzen, aufgezeichnet werden können. (Auf die mit diesem Kunstgriff verbundenen Gefahren für die Sicherheit des Bedienungspersonals muß wohl nicht besonders hingewiesen werden.) Bei höheren Frequenzen wird die galvanische Trennung der Primär- und Sekundärwicklung des Trenntransformators durch die Kapazität zwischen beiden überbrückt. Um auch hier noch eine wirksame Entkopplung zu erreichen, legt man zwischen Primär- und Sekundärwicklung einen geerdeten Schirm, der die kapazitive Beeinflussung zwischen beiden Wicklungen verringert [536].

Die Potentialdifferenz, um die sich beide Klemmen einer Spannungsquelle von Erdpotential unterscheiden, wird als Gleichtaktspannung, Gleichtaktsignal (common mode signal [43, 46]) oder auch als gleichlaufende Spannung [44] bezeichnet. Eine elegante Möglichkeit, Gleichtaktstörungen zu unterdrücken, bietet die Anwendung eines Differenzverstärkers [43—45, 47]. Differenzverstärker verstärken nur die zwischen den beiden Leitern einer Meßleitung ankommenden Meßsignale. Gleichtaktsignale, die an beiden Leitern mit gleicher Phase und Amplitude auftreten, werden unterdrückt. Die Eigenschaft eines Differenzverstärkers, Gleichtaktsignale zu unterdrücken, bezeichnet man als Gleichtaktunterdrückung (CMR — Common Mode Rejection). Das Ausmaß der Unterdrückung

[9] Dem Verfasser ist bislang kein derartiger Fall bekannt geworden.

von Gleichtaktsignalen wird durch das Gleichtaktunterdrückungsverhältnis (CMRR — Common Mode Rejection Ratio) gekennzeichnet. Darunter versteht man das Verhältnis der am Eingang des Differenzverstärkers liegenden Gleichtaktspannung zu der auf dem Bildschirm des Elektronenstrahloszilloskops durch das Gleichtaktsignal hervorgerufenen Ablenkung. Beispielsweise besitzt der 50-MHz-Differenzverstärker-Tastkopf Typ P 6046 von Tektronix ein Gleichtaktunterdrückungsverhältnis von 1000:1 für Gleichtaktfrequenzen bis zu 50 MHz. Das Gleichtaktunterdrückungsverhältnis ist nicht konstant. Mit zunehmender Amplitude und steigender Frequenz des Gleichtaktsignals nimmt die Gleichtaktunterdrückung ab. Außerdem bewirken Unsymmetrien der Meßleitungen — beispielsweise nicht korrekt abgeglichene Tastköpfe — insbesondere bei hohen Frequenzen eine starke Reduzierung der Gleichtaktunterdrückung, da die von der Quelle ankommenden Gleichtaktspannungen durch unterschiedliche Spannungsabfälle auf den Meßleitungen am Eingang des Differenzverstärkers kleine Unterschiede in Phase und Amplitude aufweisen, die nicht unterdrückt, sondern zusammen mit dem Meßsignal verstärkt werden.

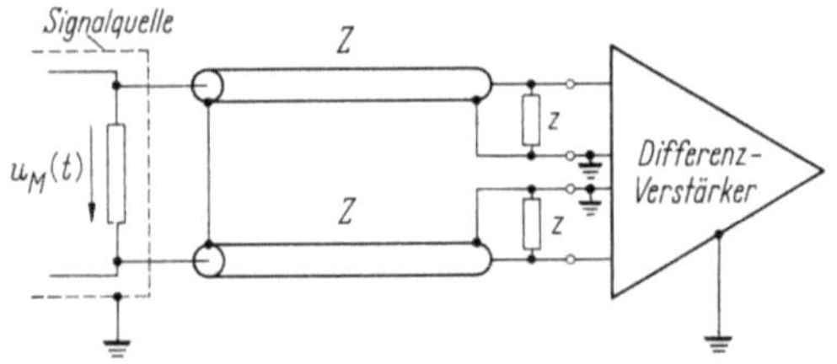


**Bild 28.** Erdungsverhältnisse beim Messen mit Differenzverstärkern. (Nach Nelson [43]).

Bild 28 zeigt die richtige Art, einen Differenzverstärker anzuschließen. Das Meßsignal $u_M(t)$ wird entweder über zwei identisch abgeglichene Tastköpfe oder zwei gleichartige, am Ende mit ihrem Wellenwiderstand abgeschlossene Koaxialkabel zum Eingang des Verstärkers übertragen. Der Differenzverstärker besitzt zwei koaxiale Eingangsbuchsen zum Anschluß der beiden Meßleitungen. Die Abschirmungen der Meßleitungen sind am Gehäuse des Elektronenstrahloszilloskops geerdet und an dem der Quelle zugewandten Ende miteinander verbunden. Die beiden Kabelschirme bilden eine Kurzschlußwindung, die verhindert, daß in der aus den beiden Innenleitern, der Quelle und dem Oszilloskop gebildeten Schleife Störspannungen induziert werden. Eine aus Sicherheitsgründen erforderliche Erdung des Arbeitskreises ist erlaubt und hat keinen Einfluß auf die Differenzmessung, eine zusätzliche Erdung am Eingang der Kabel muß unterbleiben.

Die Übertragung des Meßsignals mit angepaßten Koaxialkabeln empfiehlt sich bei Strommessungen mit niederohmigen Meßwiderständen und allen anderen Meßaufgaben, bei denen der Quellenwiderstand entweder sehr klein gegen den Wellenwiderstand der Meßleitungen ist oder den gleichen Wert wie deren Wellenwiderstand besitzt. Quellen mit hochohmigen Innenwiderständen und Hochspannungsmessungen erfordern die Verwendung gut abgeglichener spannungsfester Tastköpfe (s. 2.2.1) und Spannungsteiler. Bei unzureichender Gleichtaktunterdrückung bzw. extremem Gleichtaktsignal empfiehlt sich der Einsatz nichtkonventioneller Meßverfahren (s. 5).

# 2 Die Messung hoher Stoßspannungen mit Spannungsteiler und Elektronenstrahloszilloskop

Die Prüfung hochspannungstechnischer Geräte auf ihre Widerstandsfähigkeit gegen atmosphärische Überspannungen und Schaltüberspannungen erfolgt mit vollen oder abgeschnittenen Stoßspannungen, deren Scheitelwerte und Zeitkenngrößen mit großer Genauigkeit erfaßt werden müssen. Die für die Impulsmeßtechnik ungewöhnlich hohen Genauigkeitsanforderungen ergeben sich aus den Ansprüchen an die Zuverlässigkeit der Bauelemente der Energieversorgungstechnik sowie aus dem hohen finanziellen Wert der Prüfobjekte. Einerseits darf die Prüfspannung nicht zu hoch gemessen werden, damit kein Gerät eine Prüfung besteht, das sich später im Netz als fehlerhaft erweisen würde, andererseits darf die Beanspruchung auch nicht exzessiv sein und einen Fehler im Prüfling provozieren. Unterstellt man den einzelnen Komponenten eines Stoßspannungsmeßkreises Linearität in systemtheoretischem Sinne, was bei den teilweise großen Spannungsunterschieden während der Einmessung und der späteren dielektrischen Beanspruchung nicht unbedenklich ist, bleiben ausreichend Fehlerquellen vorhanden, die die Einhaltung der in VDE, IEC, ANSI und anderen Vorschriften verlangten Fehlergrenzen mit zunehmender Höhe der Prüfspannungen schwierig oder gar unmöglich machen [695, 698].

Zur Ermittlung der Scheitelwerte genormter Stoßspannungen stehen Geräte zur Verfügung, die bei vollen und auch im Rücken abgeschnittenen Stoßspannungen brauchbare Ergebnisse mit Fehlern von etwa 1% liefern. Die Messung geschieht entweder mit einer der in 3.4.2 beschriebenen Scheitelspannungsmeßeinrichtungen mit Zeigerinstrument oder mit einem Stoßspannungsoszilloskop. Letzteres Verfahren erlaubt neben der Messung des Scheitelwerts gleichzeitig eine Beobachtung des gesamten zeitlichen Verlaufs der Prüfspannung und ermöglicht damit auch die Aussage, ob die Isolation des Prüflings die Beanspruchung unbeschadet überstanden hat oder nicht (siehe auch Verfahren nach Hagenguth u. a. [73–78, 573, 574]). Bei der Messung der Scheitelwerte in der Stirn abgeschnittener Stoßspannungen, sogenannter Keilstoßspannungen, können sich bei beiden Verfahren erhebliche Amplitudenfehler ergeben (s. 2.1.5).

Die Aufgabe, hohe, schnell veränderliche Spannungen zu messen; stellt sich nicht nur bei den Geräten der Energieversorgungstechnik, sondern auch oft bei physikalischen Forschungsaufgaben. Dort interessiert neben dem Scheitelwert auch der genaue zeitliche Verlauf der Stoßspannungen, der nicht vom Meßkreis verfälscht werden darf. Die möglichst rückwirkungsfreie meßtechnische Erfassung von Keilwellen oder von Impulsspannungen mit wenigen Nanosekunden Anstiegszeit, z. B. bei Funkenkammern, Beschleunigeranlagen [49–51] und vielen anderen physikalischen Forschungsaufgaben, stellt an die Spannungsteiler Forderungen, die erst von den in neuerer Zeit entwickelten Konstruktionen befriedigend erfüllt werden.

Ein Stoßspannungsteiler muß ein gutes Impulsübertragungsverhalten (engl.: pulse fidelity) aufweisen. Damit allein ist jedoch noch nicht gewährleistet, daß der auf dem Bildschirm des Elektronenstrahloszilloskops einer Auswertung zugänglich gemachte Impuls dem tatsächlichen Spannungsverlauf auf der Hochspannungsseite maßstabgerecht ähnlich ist. Neben dem Spannungsteiler können Zuleitungen und die Übertragung des am Niederspannungsabgriff des Teilers gewonnenen Meßsignals zum Elektronenstrahloszilloskop zusätzliche Fehler verursachen.

## 2.1 Der Meßkreis und seine Übertragungseigenschaften

Wegen der hohen Spannungen und der dadurch bedingten Sicherheitsabstände kann der Teiler meist nicht direkt, sondern nur über Zuleitungen angeschlossen werden. Diese Zuleitungen besitzen bei hohen Frequenzen nicht zu vernachlässigende Induktivitäten und, zur Vermeidung hochfrequenter Einschwingvorgänge, ohmsche Dämpfungswiderstände, an denen Spannungsabfälle auftreten können, so daß die Spannung $u_1(t)$ am Prüfling bzw. Generator nicht notwendigerweise identisch sein muß mit der tatsächlich am Teiler anliegenden Spannung $u_1'(t)$ (Bild 29a).

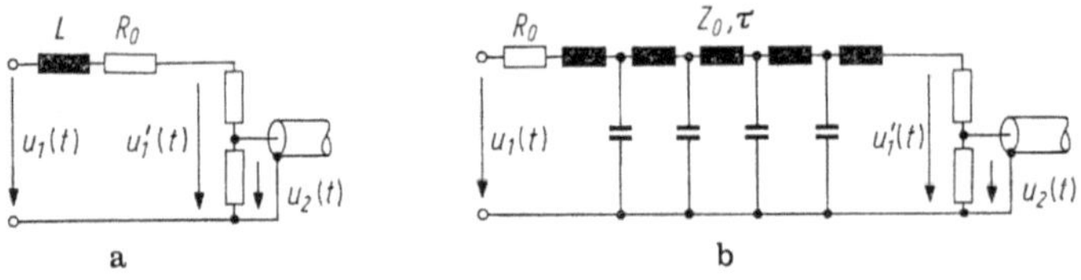


**Bild 29.** Stoßspannungsteiler mit Zuleitung. **a** Konzentrierte Zuleitung: $L$ Zuleitungsinduktivität, $R_0$ Dämpfungswiderstand; **b** Zuleitung mit verteilten Parametern: $Z_0$ Wellenwiderstand, $\tau$ Laufzeit.

Bei sehr schnellen Spannungsänderungen müssen die Verbindungen zwischen Prüfobjekt und Teiler als Leitungen mit verteilten Parametern aufgefaßt werden, Bild 29b. Ausführliche Betrachtungen des Zuleitungsproblems, teilweise mit numerischen Beispielen, finden sich im Schrifttum [68, 135, 151, 585l, 588, 589, 643, 644, 691, 692] Berechnungsunterlagen zur Ermittlung der Induktivität rechteckförmiger Leiterschleifen, speziell im Zusammenhang mit schnellen Stoßspannungsgeneratoren, finden sich bei Kärner [149].

Die Berücksichtigung der Leitungseigenschaften führt zwar zu einem besseren Verständnis der phänomenologisch beobachteten Übertragungseigenschaften räumlich ausgedehnter Stoßspannungsmeßkreise, läßt aber noch manche Frage offen. Die Vielzahl der ungelösten Probleme liegt in der beschränkten Anwendbarkeit der Wanderwellentheorie begründet, weil für deren Gültigkeit geforderte Voraussetzungen — Querabmessungen des Leitungssystems klein gegen

$\lambda/4$ und klein gegen die Leitungslänge (Vernachlässigung der Endeffekte) — nicht erfüllt sind. Die in den genannten Voraussetzungen implizierte Transversalität des E- und H-Feldes ist nicht gegeben, da sich die transienten Anregungen in Form von Kugelwellen ausbreiten und die Leitungslängen zu kurz sind (verglichen mit den Querabmessungen) um die Ausbildung ebener Wellenfronten, zumindest im Raum zwischen den Leitern, zu ermöglichen. In zahlreichen neueren Arbeiten wird daher versucht, Spannungen und Ströme der Leiter unmittelbar aus dem zeitlichen und räumlichen Verlauf des mit einer Sprunganregung verknüpften elektromagnetischen Feldes zu ermitteln [705—710]. Da die Behandlung transienter elektromagnetischer Felder im Zeitbereich jedoch noch im Fluß ist, soll auf diese Arbeiten nicht näher eingegangen werden.

Bei kleinen Spannungen bemüht man sich, die Zuleitung so kurz wie möglich zu halten beziehungsweise ganz zu vermeiden. Dies läßt sich durch geschickte räumliche Anordnung des gesamten Versuchsaufbaus erreichen, wobei gewährleistet sein muß, daß die Übertragungseigenschaften des Teilers weitgehend unempfindlich gegen Umgebungseinflüsse sind. Als Verbindung der erdseitigen Anschlüsse von Generator, Prüfling und Teiler verwendet man zweckmäßig breite Blechstreifen aus Kupfer oder Messing [53, 55]. Bei Messungen an physikalischen Apparaturen mit Impulsspannungen im Nanosekundenbereich ist häufig ein koaxialer Anschluß unumgänglich.

Für die weiteren Überlegungen werden wir den Spannungsteiler mitsamt seinen Zuleitungen als Vierpol bzw. Meßsystem [691—693] betrachten, dessen Eingangsspannung $u_1(t)$ zwischen Zuleitung und Erde und dessen Ausgangsspannung $u_2(t)$ am Niederspannungsabgriff des Teilers zur Verfügung steht [52, 53, 56, 61]. Die Rückwirkung des Meßsystems auf den Stoßspannungskreis, wenngleich häufig bewußt zur Pulsformung mit herangezogen, wird hier nicht berücksichtigt, da es nur um die genaue Erfassung der am Prüfobjekt liegenden Spannung geht, wie auch immer sie zustande kommt (s. a. 2.7).

Die Übertragungseigenschaften eines Stoßspannungsmeßsystems können sowohl experimentell als auch rechnerisch mit den mathematischen Methoden der Systemtheorie ermittelt werden. Ihre experimentelle Bestimmung erfolgt bei hohen Frequenzen mit vergleichsweise kleinen Spannungen. Die Verallgemeinerung der so erhaltenen Ergebnisse auf die im späteren Betrieb tatsächlich auftretenden Hochspannungen setzt dann eine strenge Linearität der Bauelemente im systemtheoretischen Sinn voraus. Diese ist jedoch in den meisten Fällen nicht von Anfang an gegeben. Zum Beispiel können Koronaerscheinungen, spannungsabhängige Entladungsvorgänge in den Bauelementen und thermische Effekte ein mehr oder weniger stark ausgeprägtes nichtlineares Verhalten der Anordnung bewirken. Durch Wahl von Werkstoffen mit kleinen Temperaturkoeffizienten und durch eine geeignete hochspannungstechnische Konstruktion, die bis zur Nennspannung Sprühfreiheit gewährleistet, kann dieses Problem zweitrangig gemacht werden. Eine zutreffende Beurteilung der Übertragungseigenschaften setzt weiter voraus, daß die auf dem Bildschirm beobachteten, von der idealisierten Form abweichenden Impulsverzerrungen tatsächlich vom Teiler und seinen Zuleitungen stammen, und nicht etwa Kabelmantelströmen oder anderen Ursachen zugeschrieben werden müssen (s. 1.5).

### 2.1.1 Ermittlung der Übertragungseigenschaften durch Messung des Frequenzgangs

Die Übertragungseigenschaften eines linearen Systems in bezug auf das Verhalten der Ausgangsspannung $u_2(t)$ beim Anlegen einer beliebigen Eingangsspannung $u_1(t)$ werden häufig stationär ausgemessen. Man legt zunächst an die Eingangsklemmen eine sinusförmige Wechselspannung $u_1(t) = \hat{u}_1 \sin(\omega t + \varphi_1)$ und bestimmt die Amplitude und den Phasenwinkel der Ausgangsspannung $u_2(t) = \hat{u}_2 \sin(\omega t + \varphi_2)$ nach Abklingen der Einschwingvorgänge (Hinweise zur praktischen Durchführung dieser Messungen speziell an Stoßspannungsteilern finden sich bei Berger und Asner [56, 65, 66]).

Das Verhältnis der komplexen Amplitude $\boldsymbol{U}_2 = \hat{u}_2 \exp(\mathrm{j}\varphi_2)$ der Ausgangsspannung $u_2(t)$ zur komplexen Amplitude $\boldsymbol{U}_1 = \hat{u}_1 \exp(\mathrm{j}\varphi_1)$ der Eingangsspannung $u_1(t)$ nennt man Übertragungsfaktor $\boldsymbol{A}(\mathrm{j}\omega)$ oder Frequenzcharakteristik beziehungsweise Frequenzgang des Systems [63]:

$$\boldsymbol{A}(\mathrm{j}\omega) = \frac{\boldsymbol{U}_2}{\boldsymbol{U}_1} = |\boldsymbol{A}(\mathrm{j}\omega)| \exp[\mathrm{j}(\varphi_2 - \varphi_1)].$$

Den Betrag des Übertragungsfaktors $|\boldsymbol{A}(\mathrm{j}\omega)| = A(\omega)$ nennt man den Amplitudengang, $\varphi(\omega) = \varphi_2(\omega) - \varphi_1(\omega) = \arg \boldsymbol{A}(\mathrm{j}\omega)$ den Phasengang des Systems.

Der Übertragungsfaktor beschreibt ursprünglich das Verhältnis der komplexen Augenblickswerte von Ausgangs- und Eingangsspannung, das jedoch mit dem Verhältnis der komplexen Amplituden identisch ist, weil sich die Faktoren $\exp(\mathrm{j}\omega t)$ im Zähler und Nenner aufheben:

$$\boldsymbol{A}(\mathrm{j}\omega) = \frac{\boldsymbol{u}_2(t)}{\boldsymbol{u}_1(t)} = \frac{\hat{u}_2 \exp(\mathrm{j}\varphi_2) \cdot \exp(\mathrm{j}\omega t)}{\hat{u}_1 \exp(\mathrm{j}\varphi_1) \cdot \exp(\mathrm{j}\omega t)} = \frac{\boldsymbol{U}_2}{\boldsymbol{U}_1}.$$

Den Reziprokwert des Betrags des Übertragungsfaktors bezeichnet man bei Spannungsteilern und Wandlern oft als Übersetzungsverhältnis:

$$\frac{1}{A(\omega)} = \ddot{u}(\omega).$$

Der Gebrauch dieses Begriffs, mit dem sich häufig die Vorstellung eines reinen Zahlenverhältnisses verbindet, beispielsweise 1000:1, ist meist nur im Frequenzbereich erlaubt, wenn also nur das Verhältnis zweier Wechselspannungen gleicher Frequenz oder zweier Gleichspannungen ($f = 0$) gemeint ist. Er darf aber auch im Zeitbereich verwendet werden, wenn der Übertragungsfaktor entweder frequenzunabhängig (z. B. rein ohmscher Spannungsteiler) oder wenigstens über den Bereich, innerhalb dessen die spektralen Komponenten des zu messenden Vorgangs liegen, frequenzunabhängig ist. Die gelegentlich anzutreffende Betrachtungsweise, Auswirkungen eines frequenzabhängigen Übersetzungsverhältnisses im Zeitbereich durch ein zeitabhängiges Übersetzungsverhältnis zu beschreiben, verstößt gegen elementare Grundsätze der Systemtheorie und ist unter allen Umständen zu vermeiden.

Das über einen größeren Frequenzbereich gültige Übersetzungsverhältnis einer Meßeinrichtung nennt man Nennübersetzungsverhältnis. Beginnt dieser

Frequenzbereich bei $f = 0$, spricht man auch vom Gleichspannungsübersetzungsverhältnis $\ddot{u}_0$:

$$\ddot{u}_0 = \lim_{\omega \to 0} \frac{1}{A(\omega)}$$

Kennt man den Übertragungsfaktor eines Systems für sinusförmige Spannungen, so läßt sich mit seiner Hilfe auch der Verlauf der Ausgangsspannung $u_2(t)$ eines Systems für nichtsinusförmige und nichtperiodische Eingangsspannungen $u_1(t)$ aus dem Fourier-Integral ermitteln [67].

Zuerst berechnet man mit dem Fourier-Integral die Fourier-Transformierte der Eingangsspannung $u_1(t)$, in der Technik häufig Spektralfunktion genannt:

$$\boldsymbol{F}_1(\mathrm{j}\omega) = \int_{\tau=-\infty}^{\infty} u_1(\tau) \exp(-\mathrm{j}\omega\tau)\, \mathrm{d}\tau .$$

Es ist zweckmäßig, die Integrationsvariable mit $\tau$ zu bezeichnen, um sie von $t$ zu unterscheiden. Die Multiplikation der Spektralfunktion $\boldsymbol{F}_1(\mathrm{j}\omega)$ der Eingangsspannung $u_1(t)$ mit dem Übertragungsfaktor $\boldsymbol{A}(\mathrm{j}\omega)$ des Systems ergibt die Spektralfunktion $\boldsymbol{F}_2(\mathrm{j}\omega)$ der Ausgangsspannung $u_2(t)$:

$$\boldsymbol{F}_2(\mathrm{j}\omega) = \boldsymbol{A}(\mathrm{j}\omega) \cdot \boldsymbol{F}_1(\mathrm{j}\omega) .$$

Den gesuchten zeitlichen Verlauf der Ausgangsspannung $u_2(t)$ erhält man durch Rücktransformation der Spektralfunktion in den Zeitbereich:

$$u_2(t) = \frac{1}{2\pi} \int_{\omega=-\infty}^{\infty} \boldsymbol{F}_2(\mathrm{j}\omega) \cdot \exp(\mathrm{j}\omega t)\, \mathrm{d}\omega = \frac{1}{2\pi} \int_{\omega=-\infty}^{\infty} \boldsymbol{A}(\mathrm{j}\omega) \cdot \boldsymbol{F}_1(\mathrm{j}\omega) \cdot \exp(\mathrm{j}\omega t)\, \mathrm{d}\omega .$$

Mit Ausnahme elementarer Fälle, die geschlossen lösbar sind, erfolgt die Auswertung des Fourierintegrals mit Hilfe der diskreten Fourier-Transformation (DFT) auf dem Digitalrechner, wobei die eigentliche Berechnung mit der sogenannten schnellen Fourier-Transformation (FFT, engl.: Fast Fourier Transform) durchgeführt wird [677, 711].

Im Rahmen der Systemtheorie kommt dem Übertragungsfaktor eine umfassendere Bedeutung zu. Ersetzt man $\mathrm{j}\omega$ durch die komplexe Variable $s = \delta + \mathrm{j}\omega$, so erhält man den verallgemeinerten Übertragungsfaktor $\boldsymbol{A}(s)$, der das Verhältnis der Laplace-Transformierten der Ausgangsspannung zur Laplace-Transformierten der Eingangsspannung eines Systems für beliebige nichtsinusförmige Erregung beschreibt.

$$\boldsymbol{A}(s) = \frac{\mathfrak{L}\{u_2(t)\}}{\mathfrak{L}\{u_1(t)\}} = \frac{U_2(s)}{U_1(s)} = \frac{\boldsymbol{U}_2}{\boldsymbol{U}_1}$$

$\boldsymbol{A}(s)$ wird Systemfunktion genannt und kann bei linearen Netzwerten mit Hilfe der Methoden der komplexen Wechselstromrechnung bestimmt werden.

Die experimentelle Messung des Phasengangs bereitet wegen der großen Amplitudenunterschiede zwischen Eingangs- und Ausgangsspannung einige Schwierigkeiten. In der Mehrzahl der Fälle erübrigt sich jedoch eine meßtechnische Ermittlung. Die Spannungsteilerschaltungen stellen nämlich, von Ausnahmen abgesehen, sogenannte Mindestphasensysteme dar [52, 61]. Eine besondere Eigenschaft der Mindestphasensysteme (auch Minimalphasensysteme genannt) ist aber die Tatsache, daß Dämpfung und Phase sich gegenseitig eindeutig bestimmen [63] (die Phase ist die Hilberttransformierte der Dämpfung).

In praxi erfolgt die Berechnung des Phasengangs graphisch und rechnerisch aus dem Bode-Integral [68, 69]. Die Ermittlung des Phasengangs aus der Dämpfung liefert nur dann richtige Ergebnisse, wenn die Spannungsteilerschaltung ein Mindestphasensystem ist, daß heißt, daß die Phase unter allen Systemen mit gleichem Amplitudengang ein Minimum annimmt. Dies läßt sich jederzeit leicht nachprüfen. Man bestimmt aus dem Ersatzschaltbild der vorliegenden Teileranordnung samt Zuleitung den verallgemeinerten Übertragungsfaktor bzw. die Systemfunktion $\boldsymbol{A}(s)$ in Form einer gebrochen rationalen Funktion mit reellen Koeffizienten [63, 64, 70]:

$$\boldsymbol{A}(s) = \frac{Z(s)}{N(s)}.$$

Die Systemfunktion $\boldsymbol{A}(s)$ beschreibt ein Netzwerk aus konzentrierten, linearen Bauelementen, wenn $N(s)$ ein Hurwitz-Polynom ist, d. h., die Realteile der Nullstellen von $N(s)$ im Inneren der linken $s$-Halbebene liegen und weiter gewährleistet ist, daß der Grad des Zählerpolynoms nicht größer als der Grad des Nennerpolynoms ist. Damit $\boldsymbol{A}(s)$ Systemfunktion eines Mindestphasennetzwerks ist, müssen zusätzlich die Nullstellen des Zählers im Innern der linken $s$-Halbebene oder auf deren Rand liegen. Die Spannungsteilerschaltungen stellen praktisch immer Abzweigschaltungen dar, die, wie aus der Netzwerktheorie bekannt ist, von Natur aus minimalphasig sind. In Zweifelsfällen lassen sich die Nullstellen des Zähler- und Nennerpolynoms auf einfache Weise mittels eines Nullstellensuchverfahrens (Nusu) auf einem Digitalrechner berechnen.

Die Ermittlung der Übertragungseigenschaften eines Spannungsteilers aus Frequenzgangmessungen erlaubt einen guten Einblick in die physikalische Verhaltensweise der Meßanordnung [79, 80]. In der Praxis zieht man jedoch heute dem Frequenzgangverfahren die weniger zeitraubende Eichung und Überprüfung der Meßanordnung im Zeitbereich vor.

### 2.1.2 Ermittlung der Übertragungseigenschaften durch Messung der Sprungantwort

Die Bestimmung der Übertragungseigenschaften linearer Systeme durch einmalige oder wiederholte Schaltvorgänge hat auf vielen Gebieten das Frequenzgangverfahren abgelöst [81—83, 697, 699]. Schaltet man eine Gleichspannung der Höhe $U_0$ zum Zeitpunkt $t = 0$ auf ein Netzwerk, so kann man den zeitlichen Verlauf der Eingangsspannung beschreiben durch

$$u_1(t) = U_0 \sigma(t),$$

mit dem Einheitssprung

$$\sigma(t) = \begin{cases} 0 \text{ für } t < 0 \\ 1 \text{ für } t > 0. \end{cases}$$

Die Eingangsspannung ruft am Ausgang des Systems eine Spannung $u_2(t)$ hervor, die sogenannte Sprungantwort (engl.: step response). Bezieht man die Sprungantwort auf $U_0$, so erhält man die dimensionslose Einheitssprungantwort

$$h(t) = \frac{u_2(t)}{U_0}.$$

Sie ist unabhängig von der Höhe der Eingangsspannung. Bei der Betrachtung der Übertragungseigenschaften von Stoßspannungsteilern erweist sich noch eine zusätzliche Normierung mit dem Gleichspannungsübersetzungsverhältnis $\ddot{u}_0 = U_0/U_2$ als zweckmäßig:

$$g(t) = h(t)\,\ddot{u}_0 = \frac{u_2(t)\,\ddot{u}_0}{U_0}.$$

Häufig wird $h(t)$ auch als Übergangsfunktion oder Zeitcharakteristik eines Systems bezeichnet [64, 144]. Zeitcharakteristik $h(t)$ und Frequenzcharakteristik $\boldsymbol{A}(s)$ sind durch folgende Gleichung miteinander verknüpft:

$$\boldsymbol{A}(s) = s\mathfrak{L}\{h(t)\}$$

$$\boldsymbol{A}(s) = h(+0) + \int_0^\infty h'(\tau)\exp(-s\tau)\,\mathrm{d}\tau = h(+0) + \mathfrak{L}\{h'(t)\}.$$

Sofern $h(t)$ in einfacher, analytischer Form vorliegt, kann man für beliebige analytisch beschreibbare Eingangsspannungen $u_1(t)$ die Ausgangsspannung $u_2(t)$ eines Spannungsteilers mit Hilfe der Laplace-Transformation leicht ermitteln [64, 71, 72]. Man berechnet die Laplace-Transformierten der Eingangsspannung und der Sprungantwort und erhält die Ausgangsspannung im Bildbereich zu

$$U_2(s) = U_1(s)\,\boldsymbol{A}(s) = U_1(s)\,s\mathfrak{L}\{h(t)\}.$$

Die Ausgangsspannung $u_2(t)$ im Zeitbereich ergibt sich durch Rücktransformation der rechten Seite der Gleichung nach den bekannten Regeln zu

$$u_2(t) = \mathfrak{L}^{-1}\{U_2(s)\}.$$

In der Mehrzahl der Fälle liegt $h(t)$ nicht in analytischer Form, sondern als experimentelles Ergebnis einer oszillographischen Messung vor. Hier kann die Ausgangsspannung $u_2(t)$ als Antwort auf ein Eingangssignal $u_1(t)$ beliebigen zeitlichen Verlaufs mit Hilfe des Duhamelschen Integrals (Faltungsintegral) ermittelt werden [84, 86, 87]:

$$u_2(t) = u_1(+0)\cdot h(t) + \int_{\tau=0}^{\tau=t} u_1'(t-\tau)\cdot h(\tau)\,\mathrm{d}\tau$$

bzw.

$$u_2(t) = u_1(t)\cdot h(+0) + \int_{\tau=0}^{\tau=t} u_1(t-\tau)\cdot h'(\tau)\,\mathrm{d}\tau.$$

Die Lösung des Integrals erfolgt durch graphische Integration oder mittels eines numerischen Verfahrens [63, 66, 85].

Für die analytische Behandlung wählt man die Form, die zum einfacheren Integral führt. Beide Gleichungen existieren auch in anderer Schreibweise, die dadurch entsteht, daß $t - \tau = x$ gesetzt und $x$ wieder $\tau$ genannt wird (Kommutativgesetz der Faltungsoperation).

### 2.1.3 Impulsgeneratoren zur Messung der Sprungantwort

Zur Messung der im vorigen Abschnitt definierten Sprungantwort benötigt man Spannungsimpulse mit folgendem zeitlichen Verlauf:

$$u_1(t) = U_0 \cdot \sigma(t),$$

mit

$$\sigma(t) = \begin{cases} 0 \text{ für } t < 0 \\ 1 \text{ für } t > 0. \end{cases}$$

Da nur die Übertragungseigenschaften an der oberen Frequenzgrenze der Spannungsteiler interessieren — die untere Frequenzgrenze weist, die kapazitiven Spannungsteiler ausgenommen, keine Probleme auf —, verwendet man wegen der einfacheren Erzeugung und Handhabung fast ausschließlich periodische Rechteckimpulsspannungen, deren Rückenzeit mindestens so groß sein muß, daß die Sprungantwort ihren stationären Endwert erreicht.

Spannungssprünge mit unendlicher Steilheit lassen sich physikalisch nicht realisieren. Man kann sich jedoch mit Anstiegszeiten begnügen, die klein sind gegen die Eigenanstiegszeiten der zu untersuchenden Systeme. Legt man einen Spannungsimpuls mit einer Anstiegszeit $T_{a_1}$ an ein System mit einer Eigenanstiegszeit $T_{a_2}$, so läßt sich unter später noch zu nennenden Voraussetzungen die Anstiegszeit $T_{a_3}$ der Ausgangsspannung berechnen aus:

$$T_{a_3} = \sqrt{T_{a_1}^2 + T_{a_2}^2}.$$

Für ein Verhältnis $T_{a_1}/T_{a_2} = 1/5$ unterscheidet sich also die gemessene Anstiegszeit $T_{a_3}$ nur um den Faktor 1,02 von der Anstiegszeit, die man beim Anlegen einer Rechteckspannung mit unendlich steilen Flanken gemessen hätte. Die geringe Abweichung von 2% ist im Rahmen der hier erforderlichen Genauigkeit zu vernachlässigen. Demnach besitzt eine Testfunktion dann eine ausreichende Steilheit, wenn ihre Anstiegszeit etwa fünfmal kleiner als die Anstiegszeit der zu messenden Sprungantwort ist.

Bild 30 zeigt das Prinzipschaltbild eines Impulsgenerators für Spannungsimpulse mit einer Anstiegszeit von etwa $1 \cdot 10^{-9}$ s und einem Scheitelwert von 100 V. Die Schaltung hat den Vorzug, für schnelle Vorgänge einen definierten ohmschen Innenwiderstand $R_i$ zu besitzen, da bei hohen Frequenzen der frequenzabhängige Widerstand $1/\omega C_s$ des Kondensators $C_S$ gegen $R_i$ vernachlässigt werden kann. Dies ist besonders wichtig, wenn das Prüfobjekt nicht elektrisch kurz, sondern über ein Kabel angeschlossen wird. Bei angepaßtem, abgeschlossenem Kabel, $Z = R_i$, wird die Impulsamplitude auf die Hälfte reduziert. Gleichzeitig gewinnt man aber den Vorzug, daß — vom Prüfobjekt aus gesehen — der

Innenwiderstand der Spannungsquelle auf die Hälfte verkleinert wird und damit der Generator weniger anfällig gegen kapazitive Belastung wird.

Der Kondensator $C_S$ wird aus einer Gleichspannungsquelle wählbarer Polarität aufgeladen. Beim Schalten des mit einer periodischen Wechselspannung erregten Relais wird der Kondensator über den Innenwiderstand $R_i$, den Entladewiderstand $R_E$ und die Belastungsimpedanz $Z_a$, bestehend aus $R_a$ und $C_a$, entladen. Wenn die zu untersuchenden Spannungsteiler immer elektrisch kurz angeschlossen

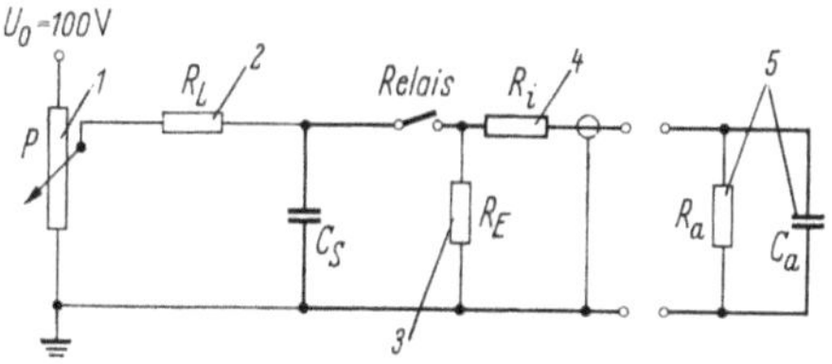


**Bild 30.** Impulsgenerator zur Erzeugung von Testimpulsen mit 100 V Scheitelwert und möglichen Anstiegszeiten $T_a < 1$ ns. *1* Potentiometer zur Einstellung der Impulsamplitude, *2* Ladewiderstand $R_L$, *3* Entladewiderstand, *4* ohmscher Innenwiderstand, *5* Belastungsimpedanz (Spannungsteiler).

werden, wählt man $R_i$ zweckmäßig so klein, daß die Ausgangsspannung des Generators sowohl im Leerlauf als auch bei Belastung mit $Z_a$ den gleichen zeitlichen Verlauf aufweist. Andererseits muß $R_i$ mindestens so groß bleiben, daß in dem Serienresonanzkreis, gebildet aus $C_s$, $C_a$ und den Zuleitungsinduktivitäten, ein aperiodischer Stromverlauf erzwungen wird. Bei Sprungantwortmessungen der Hochspannungstechnik wird $R_i = 0$ verlangt und die erforderliche Dämpfung durch einen in der Zuleitung zum Spannungsteiler liegenden externen Widerstand $R_i$ bewirkt [664, 665].

Bild 31 zeigt die Ausgangsspannungen des Impulsgenerators bei kapazitiver Last und unterschiedlichem Innenwiderstand $R_i$. Ist der Innenwiderstand der Spannungsquelle klein, erhält man einen schwingenden Verlauf (engl. ringing), bei großem Innenwiderstand eine Verflachung der Impulsstirn durch kapazitive Rückwirkung (engl. loading effect).

Die Verflachung der Impulsstirn läßt sich für kleine Kapazitäten über die Anstiegszeit $T_a$ des $RC$-Gliedes $R_i$, $C_a$ berechnen zu:

$$T_a = 2{,}2 R_i C_a .$$

Um kleine Innenwiderstände $R_i$ zu ermöglichen, ist es erforderlich, die Leitungsinduktivitäten des in Bild 30 durch stärkere Strichdicke hervorgehobenen Resonanzkreises auf ein Minimum zu reduzieren. Dies erreicht man durch einen induktionsarmen Kondensator $C_S$, der zwecks Verringerung seiner Eigeninduktivität aus mehreren parallelgeschalteten Scheibenkondensatoren zusammengesetzt wird, sowie durch einen gedrängten, nach Möglichkeit koaxialen Aufbau des gesamten Entladekreises. Besondere Beachtung verdient noch das Schaltelement. Schalter und Relais mit normalen mechanischen Kontakten weisen ein mehr oder weniger starkes Prellen auf, das sie für die hier erforderlichen kurzen Schaltzeiten ungeeignet macht. Quecksilberschaltröhren oder Relais mit quecksilberbenetzten Kontakten arbeiten jedoch prellfrei. Bild 32 zeigt den Aufbau eines Relais mit quecksilberbenetzten Kontakten. Der bewegliche Kontakt des Relais besteht aus magnetischem Material und wird als Rückschluß eines außerhalb der Schaltröhre befindlichen Eisenkreises benutzt. Wenn durch die Erregerspule dieses Eisenkreises ein Wechselstrom fließt, bewegt sich die Kontaktfeder unter dem Einfluß der magnetischen Kräfte mit der doppelten

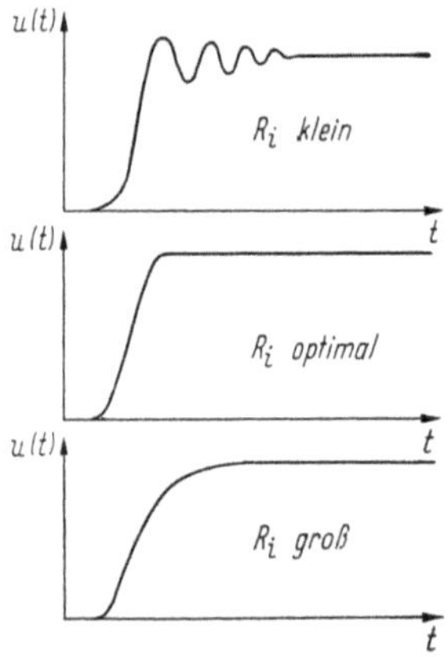


**Bild 31.** Zeitlicher Verlauf der Ausgangsspannung des Impulsgenerators nach Bild 21 in Abhängigkeit von der Belastung.

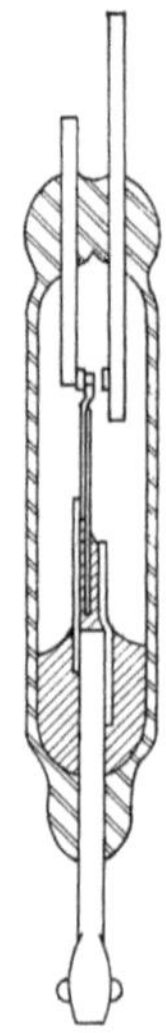

**Bild 32.** Mechanisches Relais mit quecksilberbenetzten Kontakten (Werkbild Clare).

Frequenz der angelegten Spannung. Bei geringeren Anforderungen an die zu schaltende Spannung, jedoch höheren Ansprüchen an Jitter, erweisen sich V-MOS-Feldeffekttransistoren den Quecksilberschaltröhren überlegen.

Durch die Belastung $Z_a$ und den eingebauten Entladewiderstand $R_E$ ergibt sich kein idealer Rechteckimpuls. Der Verlauf der Leerlaufspannung des Generators folgt bei durchgeschaltetem Relais und unter Vernachlässigung des Einflusses der Ladespannungsquelle der Gleichung

$$u(t) = U_0 \cdot \exp(-t/R_E C_s).$$

Abhängig von der Größe der Last und der des eingebauten Entladewiderstands ergibt sich also eine Dachschräge mit exponentiellem Verlauf. Für praktisch vorkommende Fälle hat jedoch die Sprungantwort ihren stationären Endwert längst erreicht, noch ehe sich ein Spannungsabfall von wenigen Promille bemerkbar macht.

Bei genauerer Betrachtung der Schaltung mit angeschlossener Last $Z_a$ stellt sich eine Identität mit den in der Hochspannungstechnik gebräuchlichen Stoßentladekreisen heraus. Der Kapazität $C_s$ entspricht die Stoßkapazität, dem Innenwiderstand $R_i$ der Dämpfungswiderstand, dem Relais die Schaltfunkenstrecke;

$R_E$, $R_a$ und $C_a$ stellen den Entladewiderstand und die Belastungskapazität eines einstufigen Stoßspannungsgenerators dar.

Echte Rechteckimpulse ohne Dachschräge liefert die Schaltung nach Bild 33. Sie geht aus der in Bild 30 dargestellten Schaltung hervor, indem man den Kondensator $C_S$ durch ein leerlaufendes Koaxialkabel ersetzt [88]. Der Generator erzeugt einwandfreie Rechteckimpulse, wenn die Belastung gleich dem Wellenwiderstand des Ladekabels ist. Bei Belastung des Generators mit Widerständen, die sich vom Wellenwiderstand des Ladekabels unterscheiden, machen sich nach der doppelten Laufzeit des Ladekabels in der abfallenden Flanke des Impulses Reflexionen bemerkbar, die jedoch bei der hier betrachteten Anwendung bewußt in Kauf genommen werden können.

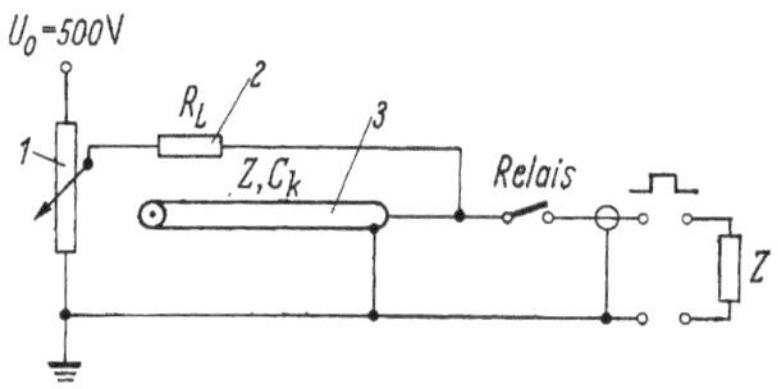


**Bild 33.** Impulsgenerator zur Erzeugung von Rechteckimpulsen mit Scheitelwerten von 500 V und Anstiegszeigen $T_a < 1$ ns. *1* Potentiometer zur Einstellung der Impulsamplitude, *2* Ladewiderstand, *3* Ladekabel, *Z* Belastungsimpedanz (Spannungsteiler).

Beim Schließen des Relais entsteht an den Generatorklemmen ein Rechteckspannungsimpuls mit der Amplitude $U_0/2$ und einer Impulsdauer, die der doppelten Laufzeit des Ladekabels entspricht. Unterschiedliche Impulslängen werden durch verschieden lange Kabel erreicht. Das aufgeladene Kabel wirkt wie eine Spannungsquelle mit dem Innenwiderstand $Z$. Bei der Kontaktgabe des Relais wird diese Spannungsquelle mit einem Widerstand der Größe $Z$ belastet, so daß die Klemmenspannung auf die Hälfte absinkt. Ähnliche Kabelgeneratoren werden auch für Hochspannung gebaut [50].

Bei hochohmigen Prüfobjekten, wie sie die Spannungsteiler im allgemeinen darstellen, kann man auch vorteilhaft folgende Schaltung verwenden, Bild 34, [65, 66].

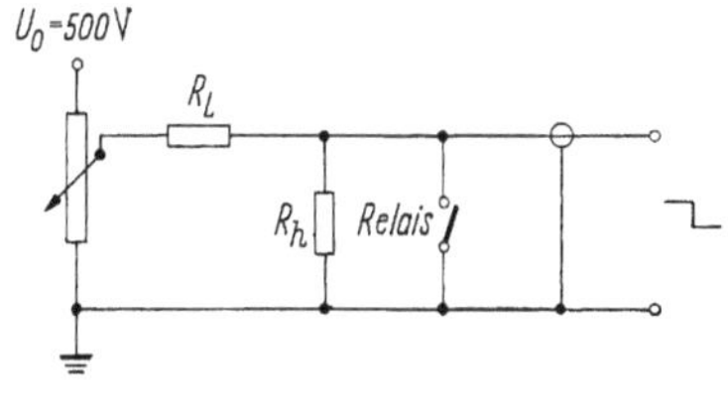


a

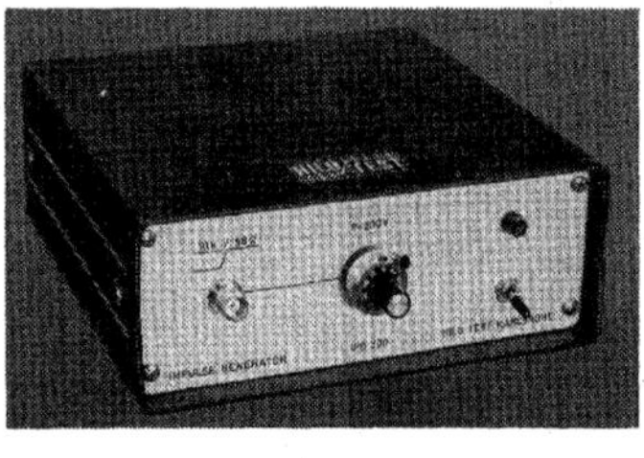

b

**Bild 34. a** Schaltung zur Messung der Sprungantwort hochohmiger Spannungsteiler und Netzwerke; **b** nach obigem Prinzip arbeitender tragbarer Impulsgenerator (Hilo-Test).

Der Rechteckstoß wird durch das Kurzschließen einer an den hochohmigen Widerstand $R_h$ angelegten Gleichspannung erzeugt. Als Relais dient ebenfalls wieder eine Quecksilberschaltröhre.

Messungen der Sprungantwort räumlich ausgedehnter Hochspannungsprüfkreise bedürfen gewöhnlich einer Modifikation des Meßsystems, bei der der Stoßspannungsmeßkreis um ein vertikales Leitungsstück erweitert wird (Bild 35).

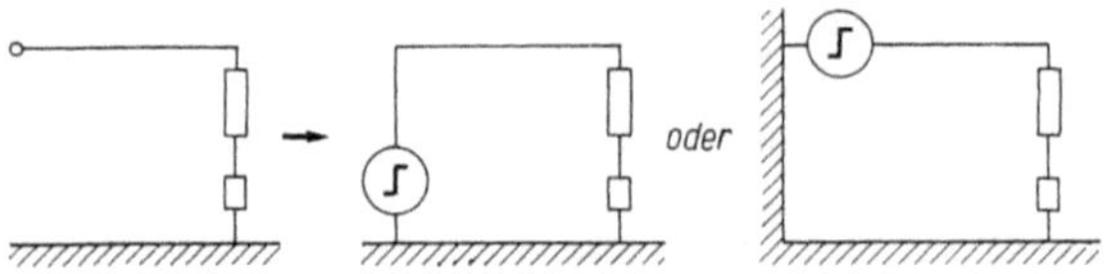


**Bild 35.** Modifikation eines Hochspannungsmeßsystems mit räumlich getrennten Eingangsklemmen für Sprungantwortmessungen mit normalem Pulsgenerator.

Nach Korrektur des Einflusses der vertikalen Leitung und unter Verwendung einiger umständlicher, in den Vorschriftenwerken definierter Begriffe können aus der Sprungantwort des modifizierten Systems Sprungantwort und Anstiegszeit des nichtmodifizierten Systems abgeschätzt werden [665].

Ein Großteil der mit der Modifikation verbundenen Schwierigkeiten läßt sich umgehen, wenn ein Pulsgenerator mit verteilten Quellen eingesetzt wird (Bild 36).

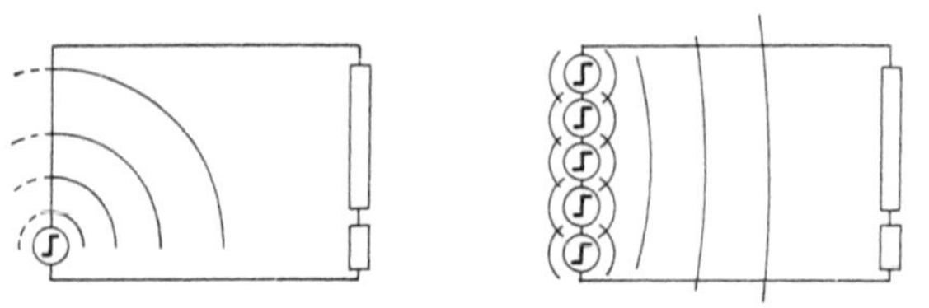

**Bild 36.** Sprungantwortmessung in Systemen mit verteilten Parametern.

Dieser Generator ermöglicht die Ermittlung der Sprungantwort des unmodifizierten Systems und kommt den späteren Prüfbedingungen viel näher. Während die leitungsgebundenen und durch Strahlung übertragenen Signalkomponenten eines Pulsgenerators mit konzentrierter Quelle den Teiler zu unterschiedlichen Zeiten erreichen, treffen beide Komponenten des Generators mit verteilten Quellen gleichzeitig am Teiler ein. Vernachlässigt man die Endeffekte, so überlagern sich die Kugelwellen der einzelnen Quellen zu einer Zylinderwelle. Mit diesem Generator durchgeführte Sprungantwortmessungen entbehren der bei gewohntem Vorgehen auftretenden Probleme. Die gute Übereinstimmung experimentell gewonnener Sprungantworten mit berechneten Ergebnissen ist nicht überraschend, da erst der Generator mit verteilten Quellen eine essentielle Voraussetzung für die Anwendbarkeit der Wanderwellentheorie wenigstens näherungsweise schafft, die Transversalität des E- und H-Feldes.

Der Pulsgenerator mit verteilten Quellen besteht im wesentlichen aus einem Isolierstoffrohr, in dem mehrere in Reihe geschaltete transistorisierte Signalgeneratoren untergebracht sind, die über Lichtleiter gleicher Länge simultan getriggert werden. Die Verwendung von N-Kanal-V-MOS-Feldeffekttransistoren ermöglicht eine Stufenspannung von 50 V bei Anstiegszeiten unter 5 ns (Bild 37).

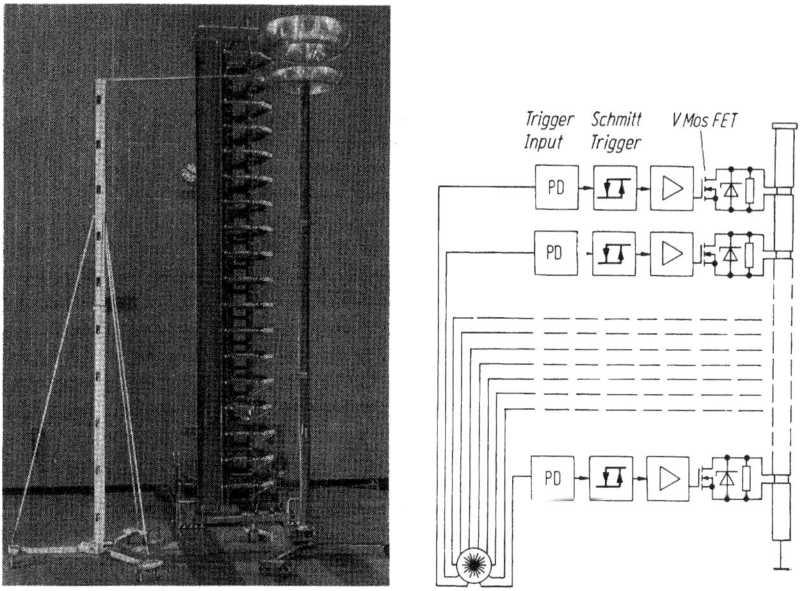


**Bild 37.** Pulsgenerator mit verteilten Quellen für Sprungantwortmessungen in räumlich ausgedehnten Systemen (Hochspannungsinstitut Universität Karlsruhe).

Die Anpassung der Bauhöhe des Generators an den vorhandenen Stoßspannungsteiler ermöglicht eine beträchtliche Zeitersparnis bei Sprungantwortmessungen.

Um die Linearität einer Teileranordnung zu überprüfen, erscheint es zuweilen wünschenswert, zur Messung der Sprungantwort Hochspannungsrechteckstöße zu verwenden. Hochspannungsrechteckstöße werden fast ausschließlich als Spannungszusammenbruch an Preßgas- und Ölfunkenstrecken erzeugt [50, 51, 89–92, 94, 136, 147–149]. Nach dem Funkengesetz von Toepler [92] ist in Gasen die Aufbauzeit der Funkenentladung der Feldstärke umgekehrt proportional. Preßgasfunkenstrecken erlauben somit bei vorgegebenem Abstand schnellere Schaltzeiten. Da die hohen Drücke nicht ganz unbedenklich sind, hat Asner unter Verwendung einer Versteilerungsfunkenstrecke [93] einen Impulsgenerator für Stoßspannungen von 100 kV Scheitelwert und 5 ns Anstiegszeit gebaut (Bild 38). Die Schaltfunkenstrecke arbeitet bei normalem Luftdruck und ist als

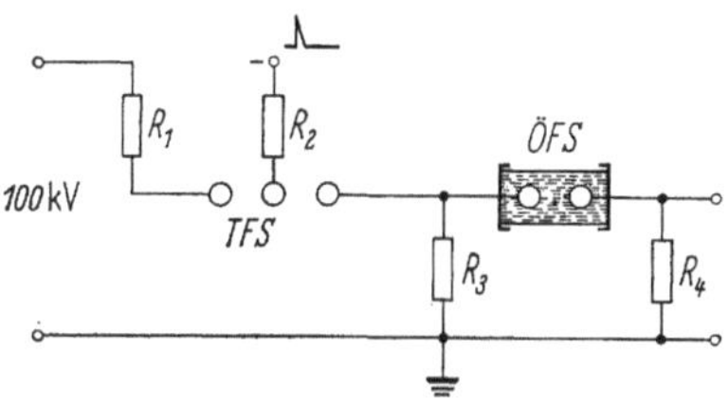


**Bild 38.** Hochspannungsimpulsgenerator mit Versteilerungsfunkenstrecke. $R_1$, $R_2$ Dämpfungs- und Schutzwiderstände, $R_3$, $R_4$ Widerstände zur Impulsformung. TFS Schaltfunkenstrecke mit Triggerelektrode, ÖFS Ölfunkenstrecke. (Nach Asner [65]).

Dreielektrodenfunkenstrecke mit Triggerelektrode aufgebaut. Beim Anlegen eines Zündimpulses an die Mittelelektrode wird der Durchschlag der Schaltfunkenstrecke eingeleitet. Der dadurch entstehende Spannungszusammenbruch zündet die Ölfunkenstrecke mit sehr günstigem Stoßfaktor, so daß am Ausgang des Generators ein steiler Rechteckstoß zur Verfügung steht.

McDonald, Benning und Brient beschreiben einen Impulsgenerator für Spannungsimpulse mit 100 kV Scheitelwert und 0,1 ns Anstiegszeit [95]. Die kurzen Anstiegszeiten werden erreicht durch Reihenschaltung zweier Funkenstrecken, von denen eine im Unterdruckbereich arbeitet. Die Unterdruckfunkenstrecke wird unter Ausnutzung der statistischen Verzögerungszeit mit sehr hohen Überspannungen gezündet, so daß der Spannungszusammenbruch in sehr kurzer Zeit erfolgt.

Sehr elegant lassen sich Impulsgeneratoren mit Wasserstoffthyratrons als Schalter aufbauen [18, 145, 146, 150]. Schaltfrequenzen in der Größenordnung von 10 kHz und hohe Sperrspannungen machen sie Quecksilberschaltröhren überlegen. Die erreichbaren Anstiegszeiten liegen in der Größenordnung von wenigen Nanosekunden. Die kürzestmögliche Anstiegszeit wird im allgemeinen weniger durch die Geschwindigkeit des Entladungsaufbaus in der Röhre als durch die Induktivitäten der Schaltelemente und Leitungen des äußeren Entladekreises bestimmt.

Bei der Messung der Übertragungseigenschaften von Stoßspannungsteilern mit Hochspannungstestimpulsen müssen unbedingt koronafreie Zuleitungen verwendet werden. Wie Untersuchungen von Creed, Kawamura und Newi [135, 549] gezeigt haben, führen Sprüherscheinungen der Zuleitungen zu einer ausgeprägten Verflachung der Stirn des Testimpulses, ähnlich wie bei der Dämpfung von Wanderwellen durch Korona auf Freileitungen. Die verflachte Impulsstirn täuscht eine erhöhte Antwortzeit (s. 2.1.4) des Spannungsteilers vor, stellt jedoch in Wirklichkeit ein Zuleitungsproblem dar.

### 2.1.4 Anstiegszeit und Antwortzeit

Die Güte der Übertragungseigenschaften eines Systems für Meßzwecke kennzeichnet man in erster Linie durch seine Bandbreite $B$, seine Anstiegszeit $T_a$ oder in der Hochspannungstechnik auch durch seine Antwortzeit $T_r$ (engl. response time). Insbesondere in der Impulstechnik hat sich der Begriff der Anstiegszeit durchgesetzt [21, 85, 96, 137]. Unter der Anstiegszeit eines Spannungs- oder Stromimpulses versteht man die Zeit, innerhalb der die betrachtete Größe von 10% auf 90% ihres Endwerts angestiegen ist (Bild 39). Unter der Anstiegszeit eines Übertragungssystems, beispielsweise eines Elektronenstrahloszilloskops, versteht man die Anstiegszeit der Ausgangsspannung, wenn auf den Eingang ein Spannungssprung mit unendlich steiler Flanke gegeben wird; mit anderen Worten, die Anstiegszeit der Sprungantwort des Systems. Entsprechende Definitionen gelten für die Abfallzeit eines Impulses beziehungsweise eines Systems (Anstiegszeit und Abfallzeit eines nur näherungsweise linearen Systems, z. B. bei der Wiedergabe einer Rechteckspannung durch einen Oszilloskopmeßverstärker, müssen nicht notwendigerweise gleich groß sein). Neben der oben angegebenen Definition existieren noch weitere Definitionen der Anstiegszeit, z. B. von 1% auf 99% oder von 30% auf 90% des Endwerts, die jedoch keine große Verbreitung gefunden haben. Schließlich gibt es noch die Stirnzeit $T_s$ nach VDE und IEC [97, 98, 591], die sich zwar speziell bei Abnahmeprüfungen für Geräte der Energieversorgungstechnik eingebürgert hat, dort jedoch nicht zur Beschreibung der hochfrequenten Übertragungseigenschaften der Geräte verwendet wird sondern der Kennzeichnung eines typischen zeitlichen Spannungsverlaufs dient (Normstoßspannung) (Bild 40).

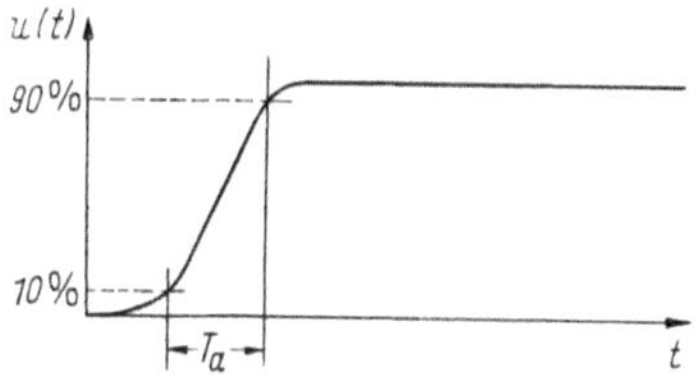


**Bild 39.** Definition der Anstiegszeit $T_a$ eines Spannungsimpulses.

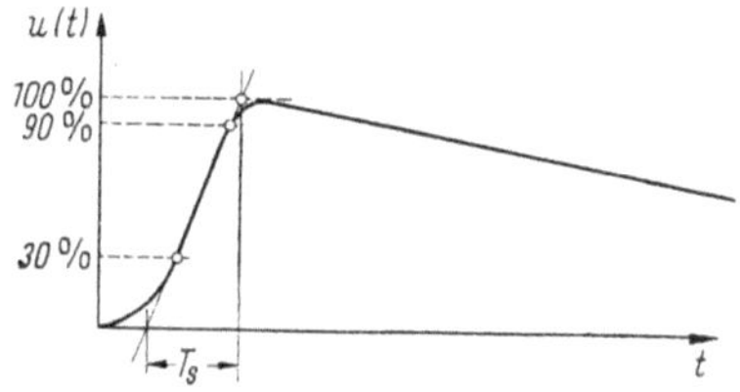


**Bild 40.** Definition der Stirnzeit $T_s$ einer Stoßspannung nach VDE und IEC.

Vor der Einführung des Begriffs der Anstiegszeit war es häufig üblich, die Güte von Spannungsteilern nach ihrer Zeitkonstante zu beurteilen. Kleine Zeitkonstanten versprachen eine hohe obere Grenzfrequenz. Zwischen der Anstiegszeit $T_a$ und der Zeitkonstanten $T$ des exponentiellen Verlaufs des Meßsignals besteht ein fester Zusammenhang. Legt man an den Eingang eines $RC$-Gliedes,

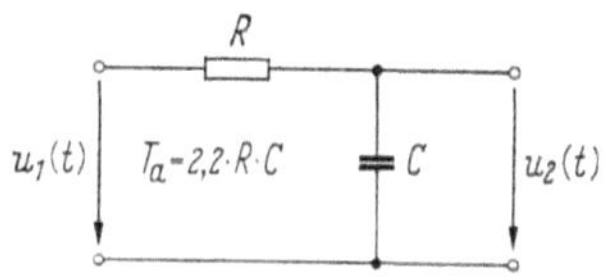


**Bild 41.** RC-Glied; zur Erklärung des Zusammenhangs zwischen Anstiegszeit $T_a$ und Zeitkonstante $T = RC$.

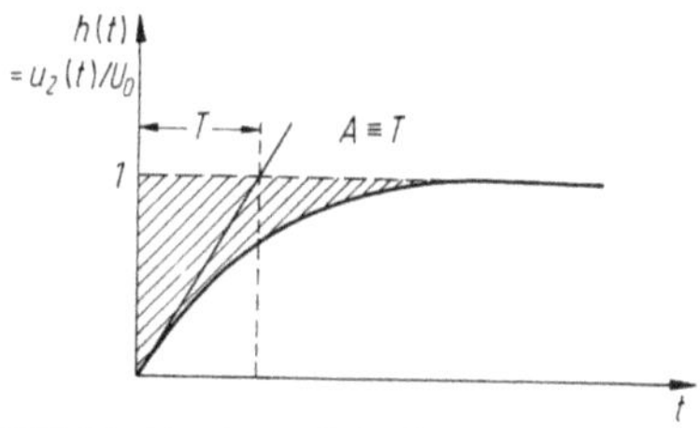


**Bild 42.** Zwei mögliche Definitionen der Zeitkonstante einer Sprungantwort.

Bild 41, einen Spannungssprung $u_1(t) = U_0 \cdot \sigma(t)$ mit unendlich steiler Flanke, so steigt die Ausgangsspannung exponentiell an, Bild 42. Die Anstiegszeit $T_a$ des $RC$-Gliedes, beziehungsweise auch der Ausgangsspannung $u_2(t)$, läßt sich berechnen [21, 96] zu

$$T_a = 2{,}2RC = 2{,}2T\,.$$

Die Zeitkonstante $T$ der Einheitssprungantwort kann mit Hilfe der Tangente im Nullpunkt, aber auch aus dem Integral

$$T \equiv A = \int_0^\infty [1 - h(t)]\,\mathrm{d}t = \int_0^\infty \exp\,(-t/RC)\,\mathrm{d}t$$

ermittelt werden. $A$ ist die in Bild 42 schraffiert eingezeichnete Fläche. Die Definition von $T$ mit Hilfe der Tangente im Nullpunkt verliert ihren Sinn bei schwingender Wiedergabe. Die der Hochspannungstechnik eigenen großen Ausdehnungen der Versuchsanordnungen bedingen zwangsläufig beträchtliche Zuleitungsinduktivitäten und Streukapazitäten, so daß häufig einem exponentiellen Spannungsverlauf eine mehr oder weniger starke Schwingung überlagert ist. Um auch in diesen Fällen eine Zeitkonstante angeben zu können, wurde der Begriff Antwortzeit eingeführt, Bild 43 [98, 99]. Die Antwortzeit stellt die Fläche dar, die der zeitliche Verlauf der mit dem Übersetzungsverhältnis normierten Einheitssprungantwort mit deren Endwert 1 und der Achse $t = 0$ einschließt: (Definition von $g(t)$ s. 2.1.2):

$$T_R = \int_0^\infty [1 - g(t)]\, \mathrm{d}t = T_1 - T_2 + T_3 - T_4 \cdots .$$

In der Literatur findet man auch die Bezeichnung verallgemeinerte Zeitkonstante oder Verzerrungskonstante [99, 551]. Die Antwortzeit dient zur Abschätzung der Amplitudenfehler bei der Messung von Keilstoßspannungen (s. 2.1.5).

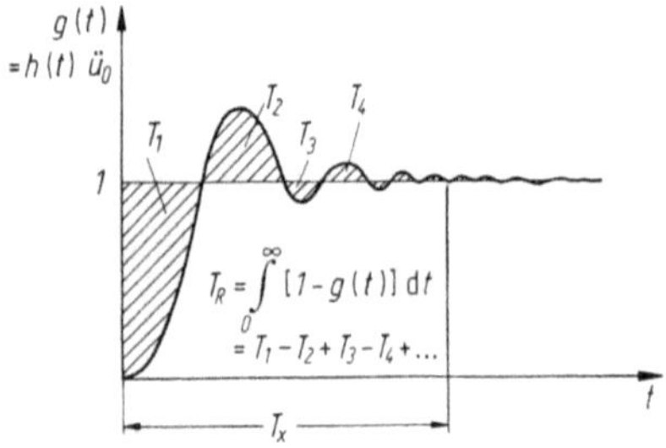


**Bild 43.** Definition der Antwortzeit $T_R$.

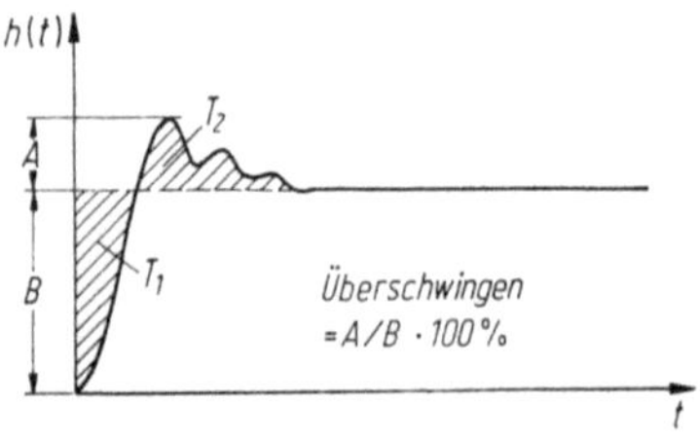


**Bild 44.** Definition des prozentualen Überschwingens (engl.: overshoot).

Als zweckmäßig erweist sich weiter die Definition einer Beruhigungszeit $T_x$, nach deren Verstreichen die Abweichungen der Sprungantwort vom Endwert 1 innerhalb einer vorgegebenen Toleranz bleiben.

Man kann aus der Angabe der Antwortzeit eines Teilers nur dann auf seine Übertragungseigenschaften schließen, wenn gleichzeitig die Übergangsfunktion oder zumindest das prozentuale Überschießen angegeben wird (Bild 44). Die Flächen $T_2$ und $T_1$ lassen sich durch entsprechenden Abgleich bei einem kompensierten ohmschen oder gedämpften kapazitiven Teiler ohne weiteres gleich groß machen, ja man erreicht auch ohne Schwierigkeiten, daß $T_2 < T_1$ wird, was sogar einer negativen Antwortzeit entspräche. Dies erhellt, daß die Antwortzeit allein kein allgemein anwendbares Kriterium für die Güte eines Spannungsteilers ist [584, 585].

Eindeutiger charakterisiert die Anstiegszeit $T_a$ einen Spannungsteiler. Die Definition der Anstiegszeit behält, abhängig von der erforderlichen Genauigkeit, ihren Sinn bis zu einem Überschießen von maximal 5%. Da jedoch ein Spannungsteiler mit einem Überschießen > 5% als Meßinstrument für viele Anwendungen ohnehin fragwürdig erscheint, ist es naheliegend, die Anstiegszeit $T_a$ der Antwortzeit $T_R$ vorzuziehen [3, 85]. Die Anstiegszeit eines Spannungsteilers gibt dem Experimentator sofort eine anschauliche Vorstellung über dessen Brauchbarkeit für eine bestimmte meßtechnische Aufgabe. Sie erlaubt eine einfache Abschätzung der Verflachung der Impulsstirn durch den „loading effect" (s. 2.1.6) und die Eigenanstiegszeiten von Teilern und Elektronenstrahloszilloskopen. Anstiegszeiten rückwirkungsfrei gekoppelter Systeme können geometrisch addiert werden [21, 96, 100]:

$$T_{a_{ges}} = \sqrt{T_{a_1}^2 + T_{a_2}^2 + \cdots T_{a_n}^2}.$$

Entsprechend läßt sich die tatsächliche Anstiegszeit eines Rechteckimpulses endlicher Steilheit rückwirkend aus der auf dem Bildschirm beobachteten Anstiegszeit berechnen:

$$T_s = \sqrt{T_M^2 - T_a^2}.$$

In dieser Gleichung bedeutet $T_s$ die tatsächliche Anstiegszeit eines Signals, $T_M$ die beobachtete und $T_a$ die Eigenanstiegszeit des Elektronenstrahloszilloskops. Die Genauigkeit dieser Rückrechnung nimmt stark ab, wenn die Signalanstiegszeit kleiner wird als die Eigenanstiegszeit des Elektronenstrahloszilloskops. Zum Beispiel führen die folgenden Ablese- und Zeitbasisfehler bis zu einem Unterschied von 100% zwischen tatsächlichem und berechnetem Signal [101, 586, 587]

| | | |
|---|---|---|
| $T_a/T_s = 2/1$ | 11% | Ablesefehler führen zu einem |
| $T_a/T_s = 3/1$ | 5% | Fehler bis zu 100% zwischen |
| $T_a/T_s = 4/1$ | 3% | berechnetem und tatsächlichem |
| $T_a/T_s = 5/1$ | 2% | Signal. |

Die geometrische Addition gilt streng nur bei Gaußschen Systemen mit einem Überschwingen kleiner als 5% (sie gilt beispielsweise nicht bei der Übertragung steiler Impulse durch Koaxialkabel mit Skineffekt). Unter Gaußschen Systemen versteht man Übertragungsglieder, deren Dämpfung an der oberen Frequenzgrenze durch eine Gaußsche Fehlerkurve beschrieben werden kann, d. h. quadratisch mit der Frequenz zunimmt (Bild 45). Mit anderen Worten, bei einer Frequenz-

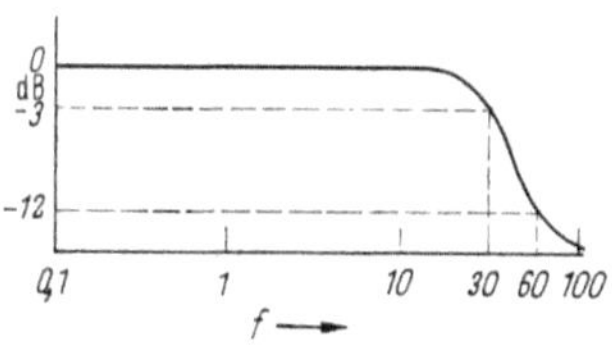


**Bild 45.** Amplitudengang mit Gaußschem Abfall.

verdopplung von beispielsweise 30 auf 60 MHz steigt die Dämpfung von −3 dB auf −12 dB. Ein Gaußscher Übertragungsfaktor läßt sich zwar mit einer endlichen Anzahl von Bauelementen nicht realisieren (Paley-Wiener-Kriterium), jedoch kann der Dämpfungsverlauf der meisten Kettenschaltungen mit ausreichender Genauigkeit durch die Gaußsche Fehlerfunktion approximiert werden.

Die oben angegebene Gleichung für die geometrische Addition von Anstiegszeiten entstammt nicht etwa einer Vielzahl von Beobachtungen, sondern sie besitzt eine solide mathematische Grundlage im zentralen Grenzwertsatz der Wahrscheinlichkeit [96, 102, 103, 634]. Den gleichen Ausgangspunkt besitzt auch der mathematische Zusammenhang zwischen Anstiegszeit und 3-dB-Bandbreite. Bei Tiefpaßsystemen mit gutem Impulsübertragungsverhalten, deren Sprungantwort demnach in kürzester Zeit ohne merkliches Überschießen monoton den Endwert erreicht (Gaußsche Systeme), kann die Anstiegszeit aus der Bandbreite berechnet werden [100]:

$$T_a = \frac{0{,}35}{B}.$$

Die Gleichung gilt nicht für breitbandige Meßverstärker schlechthin, sondern nur für breitbandige Impulsverstärker, deren Übertragungsfunktion einen Gaußschen Abfall besitzt (engl. pulse tuned).

### 2.1.5 Fehlerermittlung bei der Messung des Scheitelwerts in der Stirn abgeschnittener Stoßspannungen

Während der Prüfung von Hochspannungstransformatoren und Überspannungsableitern stellt sich das Problem der genauen Messung des Scheitelwerts in der Stirn abgeschnittener Stoßspannungen. Wegen der unzureichenden hochfrequenten Übertragungseigenschaften der Meßsysteme werden meist zu kleine Werte gemessen (Bild 46).

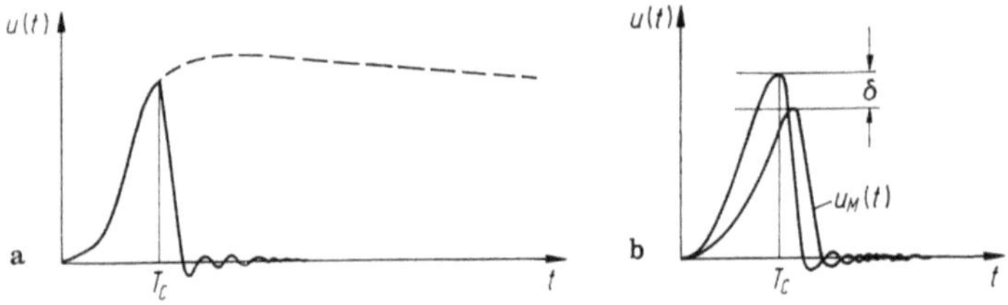


**Bild 46. a** Entstehung eines keilförmigen Spannungsverlaufs durch zeitlich gesteuertes Abschneiden einer vollen Blitzstoßspannung mittels einer Funkenstrecke oder durch Ansprechen eines Überspannungsableiters; **b** Meßfehler $\delta$, hervorgerufen durch unzureichende hochfrequente Übertragungseigenschaften des Meßsystems (Idealisierter Verlauf).

Mit Hilfe der Methoden der Systemtheorie erscheint es zunächst möglich, den ursprünglichen Spannungsverlauf aus dem verfälschten Meßsignal rekonstruieren zu können. Im Zeitbereich $\left(u_1(t),\ u_2(t)\right)$ ist der Zusammenhang zwischen Ein- und Ausgangsspannung des Meßsystems durch Differentialgleichungen, im Frequenzbereich (Laplace-Bereich, Bildbereich, $U_1(s)$, $U_2(s)$) durch die Systemfunktion der Anordnung gegeben.

Theoretisch könnte somit bei Kenntnis der Bauelemente des Meßsystems aus dem verzerrten Signal das ursprüngliche Signal errechnet werden. Leider steht das Meßsignal nicht in analytischer Form, sondern als experimentell gewonnene Zeitfunktion zur Verfügung, der sich nur mit endlicher Genauigkeit ein analytischer Ausdruck zuordnen läßt. Dies gilt auch für die Systemfunktion, die wahlweise aus den Bauelementen des Meßkreises berechnet oder aus dem gemessenen Frequenzgang bzw. der Sprungantwort des Systems gewonnen werden kann. Bei ersterem Vorgehen können die Bauelemente nur meßtechnisch erfaßt, aufgrund ihrer parasitären Natur (Streukapazitäten u. -induktivitäten) häufig sogar nur grob abgeschätzt werden, bei den beiden letzteren Verfahren wird die Anwendung einer Approximationsmethode erforderlich. Ließen sich sowohl Systemfunktion als auch Ausgangssignal mit beliebiger Genauigkeit analytisch darstellen, wäre eine Rekonstruktion des Eingangssignals ohne Informationsverlust möglich (Rauschen und externe Störeinflüsse vernachlässigt). In praxi ist die erreichbare Genauigkeit bei der Ermittlung der Systemfunktion aus Netzwerkelementen wie aus gemessener Sprungantwort unzureichend, so daß eine genaue Rekonstruktion unmöglich, eine Fehlerabschätzung innerhalb der von den Prüfvorschriften verlangten Genauigkeit beschränkt möglich ist.

Eine zusätzliche Schwierigkeit ergibt sich aus der Tatsache, daß die Sprungerregung zwischen zwei räumlich auseinanderliegenden Klemmen auftritt. Dies erfordert eine Modifikation der Prüfanordnung, bei der der Meßkreis um ein vertikales Leiterstück ergänzt wird. Die ermittelte Sprungantwort ist nicht mit der des unmodifizierten Systems identisch und bedingt eine weitere Korrektur. Die Modifikation wird entbehrlich, wenn ein Sprungspannungsgenerator mit verteilten Parametern eingesetzt wird (s. 2.1.3).

Die in den vorangegangenen Kapiteln angestellten Betrachtungen erlauben die exakte Bestimmung der Ausgangsspannung eines Meßsystems, wenn der zeitliche Verlauf der Eingangsspannung vorgegeben ist. In der Praxis der Fehlerbestimmung hat man jedoch in umgekehrter Reihenfolge vorzugehen. Zu einem gemessenen zeitlichen Verlauf der Ausgangsspannung sucht man den tatsächlichen Verlauf der Eingangsspannung. Da der systemtheoretische Aufwand nicht unerheblich und für den Prüffeldgebrauch nicht zumutbar ist, hat man ein vergleichsweise einfaches Verfahren entwickelt, das mit Hilfe der sogenannten Antwortzeit eine Fehlerabschätzung bei Keilstoßspannungen erlaubt. Dieses Verfahren wurde in einschlägige Normen zur Hochspannungs-Prüftechnik aufgenommen [664, 665, 696].

Läßt sich die in der Stirn abgeschnittene Stoßspannung durch einen linearen Anstieg annähern, kann der prozentuale Fehler abgeschätzt werden:

$$\delta = \frac{T_R}{T_c} \cdot 100\%.$$

Hierin bedeuten $T_c$ die Abschneidezeit und $T_R$ die Antwortzeit des Meßsystems (s. 2.1.4). Beispielsweise ergibt sich bei einer Abschneidezeit von 500 ns und einer Antwortzeit von 50 ns bereits ein Fehler von 10%. Je nach Verlauf der Systemfunktion können aber ohne weiteres auch zu hohe Scheitelwerte gemessen werden, für die obige Fehlerabschätzung keineswegs angebracht ist.

Der Beziehung zwischen Scheitelwertfehler, Abschneidezeit und Antwortzeit sowie den Voraussetzungen für ihre Gültigkeit liegen folgende Überlegungen zugrunde.

Legt man an ein Meßsystem eine linear ansteigende Spannung

$$u_1(t) = St = S \int_0^t \mathrm{d}\tau\,,$$

so berechnet sich die Ausgangsspannung mit Hilfe des Duhamel-Integrals (s. 2.1.2) zu

$$u_2(t) = S \int_0^t h(\tau)\,\mathrm{d}\tau = \frac{S}{\ddot{u}_0} \int_0^t g(\tau)\,\mathrm{d}\tau\,.$$

Der momentane Unterschied zwischen beiden Spannungen beträgt

$$\Delta u(t) = u_1(t) - \ddot{u}_0 \cdot u_2(t) = S \int_0^t \mathrm{d}\tau - S \int_0^t g(\tau)\,\mathrm{d}\tau\,,$$

$$\Delta u(t) = S \int_0^t [1 - g(\tau)]\,\mathrm{d}\tau\,.$$

Nach der Beruhigungszeit $T_x$ (s. 2.1.4), wenn Eingangs- und Ausgangsspannung gleiche Steigung aufweisen, nimmt der Fehler einen konstanten Wert an (in der Regelungstechnik als „steady state error" bezeichnet):

$$\Delta U = \Delta u(T_x) = \Delta u(\infty) = S \int_0^\infty [1 - g(\tau)]\,\mathrm{d}\tau\,.$$

In dieser Gleichung erkennt man unschwer die in 2.1.4 definierte Antwortzeit, so daß der Fehler auch angegeben werden kann als

$$\Delta U = S T_R\,.$$

Ersetzt man die Steigung $S$ durch den Quotienten $u_1(T_c)/T_c$, so erhält man den eingangs erwähnten, vom Abschneidezeitpunkt abhängigen prozentualen Fehler $\delta$.

Da der Fehler $\Delta u$ lediglich die momentane Abweichung linear ansteigender Eingangs- und Ausgangsspannungen eines Systems beschreibt, muß bei Systemen mit echten Laufzeiteigenschaften (Zuleitung zum Spannungsteiler) die Antwortzeit $T_R$ um die Laufzeit vermindert werden, um den wahren Fehler für die Keilwelle zu erhalten (Bild 47).

Die in den Vorschriften genannte Voraussetzung, daß Eingangs- und Ausgangsspannung mit gleicher Steilheit linear ansteigen müssen, ist nicht direkt nach-

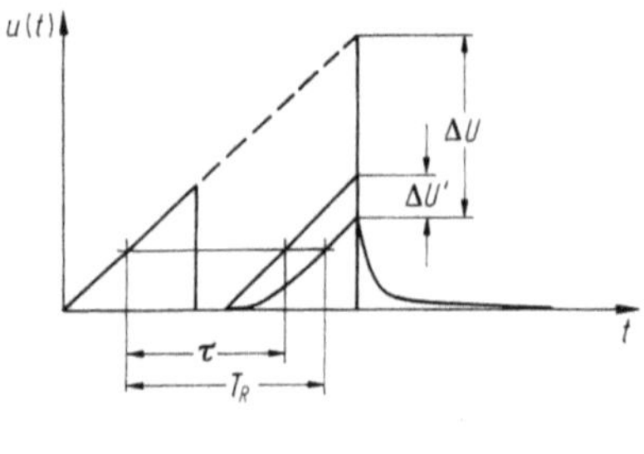


$$\Delta U = S T_R$$

$$\Delta U' = S(T_R - \tau)$$

**Bild 47.** Scheitelwertfehler in einem System mit Laufzeiteigenschaften.

prüfbar, da der zeitliche Verlauf der Eingangsspannung ja nicht bekannt ist. Zweckmäßiger ist die Forderung $T_c > T_x$, die systemtheoretisch die gleiche Aussagekraft besitzt und darüber hinaus leicht an Hand der Sprungantwort überprüft werden kann.

In der Praxis gestaltet sich die Fehlerermittlung sehr schwierig, da einerseits beim Eingangssignal, mehr noch beim gemessenen Signal, starke Abweichungen vom geforderten linearen Verlauf auftreten und andererseits die Ermittlung der Sprungantwort eines räumlich ausgedehnten Systems problematisch ist. Ausführliche Betrachtungen finden sich im umfangreichen Schrifttum [60, 90, 664–671].

### 2.1.6 Rückwirkung eines Spannungsteilers auf den Hochspannungskreis

Von einer Spannungsmeßeinrichtung verlangt man im allgemeinen Rückwirkungsfreiheit, d. h., daß sich die zu messende Spannung bei Ankopplung der Meßeinrichtung nicht ändert. Dies ist praktisch dann erfüllt, wenn der Innenwiderstand der Meßeinrichtung groß ist gegen den Innenwiderstand der Spannungsquelle. Man macht sich die Verhältnisse meist an einem Ersatzschaltbild

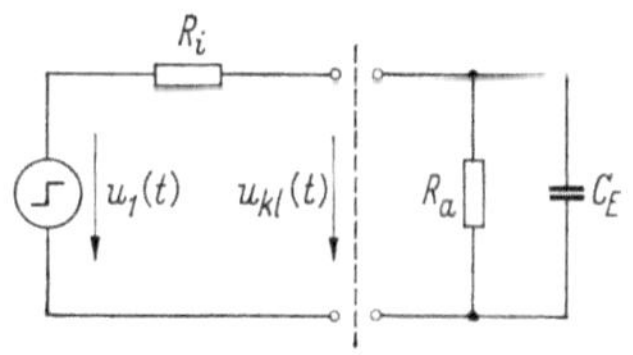


**Bild 48.** Ersatzschaltbild zur Ermittlung der Rückwirkung eines Stoßspannungsteilers auf eine Impulsspannungsquelle mit ohmschem Innenwiderstand $R_i$.

klar, in dem die Spannungsquelle aus der Reihenschaltung einer idealen Spannungsquelle mit dem Innenwiderstand Null und einem definierten Widerstand $R$ besteht. Die Belastung der Quelle durch den Spannungsteiler kann bei induktionsarmer Ankopplung durch ein $RC$-Glied ersetzt werden (Bild 48). $R_a$ stellt den gesamten Längswiderstand $R_1 + R_2$ des Teilers dar, $C_E$ die Längs- und Erdkapazität des Teilers.

Wir wollen uns bei den folgenden Betrachtungen auf eine Leerlaufspannung mit dem zeitlichen Verlauf $u_1(t) = U_0 \cdot \sigma(t)$ beschränken (s. 2.1.3), weil dabei die Verhältnisse am übersichtlichsten zu erklären sind. Es leuchtet ein, daß bei leerlaufender Quelle die Klemmenspannung $u_{kl}(t)$ identisch ist mit der Leerlaufspannung $u_1(t)$. Abhängig von Betrag und Phase der Abschlußimpedanz $Z_a$ wird bei Belastung der Quelle ein Strom entnommen, der an $R_i$ einen frequenzabhängigen Spannungsabfall verursacht, um den die Klemmenspannung gegenüber der Leerlaufspannung vermindert wird.

Bei der Messung der Sprungantwort von Stoßspannungsteilern unter Verwendung von Niederspannungsimpulsgeneratoren mit einem Innenwiderstand in der Größenordnung von 50 Ω kann der Spannungsteiler in bezug auf seine ohmsche Belastung als rückwirkungsfrei betrachtet werden. Schwierigkeiten bereitet jedoch die Erdkapazität $C_E$, die für die hochfrequenten Komponenten der Impulsspannungen einen großen Leitwert darstellt und damit zu vergleichsweise großen Spannungsabfällen an $R_i$ führen wird. Da für die Steilheit der Flanken einer nichtsinusförmigen Spannung der Gehalt an hohen Frequenzen maßgebend ist, wird die Anstiegszeit der Klemmenspannung bei Belastung zunehmen. Die Vergrößerung der Anstiegszeit kann einfach berechnet werden [21, 96]:

$$T_a = 2{,}2 R_i C_E .$$

Ist diese berechnete Anstiegszeit etwa fünfmal kleiner als die Anstiegszeit der Leerlaufspannung, so beeinflußt der Spannungsteiler den zeitlichen Verlauf der Klemmenspannung praktisch nicht. Liegt sie in der gleichen Größenordnung, so kann die Rückwirkung durch geometrische Addition beziehungsweise Subtraktion berücksichtigt werden (s. 2.1.4).

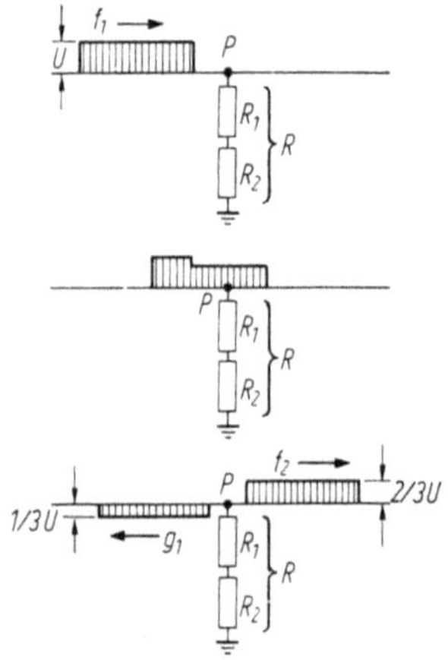


**Bild 49.** Rückwirkung eines ohmschen Spannungsteilers auf Wanderwellensysteme für den Fall $R = Z$.

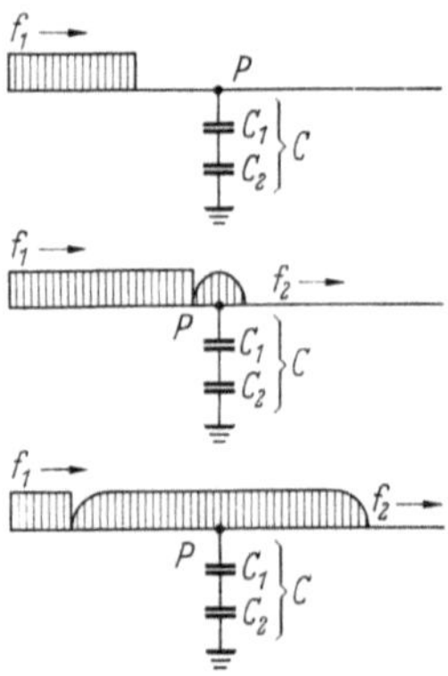


**Bild 50.** Rückwirkung eines kapazitiven Spannungsteilers auf Wanderwellensysteme.

Eine ähnliche Betrachtung kann man für Impulsspannungen in Wanderwellensystemen anstellen [105, 597, 598]. Der Innenwiderstand der Quelle besitzt, vom Spannungsteiler aus betrachtet, den Wert $Z/2$, Bild 49. Für einen rein ohmschen Teiler (die Streukapazität sei hier vernachlässigt) ergibt sich dann in $P$ eine Amplitudenabsenkung, die aus folgender Gleichung berechnet werden kann:

$$g_1 = f_1 \frac{1}{1 + \dfrac{R}{Z/2}} \approx f_1 \frac{Z}{2R}.$$

In obiger Gleichung bedeutet $f_1$ die auf die Stoßstelle zulaufende Wanderwelle und $g_1$ die reflektierte Welle. Die nach der Stoßstelle vorhandene Welle ist in Bild 49 mit $f_2$ bezeichnet ($f_2 = f_1 - g_1$).

Die in $P$ auftretenden Reflexionen führen in dämpfungsarmen Systemen zu Verzerrungen der Kurvenform, die dann zu vernachlässigen sind, wenn $g_1$ nur ein oder zwei Prozent der einlaufenden Welle $f_1$ beträgt, der Spannungsteiler also einen Gesamtwiderstand in der Größenordnung von 10 kΩ oder mehr besitzt.

Kapazitive Spannungsteiler verändern zwar nicht die Amplitude, außer bei Keilwellen, verflachen jedoch die Stirn der Wanderwellen (Bild 50).

Die Anstiegszeit der über den Punkt $P$ weglaufenden Welle errechnet sich bei unendlich steil angenommener einlaufender Welle $f_1$ zu

$$T_a = 2{,}2 \frac{Z}{2} C.$$

Die Gesamtkapazität $C$ des Spannungsteilers wird aus einer Spannungsquelle mit dem inneren Widerstand $Z/2$ aufgeladen. Die Wellenwiderstände von Wanderwellensystemen liegen üblicherweise in dem Bereich zwischen 300 und 600 Ω, woraus man sofort ersieht, welche scharfen Forderungen an die Gesamtkapazität gestellt werden.

Als Beispiel sei noch die Rückwirkung eines ohmsch-kapazitiv gemischten Spannungsteilers auf einen Stoßentladekreis nach VDE betrachtet, Bild 51 [97].

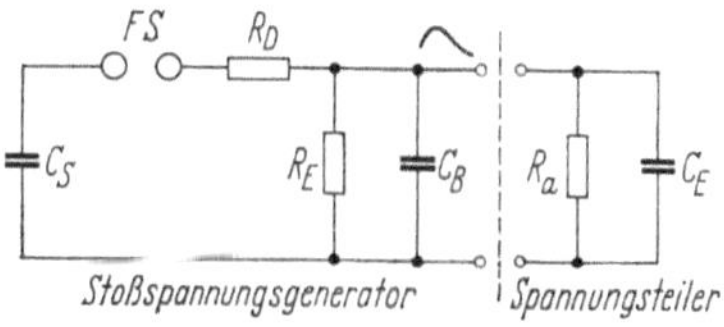


**Bild 51.** Rückwirkung eines ohmschen Spannungsteilers mit Parallelkapazität auf einen Stoßentladekreis.

Der zeitliche Verlauf der Ausgangsspannung des Generators wird durch geeignete Wahl der Parameter $C_S$, $R_D$, $R_E$, $C_B$ eingestellt. Die Stirnzeit $T_S$ der Stoßspannung ist in erster Näherung der Belastungskapazität $C_B$ proportional, die Rückenzeit $T_R$ dem Entladewiderstand $R_E$. Beim Zuschalten des Spannungsteilers wird der wirksame Entladewiderstand verkleinert, die wirksame Belastungskapazität vergrößert. Die prozentuale Änderung der Stirn- und Rückenzeit läßt sich also leicht abschätzen. Genau kann die Rückwirkung der kapazitiven und ohmschen Belastungen mit den im Schrifttum zur Berechnung von Stoßkreisen angegebenen Formeln ermittelt werden [97, 106, 107, 588, 642].

Die bei den Normwellen vorkommenden Stirnsteilheiten werden durch die üblichen Teilerkapazitäten im allgemeinen nicht unzulässig stark angegriffen, da die Summe aus der Belastungskapazität und der Kapazität des Prüfobjekts ohnehin schon über 1000 pF beträgt. Außerdem sind Abweichungen der Stirnzeit bis zu 30% nach den derzeitigen Prüfvorschriften zulässig. Schwierigkeiten ergeben sich bei der Erzeugung von Steilstößen mit Stirnzeiten von wenigen Zehntel Mikrosekunden, da dort die Belastungskapazität naturgemäß kleiner ausgelegt ist und damit der Generator für kapazitive Belastung anfälliger wird.

Spannungsteiler mit vergleichsweise kleinem ohmschen Widerstand von wenigen Kiloohm besitzen eine starke Rückwirkung auf die Rückenzeit $T_R$, insbesondere bei Stoßgeneratoren zur Nachbildung von Schaltüberspannungen mit Rückenzeiten von mehreren 1000 µs. Abhilfe schafft hier eine größere Stoßkapazität $C_s$, die in Grenzen durch teilweise Parallelschaltung der im Stoßgenerator eingebauten

Teilstoßkapazitäten bereitgestellt werden kann, zweckmäßig jedoch bei der Konstruktion des Generators im Hinblick auf seine spätere Verwendung berücksichtigt wird.

## 2.2 Ohmsche Spannungsteiler

### 2.2.1 Der zweistufige kompensierte Spannungsteiler ohne Berücksichtigung der Induktivitäten und der verteilten Erdkapazitäten

Ein ohmscher Spannungsteiler besteht aus der Reihenschaltung zweier Widerstände $R_1$ und $R_2$, wobei $R_1$ im allgemeinen groß gegen $R_2$ ist (Bild 52). Als Übersetzungsverhältnis des Teilers bezeichnet man das Verhältnis der zu teilenden Spannung $u_1(t)$ zu dem am Niederspannungsteil $R_2$ abzugreifenden Meßsignal $u_2(t)$:

$$ü = \frac{u_1(t)}{u_2(t)} = \frac{R_1 + R_2}{R_2}.$$

Im praktischen Betrieb wird dem Niederspannungsteil $R_2$ die Eingangsimpedanz der Meßeinrichtung parallel geschaltet und damit abhängig von deren Größe

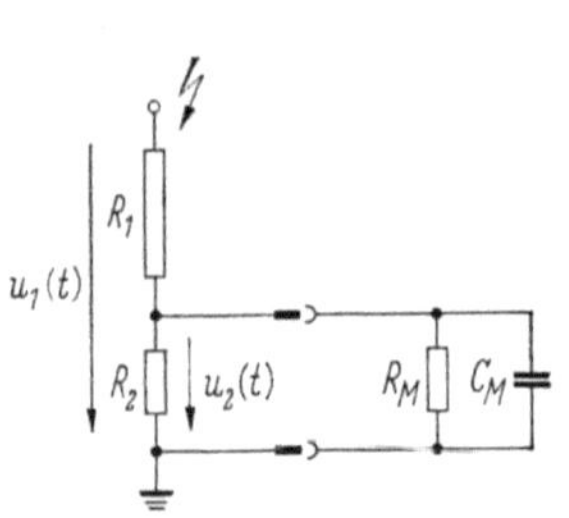


**Bild 52.** Ohmscher Spannungsteiler ohne Berücksichtigung der verteilten Erdkapazitäten.

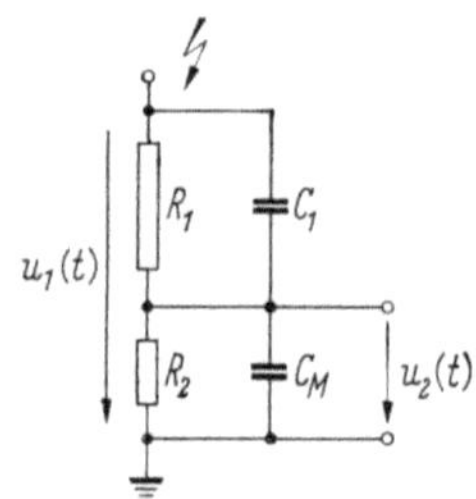


**Bild 53.** Kompensierter ohmscher Spannungsteiler.

das Übersetzungsverhältnis mehr oder weniger stark verfälscht. Für die Messung steiler Impulsspannungen wird das Meßsignal vom Spannungsteiler mit einem Koaxialkabel, das an seinem Ende mit dem Wellenwiderstand abgeschlossen ist, zum Elektronenstrahloszilloskop übertragen. Der Anschluß des Meßkabels macht sich in der Parallelschaltung eines ohmschen Widerstands der Größe $Z$ bemerkbar, der das Übersetzungsverhältnis in leicht überschaubarer Weise frequenzunabhängig beeinflußt (s. 1.4). Bei manchen Meßaufgaben ist es erforderlich, den Niederspannungswiderstand $R_2$ über ein nicht angepaßtes Kabel mit einem Elektronenstrahloszilloskop zu verbinden. Die Eingangsimpedanz eines Elektronenstrahloszilloskops stellt sich gewöhnlich in Form eines ohmschen Widerstands in der Größenordnung von einem Megohm dar, dem eine Kapazität von 10 bis 50 pF parallel geschaltet ist. Zu diesem Wert addiert sich die Kapazität des Meßkabels, die mit 30 bis 150 pF/m berücksichtigt werden muß. Während die ohmsche Belastung des Niederspannungsteils fast immer vernachlässigt werden kann, bewirkt die kapazitive Belastung bei hohen Frequenzen und bei nichtsinusförmigen Spannungen, die ja bekanntlich hochfrequente Komponenten enthalten, daß das Übersetzungsverhältnis frequenzabhängig wird. Für hochfrequente sinusförmige Spannungen ergibt sich daher ein neues Übersetzungsverhältnis

$$\frac{\boldsymbol{U}_1}{\boldsymbol{U}_2} = \frac{R_1 + \dfrac{R_2}{1 + \mathrm{j}\omega R_2 C_M}}{\dfrac{R_2}{1 + \mathrm{j}\omega R_2 C_M}}.$$

Bei nichtsinusförmigen Vorgängen wird das reziproke Übersetzungsverhältnis zum komplexen Übertragungsfaktor

$$\boldsymbol{A}(\mathrm{j}\omega) = \frac{\boldsymbol{U}_2}{\boldsymbol{U}_1} = \frac{\dfrac{R_2}{1 + \mathrm{j}\omega R_2 C_M}}{R_1 + \dfrac{R_2}{1 + \mathrm{j}\omega R_2 C_M}},$$

mit dem unter Zuhilfenahme der mathematischen Methoden der Systemtheorie die Ausgangsspannung $u_2(t)$ berechnet werden kann (s. 2.1). Um sich diese Umrechnungen zu ersparen, kompensiert man den Spannungsteiler, d. h., man schaltet dem Hochspannungsteil eine Kapazität $C_1$ parallel (Bild 53). Diese Kapazität bewirkt, daß die Hochspannungsimpedanz $R_1$, $C_1$ für hohe Frequenzen in gleicher Weise abnimmt wie die Niederspannungsimpedanz $R_2$, $C_M$.

Berechnet man die Ausgangsspannung $u_2(t)$ eines kompensierten Spannungsteilers für einen Spannungssprung der Größe $U_0$ am Eingang, so erhält man als entnormierte Sprungantwort

$$u_2(t) = U_0 \frac{R_2}{R_1 + R_2} \left[1 + \frac{R_1 C_1 - R_2 C_M}{R_2(C_1 - C_M)} \exp\left(-t/T\right)\right].$$

Für Zeiten $t < 0$ sind die Kondensatoren entladen, stellen also im ersten Augenblick einen Kurzschluß dar. Die Ausgangsspannung springt mit der Geschwindigkeit der Eingangsspannung auf einen Wert $u_2(0)$, der durch das kapazitive Übersetzungsverhältnis festgelegt ist:

$$u_2(0) = \frac{C_1}{C_1 + C_M} U_0.$$

Nach Erreichen dieses Spannungswerts strebt der weitere Verlauf der Ausgangsspannung exponentiell dem durch das ohmsche Übersetzungsverhältnis gegebenen Endwert zu:

$$u_2(\infty) = \frac{R_2}{R_1 + R_2} U_0.$$

Die Zeitkonstante des exponentiellen Verlaufs errechnet sich zu:

$$T_M = \frac{R_1 R_2}{R_1 + R_2} (C_1 + C_M).$$

Bild 54 zeigt das Verhalten der Ausgangsspannung eines kompensierten Spannungsteilers, wenn am Eingang eine Rechteckspannung liegt. Im Fall a) ist $C_1$ zu groß gewählt, der Teiler ist überkompensiert, im Fall c) ist $C_1$ zu klein, der Teiler ist unterkompensiert. Ideale Übertragungseigenschaften erhält man, wenn

$$\frac{R_1}{R_2} = \frac{C_M}{C_1}$$

gewählt wird, das kapazitive und das ohmsche Übersetzungsverhältnis also den gleichen Wert annehmen. Die obige Gleichung kann auch dahingehend inter-

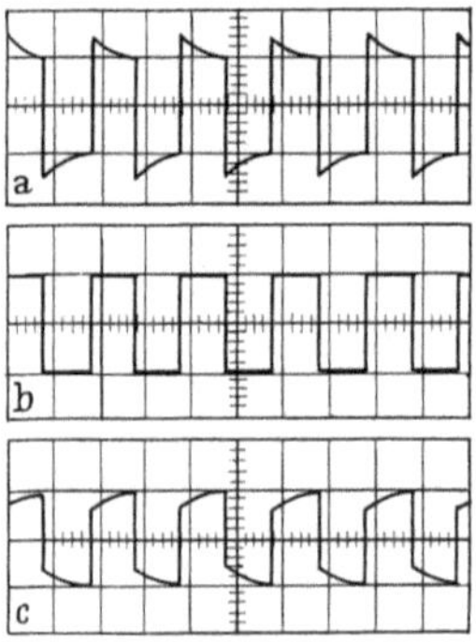


**Bild 54.** Wiedergabe einer Rechteckspannung durch einen kompensierten ohmschen Spannungsteiler abhängig vom Abgleichzustand. **a** überkompensierter Spannungsteiler ($C_1$ zu groß); **b** richtig kompensierter Spannungsteiler ($R_1C_1 = R_2C_M$); **c** unterkompensierter Spannungsteiler ($C_1$ zu klein).

pretiert werden, daß man für den Hoch- und Niederspannungsteil gleiche Zeitkonstanten fordert:

$$R_1C_1 = R_2C_M.$$

Betrachten wir nochmals die Gleichung für die entnormierte Sprungantwort, so stellen wir fest, daß für $R_1C_1 = R_2C_M$ der zweite Term in der Klammer verschwindet, die Ausgangsspannung also dem Verlauf der Eingangsspannung proportional ist.

Nach dem oben beschriebenen Prinzip sind die in Verbindung mit Elektronenstrahloszilloskopen häufig verwendeten Tastköpfe aufgebaut. Mit ihnen erstrebt man meist keine Spannungsteilung, sondern eine Erhöhung der Eingangsimpedanz des Elektronenstrahloszilloskops. Bei gewöhnlichen Spannungsteilern wird der Niederspannungswiderstand $R_2$ mit Rücksicht auf den Wellenwiderstand des Verbindungskabels vom Teiler zum Elektronenstrahloszilloskop zwischen 50 und 150 Ω gewählt. Die Tastköpfe sind nun dadurch gekennzeichnet, daß bei der Wahl des Widerstands $R_2$ zunächst keine Rücksicht auf die Anpassungsverhältnisse des Verbindungskabels genommen wird. Als Widerstand $R_2$ dient der Gitterableitwiderstand der Eingangsröhre im Elektronenstrahloszilloskop, der durch die Röhren- und Schaltkapazität belastet wird. Diese kapazitive Belastung wird durch die im eigentlichen Tastkopf befindliche einstellbare Kapazität $C_1$ kompensiert (Bild 55). In Wirklichkeit liegen die Verhältnisse etwas verwickelter, da zwischen der Eingangsbuchse und dem Gitter der ersten Röhre noch zusätzliche umschaltbare Abschwächer, bei Oszilloskopen mit FET-Eingang noch Schutzschaltungen eingebaut sind, die jedoch an den hier angestellten Betrachtungen nichts Grundlegendes ändern.

Da die Verbindungsleitung zwischen dem Hochspannungsteil $R_1$ und dem im Elektronenstrahloszilloskop befindlichen Niederspannungsteil $R_2$ an beiden Enden fehlabgeschlossen ist, bilden sich bei Signalen mit kleinen Anstiegszeiten Wanderwellenschwingungen aus [67, 105, 597, 598]. Zu ihrer Dämpfung versieht

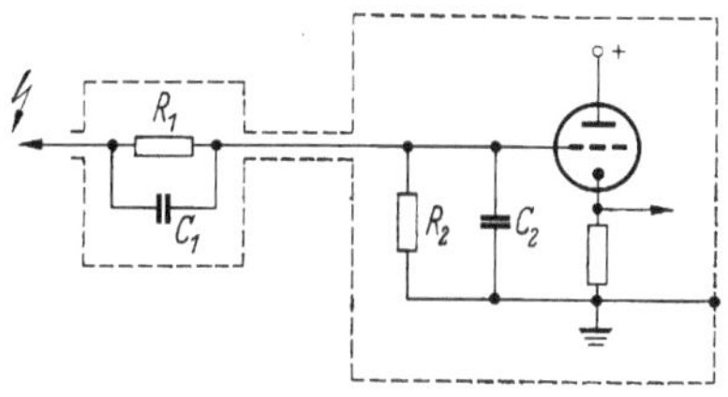


**Bild 55.** Ersatzschaltbild eines Spannungsteilers in Tastkopfbauweise.

man die Verbindungsleitung mit einem Widerstandsbelag von mehreren 10 bis 100 Ω/m [676, 681]. Die noch verbleibenden Verzerrungen der Sprungantwort lassen sich durch Entzerrungsnetzwerke am oszilloskopseitigen Leitungsende ausgleichen [682, 562, 563].

Beim Abgleich der Spannungsteiler ergeben sich für $C_1$ und $C_2$ etwas andere Werte als errechnet, da sich die Eigenkapazität der Bauelemente zu $C_1$ beziehungsweise $C_2$ addiert.

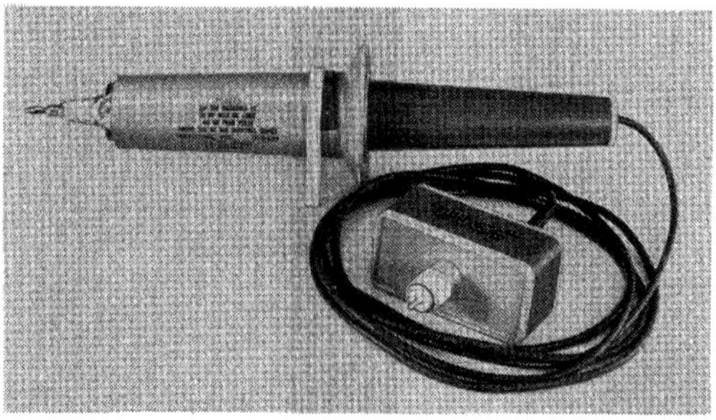

**Bild 56.** Hochspannungstastkopf für 40 kV. Eigenanstiegszeit $T_a = 4$ ns (Tektronix).

Die praktische Ausführung eines Hochspannungstastkopfs mit einer Anstiegszeit von 4 ns für Spannungen bis 40 kV zeigt Bild 56. Die Eingangsimpedanz beträgt 100 MΩ parallel 2,7 pF.

### 2.2.2 Der ohmsche Spannungsteiler unter Berücksichtigung der verteilten Erdkapazitäten

**2.2.2.1 Die verteilten Erdkapazitäten.** Die im vorigen Abschnitt angestellten Betrachtungen behalten ihre Gültigkeit, solange die Widerstände $R_1$ und $R_2$ kleine geometrische Abmessungen besitzen, das heißt, die Spannungsteiler nur für vergleichsweise kleine Spannungen gebaut werden. Bei der Ausführung ohmscher Spannungsteiler für hohe Spannungen wachsen die linearen Abmessungen von $R_1$ beträchtlich, so daß man den verteilten Erdkapazitäten Rechnung tragen muß. Die verteilten Erdkapazitäten verursachen eine schleichende Annäherung der Sprungantwort an ihren Endwert. Räumlich ausgedehnte, hochohmige Spannungsteiler besitzen, sofern keine besonderen Maßnahmen getroffen werden, naturgemäß eine große Anstiegszeit beziehungsweise Antwortzeit. Dieser Effekt läßt sich unter Annahme verteilter Erdkapazitäten leicht erklären. Die Ersatzschaltung eines räumlich ausgedehnten Spannungsteilers zeigt das Bild 57. In diesem Ersatzschaltbild sind die Induktivitäten der Bauelemente noch nicht berücksichtigt, was abhängig vom Widerstandswert und ihrer Konstruktion — physikalischer Aufbau, Kontaktierung — sowie dem betrachteten Frequenzbereich bis zu einem gewissen Grad zulässig ist. Das genauere Ersatzschaltbild des induktionsbehafteten Spannungsteilers wird später noch ausführlich behandelt.

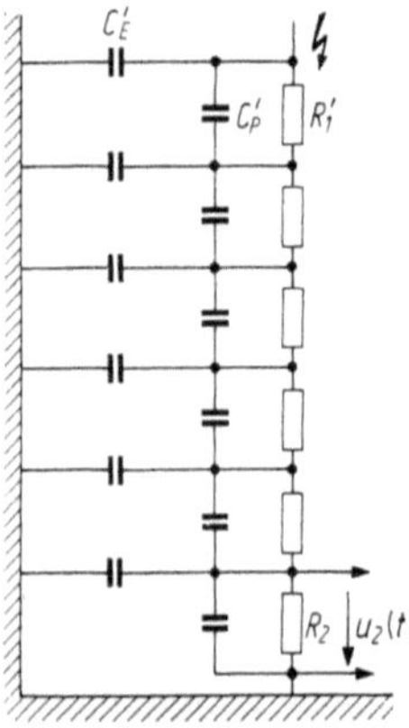


**Bild 57.** Ersatzschaltbild eines ohmschen Spannungsteilers mit verteilten Erd- und Parallelkapazitäten. $R_1'$ Widerstandsbelag $C'_E$ Erdkapazitätsbelag. $C''_P$ Parallelkapazitätsbelag.

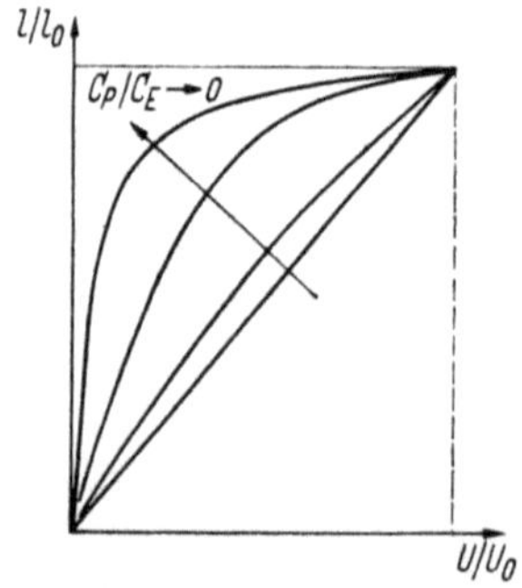


**Bild 58.** Spannungsverteilung längs eines ohmschen Spannungsteilers mit verteilten Erdkapazitäten in Abhängigkeit vom Verhältnis $C_P/C_E$. $C_P$ Längskapazität, $C_E$ Eigenkapazität.

Man stellt sich den Hochspannungsteil $R_1$ aus einer Reihenschaltung von $N$ Teilwiderständen $R_1' = R_1/N$ bestehend vor. Jeder dieser Teilwiderstände besitzt eine Eigen- oder Parallelkapazität $C_P = C_P N$. Die unbeabsichtigten Teilerdkapazitäten $C_E' = C_E/N$ entstehen durch das unvermeidliche elektrische Feld zwischen jedem Teilelement und der auf Erdpotential befindlichen benachbarten Umgebung (Fußboden, Wände und benachbarte Geräte des Laboratoriums).

Die verteilten Streukapazitäten zwischen den einzelnen Teilelementen und der auf Hochspannungspotential befindlichen Zuleitung sind meist sehr klein und werden hier vernachlässigt. Ihr Einfluß wird beim sogenannten gesteuerten ohmschen Spannungsteiler berücksichtigt (s. 2.2.2.3).

Der Erdkapazitätsbelag läßt sich mit den für Vertikalantennen gebräuchlichen Gleichungen berechnen [144, 600].

$$C_E' = \frac{C_E}{l} = \frac{2\pi\varepsilon}{\ln \dfrac{2}{\sqrt{3}} \cdot \dfrac{l}{d}}.$$

Es ergeben sich Werte von 15 bis 20 pF/m. In Wirklichkeit wird der tatsächliche Kapazitätsbelag am Teilerkopf kleiner sein als in Bodennähe. Man darf jedoch, wie rechnerische und experimentelle Untersuchungen gezeigt haben, auch bei Teilern von mehreren Metern Höhe einen gleichmäßigen Kapazitätsbelag annehmen, ohne dabei einen größeren Fehler zu begehen [79].

Beim Anlegen eines Spannungssprungs müssen die Erdkapazitäten $C_E/N$ aufgeladen werden. Der dafür erforderliche, von der Spannungsquelle gelieferte Ladestrom nimmt vom Teilerkopf zum Fußende hin ab. Dieser Schwund verursacht eine nichtlineare, frequenzabhängige Spannungsverteilung längs des Teilers (Bild 58).

Die Spannungsverteilung ist um so nichtlinearer, je ungünstiger, d. h. kleiner, das Verhältnis $C_P/C_E$ ist. Wenn die Erdkapazitäten aufgeladen sind, stellt sich eine lineare Spannungsverteilung gemäß dem ohmschen Widerstandsbelag ein. Der Teiler wirkt wie eine Siebkette, die die hochfrequenten Komponenten der Eingangsspannung stark dämpft und damit zu einer Verflachung des Anstiegs der Ausgangsspannung führt.

Die Sprungantwort eines Teilers mit räumlich verteilter Erdstreukapazität $C_E$ und vernachlässigbarer Parallelkapazität $C_P$ berechnet sich aus den Gleichungen für Kettenleiter:

$$g(t) = 1 + 2 \sum_{\nu=1}^{\infty} (-1)^{\nu} \exp(-t/T) \quad \text{mit} \quad T = \frac{R_1 C_E}{(\pi \nu)^2}.$$

Dieser Gleichung entspricht der in Bild 59 gezeigte Verlauf einer mehrfach gefalteten Exponentialfunktion.

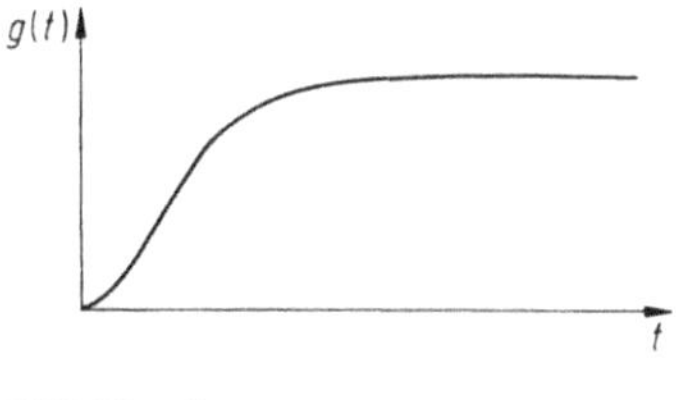


**Bild 59.** Sprungantwort eines ohmschen Spannungsteilers mit verteilten Erdstreukapazitäten.

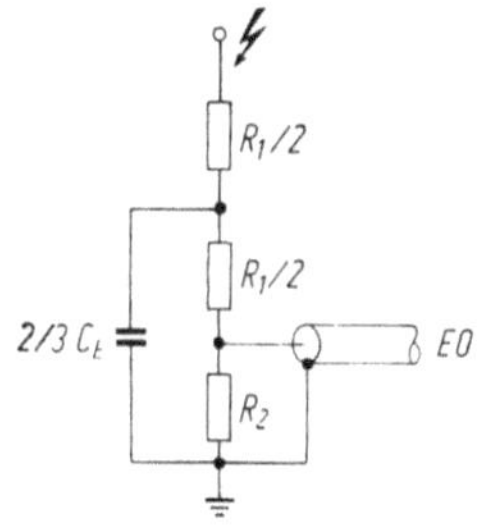


**Bild 60.** Vereinfachtes Ersatzschaltbild eines ohmschen Spannungsteilers mit verteilten Erdstreukapazitäten. Die zugehörige Sprungantwort besitzt die gleiche Antwortzeit wie $g(t)$ in Bild 59.

Unter der Annahme gleicher Antwortzeiten läßt sich die Sprungantwort des Kettenleiters durch eine einfache Exponentialfunktion mit der Zeitkonstante $RC_E/6$ annähern, die als Sprungantwort eines ebenso einfachen Ersatzschaltbildes aufgefaßt werden kann [90]. Die Zeitkonstante $RC_E/6$ wird durch einen geteilten Hochspannungswiderstand und eine in Teilermitte angreifende konzentrierte Kapazität $^2/_3 C_E$ verwirklicht (Bild 60). Der Bestimmung der Übertragungsfehler ohmscher Teiler liegt meist dieses Schaltbild zugrunde [58, 65, 124], s. a. 2.2.2.4.

Hochohmige Spannungsteiler mit großem Übersetzungsverhältnis besitzen häufig eine Sprungantwort, die erheblich von dem oben beschriebenen Verlauf abweicht (Bild 61).

Das Sprungverhalten zur Zeit $t = 0$ erklärt sich sofort, wenn die bislang vernachlässigten parasitären Parallelkapazitäten $C'_P$ berücksichtigt werden. Mit Hilfe der Kettenleitertheorie läßt sich die Sprungantwort auch berechnen [109, 110]. Als Ergebnis erhält man einen wenig anschaulichen mathematischen Ausdruck, auf dessen Wiedergabe hier verzichtet wird, da er bei Bedarf leicht aus den in 2.4 angegebenen Gleichungen abgeleitet werden kann. Für die Praxis wichtig ist die Erweiterung des vereinfachten Ersatzschaltbildes um zwei konzentrierte Parallelkapazitäten $2C_P$ und eine parallel zum Niederspannungsteil liegende Kapazität $C_2$ (Bild 62).

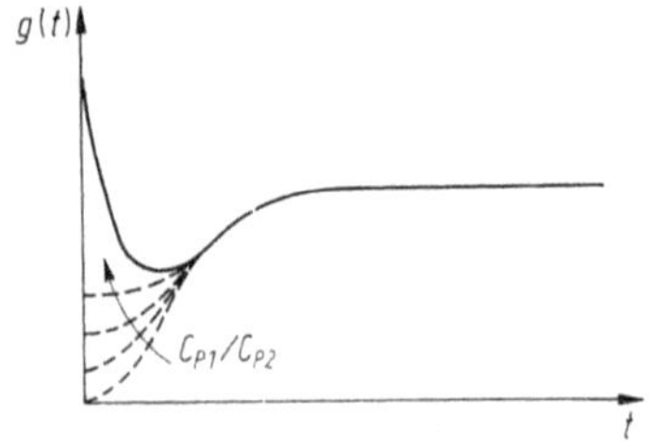


**Bild 61.** Sprungantwort eines ohmschen Spannungsteilers mit verteilten Erdstreukapazitäten und merklicher Parallelkapazität.

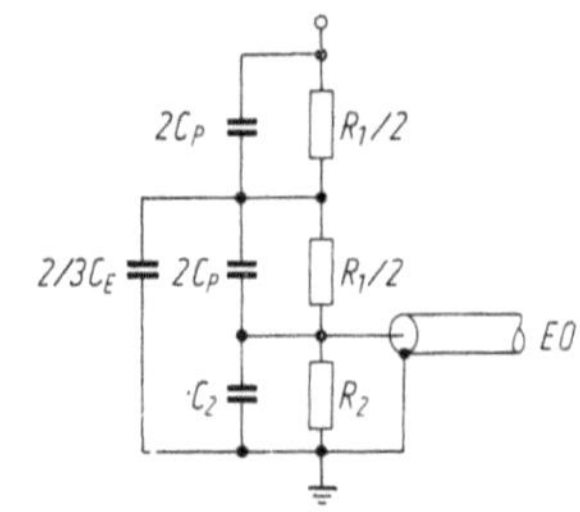


**Bild 62.** Vereinfachtes Ersatzschaltbild eines ohmschen Spannungsteilers mit verteilten Erdstreukapazitäten und Parallelkapazitäten.

Wegen der Erläuterung des Zusammenhangs zwischen der Größe der Kapazitäten $2C_P$ und $C_2$ und dem Sprungverhalten zur Zeit $t = 0$ sei auf 2.2.1 verwiesen.

Um den für die Wiedergabe schnell veränderlicher Spannungen nachteiligen Einfluß der Erdkapazitäten zu verringern, muß die kapazitive Feldverteilung der ohmschen Feldverteilung angeglichen werden. Diese Maßnahme führt zu ohmsch-kapazitiv gemischten und zu gesteuerten ohmschen Spannungsteilern.

In diesem Zusammenhang sei auch die Möglichkeit erwähnt, den totalen in den Teilkopf eintretenden Ladestrom dadurch zu erfassen, daß das Niederspannungsteil am hochspannungsseitigen Ende angebracht und die Meßspannung optoelektronisch nach Erde übertragen wird [689].

**2.2.2.2 Der ohmsch-kapazitiv gemischte Spannungsteiler.** Wie im vorigen Abschnitt gezeigt wurde, verursacht der zum Teilerfuß hin kleiner werdende Ladestrom für die verteilten Erdkapazitäten, eine nichtlineare, frequenzabhängige Spannungsverteilung längs des Teilers. Der Einfluß des veränderlichen Ladestroms kann nach Elsner durch eine Vergrößerung der Parallelkapazitäten $C_P$ eliminiert werden [110]. Dies geschieht durch Zuschalten von Kondensatoren zu den einzelnen Streukapazitäten $C'_P$. Wie leicht einzusehen ist, erhält man ideale Übertragungseigenschaften, wenn das Verhältnis $C_P/C_E$ unendlich groß wird. Ein solcher Teiler wäre jedoch wegen seiner großen Rückwirkung nicht brauchbar. Elsner hält ein Verhältnis $C_P/C_E$ größer als 3 für ausreichend. Dies bedeutet bei einem Teiler aus zehn Stufen, daß schon für eine Teilerdkapazität $C'_E$ von 10 pF eine Gesamtparallelkapazität von 300 pF und damit eine Teilparallelkapazität $C'_P$ von 3000 pF je Stufe erforderlich ist. Der Nachteil des ohmsch-kapazitiv gemischten Teilers besteht darin, daß durch die hohe Gesamtparallelkapazität der Anwendungsbereich wegen der starken Rückwirkung erheblich eingeschränkt wird. Außerdem besitzen hochspannungsfeste Kondensatoren in der Größenordnung von 3000 pF eine nicht mehr zu vernachlässigende Induktivität, so daß von den Bauelementen her ebenfalls Grenzen gesetzt sind.

Selbstverständlich muß auch beim gemischten Spannungsteiler darauf geachtet werden, daß die Zeitkonstanten im Hoch- und Niederspannungsteil gleich groß

**Bild 63.** Ohmsch-kapazitiv gemischter Spannungsteiler für 2 MV (Bauart Haefely-Berger).

sind, was die Parallelschaltung von Kapazitäten in der Größenordnung von Mikrofarad zum Niederspannungsteil erforderlich macht. Im Gegensatz zu dem im ersten Abschnitt dieses Kapitels beschriebenen kompensierten Spannungsteiler erzwingt hier die im Hochspannungsteil befindliche Kapazität $C_1$ eine Angleichung der Zeitkonstanten durch Erhöhung der Kapazität im Niederspannungsteil [111].

Der gemischte Spannungsteiler nach Elsner verhält sich hinsichtlich seiner Übertragungseigenschaften bei hohen Frequenzen wie ein rein kapazitiver Spannungsteiler, auf dessen Verhalten wir später noch ausführlicher eingehen werden.

Bei ausreichender Bemessung der zusätzlichen Parallelkapazität kann man die Erdkapazitäten vernachlässigen, und es gilt das Ersatzschaltbild des kompensierten zweistufigen Spannungsteilers nach Bild 53. Das Aussehen eines gemischten

Spannungsteilers für eine Spannung von 2 MV zeigt Bild 63. Die Teilkapazitäten der Parallelkapazität sind koaxial um den Wirkwiderstandsteil angeordnet. Dadurch ergibt sich eine sehr starke Kopplung zwischen Widerstands- und Kapazitätszweig. Außer den beiden Verbindungspunkten am Kopf- und Fußende des Teilers bestehen keine zusätzlichen galvanischen Querverbindungen zwischen den beiden Zweigen.

Eine wesentliche Verringerung der Rückwirkung auf den Hochspannungskreis ergibt sich durch abgestuften Ausgleich der Erdkapazitäten nach Zinke [114].

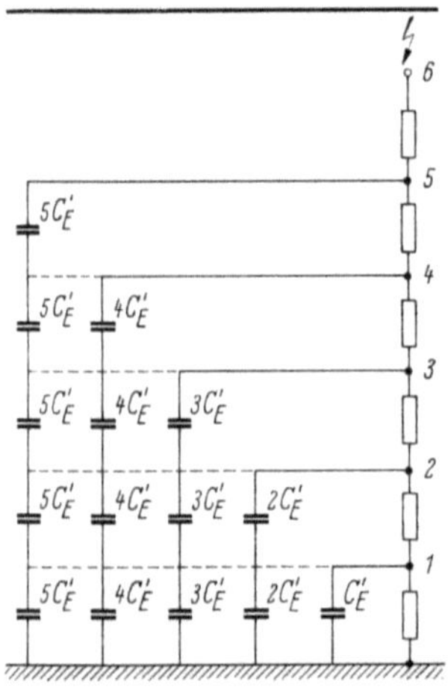

**Bild 64.** Ersatzschaltbild eines ohmschen Spannungsteilers mit verteilten Erdkapazitäten (Erläuterung siehe Text).

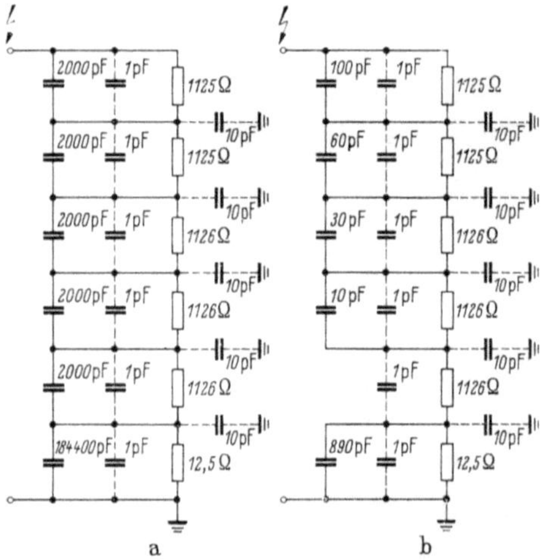

**Bild 65.** Ohmsch-kapazitiv gemischter Spannungsteiler mit gleichmäßigem (**a**) und abgestuftem Ausgleich der verteilten Erdkapazitäten (**b**). [Nach Zinke.]

Man denkt sich die Erdkapazitäten $C'_E$ in Bild 57 in mehrere Einzelkapazitäten aufgeteilt, wobei jeweils die Gesamtkapazität erhalten bleibt. Die Stufen der Einzelkapazitäten sollen den Widerstandsstufen entsprechen (Bild 64). Man erkennt sofort, wie der Kapazitätsausgleich durchzuführen ist. Zwischen 1 und 2 hat man $C_{1/2} = C'_E$ parallelzuschalten, zwischen 2 und 3 $C_{2/3} = 3C'_E$, zwischen 3 und 4 $C_{3/4} = 6C'_E$ usw., allgemein:

$$C_{n/n+1} = \frac{n(n+1)}{2} C'_E$$

Zur Veranschaulichung der beiden Methoden nach Elsner und Zinke zeigt Bild 65 zwei kapazitiv-ohmsch gemischte Spannungsteiler mit gleichmäßig verteilter und mit abgestufter Parallelkapazität. Der gemischte Spannungsteiler mit abgestufter Parallelkapazität besitzt eine wesentlich geringere Rückwirkung auf den Hochspannungskreis als der Teiler mit gleichmäßigem Parallelkapazitätsbelag. Nachteilig dagegen ist seine größere Empfindlichkeit gegen Schwankungen der Erdkapazität abhängig vom Aufstellungsort und der hochspannungsseitigen Ankopplung. Über praktische Erfahrungen beim Bau eines gemischten Spannungsteilers mit abgestufter Parallelkapazität für Untersuchungen an Wanderwellensystemen berichten Griscom, Lloyd und Hilemann [79].

**2.2.2.3 Der gesteuerte ohmsche Spannungsteiler.** Bislang wurden nur die verteilten Streukapazitäten zwischen den einzelnen Teilerelementen und der benachbarten, auf Erdpotential liegenden Umgebung berücksichtigt. Besitzen die auf Hochspannungspotential befindlichen Teile wie Zuleitung, Sprühschutzhaube, benachbarte Geräte etc. eine große flächenhafte Ausdehnung, so müssen auch die Streukapazitäten zu diesen Belägen in Betracht gezogen werden (Bild 66a).

Je nach Größe der Kapazitäten $C'_E$, $C'_H$ und $C'_P$ stellt sich längs des Spannungsteilers eine bestimmte Spannungsverteilung ein (Bild 66b). Mit Hilfe geeigneter

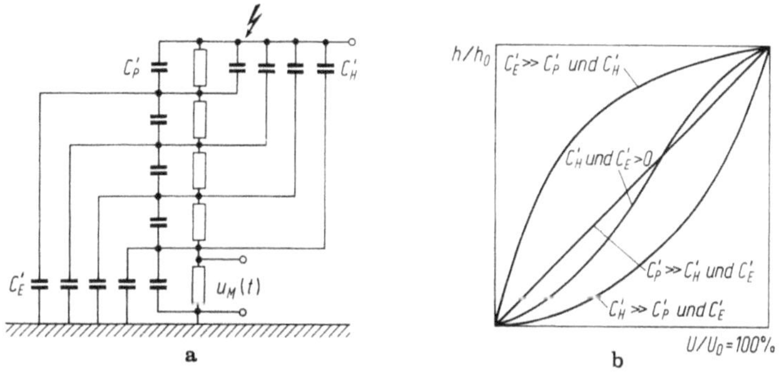


**Bild 66. a** Ohmscher Spannungsteiler mit Parallelkapazitäten $C'_P$, Erdstreukapazitäten $C'_E$ und Streukapazitäten $C'_H$ zu Hochspannungspotential führenden Belägen; **b** Spannungsverteilung längs eines ohmschen Teilers mit verteilten Streukapazitäten.

Steuerelektroden am Teilerkopf lassen sich die Kapazitäten $C'_H$ beeinflussen bzw. läßt sich das elektrische Feld in unmittelbarer Nähe des Teilers steuern. Beispielsweise könnte die kapazitive Feldverteilung der linearen ohmschen Spannungsaufteilung durch eine tellerförmige Elektrode am Teilerkopf angepaßt werden, die in der Umgebung der Widerstandssäule ein homogenes Feld erzwingt. Eine homogene Feldverteilung längs des Teilers wäre gleichbedeutend mit dem Verschwinden des den Teilerdkapazitäten zugeordneten Streufelds gegen die benachbarte Umgebung. Ein für die praktischen Verhältnisse ausreichend homogenes Feld kann jedoch nur durch Steuerelektroden mit sehr großen geometrischen Abmessungen erreicht werden. Hagenguth [115] schlägt daher eine trichterförmige Steuerelektrode vor, die einen Teil der für die verteilten Erdkapazitäten benötigten Ladeströme übernimmt und damit den ohmschen Teilerwiderstand entlastet.

Eine Verbesserung der Übertragungseigenschaften ist auch durch Anpassung der ohmschen Feldverteilung an die kapazitive Feldverteilung mittels eines nichtlinearen Widerstandsbelags möglich, sog. feldkonformer Hochspannungswiderstand [116, 678]. Um die hohe spezifische Spannungsbeanspruchung des Widerstandsmaterials in Kopfnähe zu mildern, kann zusätzlich eine Steuerelektrode vergleichsweise kleiner Abmessungen vorgesehen werden, die nebenbei noch den Zweck verfolgt, das Feld am Teilerkopf definiert und mehr oder weniger unabhängig vom Aufstellungsort zu machen. Der Hauptvorteil eines nichtlinearen Widerstandsbelags liegt in der sehr kleinen Parallelkapazität der Teiler und der damit verbundenen geringen Rückwirkung auf den Hochspannungskreis. Die von der Steuerelektrode am Kopf des Teilers herrührende Parallelkapazität verursacht zusammen mit der Induktivität der Zuleitungen einen schwingenden Verlauf der Sprungantwort. Abhilfe schafft ein ohmscher Dämpfungswiderstand $R_D$, der in die Zuleitung zum Teiler oder besser zwischen Teilerkopf und Steuerelektrode eingebaut wird [53, 85], (Bild 67). Im letzteren Fall läßt der Dämpfungswiderstand das Nennübersetzungsverhältnis unbeeinflußt.

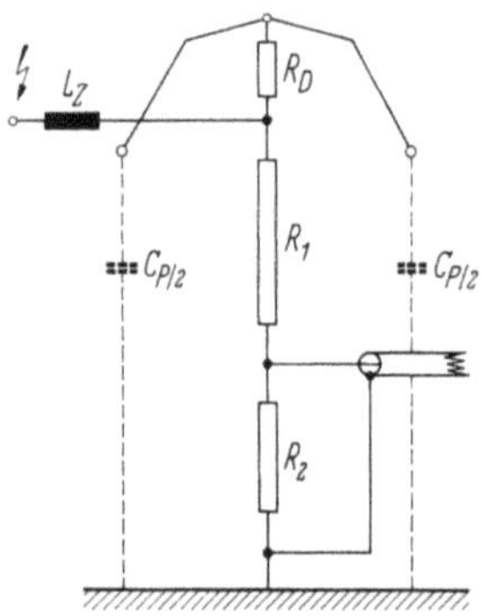


**Bild 67.** Gesteuerter ohmscher Spannungsteiler mit Dämpfungswiderstand $R_D$; $L_Z$ Zuleitungsinduktivität.

**Bild 68.** Gesteuerter ohmscher Spannungsteiler für Spannungen bis 2 MV. $T_R = 30$ ns. Die Konstruktion gewährleistet Sprühfreiheit bis zur Nennspannung (Werkbild Haefely).

Unter der Voraussetzung, daß die Widerstandsbewicklung der kapazitiven Potentialverteilung ideal angepaßt ist und die induktive Komponente der Widerstände vernachlässigt werden kann, gilt für überschlägige Untersuchungen des Übertragungsverhaltens gesteuerter ohmscher Spannungsteiler mit guter Näherung das vereinfachte Ersatzschaltbild nach Bild 60. Dieses Ersatzschaltbild aus konzentrierten Elementen besitzt bei ausreichender Steuerung die gleiche Sprungantwort wie der ideal kompensierte ohmsch-kapazitiv gemischte Spannungsteiler. Eventuelle Schwingungen, die dem zeitlichen Verlauf der Sprungantwort überlagert sind, werden durch den Reihenresonanzkreis, bestehend aus der Induktivität der Zuleitungen und der Parallelkapazität des Teilers, verursacht.

Ein Beispiel für die konstruktive Ausbildung eines gesteuerten ohmschen Teilers zeigt Bild 68. Die abgebildete Type ist geeignet für Spannungen bis zu 2 MV und besitzt eine Antwortzeit von 30 ns bei 10% Überschießen. Der Wirkwiderstandszweig besteht aus Widerstandsgewebe mit einem Gesamtwiderstand von 20 kΩ. Parallel dazu liegt ein Kapazitätszweig ohne galvanische Querverbindungen. Die Steuerelektroden besitzen ebenfalls keine galvanischen Querverbindungen zum eigentlichen Widerstandsteil.

Beispiele für den rechnergestützten Entwurf ohmscher Stoßspannungsteiler mit optimiertem Feldverlauf finden sich im Schrifttum [679, 680].

Die Übertragungseigenschaften gesteuerter Spannungsteiler hängen wesentlich von der geometrischen Form und den Abmessungen der Steuerelektrode sowie der Art der nichtlinearen Widerstandsaufteilung ab, so daß sich die Brauchbarkeit eines Spannungsteilers für eine bestimmte meßtechnische Aufgabe nicht allein aus der Antwortzeit ableiten läßt. Hierbei soll nochmals betont werden, daß die Angabe der Antwortzeit nur dann eine Aussagekraft besitzt, wenn gleichzeitig die Sprungantwort und die charakteristischen Merkmale der Meßschaltung — Art und Länge der Zuleitung usw. — mit angegeben werden. Um dem Leser Zugang zu weiteren Einzelheiten des Aufbaus und des zeitlichen Verlaufs der Sprungantwort praktisch ausgeführter Teiler zu verschaffen, seien hier einige diesbezügliche Literaturstellen genannt [35, 61, 65, 79, 90, 91, 117—119, 644].

**2.2.2.4 Niederohmige Spannungsteiler.** Die in den vorangegangenen Abschnitten beschriebenen Möglichkeiten zur Beseitigung der durch Erdkapazitäten bedingten Übertragungsfehler beruhen mit Ausnahme des Verfahrens nach Goosens und Provoost auf einer Verkleinerung des kapazitiven Längswiderstands beziehungsweise einer Vergrößerung der Parallelkapazität $C_P$ der Spannungsteiler. Wie in 2.1.6 gezeigt wurde, schränkt die kapazitive Rückwirkung die Brauchbarkeit von Spannungsteilern mit großer Parallelkapazität bei extrem schneller Spannungsänderung stark ein. Es gibt jedoch noch eine andere Möglichkeit, die Antwortzeit ohmscher Teiler zu verringern. Durch Wahl eines kleinen ohmschen Längswiderstands erreicht man nämlich gleichfalls eine Linearisierung der Spannungsverteilung längs des Teilers. Gängig sind Widerstandswerte für $R_1$ von wenigen Kiloohm [120—122]. Damit taucht natürlich das Problem der ohmschen Rückwirkung und der thermischen Verlustleistung im Teiler auf. Selbst bei einem Stoßspannungsgenerator mit außergewöhnlich hoher Stoßkapazität, dessen Belastung durch den Spannungsteiler zu vernachlässigen wäre, kämen niederohmige Teiler wegen ihres hohen Energieumsatzes nicht mehr in Frage. Ihre Anwendung beschränkt sich daher auf die Messung von Steilstößen mit kleinen Rückenzeitkonstanten ($T_R \leqq 1\ \mu s$).

Die Verbesserung der Übertragungseigenschaften ohmscher Spannungsteiler mit kleiner werdendem Widerstand zeigt Bild 69. Wie man sieht, läßt sich bei gegebener Zeitkonstante $L/R$ keine beliebige Verringerung der Antwortzeit erzielen. Ab einem gewissen Widerstandswert stellt sich ein schwingender Verlauf der Sprungantwort ein. Interessant ist auch die Tatsache, daß die Sprungantwort zur Zeit $t = (+0)$ schon einen endlichen Wert besitzt, der von der Spannungsteilung an $C_P$ und $C_2$ herrührt (s. a. Bild 62). Für die Sprungantworten *1* und *2* besitzt der Frequenzgang des Spannungsteilers einen ebenen Verlauf mit praktisch

Gaußschem Abfall bei der Grenzfrequenz. Der zur Sprungantwort *3* gehörende Frequenzgang zeigt dagegen bei der Frequenz der in der Sprungantwort beobachteten Schwingung eine Resonanzüberhöhung.

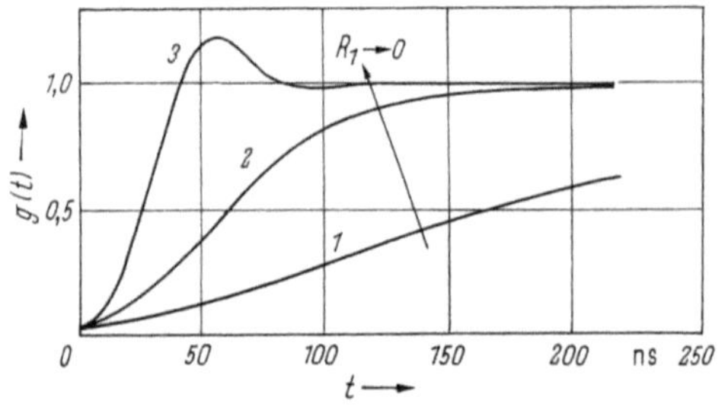


**Bild 69.** Sprungantworten niederohmiger Spannungsteiler mit unterschiedlichem Widerstandswert. (Nach Zaengl [3].)

Unter Vernachlässigung der Induktivität und der Parallelkapazität der Bauelemente errechnet sich die Bandbreite für den ohmschen Teiler nach Zaengl [3] zu

$$B = \frac{1{,}46}{RC_E}.$$

Solange die Sprungantwort einen quasi-exponentiellen Verlauf aufweist, läßt sich daraus auch die Anstiegszeit des Teilers bestimmen:

$$T_a = \frac{0{,}35}{B} = \frac{0{,}35}{1{,}46} RC_E = 0{,}24 RC_E.$$

Die bei einem wirklichen Spannungsteiler immer vorhandene Induktivität kann in günstigen Fällen eine Erhöhung der mit diesen Gleichungen ermittelten Bandbreite beziehungsweise eine entsprechende Verringerung der Anstiegszeit bewirken, ohne daß ein merkliches Überschwingen auftritt.

Das in Bild 60 angegebene vereinfachte Ersatzschaltbild trifft auch für niederohmige Spannungsteiler zu, bei denen für die vorkommenden Frequenzen $\omega L \ll R_1$ beziehungsweise die induktive Zeitkonstante $L/R$ etwa zehnmal kleiner als die kapazitive Zeitkonstante $RC_E$ angenommen werden kann. Bei sehr niederohmigen Teilern ergibt sich ein schwingender Verlauf der Sprungantwort — Kurve *3* in Bild 69 —, der nur unter der Annahme von Induktivitäten zu erklären ist. Aber selbst bei alleiniger Berücksichtigung der Erdkapazitäten liefert die Zeitkonstante $RC_E/6$ kein wirkliches Bild der Übertragungseigenschaften. So errechnet man z. B. für einen Teiler mit $R_1 = 10\,\text{k}\Omega$ und $C_E = 40\,\text{pF}$ nach Zaengl eine Bandbreite

$$B = \frac{1{,}46}{RC_E} = 3{,}65\,\text{MHz}$$

und weiter eine Anstiegszeit

$$T_a = 0{,}24 RC_E = 96\,\text{ns}.$$

Diese Werte kennzeichnen die tatsächlichen Übertragungseigenschaften des Spannungsteilers. Geht man jedoch von der für gleiche Antwortzeit ermittelten

Zeitkonstanten $T = RC_E/6$ aus und berechnet für die Ersatzschaltung nach Bild 60 Bandbreite und Anstiegszeit, so erhält man

$$B = \frac{1}{2\pi T} = 2{,}4\ \mathrm{MHz}$$

und eine zugehörige Anstiegszeit

$$T_a = \frac{0{,}35}{B} = 146\ \mathrm{ns}.$$

Zieht man noch die versteilernde Wirkung der in der Praxis immer vorhandenen induktiven Komponente in Betracht, so ergeben sich beträchtliche Unterschiede in der oberen Grenzfrequenz des Teilers.

Dieses Beispiel zeigt wiederum, daß die Antwortzeit kein umfassendes Kriterium für die Güte eines Teilers ist. Bestimmt man dagegen nach Özkaya den Zeitpunkt $t$, für den die Sprungantwort sowohl des Kettenleiterersatzschaltbilds als auch des Ersatzschaltbilds nach Bild 60 den Wert 0,95 erreicht hat, als dreifache Zeitkonstante, also $v(3T) = 0{,}95$, so ergibt sich als konzentriert angreifende Erdkapazität der Wert $C_E/2$ [90]. Dieses Ersatzschaltbild kommt den tatsächlichen Übertragungseigenschaften ohmscher Teiler näher. Aber auch dieser Wert ist noch zu groß. Die Ursache liegt in beiden Fällen in der Nichtberücksichtigung der Laufzeiteigenschaften der Teiler. Die ideale Ermittlung der konzentriert angreifenden Kapazität ergibt sich unter der Voraussetzung gleicher Anstiegszeiten und damit auch gleicher Bandbreiten für beide Ersatzschaltungen [152].

Man erhält für die Ersatzkapazität in Bild 60

$$C = 0{,}43 C_E.$$

Die mit dieser konzentriert angreifenden Ersatzerdkapazität berechneten Werte für die Bandbreite und die Anstiegszeit des vereinfachten Ersatzschaltbilds stimmen mit den nach Zaengl für das Kettenleiterersatzschaltbild berechneten Werten überein.

Bei vergleichsweise hochohmigen Spannungsteilern, deren Sprungantwort praktisch ein reines $RC$-Verhalten besitzt, kann die Anstiegszeit durch $L$-Kompen-

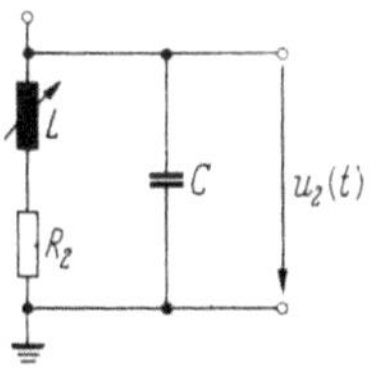


**Bild 70.** $L$-Kompensation im Niederspannungsteil ohmscher Spannungsteiler (engl.: peaking).

sation auf der Niederspannungsseite des Teilers etwas verringert werden [61, 85, 99, 113] (Bild 70). Diese Schaltungsmaßnahme, in der angelsächsischen Literatur als „Peaking" bezeichnet, ist beispielsweise auch in jedem Breitbandverstärker zu finden [96, 123]. Man kann bei optimaler Kompensation — dabei tritt ein praktisch noch nicht wahrnehmbares Überschwingen von 1% auf — die Anstiegszeit der Meßanordnung etwa auf die Hälfte, z. B. von 40 auf 20 ns reduzieren.

Abhängig von den Impedanzverhältnissen muß das Meßkabel unter Umständen durch eine Kathodenfolgerstufe entkoppelt werden.

Die während der Zeit $t_1$ in der Induktivität gespeicherte Energie wird während $t_2$ wieder abgegeben (Bild 71). Die momentane Speicherung der Energie bewirkt eine Verringerung der Anstiegszeit, gleichzeitig tritt eine Verzögerung auf.

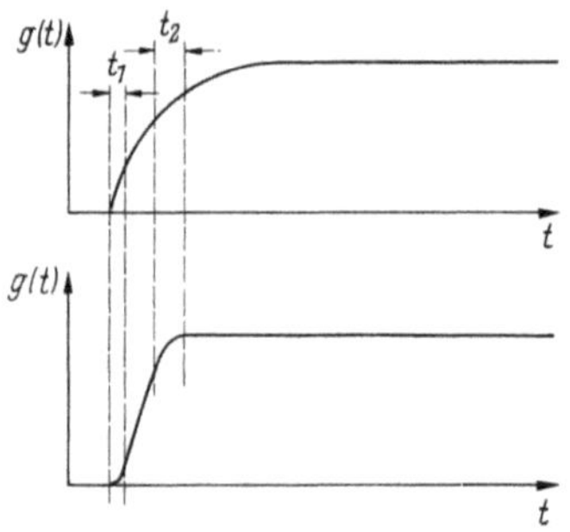


**Bild 71.** Zur Wirkungsweise der *L*-Kompensation.

Es muß hier nochmals betont werden, daß die *L*-Kompensation nur bei sehr hochohmigen Teilern anwendbar ist, da bei niederohmigen Teilern die natürliche Induktivität des Teilers ohnehin schon diesen Kompensationseffekt bewirkt, und zwar meist in einem höheren Maße als erwünscht (schwingender Verlauf der Sprungantwort) (Bild 69).

Extrem niederohmige Spannungsteiler mit Anstiegszeiten im Subnanosekundenbereich werden in koaxialen Systemen der Kernfusionsforschung benötigt. Bis zu Spannungen von einigen 10 kV besteht der Hochspannungsteil aus Festwiderständen [684, 685, 686], bei Spannungen im Megavoltbereich aus Kupfersulfat-Flüssigkeitswiderständen [687, 688, 812].

## 2.3 Kapazitive Spannungsteiler

### 2.3.1 Der kapazitive Spannungsteiler und seine Zuleitungen

Im vorangegangenen Kapitel wurde gezeigt, wie sich die Übertragungseigenschaften ohmscher Spannungsteiler für hohe Frequenzen durch Vergrößerung der Parallelkapazität verbessern lassen. Da beispielsweise beim ohmsch-kapazitiv gemischten Spannungsteiler während schneller Spannungsänderungen ohnehin nur der kapazitive Längszweig an der Stromführung beteiligt ist, erscheint es naheliegend, zur Messung sehr schnell veränderlicher Spannungen rein kapazitive Spannungsteiler zu verwenden. In der Tat ist das Übersetzungsverhältnis kapazitiver Spannungsteiler frequenzunabhängig, und man könnte vermuten, daß sie deshalb bis zu sehr hohen Frequenzen die ideale Teilerart für Stoßspannungsmessungen darstellen. Der Grund für die in der Praxis eingeschränkte Verwendbarkeit gemischter und rein kapazitiver Teiler liegt denn auch nicht in den Spannungsteilern selbst, sondern in der Tatsache, daß die Teiler über Zuleitungen mit der Spannungsquelle verbunden werden müssen. Die Induktivität der Zuleitungen, der Quelle, des Teilers und der Erdrückleitung — in erster Näherung also die Induktivität einer Rechteckschleife, die sich zu etwa 1 μH/m abschätzen läßt — bildet mit der Teilerkapazität und dem meist kapazitiven Innenwiderstand der Quelle einen Reihenschwingkreis (Bild 72).

Nach Durchzünden der Funkenstrecke FS entsteht ein Ausgleichsvorgang, währenddessen die in $C_S$ gespeicherten Ladungen auf die Kapazität

$$C_s + \frac{C_1 C_2}{C_1 + C_2}$$

umgeladen werden. Ohne zusätzlichen Dämpfungswiderstand besitzt der Ausgleichsstrom $i(t)$ einen schwingenden Verlauf, der im wesentlichen durch die Verluste des Schaltlichtbogens und der Kondensatoren gedämpft wird. Entsprechend besitzt die am Teiler liegende Spannung

$$u_1(t) = \frac{C_1 + C_2}{C_1 C_2} \int i(t)\,\mathrm{d}t$$

einen schwingenden Verlauf und damit auch die Spannung $u_2(t)$ am Niederspannungsteil (Bild 73).

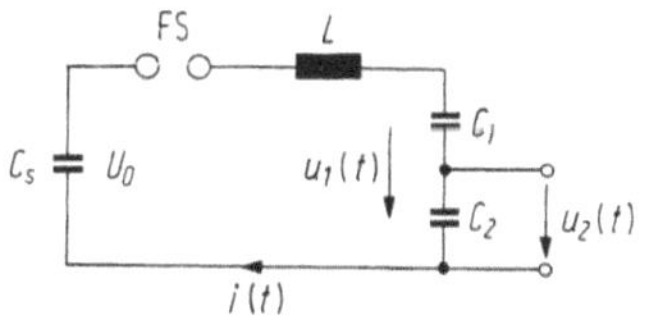


**Bild 72.** Vereinfachtes Ersatzschaltbild eines Stoßspannungskreises mit konzentrierten Bauelementen, $L$ totale Kreisinduktivität.

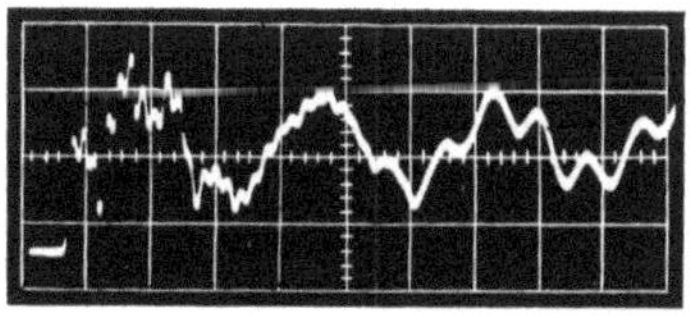

**Bild 73.** Meßsignal eines kapazitiven Spannungsteilers in einem unzureichend gedämpften Stoßspannungskreis.

Man erkennt zunächst eine vergleichsweise langsame Schwingung, deren Frequenz sich für $C_1 \ll C_2$ zu

$$f = \frac{1}{2\pi \sqrt{L \dfrac{C_1 C_s}{C_1 + C_s}}}$$

berechnet, und die durch einen Dämpfungswiderstand der Größe

$$R_D = 2\sqrt{\frac{L}{C_1 C_s / C_1 + C_s}}$$

aperiodisch gedämpft werden muß.

Der langsamen Schwingung überlagert sich in räumlich ausgedehnten Kreisen, in denen sowohl Spannungsquelle als auch Zuleitung und Spannungsteiler als Leitungen mit verteilten Parametern aufgefaßt werden müssen, eine Feinstruktur, die von Reflexionen an den verschiedenen Stoßstellen des Systems herrührt. Während in Kreisen mit konzentrierten Bauelementen nur die langsame Schwingung auftritt, die durch einen an beliebiger Stelle im Kreis angeordneten Dämpfungswiderstand beseitigt werden kann, empfiehlt sich in räumlich ausgedehnten Kreisen eine Aufteilung des Dämpfungswiderstands derart, daß auch die durch Reflexionen verursachten Verzerrungen minimal werden, s. 2.3.3. Die Einfügung des Dämpfungswiderstands bringt keine Einbuße an Übertragungsqualität, wenn durch ohmsche Kompensation im Niederspannungsteil die Zeitkonstanten auf der Hochspannungs- und der Niederspannungsseite gleich groß gemacht werden, s. 2.3.2.

### 2.3.2 Kapazitive Spannungsteiler mit konzentrierter Hochspannungskapazität

Bei kapazitiven Spannungsteilern kann man grundsätzlich zwischen zwei Bauformen unterscheiden, Teiler mit konzentrierter und mit verteilter Hochspannungskapazität. Bei ersteren besteht der Hochspannungsteil aus einer konzentrierten Kapazität $C_1$, deren Isolierfähigkeit praktisch für die volle zu messende Spannung ausgelegt ist (Bild 74).

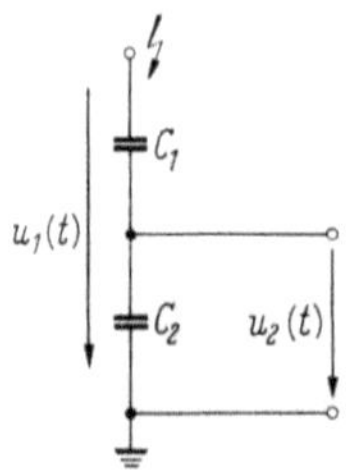


**Bild 74.** Kapazitiver Spannungsteiler mit konzentrierter Hochspannungskapazität.

Zwischen Eingangsspannung $u_1(t)$ und Ausgangsspannung $u_2(t)$ besteht ein definiertes frequenzunabhängiges Übersetzungsverhältnis

$$\ddot{u} = \frac{u_1(t)}{u_2(t)} = \frac{C_1 + C_2}{C_1}.$$

Diese Gleichung behält ihre Gültigkeit bis zu Frequenzen $\omega_g$, für die die Spannungsabfälle am Hoch- und Niederspannungsteil tatsächlich nur durch deren kapazitiven Blindwiderstand und nicht durch deren Streuinduktivität bestimmt werden. Ein konservatives Kriterium ist etwa:

$$\frac{1}{\omega_g C_1} \geqq 100\omega_g L_1 \quad \text{und} \quad \frac{1}{\omega_g C_2} \geqq 100\omega_g L_2,$$

bzw.

$$\frac{1}{200\pi\sqrt{L_1 C_1}} \geqq f_g = \frac{\omega_g}{2\pi} \geqq \frac{1}{200\pi\sqrt{L_2 C_2}}.$$

Mit anderen Worten, das Übersetzungsverhältnis ist frequenzunabhängig, solange die parasitären Streuinduktivitäten des Hoch- und Niederspannungsteils vernachlässigt werden können. Für höhere Frequenzen ist die Ersatzschaltung nach Bild 74 um die Induktivitäten $L_1$, $L_2$ und die Dämpfungswiderstände $R_1$, $R_2$ zu erweitern (Bild 75)

Beim kompensierten ohmschen Spannungsteiler (s. 2.2.1) wurde bereits klar, daß sein Übersetzungsverhältnis nur dann frequenzunabhängig ist, wenn die Zeitkonstanten im Hoch- und Niederspannungsteil gleich groß sind. In gleicher Weise kann das Übersetzungsverhältnis eines mit merklichen Streuinduktivitäten behafteten kapazitiven Spannungsteilers nur dann frequenzunabhängig sein,

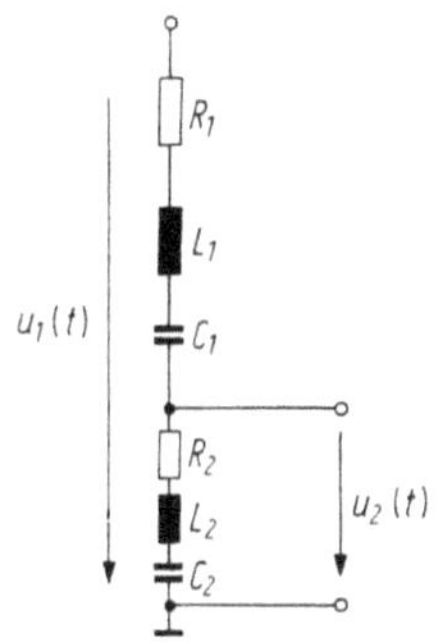


**Bild 75.** Ersatzschaltung eines kapazitiven Spannungsteilers mit Berücksichtigung seiner Streuinduktivitäten. Der Widerstand $R_1$ ist nicht zwingend Bestandteil der Teilerkonstruktion, sondern kann auch in Form des Dämpfungswiderstands der Zuleitung vorhanden sein.

wenn neben der naheliegenden Voraussetzung gleicher Zeitkonstanten $R_1C_1$ und $R_2C_2$ auch die Eigenfrequenzen seines Hoch- und Niederspannungsteils gleich sind, d. h.: $L_1C_1 = L_2C_2$. Ganz allgemein gilt für jede Teilerart

$$\frac{R_1}{R_2} = \frac{L_1}{L_2} = \frac{C_2}{C_1},$$

wobei abhängig vom Wert der Bauelemente den einzelnen Quotienten unterschiedliche Bedeutung zukommt.

Geht man davon aus, daß Hoch- und Niederspannungsteil eines kapazitiven Spannungsteilers möglichst induktionsarm aufgebaut werden und bei beiden die Streuinduktivität günstigstenfalls der Induktivität eines äquivalent langen Leiterstücks entspricht, so dürfte bei einem Teiler für 100 kV (d. h. ca. 30 cm Bauhöhe) das Niederspannungsteil lediglich 0,3 mm hoch sein.

Praktisch ausgeführte Niederspannungsteile weisen jedoch eine um zwei Zehnerpotenzen größere Bauhöhe auf.

Mit anderen Worten, im Hinblick auf gleiche Eigenfrequenzen ist der Induktivitätsbelag des Hochspannungsteils in der Regel eher zu klein als zu groß und damit recht unkritisch. Trotzdem sieht man davon ab, die Induktivität des Hochspannungsteils künstlich zu erhöhen, weil damit die Laufzeit des Hochspannungsteils vergrößert und die laufzeitbedingte Grenze für die Anwendbarkeit eines Teilers nach oben verlagert werden würde (s. Bild 87, 2.3.3).

Wenn kapazitive Spannungsteiler trotz ungleicher Eigenfrequenzen eine brauchbare Sprungantwort liefern sollen, dann muß durch Widerstände $R_1$ und $R_2$ dafür gesorgt werden, daß im Bereich der Eigenfrequenzen und darüber die Spannungsteilung nicht gemäß den undefinierten Streuinduktivitäten, sondern gemäß dem Übersetzungsverhältnis des ohmschen Spannungsteilers $(R_1 + R_2)/R_2$ erfolgt. Dies wird für praktische Verhältnisse sicher dann der Fall sein, wenn:

$$R_1 > 100\omega_g L_1 \quad \text{und} \quad R_2 > 100\omega_g L_2$$

Je näher die Eigenfrequenzen beieinander liegen, desto niederohmiger darf der ohmsche Teiler $R_1$, $R_2$ sein, bei Gleichheit der Eigenfrequenzen wäre er sogar entbehrlich, weil dann das Übersetzungsverhältnis ohnehin frequenzunabhängig ist. Da diese Gleichheit praktisch nie gegeben ist und der gesamte Meßkreis ohnehin einer Dämpfung bedarf (vgl. Bilder 72 und 73), besitzt der Widerstand $R_1$ stets einen endlichen Wert. Sein Einfluß auf die Antwortzeit des Stoßspannungsmeßkreises wird durch einen Widerstand $R_2$ im Niederspannungsteil kompensiert.

Für sehr hohe Spannungen wird die Hochspannungskapazität $C_1$ aus einer dem eigentlichen Hochspannungskreis zugehörigen Elektrode und einer mit dem Niederspannungsteil in Form einer Meßkabine konstruktiv verbundenen Gegenelektrode gebildet [107, 125—129]. In Bild 76 befindet sich das Elektronen-

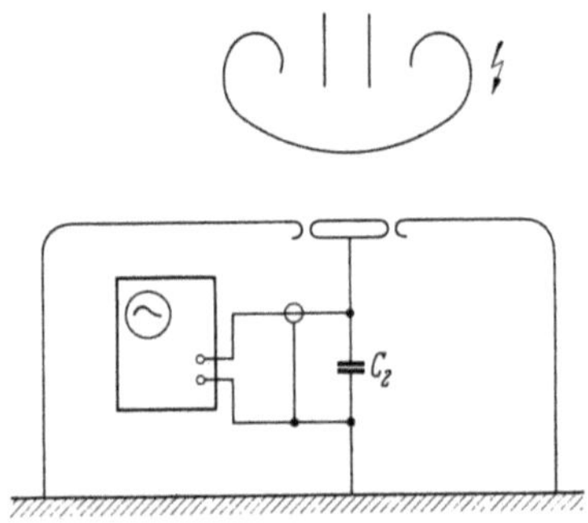


**Bild 76.** Sonderbauart kapazitiver Spannungsteiler für sehr hohe Spannungen.

strahloszilloskop im Innern der Meßkabine und wird elektrisch kurz mit der Niederspannungskapazität verbunden.

Wegen der vergleichsweise kleinen Hochspannungskapazität $C_1$ nimmt auch $C_2$ entsprechend kleine Werte an, so daß das Übersetzungsverhältnis stark belastungsabhängig wird und daher zu korrigieren ist. Als Niederspannungskapazität muß die Summe aus der eigentlichen Meßkapazität $C_2$, der Kabelkapazität des Verbindungskabels zum Elektronenstrahloszilloskop und dessen Eingangskapazität genommen werden. Der Vorteil dieser in Bild 76 skizzierten Bauweise besteht in der geringen Rückwirkung der Meßeinrichtung auf den Hochspannungskreis — der Spannungsteiler stellt praktisch nur einen Teil der ohnehin aufzuladenden Streukapazität des Hochspannungskreises dar — und dem geringen Aufwand für das Dielektrikum der Hochspannungskapazität $C_1$. Die geringe Rückwirkung geht einher mit einer großen Empfindlichkeit gegen Schwankungen der Hochspannungskapazität abhängig vom Aufstellungsort beziehungsweise der benachbarten Umgebung, so daß die Meßanordnung praktisch immer neu eingemessen werden muß.

In koaxialen Systemen der Kernphysik und Fusionsforschung oder auch in gekapselten $SF_6$-isolierten Schaltanlagen stellen kapazitive Spannungsteiler häufig einen integralen Bestandteil der Konstruktion dar. Je nach Qualität des Niederspannungsteils sind bei Spannungen bis in den Megavolt-Bereich Anstiegszeiten von unter 50 Picosekunden erreichbar [130, 555, 683, 692, 700, 765].

Ein weiteres Beispiel für die praktische Ausführung kapazitiver Spannungsteiler mit konzentrierter Hochspannungskapazität zeigt Bild 77. Hochspannungs- und Niederspannungskapazität werden aus drei koaxial angeordneten zylindrischen Metallelektroden gebildet (Bild 78). Als Dielektrikum dient Hochvakuum und verlustarmes Glas. Der abgebildete Spannungsteiler ist für Spannungen bis 60 kV geeignet. Durch Vorschalten einer zusätzlichen Kapazität läßt sich der Spannungsbereich auf 120 kV erweitern. Die Rückwirkung auf den Meßkreis ist sehr gering, da die Eingangskapazität nur etwa 4 pF, beim erweiterten Teiler sogar nur etwa 2 pF beträgt. Dank der kleinen Kapazität und des induktionsarmen, koaxialen Aufbaus liegt die Eigenresonanz des Hochspannungsteils oberhalb 200 MHz.

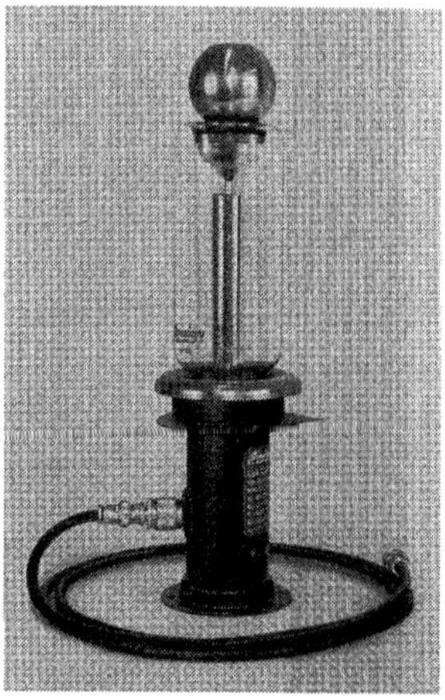

**Bild 77.** Kapazitiver Spannungsteiler für 60 kV/120 kV. Eingangskapazität 4 pF, Eigenresonanzen über 200 MHz (Jennings).

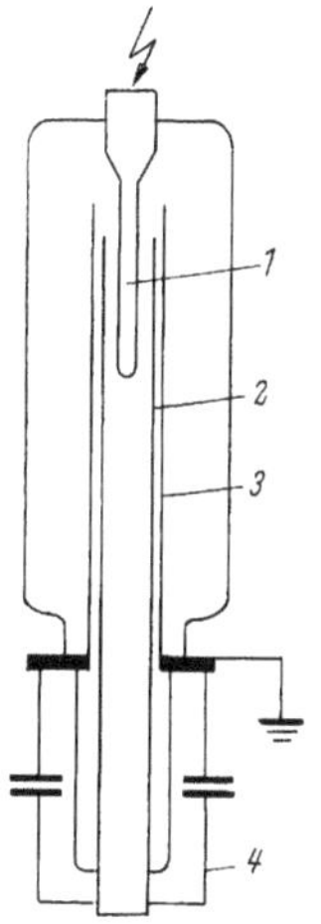


**Bild 78.** Schnitt durch einen koaxial aufgebauten kapazitiven Spannungsteiler. *1* Hochspannungsbelag, *2* dem Hoch- und Niederspannungsteil gemeinsamer Belag, *3* erdseitiger Belag des Niederspannungsteils, *4* Zusatzkapazitäten zur Einstellung eines bestimmten Übersetzungsverhältnisses (Jennings).

Einen kapazitiven Präzisionsspannungsteiler für Eichzwecke beschreiben Brady und Dedrick [133, 134]. Koaxialer Aufbau mit Schutzringen und Anwendung der beim Bau von Kondensatornormalen üblichen Konstruktionsmerkmale gewährleisten ein meß- und berechenbares Übersetzungsverhältnis von etwa 1000 mit einer Genauigkeit von wenigen Promille. Der Spannungsteiler eignet sich zur Messung von Impulsspannungen bis zu 350 kV. Seine obere Grenzfrequenz reicht bis zu 8 MHz.

Kapazitive Präzisionsspannungsteiler mit Anstiegszeiten im Nanosekunden-Bereich lassen sich vorteilhaft unter Verwendung preßgasisolierter Hochspannungskapazitäten aufbauen (Bilder 79 und 80).

Das Niederspannungsteil kann entweder in den erdseitigen Belag der Hochspannungskapazität eingebaut oder am Fuß des Preßgaskondensators zugeschaltet werden. Im letzteren Fall der räumlich getrennten Anordnung von Hoch- und Niederspannungsteil müssen die auf der vertikalen Verbindungsleitung sich ausbildenden Wanderwellenschwingungen entweder durch einen konzentrierten spannungsfesten Abschlußwiderstand oder eine verteilte Dämp-

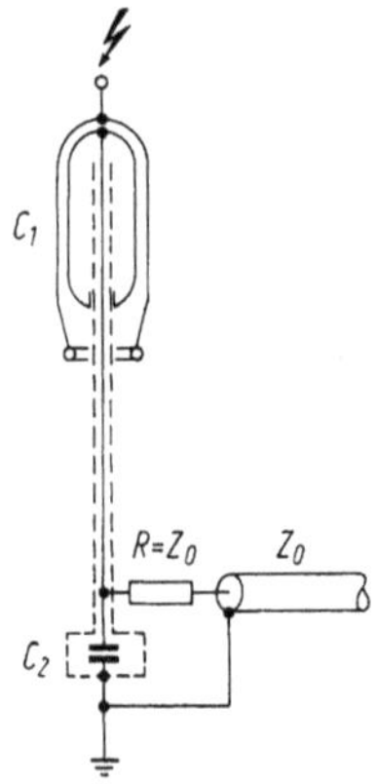


**Bild 79.** Kapazitiver Präzisionsspannungsteiler mit preßgasisolierter Hochspannungskapazität [701].

**Bild 80.** Kapazitiver Präzisionsspannungsteiler für 75 kV und 150 kV. Anstiegszeit 3,5 ns (Hilo-Test).

fung der Verbindungsleitung beseitigt werden [676]. Das Problem der Wanderwellenschwingung tritt nicht auf in Preßgaskondensatoren, die in Umkehrung des von Schering und Vieweg vorgeschlagenen Konstruktionsprinzips aufgebaut sind [715, 716].

Der Vorzug preßgasisolierter Hochspannungsteiler liegt in ihrer Linearität, der Konstanz ihres Übersetzungsverhältnisses unabhängig vom Aufstellungsort und ihrer geringen Rückwirkung auf den Hochspannungskreis.

Im Laboratorium kann man sich für Spannungen bis zu mehreren 10 kV mit der leicht selbst herzustellenden Konstruktion nach Bild 81 behelfen. Für den hochspannungsseitigen Belag und das Dielektrikum der Kapazität $C_1$ verwendet man ein kurzes Stück PE-isoliertes Kabel mit massivem Innenleiter (z. B. N 2 YA 10 re). Die elektrisch stark beanspruchten Stellen werden durch Wülste entlastet. Das dem Hochspannungskreis zugewandte Ende der PE-Isolierung erhält zur Verlängerung des Kriechwegs einige Einstiche. Durch Verschieben des Innenleiters des PE-Kabels und Parallelschalten induktionsarmer Scheibenkondensatoren zu $C_2$ (Summe aus der Eingangskapazität des Tastkopfs des Elektronenstrahloszilloskops und der geometrischen Kapazität zwischen geerdetem äußeren Zylinder und dem den eigentlichen Teilerkapazitäten gemeinsamen Belag) kann das Übersetzungsverhältnis variiert werden. Um die empfindlichste Stelle des Spannungsteilers gegen Gleitentladungen zu schützen, wird das PE-Dielektrikum an der dem Elektronenstrahloszilloskop zugewandten Seite etwas aufgebohrt und der Hohlraum mit Siliconöl oder Transformatoröl gefüllt.

Schließlich soll nicht unerwähnt bleiben, daß sich auch potentialgesteuerte Durchführungen (sog. Kondensatordurchführungen) als kapazitive Spannungsteiler einsetzen lassen, wenn man einen erdnahen Steuerbelag mittels einer Meßbuchse in Flanschnähe isoliert herausführt.

Dieser Möglichkeit bedient man sich nicht nur bei der Messung von Schaltstoßspannungen [702, 703], sondern auch bei Messung des Effektiv- und Scheitelwerts industriefrequenter Wechselspannungen [181, 714].

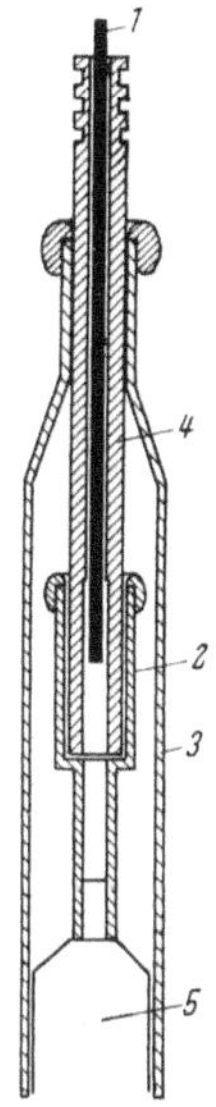


**Bild 81.** Kapazitiver Spannungsteiler zur Erweiterung des Meßbereichs von Tastköpfen. *1* Hochspannungsbelag, *2* dem Hoch- und Niederspannungsteil gemeinsamer Belag, *3* erdseitiger Niederspannungsbelag, *4* Dielektrikum (PE), *5* Tastkopf.

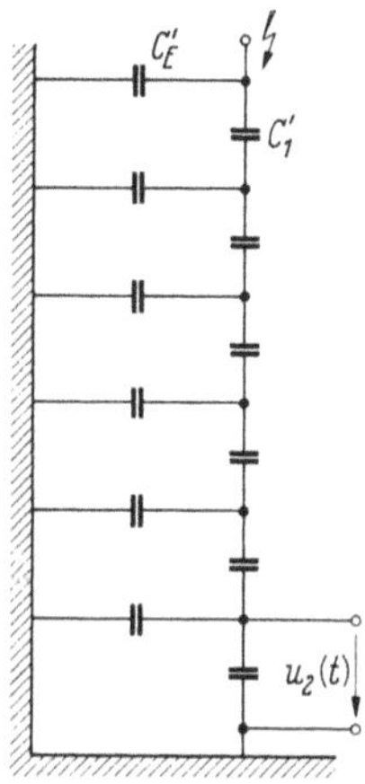


**Bild 82.** Ersatzschaltbild kapazitiver Spannungsteiler mit verteilten Erdkapazitäten. $C'_1$ Längskapazitätsbelag, $C'_E$ Erdkapazitätsbelag.

### 2.3.3 Kapazitive Spannungsteiler mit verteilter Hochspannungskapazität

Bei der zweiten Art rein kapazitiver Teiler besteht die Hochspannungskapazität $C_1$ aus einer Reihenschaltung vieler Einzelkondensatoren. In gleicher Weise wie beim ohmschen Spannungsteiler läßt sich unter Berücksichtigung der verteilten Erdkapazitäten und unter Vernachlässigung der Induktivitäten und der Stromverdrängung ein Ersatzschaltbild aufstellen (Bild 82). Die verteilten Erdkapazitäten führen auch hier zu einer nichtlinearen Spannungsverteilung und zu einer entsprechenden Änderung des nominellen Übersetzungsverhältnisses, jedoch in beiden Fällen nicht frequenzabhängig.

Unter der üblicherweise zutreffenden Annahme $C_1 \ll C_2$ (großes Übersetzungsverhältnis) und $C_E < C_1$ kann man das Ersatzschaltbild nach Bild 82 in die in Bild 83 gezeigten vereinfachten Ersatzschaltbilder umwandeln.

Für beide Schaltungen berechnet sich das frequenzunabhängige Übersetzungsverhältnis mit guter Näherung zu

$$\frac{u_1(t)}{u_2(t)} \approx \frac{C_1 + C_2}{C_1}\left(1 + \frac{C_E}{6C_1}\right).$$

Die verteilten Erdstreukapazitäten bewirken eine Vergrößerung des Übersetzungsverhältnisses, da ein Teil des in den Teilerkopf eintretenden Stroms über die Erdkapazitäten abfließt und deshalb nichts zum Spannungsabfall am Niederspannungsteil beiträgt. Dem vergrößerten Übersetzungsverhältnis wird in der rechts gezeigten Schaltung des Bildes 83 durch Annahme einer verkleinerten Hochspannungskapazität Rechnung getragen.

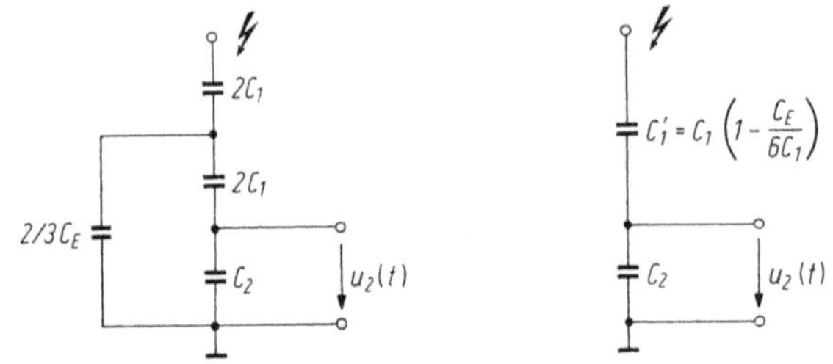


**Bild 83.** Vereinfachte Ersatzschaltungen des kapazitiven Spannungsteilers mit verteilten Erdstreukapazitäten.

Wie beim kapazitiven Spannungsteiler mit konzentrierter Hochspannungskapazität gilt obige Gleichung nur bis zu Frequenzen, für die die Streuinduktivitäten vernachlässigt werden dürfen. Soll das Übersetzungsverhältnis auch darüber hinaus frequenzunabhängig sein, ist in gleicher Weise durch Widerstände $R_1$ und $R_2$ für eine frequenzunabhängige Spannungsteilung Sorge zu tragen. Letztere Maßnahme führt zum sogenannten gedämpft kapazitiven Spannungsteiler (Bild 84).

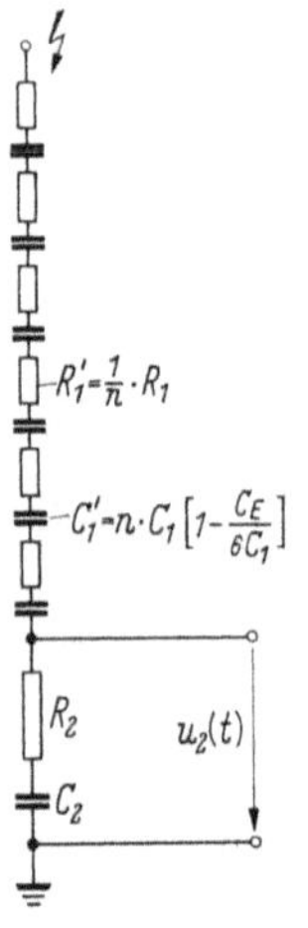


**Bild 84.** Gedämpft kapazitiver Spannungsteiler

Während beim kapazitiven Spannungsteiler mit konzentrierter Hochspannungskapazität die Widerstände $R_1$ und $R_2$ für den hypothetischen Fall gleicher Eigenfrequenzen entfallen können, erweist es sich beim kapazitiven Teiler mit verteilter Hochspannungskapazität als zweckmäßig, einen Teil des ohnehin zur aperiodischen NF-Dämpfung benötigten Widerstands (s. Bild 72 und erläuternden Text) im Teiler unterzubringen.

Wie aus der Leitungstheorie bekannt ist, können Schaltvorgänge in Leitungen durch Mehrfachreflexionen an den Enden sogenannte Wanderwellenschwingungen hervorrufen [67, 105]. Die Entstehung von Wanderwellenschwingungen setzt voraus, daß die Leitung verlustarm und an ihren Enden nicht mit dem Wellenwiderstand abgeschlossen ist. Beide Voraussetzungen sind zumindest teilweise beim ungedämpften kapazitiven Spannungsteiler erfüllt, da einerseits die Dämpfung der Leitung durch die Verluste der Kapazitäten gering ist und andererseits die Leitung am niederspannungsseitigen Ende praktisch im Kurzschluß betrieben wird [131]. Eine in den Teiler einlaufende Wanderwelle wird am Teilerfuß reflektiert werden und zur Quelle zurücklaufen. Bei Teilern mit Kopfelektrode erfolgt am Teilerkopf eine erneute Reflexion zum Teilerfuß hin, es bilden sich abhängig von den Verlusten der Leitung die mehr oder weniger stark gedämpften Wanderwellenschwingungen aus. Die Grundfrequenz der Schwingungen liegt üblicherweise bei mehreren 10 MHz und läßt sich aus der Laufzeit der Leitung berechnen:

$$f \approx \frac{1}{2\sqrt{L_1 C_E}} = \frac{1}{2\tau}.$$

Die aus obiger Gleichung berechnete Frequenz stellt die Grundfrequenz der Stromschwingung des sekundärseitig kurzgeschlossenen Spannungsteilers dar. Sie unterscheidet sich um den Faktor 2 von der Grundfrequenz des häufiger betrachteten Falls der Spannungsschwingung einer am Ende leerlaufenden Leitung, deren Grundfrequenz $1/4\tau$ beträgt.

Das Auftreten von Wanderwellenschwingungen beim kapazitiven Spannungsteiler wurde erstmals von Howard vermutet [117]. Ausführliche experimentelle und theoretische Untersuchungen dieser Erscheinungen erfolgten durch Zaengl und Feser [3, 62]. Nach Zaengl erhält man einen optimal gedämpften Spannungsteiler für

$$R = 3 \cdots 4 \sqrt{\frac{L_1}{C_E}}.$$

Mit anderen Worten, der Gesamtwiderstand des Teilers sollte etwa den drei- bis vierfachen Wert des Wellenwiderstands $Z = L_1/C_E$ des als Leitung aufgefaßten Teilers besitzen. Wie neuere Arbeiten gezeigt haben, lassen sich jedoch auch mit geringerer Dämpfung brauchbare Ergebnisse erzielen [716].

Eine optimale Sprungantwort erhält man, wenn außer dem Teiler auch seine Zuleitung verteilt bedämpft und die durch den zusätzlichen Widerstand bedingte Zunahme der Antwortzeit mittels eines vergrößerten Widerstands $R_2$ im Niederspannungsteil kompensiert wird.

Einen Eindruck von der ausgezeichneten Qualität der Übertragungseigenschaften gedämpft kapazitiver Teiler vermittelt (Bild 85.)

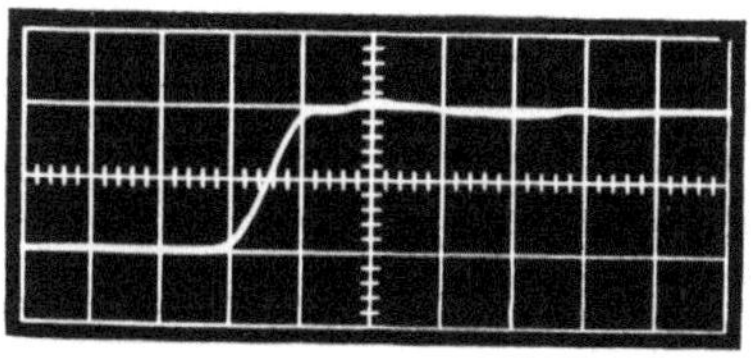

**Bild 85.** Sprungantwort eines gedämpften Spannungsteilers für 1 MV, gemessen mit Niederspannungstestimpulsen und induktionsarmer Ankopplung. Anstiegszeit $T_a = 7{,}5$ ns. (Nach Zaengl [3].)

Das Oszillogramm zeigt die Sprungantwort eines Spannungsteilers für 1 MV, gemessen mit Niederspannungstestimpulsen und induktionsarmer Ankopplung. Die Anstiegszeit beträgt nach Abzug der Eigenanstiegszeit des verwendeten Elektronenstrahloszilloskops 7,5 ns.

Zum Bau breitbandiger Spannungsteiler eignen sich nur Bauelemente, die aufgrund ihres konstruktiven Aufbaus von Natur aus eine geringe Eigeninduktivität besitzen (ungewendelte Widerstände, Schniewindband, stirnflächenkontaktierte Kondensatoren usw.). Darüber hinaus muß man bestrebt sein, durch geschickte räumliche Anordnung der Bauelemente und durch Serienparallelschaltung mehrerer Bauelemente die Gesamtinduktivität des Teilers zu verringern. So bestehen bei dem gedämpften kapazitiven Spannungsteiler die einzelnen Dämpfungswiderstände zwischen je zwei Längskondensatoren aus einer Parallelschaltung mehrerer Teilwiderstände. Weiter ist die Niederspannungskapazität als Parallelschaltung vieler Teilkondensatoren aufgebaut, womit eine Gleichheit der induktiven Zeitkonstanten des Hoch- und Niederspannungsteils angestrebt wird.

**Bild 86.** Gedämpfter kapazitiver Spannungsteiler für 3 MV, Response-Time $T_R = 20$ ns, Beruhigungszeit $T_X = 150$ ns, Überschießen $O = 20\%$ (Meßwandler-Bau).

Die praktische Ausführung eines gedämpften Spannungsteilers für 3 MV zeigt Bild 86.

Die Hochspannungskapazität mit der verteilten Dämpfung ist in einem Hartpapierrohr untergebracht. Alle Bauelemente sind unter Hochvakuum getrocknet und ölimprägniert. Der Teiler ist hermetisch gekapselt, die Ölausdehnung fängt ein Stickstoffpolster auf.

Zum Abschluß unserer Betrachtungen zeigt Bild 87 in einem Diagramm den Zusammenhang zwischen Bandbreite, Teilerhöhe und Dämpfungswiderstand kapazitiver Spannungsteiler mit verteilter Hochspannungskapazität.

Der Kapazitätsbelag wurde nach der in 2.2.2 angegebenen Gleichung berechnet, der Induktivitätsbelag zu ca. 3 μH/m geschätzt. Letzterer Zahlenwert erklärt sich aus einem näherungsweise quadratischen Rechteckstoßkreis und beinhaltet die zu einer bestimmten Teilerhöhe gehörende restliche Streuinduktivität des Kreises (Erdrückleitung induktionsarm angenommen).

Die durch den Ursprung gehenden Geraden geben den höchstens erforderlichen Widerstandswert an, für den auch bei extrem auseinanderliegenden Eigenfrequenzen das Übersetzungsverhältnis bis zur angegebenen Frequenz um nicht

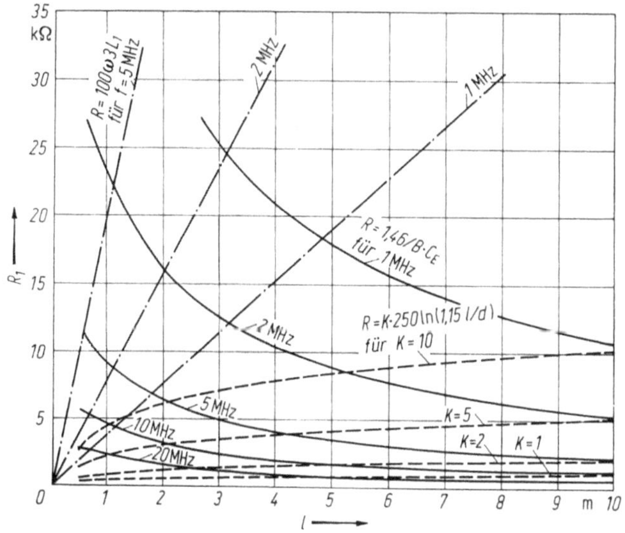


**Bild 87.** Zusammenhang zwischen Bandbreite, Teilerhöhe und Dämpfungswiderstand (Erläuterung im Text).

mehr als 1% vom Nennwert abweicht. In der Praxis ist der erforderliche Dämpfungswiderstand viel kleiner, da sich einerseits die Eigenfrequenzen nicht so sehr unterscheiden und andererseits die Signalenergie spektral verteilt ist, d. h. die Sprungantwort nicht allein von den höchsten Frequenzen bestimmt wird. Man vergleiche zum Beispiel die Dimensionierungsvorschriften nach Zaengl für den optimal gedämpften Teiler, bzw. $R_1 = 0{,}25 \cdots 1{,}5\ \sqrt{L_1 C_E}$ nach Feser [716], die beide Geraden sehr flacher Steigung ergeben und daher der Übersichtlichkeit wegen nicht eingezeichnet sind. Die hyperbelförmigen Kurven geben für eine bestimmte Bandbreite bzw. obere Grenzfrequenz den maximal zulässigen Dämpfungswiderstand an. Sie wurden aus der in 2.2.2.4 angegebenen Gleichung, $B = 1{,}46/RC_E$, berechnet. Die Kurven verlieren ihren Sinn, wenn die zu einer bestimmten Bandbreite gehörende Wellenlänge in die Größenordnung der Teilerhöhe kommt bzw. im Zeitbereich betrachtet, wenn die Anstiegszeit der zu messenden Spannung in die Größenordnung der Laufzeit des Hochspannungsteils gelangt. In diesem Fall wird die quasistationäre Spannungsmessung überhaupt fragwürdig, weil die dielektrische Beanspruchung nicht mehr allein über das Linienintegral $\int E ds$ mit der am Prüfobjekt liegenden Spannung verknüpft ist.

Formt man die Gleichung $T_a = k\tau$ geeignet um, so ergeben sich für verschiedene Parameterwerte $k$ logarithmische Kurven, deren Schnittpunkte mit den hyperbelförmigen Kurven die Grenzen einer sinnvollen Spannungsmessung aufzeigen. Beispielsweise ergibt sich für $k = 5$ (s. a. 1.1.4) die Bandbreite eines 10 m hohen Teilers zu ca. 2 MHz. Glücklicherweise wachsen mit zunehmender Höhe der Prüfspannungen auch die Durchschlagswege und die zum Spannungszusammenbruch benötigten Zeiten — die kürzest mögliche Anstiegszeit eines Spannungszusammenbruchs wird letztlich auch durch die Laufzeit zwischen den betreffenden Elektroden begrenzt —, so daß die Aussagekraft von Stoßspannungsmessungen im Multimegavoltbereich durchaus vergleichbar sein kann mit der Aussagekraft von Stoßspannungsmessungen bei einigen 100 kV. Fragwürdige Ergebnisse erhält man aber sicher dann, wenn ein Teiler für einige Megavolt zur Messung der Ansprechspannung von Überspannungsableitern im Bereich von einigen 100 kV eingesetzt wird.

### 2.3.4 Niederspannungsteile kapazitiver Spannungsteiler

Beim Lesen der vorangegangenen Abschnitte könnte der Eindruck entstanden sein, daß die größte Schwierigkeit beim Bau kapazitiver Stoßspannungsteiler in der geeigneten Auslegung ihres Hochspannungsteils bestünde. Bei genauem Hinsehen zeigt sich jedoch, daß kapazitive Teiler nur so gut sind wie ihr Niederspannungsteil.

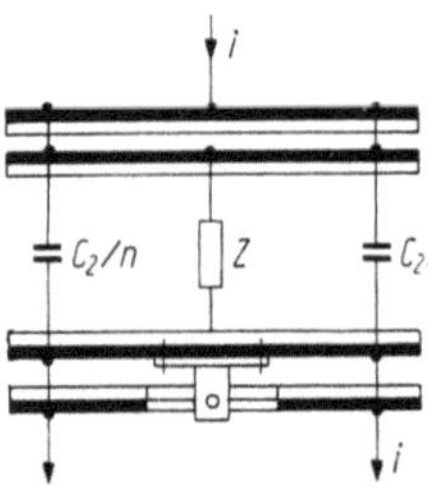


**Bild 88.** Schematische Darstellung des mechanischen Aufbaus eines induktivitätsarmen Niederspannungsteils. $Z$ Kabelabschluß (s. 2.3.5)

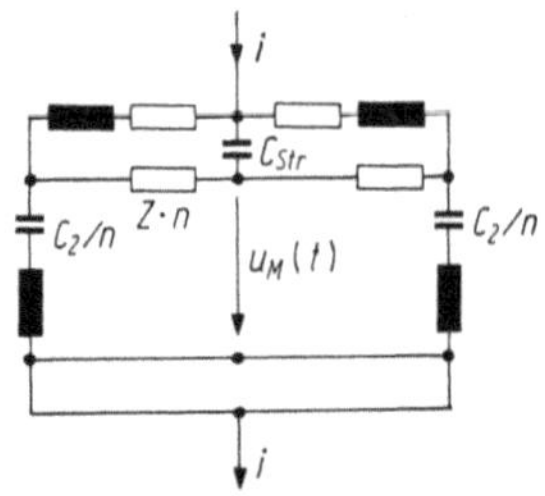


**Bild 89.** Vereinfachtes Ersatzschaltbild eines induktivitätsarmen Niederspannungsteils.

Übliche Niederspannungsteile besitzen je nach Anwendung Kapazitätswerte zwischen einigen Nanofarad und einigen Mikrofarad, die im Hinblick auf eine hohe Eigenfrequenz durch Parallelschalten zahlreicher auf einem Kreis angeordneter kleinerer Teilkapazitäten realisiert werden (Bild 88).

Durch eine Vierpolanordnung lassen sich die Spannungsabfälle an der Zuleitungsinduktivität der einzelnen Kondensatoren eliminieren. Der Aufbau muß eine perfekte Rotationssymmetrie besitzen, da sonst Ausgleichsschwingungen zwischen den einzelnen Teilkapazitäten auftreten. Die im Bild 89 eingezeichnete

Streukapazität sollte möglichst klein sein. Niederspannungsteile für gedämpft kapazitive Teiler sind um Widerstände $R_1/ü$ zu ergänzen.

Wenn nicht die Meßkabellänge oder die Höhe der zu messenden Spannung große Kapazitätswerte vorschreiben, so können als Niederspannungsteile auch Durchführungskondensatoren der Funkentstörtechnik verwendet werden, die bekanntlich einen sehr niedrigen Leerlaufkernwiderstand besitzen.

Bislang wurden als Ursache für eine etwaige Frequenzabhängigkeit des Übersetzungsverhältnisses kapazitiver Spannungsteiler lediglich die Streuinduktivitäten und das Zusammenwirken verteilter Erdstreukapazitäten mit ohmschen Dämpfungswiderständen in Betracht gezogen. Bei kapazitiven Präzisionsspannungsteilern mit druckgasisolierter Hochspannungskapazität oder bei Spannungsteilern für die Fusionsforschung kann ein frequenzabhängiges Übersetzungsverhältnis jedoch auch von der unterschiedlichen Dispersion der im Hoch- und Niederspannungsteil verwendeten Dielektrika herrühren. Durch Einsatz von Isolierstoffen, deren Dielektrizitätskonstanten die gleiche Frequenzabhängigkeit aufweisen, läßt sich dieses Problem beseitigen.

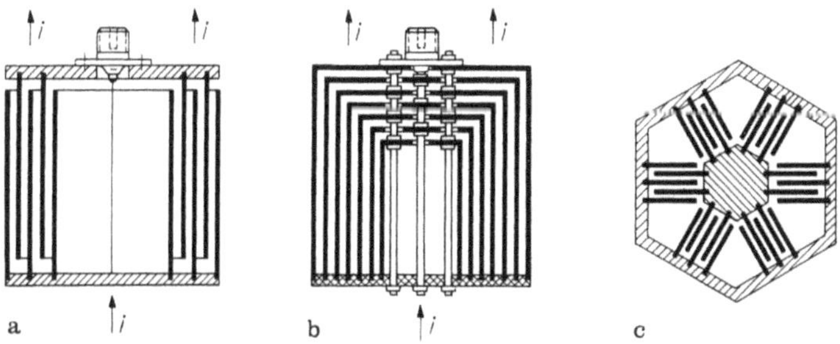


**Bild 90.** Bauformen druckgasisolierter Niederspannungsteile für kapazitive Präzisionsspannungsteiler (Erläuterung s. Text).

Gasisolierte Niederspannungsteile für kapazitive Präzisionsspannungsteiler besitzen zwar gleiche Dispersion, weisen jedoch aufgrund ihrer großen Abmessungen ausgeprägte Stromverdrängungserscheinungen auf, die zu Eigenresonanzen innerhalb des Niederspannungsteils führen. Das Zustandekommen dieser Schwingungen läßt sich mit dem $LC$-Ersatzschaltbild der ebenen Stromverdrängung erklären, soll jedoch hier nicht weiter erörtert werden.

Bild 90 a zeigt eine der Hochfrequenztechnik entliehene, aus mehreren parallelgeschalteten Zylinderkondensatoren bestehende Konstruktion, die ausgeprägte Eigenresonanzen besitzt. Bessere Ergebnisse erhält man mit der Konstruktion nach Bild 90b, weil durch die Art der Einspeisung der einzelnen Beläge eine wesentlich gleichmäßigere Stromaufteilung erzwungen wird. Optimale Ergebnisse erzielt man in einer Anordnung nach Bild 90c, mit der eine Eigenresonanz von 85 MHz bei 100 nF realisiert werden kann [713].

### 2.3.5 Anpassungsverhältnisse am Niederspannungsteil kapazitiver Spannungsteiler

Der Anschluß eines kapazitiven Spannungsteilers an ein Elektronenstrahloszilloskop erfolgt über Koaxialkabel. Im allgemeinen wird das Meßsignal direkt den Ablenkplatten zugeführt, das Meßkabel also im Leerlauf betrieben. Damit die am leerlaufenden Ende entstehenden Reflexionen nicht zu Wanderwellenschwingungen führen, muß das Kabel eingangsseitig mit seinem Wellenwiderstand abgeschlossen werden (Bild 91). Bei sehr schnell veränderlichen Vorgängen erfährt das am Niederspannungsteil entstehende Meßsignal $u_2(t)$ eine Spannungsteilung 1:2 durch den eingangsseitig als Bauelement vorgeschalteten Widerstand der

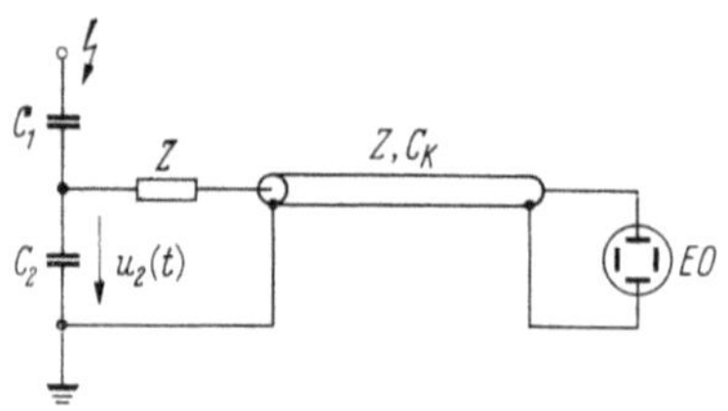


**Bild 91.** Ankopplung eines Elektronenstrahloszilloskops an einen kapazitiven Spannungsteiler. $Z$ Wellenwiderstand des koaxialen Meßkabels, $C_K$ Kabelkapazität.

Größe $Z$ und den Wellenwiderstand des Kabels. Die in das Kabel einlaufende Wanderwelle der Größe $u_2(t)/2$ wird am Ende auf den doppelten Wert reflektiert, so daß sich an den Ablenkplatten der ursprüngliche Spannungswert $u_2(t)$ einstellt. Die zurücklaufende Welle erblickt am Eingang des Kabels den Wellenwiderstand $Z$ und wird dort unter der Voraussetzung, daß die Niederspannungskapazität für den betrachteten Frequenzbereich praktisch einen Kurzschluß darstellt, reflexionsfrei absorbiert. Für schnell veränderliche Vorgänge und hohe Frequenzen bleibt somit das bekannte Übersetzungsverhältnis des Teilers erhalten:

$$\ddot{u} = \frac{u_1(t)}{u_2(t)} = \frac{C_1 + C_2}{C_1}.$$

Im Verlauf der doppelten Laufzeit des Kabels schaltet sich die Kabelkapazität $C_K$ der Niederspannungskapazität parallel, so daß sich für langsam verlaufende Vorgänge und niedrige Frequenzen ein etwas vergrößertes Übersetzungsverhältnis ergibt:

$$\ddot{u} = \frac{C_1 + C_2 + C_K}{C_1}.$$

Für nicht allzugroße Kabellängen, deren Kabelkapazität gegen $C_2$ vernachlässigt werden kann, macht sich der Unterschied im Übersetzungsverhältnis kaum bemerkbar. Bei größeren Kabellängen oder vergleichsweise kleinen Niederspannungskapazitäten $C_2$ kann der Fehler durch einen Kabelabschluß nach Burch [132] verringert werden (Bild 92). Wählt man $C_1 + C_2 = C_3 + C_K$, so ergibt sich sowohl für niedrige als auch für hohe Frequenzen das gleiche Übersetzungsverhältnis. Für hohe Frequenzen bewirkt die Kombination $Z$, $C_3$ einen reflexionsfreien Kabelabschluß, und man erhält wegen der ausbleibenden Spannungsverdopplung ein um den Faktor 2 vergrößertes Übersetzungsverhältnis

$$\ddot{u}_\infty = 2\,\frac{C_1 + C_2}{C_1}.$$

Für niedrige Frequenzen gilt das Übersetzungsverhältnis

$$\ddot{u}_0 = \frac{C_1 + C_2 + C_3 + C_4}{C_1},$$

das bei Einhaltung der Dimensionierungsregel mit $\ddot{u}_\infty$ übereinstimmt. Leider weicht das Übersetzungsverhältnis bei mittleren Frequenzen von diesem ausgezeichneten Wert ab, was sich im Zeitbereich als Verzerrung in der Sprungantwort bemerkbar macht [712]. Mit Hilfe der Methoden der Netzwerksynthese lassen sich aufwendigere Entzerrungsnetzwerke realisieren, die im Rahmen der geforderten Genauigkeit eine Beseitigung dieses Effekts erlauben [713].

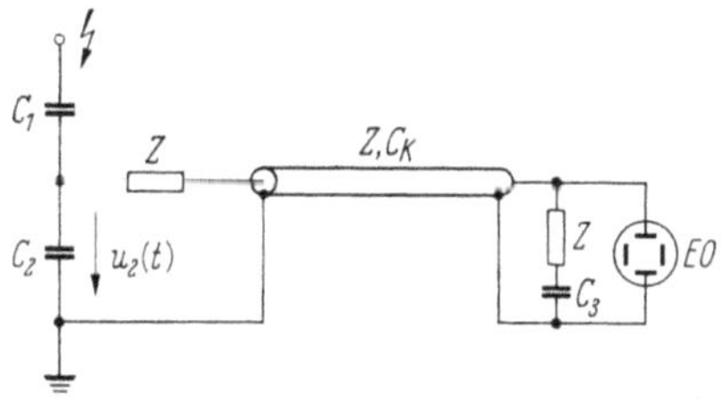


**Bild 92.** Ausgleich der Kabelkapazität bei großen Kabellängen durch einen komplexen Kabelabschluß $Z$ Wellenwiderstand des koaxialen Meßkabels, $C_K$ Kabelkapazität, $C_3$ Hilfskapazität.

Der gedämpfte kapazitive Spannungsteiler verhält sich hinsichtlich seiner Übertragungseigenschaften in Zusammenhang mit einem längeren Koaxialkabel genau wie der gewöhnliche kapazitive Spannungsteiler. Es ist lediglich darauf

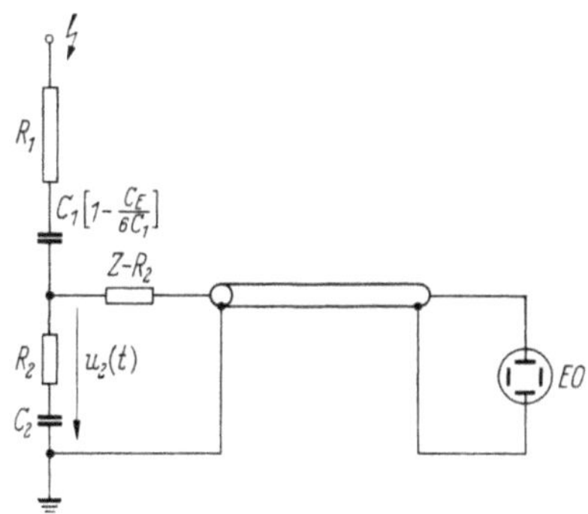


**Bild 93.** Anpassungsverhältnisse beim gedämpften kapazitiven Spannungsteiler.

zu achten, daß der dem Kabel vorgeschaltete Widerstand um den im Niederspannungsteil schon enthaltenen Widerstand $R_2$ verringert wird (Bild 93).

Damit sich, bedingt etwa durch polaritätsabhängige Koronaentladungen, am Niederspannungsteil keine Gleichspannung aufbauen kann, empfiehlt sich die Parallelschaltung eines hochohmigen Widerstands von einigen Megaohm zu den

Platten des Elektronenstrahloszilloskops. In diesem Fall und auch bei Belastung des Niederspannungsteils durch ein mit seinem Wellenwiderstand abgeschlossenes Meßkabel — letztere Maßnahme kann man sich im allgemeinen nur im Nanosekunden-Bereich erlauben — besitzt ein kapazitiver Spannungsteiler auch eine untere Grenzfrequenz.

$$f_{gu} = \frac{1}{2\pi R_{EO}(C_1 + C_2)}.$$

Wegen weiterer Fragen, die sich bei der Übertragung steiler Spannungsimpulse über Koaxialkabel und deren anschließender Messung mit einem Elektronenstrahloszilloskop ergeben, sei auf 1.1.4 verwiesen.

## 2.4 Das Kettenleiterersatzschaltbild

Zur Berechnung des quasistationären Übertragungsverhaltens von Hochspannungsteilern faßt man den gesamten Spannungsteiler als Kettenleiter auf (Bild 94). Da der Hochspannungsteil ohnehin meist aus einer Reihenschaltung einzelner gleichartiger Bauelemente zusammengesetzt ist, trifft dieses Ersatzschaltbild

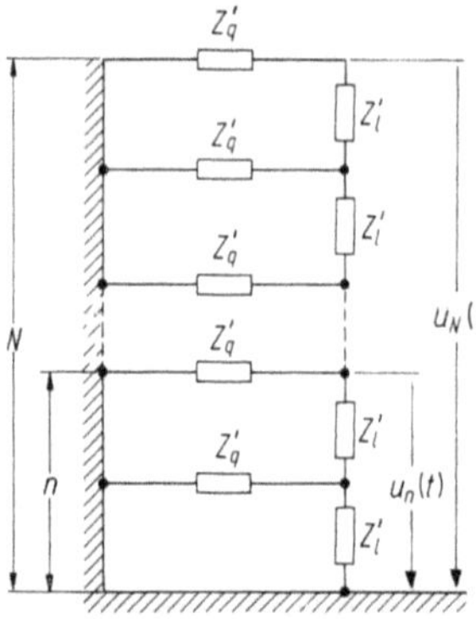


**Bild 94.** Kettenleiterersatzschaltbild eines räumlich ausgedehnten Spannungsteilers. $Z_q'$ Erdkapazitätsbelag, $Z_l'$ Längsimpedanzbelag.

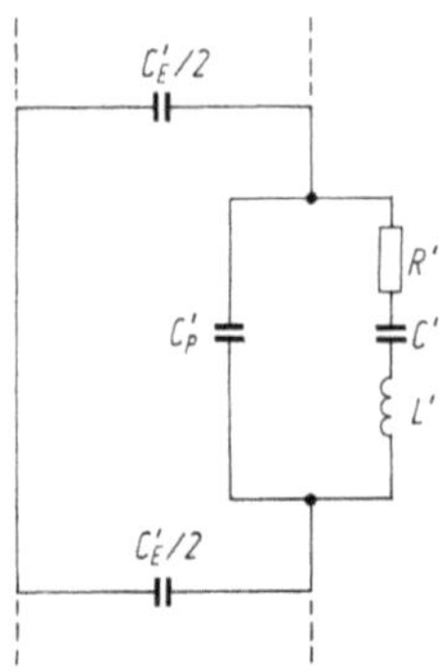


**Bild 95.** Ersatzschaltbild eines Teilelements des Kettenleiters. $C_E'/2$ Teilerkapazität, $C_P'$ Parallelkapazitätsbelag, $R'$ Widerstandsbelag. $C'$ Längskapazitätsbelag (nur beim kapazitiven Spannungsteiler), $L'$ Induktivitätsbelag.

auch den physikalischen Aufbau der Hochspannungsteiler recht gut. Die Längsimpedanzen $Z_l'$ richten sich nach der Art des betrachteten Spannungsteilers, die Querimpedanzen $Z_q'$ stellen die verteilten Erdkapazitäten dar. Das Ersatzschaltbild trifft bei gesteuerten Spannungsteilern nicht exakt zu. Für den Fall der Steuerung der Spannungsverteilung längs des Teilers durch eine am Teilerkopf befindliche Steuerelektrode besteht zwischen den beiden Enden des Teilers eine Parallelkapazität, die keine galvanischen Querverbindungen zu den einzelnen

Knotenpunkten der Teilelemente besitzt. Im Fall der Steuerung durch einen nichtlinearen Widerstandsbelag sind die Leitungsbeläge nicht mehr konstant, sondern vom Ort auf der Leitung abhängig.

Beide Gegebenheiten lassen sich durch Annahme kleinerer Erdkapazitäten berücksichtigen [62]. Weiter ist der Niederspannungsteil in der Praxis konstruktiv stets anders aufgebaut als der Hochspannungsteil. Feser und Harada betrachten daher Hoch- und Niederspannungsteil getrennt [112, 113, 131].

Der durch den Niederspannungsteil $Z_2$ fließende Strom $i_2(t)$ wird durch die Hochspannungsimpedanz $Z_1$ eingeprägt, da $Z_1 \gg Z_2$ ist. Sie berechnen zunächst $i_2(t)$ für den Fall, daß der Niederspannungsteil kurzgeschlossen ist. Mit diesem Strom als Eingangsgröße ermitteln sie dann die Ausgangsspannung $u_2(t)$ des Niederspannungsteils über dessen Übertragungsfaktor $Z_2(s)$.

Wo es konstruktiv nicht gelingt, die Homogenität der Leitung zu wahren, insbesondere die induktiven Zeitkonstanten im Hoch- und Niederspannungsteil betreffend, liefert die getrennte Behandlung von Hoch- und Niederspannungsteil richtigere Ergebnisse.

Verwendet man im Hoch- und Niederspannungsteil Widerstände gleicher Bauart, so wird das Übersetzungsverhältnis durch temperaturabhängige und durch Skineffekt bedingte Widerstandsänderungen nicht beeinflußt. Für die Nachbildung eines einzelnen Teilerelements erhält man dann das Ersatzschaltbild nach Bild 95. Die Teilerdkapazitäten $C'_E$ entstehen durch das unvermeidliche elektrische Feld zwischen jedem Teilerelement und der auf Erdpotential befindlichen Umgebung. Wie schon beim ohmschen Teiler erwähnt, ergeben sich für $C'_E$ Werte von 10 bis 20 pF/m. Die Längsimpedanz $Z'_l$ besteht aus der Reihen- und Parallelschaltung von vier Zweipolen. $R'$ und $C'$ stellen beim ohmschen beziehungsweise auch beim kapazitiven Spannungsteiler tatsächlich als Bauteile vorhandene Teilelemente dar, $L'$ ihre Streuinduktivität, $C'_P$ ihre Streukapazität. Die Kapazitäten $C'_p$ sind zunächst induktionslos angenommen, müssen aber für eine exakte Berechnung durch in den Schaltbindungen konzentrierte Induktivitäten gegeneinander isoliert werden, wenn der Leitungscharakter des Kettenleiters zum Ausdruck kommen soll. Die Streuinduktivitäten $L'$ des aktiven Zweigs sind entsprechend zu verringern.

Unter der gewöhnlich erfüllten Voraussetzung $C'_P \ll C'$, $C'_e \ll C'$, $n \ll N$ läßt sich die Sprungantwort des allgemeinen Spannungsteilerersatzschaltbilds nach Bild 94 aus der Systemfunktion $\boldsymbol{A}(s)$ ermitteln.

Das Verhältnis der am Teiler liegenden Gesamtspannung $\boldsymbol{U}_N$ zu der am „Niederspannungsteil" $\left(x = \frac{n}{N}\,l\right)$ abgreifbaren Spannung $\boldsymbol{U}_n$ berechnet sich nach Bellaschi [109] zu

$$\frac{\boldsymbol{U}_N}{\boldsymbol{U}_n} = \frac{1}{\boldsymbol{A}(\mathrm{j}\omega)} = \frac{\sinh \sqrt{\dfrac{\boldsymbol{Z}_l}{\boldsymbol{Z}_q}}}{\sinh \dfrac{n}{N} \sqrt{\dfrac{\boldsymbol{Z}_l}{\boldsymbol{Z}_q}}}$$

Setzt man für die Quer- und Längsimpedanzen die entsprechenden Größen nach Bild 95 ein und ersetzt man gleichzeitig $\mathrm{j}\omega$ durch die komplexe Variable $s$, so ergibt sich der Übertragungsfaktor zu

$$A(s) = \frac{\sinh\left(\frac{n}{N}\sqrt{\frac{(R + sL + 1/sC)\cdot sC_E}{1 + (R + sL + 1/sC)\cdot sC_P)}}\right)}{\sinh\sqrt{\frac{(R + sL + 1/sC)\cdot sC_E}{1 + (R + sL + 1/sC)\cdot sC_P}}}$$

Mit dem Heavysideschen Entwicklungssatz läßt sich damit die Sprungantwort des Spannungsteilers zu

$$g(t) = 1 - \frac{C_E}{6(C + C_P)} + 2\cdot\exp(-at)\sum_{k=1}^{\infty}(-1)^k \frac{\cosh(bt) + \frac{a}{b}\sinh(bt)}{\left(1 + \frac{C_P}{C} + \frac{C_E}{Ck^2\pi^2}\right)\left(1 + \frac{C_P k^2\pi^2}{C_E}\right)},$$

mit

$$a = \frac{R}{2L}$$

und

$$b = \sqrt{\left(\frac{R}{2L}\right)^2 - \frac{1 + \frac{C_P}{C} + \frac{C_E}{Ck^2\pi^2}}{\frac{LC_E}{k^2\pi^2}\left(1 + \frac{C_P}{C_E}k^2\pi^2\right)}}$$

berechnen [62].

Die Sprungantwort des ohmschen Teilers ergibt sich aus der obigen Gleichung für $C = \infty$. Vereinfacht man noch weiter, indem man $L = 0$ und $C_P = 0$ setzt, so ergibt sich die einfachere Sprungantwort:

$$g(t) = 1 + 2\sum_{k=1}^{\infty}(-1)^k\cdot\exp\left(\frac{-\pi k^2}{RC_E}t\right)$$

und daraus unter der Annahme gleicher Antwortzeit das vereinfachte Ersatzschaltbild des ohmschen Spannungsteilers Bild 60. Die allgemeine Sprungantwort ist bei Berücksichtigung aller Bauelemente schwer zu interpretieren. Ihre numerische Auswertung mit dem Digitalrechner findet man für alle praktisch vorkommenden Teilerarten bei Zaengl und Feser [62].

## 2.5 Leitungsspannungsteiler

Für die Messung des zeitlichen Verlaufs sehr steiler Hochspannungsimpulse in koaxialen Leitungssystemen eignen sich die im folgenden beschriebenen sogenannten Leitungsspannungsteiler (engl. Reflection-Type-Attenuator). Ihre Wirkungsweise beruht auf Reflexionserscheinungen an Stoßstellen des Wellenwiderstands in Leitungssystemen [580].

Im Prinzip besteht ein Leitungsspannungsteiler aus der Kettenschaltung zweier Leitungen I und II mit unterschiedlichen Wellenwiderständen $Z_1$ und $Z_2$ ($Z_2 < Z_1$)

(Bild 96). Die Verbindungsstelle $P$ der beiden Leitungen stellt eine Diskontinuität im Leitungssystem I und II dar. In $P$ wird ein Teil der im Spannungsimpuls $u_1(t)$ enthaltenen Energie reflektiert. Dies bedeutet, daß die Spannungswelle $u_1(t)$ in zwei Wanderwellen $u_1'(t)$ und $u_2(t)$ zerlegt wird.

$$u_1(t) = u_2(t) + u_1'(t).$$

Der reflektierte Spannungsimpuls $u_1'(t)$ läuft zum Entstehungsort von $u_1(t)$ zurück (Spannungsquelle), der Spannungsimpuls $u_2(t)$ pflanzt sich zur Meßeinrichtung fort.

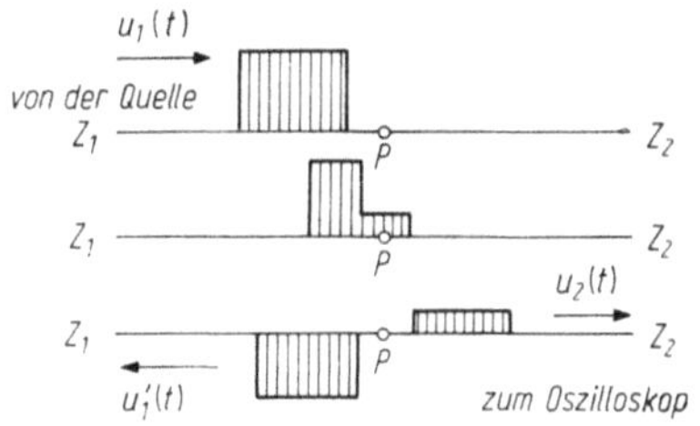


**Bild 96.** Zur Wirkungsweise von Leitungsspannungsteilern

Das Übersetzungsverhältnis der Spannungsteilung im Punkt $P$ berechnet sich nach den Gesetzen der Wanderwellenausbreitung [105, 582] zu

$$ü = \frac{u_1(t)}{u_2(t)} = \frac{Z_1 + Z_2}{2Z_2}.$$

Die Vorzüge der Leitungsspannungsteiler liegen in ihrer großen oberen Grenzfrequenz, die von keiner der konventionellen Spannungsteilerbauarten erreicht wird. Die Anstiegszeit ihrer Sprungantwort wird lediglich begrenzt durch die frequenzabhängige Kabeldämpfung und die Qualität der Stoßstelle. Praktisch erreichte Werte liegen zwischen 50 und 100 ps. Ihr Übersetzungsverhältnis ist praktisch temperatur- und spannungsunabhängig.

Diesen Vorzügen stehen zwei Einschränkungen gegenüber, die die Anwendung der Leitungsspannungsteiler auf einige Spezialgebiete begrenzen. Zum einen können nur Spannungsimpulse untersucht werden, deren Impulsdauer kleiner oder höchstens gleich der doppelten Laufzeit der Leitung I ist. Die zur Spannungsquelle zurücklaufende Wanderwelle $u_1'(t)$ überlagert sich der Klemmenspannung der Spannungsquelle und verändert so die ursprüngliche Form der zu messenden Spannung. Dieser Effekt macht sich jedoch erst nach der doppelten Laufzeit der Leitung I bemerkbar. Sofern man sich nur für den zeitlichen Verlauf eines Vorgangs innerhalb dieser Zeitspanne interessiert, können natürlich auch Spannungsimpulse mit längerer Rückenzeit untersucht werden. Gleiche Überlegungen gelten für die Leitung II. Es wird hier jedoch vorausgesetzt, daß die Leitung II entweder mit ihrem Wellenwiderstand reflexionsfrei abgeschlossen ist oder eine größere Laufzeit besitzt als die Leitung I, so daß sich die vom Ende der Leitung II herrührenden Reflexionen erst später bemerkbar machen.

Wegen des Wellenwiderstands koaxialer Leitungen in der Größenordnung von 30 bis 150 Ω ist die Anwendung der Leitungsspannungsteiler auf niederohmige Spannungsquellen beschränkt. Dies ist insofern kein schwerwiegender Nachteil, als extrem steile Spannungsimpulse mit Anstiegszeiten im Nano- und Subnanosekunden-Bereich ohnehin nur in niederohmigen, induktionsarm aufgebauten Systemen auftreten.

Beim Bau eines Leitungsspannungsteilers aus nur zwei Koaxialleitungen lassen sich wegen der vergleichsweise geringen Unterschiede der Wellenwiderstände nur verhältnismäßig kleine Übersetzungsverhältnisse realisieren. In praxi schaltet man daher an der Stoßstelle $P$ mehrere Leitungen parallel (Bild 97).

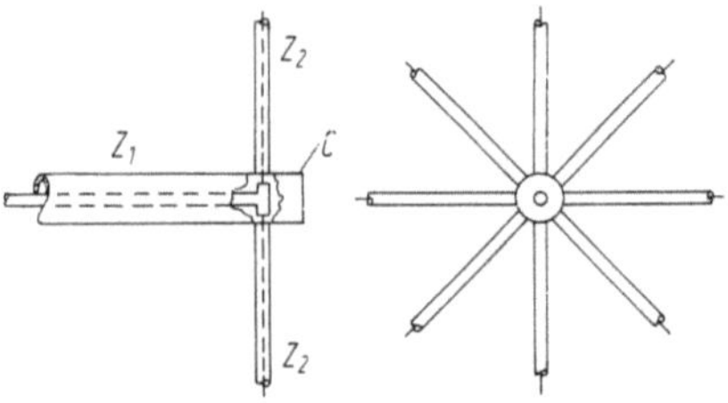


**Bild 97.** Leitungsspannungsteiler mit $n$ Leitungen im „Niederspannungsteil". $C$ Hohlraum zur Kompensation von Schaltkapazitäten.

Das Übersetzungsverhältnis berechnet sich dann für Leitungen gleichen Wellenwiderstands $Z_2$ zu

$$\ddot{u} = \frac{u_1(t)}{u_2(t)} = \frac{Z_2 + nZ_1}{2Z_2}$$

Besondere Beachtung ist der konstruktiven Gestaltung des Verzweigungspunkts $P$ zu schenken. Die durch die Schaltverbindungen entstandenen Streukapazitäten müssen durch einen Hohlraum hinter der Verzweigungsstelle kompensiert werden.

Die Meßeinrichtung, im allgemeinen ein Elektronenstrahloszilloskop, wird an eine der $n$ Leitungen angeschlossen. Für bestimmte Untersuchungen, bei denen eine hohe Auflösung gewünscht wird, können auch mehrere oder alle Leitungen mit Oszilloskopen unterschiedlicher Empfindlichkeitseinstellungen und Zeitablenkungen belastet werden.

# 3 Einrichtungen zur Messung hoher Gleich- und Stoßspannungen sowie des Scheitel- und Effektivwerts hoher Wechselspannungen

## 3.1 Messung hoher Gleichspannungen und des Effektivwerts hoher Wechselspannungen

### 3.1.1 Hochohmige Widerstände und Spannungsteiler

In der Niederspannungsmeßtechnik erfolgt die Bereichserweiterung von Spannungsmessern im allgemeinen durch Reihenschaltung eines Vorwiderstands geeigneter Größe mit dem eigentlichen Meßinstrument. Auf ähnliche Weise können hohe Gleichspannungen mit geringem Aufwand gemessen werden (Bild 98).

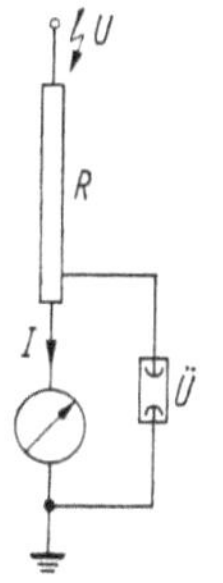


**Bild 98.** Messung hoher Gleichspannungen mit hochohmigem Vorwiderstand und Strommesser. *Ü* Überspannungsableiter (Edelgassicherung) zum Schutz des Strommessers bei etwaigen Überschlägen.

Man mißt einfach den durch einen bekannten hochohmigen Widerstand $R$ fließenden Strom $I$ mittels eines empfindlichen Drehspulinstruments. Die an der Meßeinrichtung liegende Spannung $U$ errechnet sich dann zu

$$U = IR.$$

Dabei vernachlässigt man stillschweigend den Spannungsabfall am Strommesser, da der Innenwiderstand eines Amperemeters naturgemäß sehr klein ist.

Durch Einsatz eines Operationsverstärkers läßt sich dieser Fehler bei höheren Ansprüchen an die Meßgenauigkeit beliebig klein halten [737]. Es empfiehlt sich die Parallelschaltung einer Edelgassicherung zum Strommesser, damit bei einem Überschlag längs des hochohmigen Widerstands das Instrument geschützt wird. Die Schutzwirkung der Edelgassicherung kann erhöht werden, wenn sie nicht direkt parallel zum Strommesser, sondern mit einem Ende an einer Anzapfung des Meßwiderstands liegt. Bei einem Durchschlag wird dann die Ansprechspannung wesentlich früher erreicht.

Der Wert des Vorwiderstands wird im allgemeinen so ausgelegt, daß bei voller Spannung ein Strom von einigen hundert Mikroampere fließt. Abhängig vom Innenwiderstand der Spannungsquelle können kleinere und größere Werte zweckmäßig sein. Für rein statische Spannungsquellen scheidet das Verfahren wegen seiner vergleichsweise hohen Rückwirkung aus.

In der Praxis wird der Vorwiderstand meist als Reihenschaltung vieler Teilwiderstände aufgebaut. Die Widerstandskette wird für hohe Spannungen auf einen Hartpapierzylinder aufgewickelt und zur Vermeidung von Sprüherscheinungen und zwecks Erreichung einer besseren und gleichmäßigeren Wärmeabfuhr unter Öl gesetzt. Es ist darauf zu achten, daß der Spannungsabfall zwischen den einzelnen Windungen nicht zu Überschlägen längs der Isolierrohroberfläche führt. Zulässig sind Werte kleiner als 5 kV/cm in Luft bei Normaldruck und bis

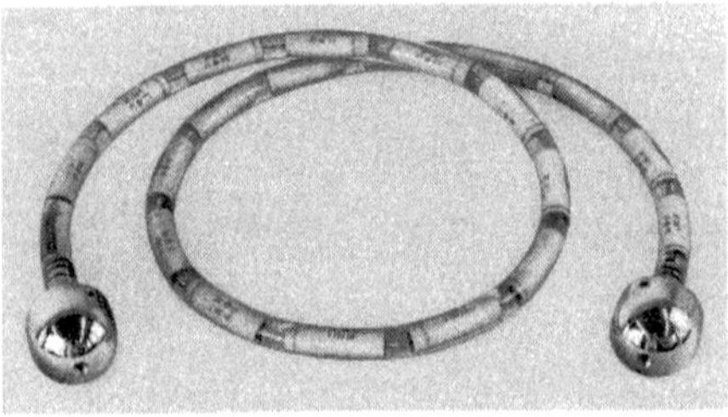

**Bild 99.** Hochohmiger Meßwiderstand, bestehend aus einer Reihenschaltung mehrerer Metallfilmwiderstände in ölgefülltem PVC-Schlauch.

zu 15 kV/cm unter Öl. Für Spannungen bis zu 100 kV genügt auch die Unterbringung in einem ölgefüllten PVC-Schlauch, dessen Enden mit Sprühschutzhauben versehen sind (Bild 99). Für die Teilelemente können Kohleschicht-, Metallfilm-, Masse und Drahtwiderstände verwendet werden. Erwähnt sei auch die Verwendung von Leitgummi beim Bau eines Gleichspannungsmeßwiderstands für Spannungen bis zu 2 MV [157]. Für nicht allzu hohe Widerstandswerte eignen sich vorzüglich Hochohmkordel und Schniewind-Widerstandsgewebe wegen ihrer hohen zeitlichen Konstanz und ihrer geringen Temperaturabhängigkeit. Hochohmkordel besteht aus einer mit dünnem Widerstandsdraht bewickelten Asbest- oder Glasseidenschnur. Widerstandsgewebe besteht aus einer isolierenden Garnkette (Asbest, Glasseide), in die meist mäanderförmig Widerstandsdraht oder Widerstandskordel eingewebt wird. Sehr große Widerstandswerte erfordern allzu dünne Drahtdurchmesser, die zu einer starken Empfindlichkeit gegen mechanische Beanspruchung führen. Für extrem hochohmige Gleichspannungsmeßwiderstände kommt daher nur die Reihenschaltung vieler Teilwiderstände in Frage. Als Teilelemente eignen sich die in der Rundfunktechnik und Elektronik üblicherweise verwendeten Kohleschicht- und Metallfilmwiderstände mit Belastbarkeiten von etwa 2 W. Spezielle gewendelte Hochspannungsschichtwiderstände werden bei der Herstellung mit besonders tiefen und breiten Schliffrillen versehen, um Brückenbildung und Überschläge zwischen den einzelnen Wendeln zu vermeiden. Die nach dem Kolloidkohleverfahren gefertigten Hochspannungsschichtwiderstände weisen im Spannungsbereich zwischen 0 und 200 V eine vergleichsweise starke Spannungsabhängigkeit auf, die bei der Eichung der gesamten Meßeinrichtung beachtet werden muß. Oberhalb eines gewissen Anlaufbereichs ändert sich der Widerstandswert nicht mehr wesentlich. Bei der Ausmessung des Widerstandswerts der Teilwiderstände sollte daher die Meßspannung oberhalb des Anlaufbereichs liegen.

Für strengere Anforderungen an die Meßgenauigkeit ist außerdem der Temperaturkoeffizient $T_K$ zu berücksichtigen. Hochohmige Kohleschichtwiderstände besitzen einen Temperaturkoeffizienten in der Größenordnung von etwa $\mp 500 \times 10^{-6}$/K. Die genaue Größe ist im Einzelfall vom Hersteller zu erfahren. Der tatsächliche Wert eines Widerstands bei erhöhter Temperatur $t$ errechnet sich zu

$$R_t = R_{t_0}[1 + T_k(t - t_0)].$$

Einen etwa um den Faktor 10 geringeren Temperaturkoeffizienten besitzen Metallfilmwiderstände. Gleichzeitig zeigen sie eine bessere Langzeitkonstanz als Kohleschichtwiderstände. Ausführlichere Betrachtungen dieser Probleme finden sich bei Heiber und Benthien [161, 162].

Allen Arten von Schichtwiderständen eigen ist ihre Empfindlichkeit gegen stoßartige Überlastungen, die zu einer Erhöhung des Widerstandswerts führen. Wenngleich bei Spannungsmeßwiderständen zunächst keine impulshaften Überlastungen erwartet werden, so können doch, wie später noch ausführlich gezeigt wird, bei bestimmten Betriebszuständen und Versuchen Überlastungen einzelner Teilelemente auftreten. In diesen Fällen nimmt man gern Massewiderstände, die gegen Impulsbelastung unempfindlicher sind. Niederohmige Massewiderstände reagieren auf stoßartige Überlastung mit einer Verkleinerung des Widerstandswerts, hochohmige mit einer Widerstandszunahme. Nachteilig ist ihr vergleichsweise großer Temperaturkoeffizient.

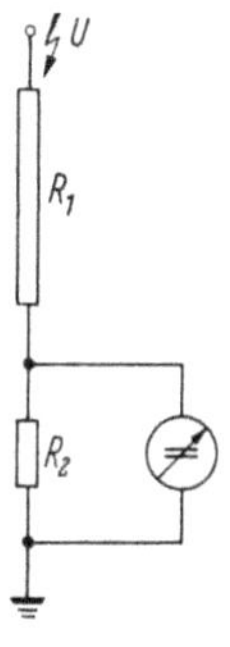


**Bild 100.** Messung hoher Gleichspannungen mit ohmschem Spannungsteiler und elektrostatischem Spannungsmesser.

Der Einfluß der Spannungs- und Temperaturabhängigkeit kann eliminiert werden, wenn der hochohmige Widerstand als Spannungsteiler aufgebaut wird (Bild 100). Die Hochspannung berechnet sich dann aus dem Übersetzungsverhältnis und der mit einem elektrostatischen Spannungsmesser am Niederspannungswiderstand angezeigten Spannung. Unter der Voraussetzung, daß der gesamte Spannungsteiler aus gleichartigen Bauelementen besteht, und unter der Annahme, daß alle Bauelemente die gleiche Übertemperatur aufweisen — was bei waagrecht aufgehängtem Meßwiderstand eher erfüllt ist als bei senkrechter Aufstellung —, gehen die relativen Widerstandsänderungen mit der Temperatur und die Spannungsabhängigkeit der Bauelemente nicht in das Übersetzungsverhältnis ein.

Sowohl beim Gleichspannungsteiler als auch beim hochohmigen Vorwiderstand muß durch eine geeignete hochspannungstechnische Konstruktion für eine weitgehende Unterdrückung von Sprüherscheinungen gesorgt werden. Koronaerscheinungen des Hochspannungswiderstands führen zu Leckströmen, die vom Meßinstrument am geerdeten Ende nicht erfaßt werden. Die angezeigten Werte können dann eine zu kleine Hochspannung vortäuschen. Sprüherscheinungen am hochspannungsseitigen Ende können auch dadurch vermieden werden, daß durch variable Ganghöhe der Potentialverlauf längs des Widerstands dem einer frei im Raum schwebenden Kugelelektrode angepaßt wird [163, 738].

Bei plötzlichem Lastabfall oder auch beim Kurzschluß der Gleichspannungsquelle, beispielsweise durch einen Überschlag am Prüfobjekt, können rein ohmsche Vorwiderstände und Gleichspannungsteiler leicht zerstört werden. Wie schon bei den Stoßspannungsteilern ausführlich erläutert, verursachen die verteilten Erdkapazitäten eines räumlich ausgedehnten hochohmigen Widerstands zwischen seinen Enden bei hohen Frequenzen eine nichtlineare Spannungsverteilung (s. 2.2.2.1). Dies führt bei schnell veränderlichen Vorgängen zu einer starken Überspannungsbeanspruchung der ersten Widerstandselemente am hochspannungsseitigen Ende. Um diese Gefahr zu beseitigen, schaltet man zwischen die einzelnen Widerstandswindungen Steuerkondensatoren, die bei transienten Vorgängen die Spannungsbeanspruchung vergleichmäßigen (Bild 101).

Außerdem verkleinern die Steuerkondensatoren die Zeitkonstante des Meßwiderstands, eine Forderung, die bei geregelten Gleichspannungsquellen für Beschleunigeranlagen auftritt. Beispielsweise zeigt Bild 102 zwei typische Gleichspannungsmeßwiderstände für die Istwerterfassung in stabilisierten Hochspannungsgeräten mit gepulster Last.

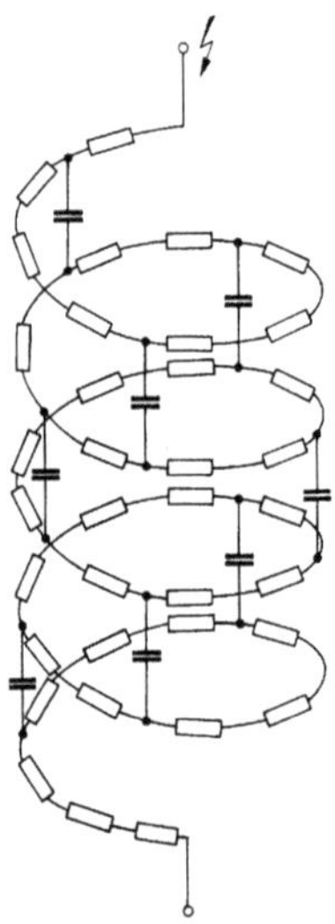

**Bild 101.** Vorwiderstand mit Längskondensatoren zur Steuerung der dynamischen Potentialverteilung und Verringerung der Zeitkonstante.

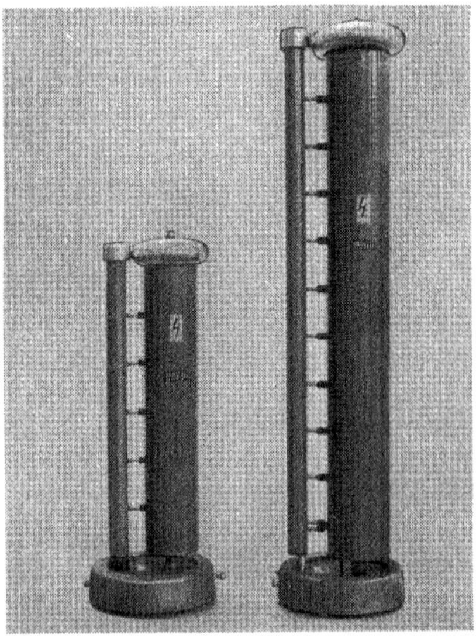

**Bild 102.** Kompensierte Gleichspannungsteiler 75 kV und 150 kV für doppelstabilisierte Hochspannungsnetzgeräte mit gepulster Last. Zeitkonstante <100 ns (Hilo-Test).

Abschließend sei darauf hingewiesen, daß bei welliger Gleichspannung und Verwendung eines Drehspulinstruments als Strommesser der arithmetische Mittelwert, bei Verwendung eines elektrostatischen Spannungsmessers (unter Vernachlässigung der verteilten Erdkapazitäten) der Effektivwert der Hochspannung gemessen wird. Bei starker Welligkeit können die Augenblickswerte der Hochspannung merklich über den angezeigten Mittelwerten liegen. Eine den Augenblickswert welliger Gleichspannungen erfassende Meßeinrichtung beschreibt Strauss [757].

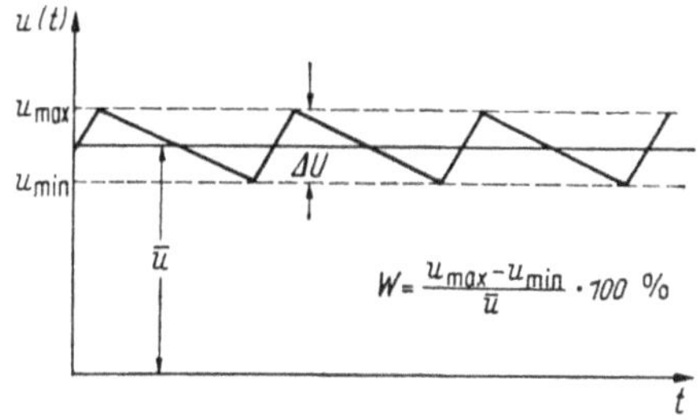


**Bild 103.** Zur Definition der Welligkeit einer Gleichspannung. $\bar{u}$ arithmetischer Mittelwert.

Die Welligkeit einer Gleichspannung definiert man aus Bild 103 zu

$$w = \frac{u_{\max} - u_{\min}}{\bar{u}} \cdot 100\%,$$

$$w = \frac{\Delta U}{\bar{u}} \cdot 100\%.$$

Neben dieser Definition gibt es noch die Begriffe der Effektivwertwelligkeit und der Spitzenwelligkeit [153], die jedoch seltener Verwendung finden.

Die Welligkeit einer Gleichspannung kann mit der in Bild 104 dargestellten Schaltung gemessen werden. Über eine für den größten Augenblickswert der Spannung bemessene Hilfskapazität $C_H$ wird der Wechselanteil der Hochspannung ausgekoppelt und auf einem Elektronenstrahloszilloskop beobachtet. Beim Zuschalten der Hilfskapazität an die Hochspannung muß der Schalter $S$ geschlossen sein, da während der Aufladung von $C_H$ auf den arithmetischen Mittelwert der

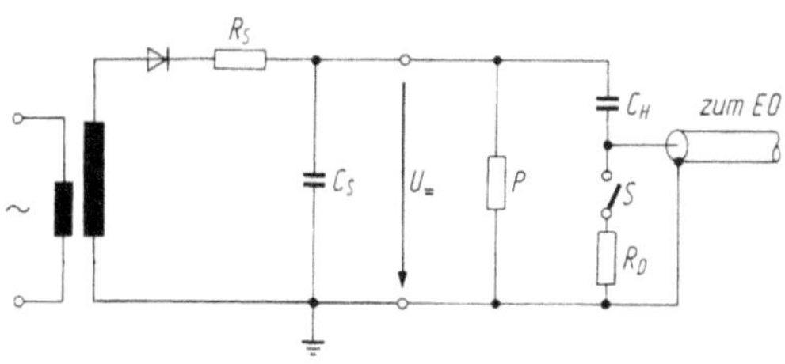


**Bild 104.** Messung der Welligkeit der von einer Einweg-Gleichrichterschaltung erzeugten Gleichspannung. $R_S$, $C_S$ Siebglied, $P$ Belastungswiderstand, $C_H$ Hilfskondensator zum Abblocken der Gleichsspannungskomponente, $S$ Erdungsschalter, $R_D$ Dämpfungswiderstand.

Gleichspannung kurzzeitig ein hoher Ladestrom fließt. Wäre der Schalter geöffnet oder nicht vorhanden, so würde der einmalige Stromstoß über den Eingangswiderstand des Elektronenstrahloszilloskops fließen und diesen entweder thermisch oder spannungsmäßig zerstören. Die Schalterstellung „ground" des Eingangswahlschalters moderner Elektronenstrahloszilloskope macht den Schalter $S$ nicht entbehrlich, da letzterer lediglich den Verstärkereingang von der Eingangsbuchse abtrennt und an Erde legt.

Es ist darauf zu achten, daß $C_H$ groß gegen die Kapazität $C_{EO}$ (Summe aus der Kapazität des Elektronenstrahloszilloskops und der Kabelkapazität) und $1/\omega C_H$ für die Grundfrequenz der Welligkeit ausreichend klein gegen den ohmschen Eingangswiderstand $R_{EO}$ des Elektronenstrahloszilloskops gewählt wird. Andernfalls wirkt $C_H$ zusammen mit $C_{EO}$ und $R_{EO}$ als frequenzabhängiger Spannungsteiler, so daß eine zu kleine Welligkeit gemessen wird.

So einleuchtend und einfach die Meßverfahren mit hochohmigem Vorwiderstand und Spannungs- beziehungsweise Strommesser bei Gleichspannung arbeiten, bei der Messung hoher Wechselspannungen ergeben sich beträchtliche Schwierigkeiten. Neben der Beherrschung der Temperatur- und Spannungsabhängigkeit der Widerstände tritt bei Wechselspannungsmessungen noch die Forderung nach möglichst kleinen Winkelfehlern auf (beispielsweise bei Meßwiderständen für Koronaverlustleistungsmessungen mittels Wattmetern).

Bevor wir den Fehlwinkel eines räumlich ausgedehnten hochohmigen Meßwiderstands betrachten, wollen wir zunächst einmal den Begriff des Fehlwinkels eines Meßwiderstands erläutern. Jeder stromdurchflossene ohmsche Widerstand weist in seiner näheren Umgebung ein magnetisches und ein elektrisches Feld auf. Das Vorhandensein dieser unvermeidlichen Streufelder berücksichtigt man im vereinfachten Ersatzschaltbild durch Reihenschaltung eines ideal angenommenen ohmschen Widerstands mit einer Induktivität: parallel zu den Anschlußklemmen

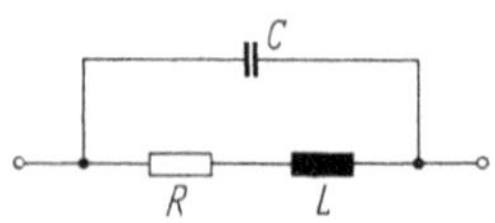


**Bild 105.** Vereinfachtes Ersatzschaltbild eines Meßwiderstands, $R$ ideal angenommener Wirkwiderstand, $C$ Streukapazität, $L$ Streuinduktivität.

denkt man sich eine Kapazität liegend (Bild 105). Bei vergleichsweise hochohmigen Meßwiderständen kann die Induktivität meist vernachlässigt werden, da $\omega L$ erst bei sehr hohen Frequenzen in die Größenordnung von $R$ kommt, während der Blindwiderstand $1/\omega C$ sich bei um so niedrigeren Frequenzen schon stark bemerkbar macht, je hochohmiger der Widerstand ist. Fließt durch einen hochohmigen Widerstand ein sinusförmiger Wechselstrom, so besteht zwischen diesem und der an den Klemmen des Widerstands liegenden Spannung eine Phasenverschiebung, die man bei hochohmigen Meßwiderständen als kapazitiven Fehlwinkel bezeichnet,

$$\varphi_C \approx \tan \varphi_C = \omega RC .$$

Ähnlich kann bei vergleichsweise niederohmigen Meßwiderständen meist die Parallelkapazität vernachlässigt werden, während $\omega L$ einen um so größeren

Einfluß erhält, je kleiner der Wert des Widerstands wird. Entsprechend definiert man hier einen induktiven Fehlwinkel,

$$\varphi_L \approx \tan \varphi_L = \frac{\omega L}{R}.$$

Bei Widerständen, die weder als sehr klein noch als sehr groß anzusprechen sind, müssen beide Fehlwinkel berücksichtigt werden.

Die Impedanz des Zweipols in Bild 105 berechnet sich zu

$$\boldsymbol{Z} = \frac{R + \mathrm{j}\omega L}{1 - \omega^2 LC + \mathrm{j}\omega RC}.$$

Nimmt man an, daß $\omega L$ und $\omega C$ sehr klein sind, was bei der Konstruktion von Meßwiderständen angestrebt wird, so kann man näherungsweise schreiben

$$\boldsymbol{Z} \approx R\left[1 + \mathrm{j}\left(\frac{\omega L}{R} - \omega RC\right)\right],$$

$$\boldsymbol{Z} \approx R[1 + \mathrm{j}\varphi].$$

Der Gesamtfehlwinkel ergibt sich also zu

$$\varphi = \varphi_L - \varphi_C \approx \left(\frac{\omega L}{R} - \omega RC\right).$$

Bei geeigneter Bemessung läßt sich demnach der Fehlwinkel praktisch zum Verschwinden bringen. Dies ist dann erreicht, wenn durch geschickten physikalischen Aufbau die Bedingung

$$\frac{L}{C} = R^2$$

erfüllt wird.

Vorwiderstände für hohe periodische Wechselspannungen sind wegen des großen Energieumsatzes und zwecks Erreichung einer möglichst geringen Rückwirkung auf den Meßkreis sehr hochohmig, so daß man ihre induktive Komponente meist vernachlässigen kann. Ihr Fehlwinkelverhalten kann jedoch wegen ihrer großen räumlichen Ausdehnung nicht mehr durch das vereinfachte Ersatzschaltbild nach Bild 105 erklärt werden. Ähnlich dem Ersatzschaltbild ohmscher Stoßspannungsteiler läßt sich ein erweitertes Ersatzschaltbild für hochohmige Vorwiderstände unter Berücksichtigung der verteilten Erdkapazitäten aufstellen (Bild 106). Schon rein anschaulich kann man aus diesem Ersatzschaltbild erkennen, daß der aus der Strommessung ermittelte Hochspannungswert zu klein ausfallen wird, da das Amperemeter die über die Erdkapazitäten abfließenden Ströme nicht erfaßt. Dieser Betragsfehler wird durch Eichung leicht ermittelt. Der Fehlwinkel läßt sich aus den Leitungsgleichungen des als Kettenleiter aufgefaßten Meßwiderstands berechnen. Nach Andresen [155] erhält man für einen gewendelten Widerstand der Höhe $h$

$$\varphi_C \approx \tan \varphi_C = \omega R\left(\frac{h^2 C'_E}{6} - C'_W\right).$$

In dieser Gleichung bedeuten $R$ den Widerstandsbelag in $\Omega$/cm, $C'_E$ die verteilte Erdkapazität in F/cm und $C'_W$ die auf einen Zentimeter umgerechnete Windungskapazität in F · cm. Bei kleinen Wendeldurchmessern ist der zweite Term der Klammer klein gegen $h^2C'_E/6$. Der Fehlwinkel wird demnach sehr gering, wenn man den Durchmesser der Wendel möglichst groß und ihre Höhe möglichst klein wählt. Eine weitere Möglichkeit besteht in der Abschirmung des Meßwiderstands $R_M$ durch eine ihn einhüllende zweite Widerstandswendel $R_S$, die dem eigentlichen Meßwiderstand parallel geschaltet ist, aber keinen Beitrag zum Meßstrom liefert (Bild 107) [156]. Durch Abgleichwiderstände $R_A$ können die Potentiale an den

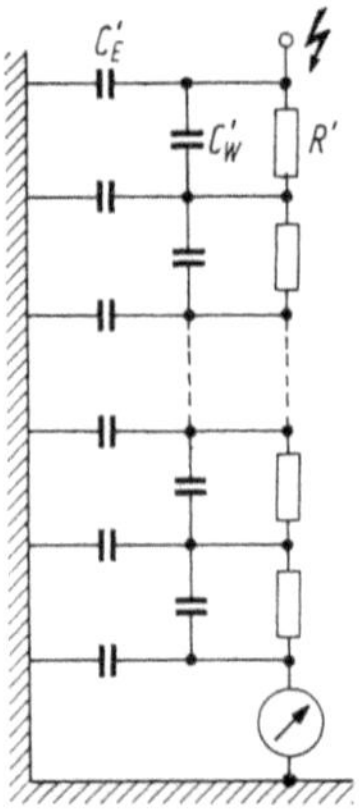


**Bild 106.** Räumlich ausgedehnter hochohmiger Vorwiderstand mit verteilten Erd- und Eigenkapazitäten. $C'_E$ Erdkapazitätsbelag, $C'_W$ bezogene Windungskapazität.

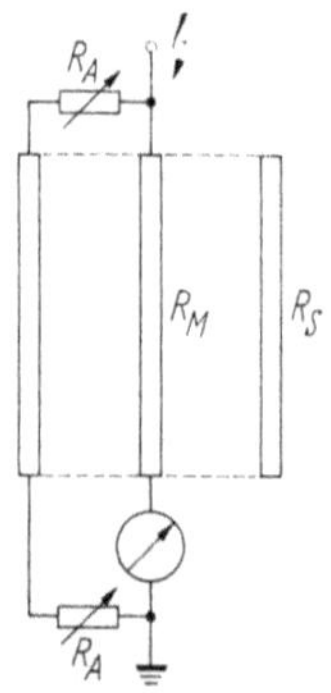


**Bild 107.** Messung hoher Wechselspannungen mit hochohmigem Vorwiderstand $R_M$ und Strommesser. $R_S$ Schirmwiderstand, $R_A$ Abgleichwiderstände.

Enden des Schirmwiderstands in bezug auf die Potentiale des Meßwiderstands verändert werden. Die damit erzielbaren kapazitiven Ausgleichsströme zwischen Schirm und Meßwiderstand ermöglichen einen optimalen Abgleich des Fehlwinkels [158, 159].

Schließlich läßt sich auch durch einen nichtlinearen Widerstandsbelag der Einfluß der verteilten Erdkapazität beseitigen. Denkt man sich die Abschirmhaube am Kopf des Meßwiderstands allein vorhanden, so wird sich zwischen ihr und der Umgebung etwa ein Potentialverlauf proportional $1/r$ einstellen. Paßt man nun durch unterschiedliche Ganghöhe die Spannungsverteilung längs des Widerstands dem natürlichen Feldverlauf in der Umgebung der Abschirmhaube an [163], so muß der Widerstand keine zusätzlichen Ladeströme führen.

### 3.1.2 Elektrostatische Spannungsmesser

Die Wirkungsweise der elektrostatischen Spannungsmesser beruht auf den Kraftwirkungen des elektrischen Feldes. Faßt man die Spannungsquelle und die Kapazität des Meßgeräts als abgeschlossenes System konstanter potentieller Energie auf, so läßt sich mit Hilfe des Energieerhaltungssatzes die Kraft berechnen, mit der sich die Beläge eines Plattenkondensators (z. B. Starke-Schröder-Spannungsmesser) gegenseitig anziehen. Bei Annäherung der Elektroden wird ein Teil der elektrischen Energie des Systems in mechanische Energie umgewandelt, ein weiterer Teil dem Kondensator zur Erhöhung seines Energieinhalts zugeführt. Beide Energiebeträge sind gleich groß und werden der Quelle entnommen. Es läßt sich folgende vom Weg $x$ der beweglichen Elektrode abhängige Energiebilanz aufstellen:

$$W_{tot} = \int F(x)\,dx + \frac{1}{2} C(x)\,U^2 + W_0 - 2\left(\frac{1}{2} C(x)\,U^2 - \frac{1}{2} C_0 U^2\right)$$
$$= \text{const}.$$

Hierin bedeuten $\int F(x)\,dx$ die verrichtete mechanische Arbeit, $1/2C(x)\,U^2$ die erhöhte potentielle Energie des Kondensators nach vollendeter Bewegung, $W_0$ die in der Quelle gespeicherte Energie vor der Bewegung und der Term in der Klammer den Energiezuwachs des Kondensators, um dessen doppelten Betrag der Energieinhalt der Quelle vermindert wird.

$$\frac{dW_{tot}}{dx} = F(x) - \frac{d}{dx}\left(\frac{U^2 A\varepsilon}{2(s - x)}\right),$$

$$F(x) = \frac{U^2 A\varepsilon}{2(s - x)^2}.$$

Insbesondere erhält man für $x = 0$

$$F = \frac{U^2 A\varepsilon}{2s^2}.$$

Diese Kraft läßt sich über die Auslenkung einer mit der beweglichen Elektrode verbundenen Rückstellfeder und einer geeigneten Anzeigevorrichtung messen. Bei den elektrostatischen Spannungsmessern der Hochspannungstechnik bewegt sich meist nicht die ganze Elektrode, sondern nur ein kleines drehbar aufgehängtes Plättchen, das sich in einem Kreisausschnitt einer der beiden Elektroden befindet. Die Kraft ist dem Quadrat der Spannung proportional, die elektrostatischen Meßgeräte messen demnach den Effektivwert einer angelegten Wechselspannung. Bei Gleichspannung ist die Auslenkung des aktiven Elements des Meßwerks unabhängig von der Polarität. Die Berechnung der Kräfte aus den geometrischen Abmessungen der Geräte stößt meist auf Schwierigkeiten, da die Kapazität nur bei vergleichsweise einfachen Anordnungen genau berechnet werden kann. In den Fällen, wo sich durch geeignete konstruktive Ausführung (Schutzring-anordnungen) die Kapazität exakt bestimmen läßt, können die elektrostatischen Spannungsmesser als absolute Meßgeräte verwendet werden, da die Hochspannungsmessung dann auf die Messung von Längen und Kräften zurückgeführt werden kann [164—172]. Aufgrund der Proportionalität zwischen der Kraft und dem Quadrat der zu messenden Spannung ist die Skala elektrostatischer Meßgeräte naturgemäß quadratisch geteilt. Durch geeignete Ausbildung der Elektroden kann die Skala jedoch auch stückweise linearisiert werden.

Ein besonderer Vorteil der elektrostatischen Spannungsmesser ist ihre geringe Rückwirkung auf den Meßkreis, eine Forderung, die sich in erster Linie bei

Gleichspannungsquellen und der Messung elektrostatischer Aufladungen stellt. Die Rückwirkung auf Gleichspannungsquellen beschränkt sich auf die einmalige Aufladung der Kapazität des Spannungsmessers beim Zuschalten zum Hochspannungskreis. Da die Kapazität größenordnungsmäßig zwischen 5 und 50 pF liegt und der Ableitwiderstand durch geeignete Wahl der Isolierstoffe sehr hoch sein kann ($R_{is} \approx 10^{13}\,\Omega$), gelten elektrostatische Spannungsmesser schlechthin als rückwirkungsfrei. Die bei Wechselspannungsmessungen aufgenommene Ladeleistung $U^2\omega C$ muß im allgemeinen erst bei sehr hohen Frequenzen berücksichtigt werden.

Die obere Grenzfrequenz elektrostatischer Spannungsmesser wird abhängig von der Konstruktion bedingt durch Eigenresonanzen zwischen der Induktivität

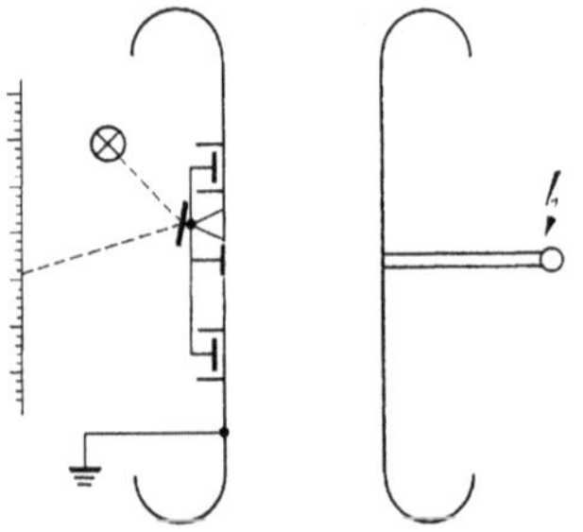

**Bild 108.** Schematische Darstellung des elektrostatischen Spannungsmessers nach Starke-Schröder.

**Bild 109.** Elektrostatischer Spannungsmesser nach Starke-Schröder für Spannungen bis 100 $kV_{eff}$.

der Zuleitungen und der Kapazität des Meßwerks, durch ein *RC*-Verhalten des Widerstands der Rückstellfedern mit der Kapazität des Meßwerks sowie durch Isolierstoffprobleme, da die dielektrischen Verluste an den Durchführungen und Isolatoren bei hohen Frequenzen zu hoher Eigenerwärmung führen. Die obere Grenzfrequenz liegt im allgemeinen bei einigen Megahertz.

Stellvertretend für die Vielzahl ausgeführter Konstruktionen sei der Hochspannungsmesser nach Starke und Schröder [173, 174] beschrieben (Bilder 108 und 109). Zwischen den beiden kreisförmigen, sprühfreien Plattenelektroden besteht in der Mitte ein nahezu homogenes elektrisches Feld. Die eine Plattenelektrode besitzt im Zentrum eine kreisförmige Öffnung, in der sich eine drehbar gelagerte Kreisscheibe befindet. Beim Anlegen einer Spannung wird auf dieses bewegliche Organ eine Kraft in Richtung auf die gegenüberliegende Platte ausgeübt. Ein Spiegel überträgt die Drehbewegung mittels eines Lichtzeigers auf eine Skala. Zur Dämpfung der Vibrationsneigung des beweglichen Organs dienen zwei Luftstoßdämpfer. Die Auslenkung der Kreisscheibe wird so klein gehalten, daß das homogene Feld nicht merklich gestört wird. Die Meßbereichsanpassung erfolgt durch Verändern des Plattenabstands.

Es leuchtet ein, daß mit größer werdendem Verhältnis Abstand zu Plattendurchmesser die Empfindlichkeit des Meßgeräts gegen den Durchgriff äußerer Felder zunimmt. Außerdem stellt sich dann, ähnlich wie bei einseitig geerdeten Funkenstrecken, ein Polaritätseffekt ein [174, 758]. Nach genauer Eineichung erreichen die Geräte die Klassengenauigkeit 1. Eine höhere Genauigkeit läßt sich wegen ihrer mechanischen Empfindlichkeit über einen größeren Zeitraum kaum erreichen. Bild 109 zeigt eine Ausführung für Spannungen bis 100 kV. In ähnlichen Bauweisen existieren Geräte bis 600 kV. Beim Gebrauch elektrostatischer Spannungsmesser für hohe Spannungen ist darauf zu achten, daß der

**Bild 110.** Elektrostatische Spannungsmesser mit Lichtzeiger und Spannbandaufhängung. Das rechts abgebildete Gerät eignet sich für Gleichspannungen bis zu 40 kV.

höchste auf der Skala angegebene Spannungswert häufig nur bei Gleichspannung ausgenutzt werden kann, da bei Wechselspannungen wegen des um den Faktor $\sqrt{2}$ höheren Scheitelwerts schon bei kleineren Effektivwerten die Isolierfestigkeit der Geräte erreicht wird. Dies trifft beispielsweise für die in großer Zahl verbreiteten elektrostatischen Spannungsmesser mit Lichtzeiger und Spannbandaufhängung nach Bild 110 zu.

Mehrere Arbeiten auf dem Gebiet der elektrostatischen Spannungsmesser befassen sich mit der Steigerung der Empfindlichkeit der Geräte. So benutzt Gänger die Kapazitätsänderung bei Auslenkung der beweglichen Elektrode in einer Schutzringanordnung zur Verstimmung eines Schwingkreises [167]. Die Verstimmung beeinflußt den Anodenstrom einer Oszillatorschaltung. Der nach entsprechender Verstärkung und Gleichrichtung mit einem Zeigerinstrument gemessene Anodenstrom ist ein Maß für die Hochspannung.

Böning verwendet statt des beweglichen Plättchens des Voltmeters nach Starke-Schröder eine Membran, deren Auslenkung mittels einer pneumatischen Anzeigevorrichtung potentialfrei über eine größere Entfernung mit hoher Empfindlichkeit gemessen werden kann [169, 170]. Nach Nacken können die Feldkräfte auf das bewegliche Plättchen auch durch Magnetspulen kompensiert werden [175].

Wegen seiner bestechenden Einfachheit und seiner Vorzüge bei sehr hohen Spannungen sei schließlich noch das elektrostatische Voltmeter nach Hueter erwähnt [176]. Mit zunehmender Höhe der zu messenden Spannungen gestaltet sich die Beherrschung der elektrischen Felder immer schwieriger. Der Aufwand an Abschirmhauben und Steuerelektroden zur Unterdrückung von Entladungserscheinungen in der Nähe des Meßwerks wird untragbar. Diese konstruktiven Schwierigkeiten werden umgangen, wenn man dem eigentlichen Meßwerk selbst große Abmessungen gibt (Bild 111). Die Kraft, mit der sich die beiden Kugeln anziehen, läßt sich nach Thomson berechnen [316]. Bei Spannungen von 1 MV ergeben sich Werte von einigen Newton. Eine Öldämpfung verhindert das Auftreten mechanischer Schwingungen. Nach Arretierung der beweglichen Kugel kann der Spannungsmesser wie eine gewöhnliche Kugelfunkenstrecke zur Scheitelspannungsmessung verwendet werden.

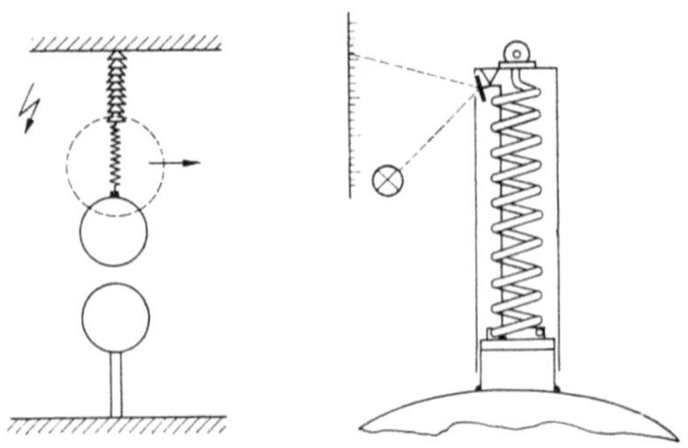

**Bild 111.** Elektrostatischer Spannungsmesser nach Hueter mit Lichtzeiger.

## 3.2 Messung des Effektivwerts hoher Wechselspannungen

### 3.2.1 Kapazitiver Vorwiderstand und kapazitiver Spannungsteiler

Wie in 3.1.1 gezeigt wurde, bereitet die Messung hoher Wechselspannungen mittels Strommesser und ohmschem Vorwiderstand wegen der verteilten Erdkapazitäten einige Schwierigkeiten. Es liegt nahe, bei Wechselspannungen statt ohmscher Vorwiderstände kapazitive Vorwiderstände zu verwenden (Bild 112). Die zu messende Hochspannung treibt durch den Meßkondensator den Ladestrom

$$\boldsymbol{I} = \mathrm{j}\omega C \cdot \boldsymbol{U},$$

dessen Effektivwert mit einem Strommesser (Dreheiseninstrument) gemessen werden kann. Die Messung wird fehlerhaft, wenn die Hochspannung Oberschwingungen enthält. Um das Zustandekommen dieses Fehlers genauer zu verstehen, schreiben wir für den Effektivwert der Hochspannung die Wurzel aus der Summe der Quadrate der Effektivwerte der Grundschwingung und der Oberschwingungen an:

$$U = \sqrt{U_1^2 + U_3^2 + U_5^2 + \cdots + U_n^2}.$$

Die Grundschwingung $U_1$ ruft einen Strom $I_1 = \omega_1 C U_1$ hervor, die dritte harmonische $U_3$ den vergleichsweise dreifach größeren Strom $I_3 = \omega_3 C U_3$, da $\omega_3 = 3\omega_1$ und damit der Widerstand des Kondensators dreimal kleiner ist.

Der Gesamtstrom $I$ wird also:

$$I = C\sqrt{(\omega_1 U_1)^2 + (\omega_3 U_3)^2 + (\omega_5 U_5)^2 + \cdots + (\omega_n U_n)^2},$$

$$I = \omega_1 C\sqrt{U_1^2 + 9U_3^2 + 25U_5^2 + \cdots n^2 U_n^2}.$$

Die errechnete Spannung ergibt zu große Hochspannungswerte. Besitzt z. B. die Hochspannung eine 5. Oberschwingung von 10%, so wird der Ladestrom um 12% zu hoch gemessen. Man zieht daher auch hier dem kapazitiven Vorwiderstand den kapazitiven Spannungsteiler vor (Bild 113). Die Hochspannung berechnet sich aus der gemessenen Spannung $U_2$ zu

$$U_1 = U_2 \frac{C_1 + C_2 + C_I}{C_1}.$$

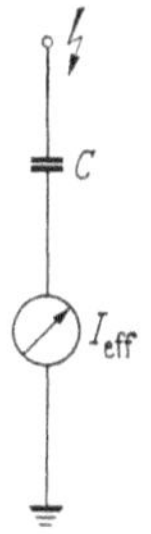


**Bild 112.** Kapazitiver Vorwiderstand zur Messung hoher Wechselspannungen.

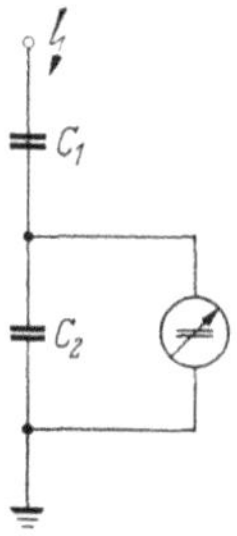


**Bild 113.** Messung hoher Wechselspannungen mit kapazitivem Spannungsteiler und elektrostatischem Spannungsmesser.

$C_I$ stellt die Kapazität des elektrostatischen Spannungsmessers dar, die zwar abhängig vom Ausschlag ist, wegen ihrer Kleinheit aber ohnehin meist vernachlässigt werden kann. Ist das Meßinstrument über ein längeres Koaxialkabel mit dem Spannungsteiler verbunden, so muß die Kabelkapazität (60 bis 150 pF/m) im Übersetzungsverhältnis berücksichtigt werden. Als kapazitiven Vorwiderstand verwendet man zweckmäßig einen Preßgaskondensator, dessen Kapazität durch den koaxialen, geschirmten Aufbau unabhängig vom Aufstellungsort und unempfindlich gegen Fremdfelder ist (s. a. 6.3.2). Preßgaskondensatoren besitzen meist eine doppelte Abschirmung und ein doppelt geschirmtes Zuleitungskabel auf der Niederspannungsseite, damit bei empfindlichen Messungen mit der Scheringbrücke die Abschirmung zur Ausschaltung von Streukapazitäten auf Brückeneckpunktpotential gelegt werden kann. Für reine Spannungsmessungen werden die beiden Schirme untereinander elektrisch verbunden.

### 3.2.2 Kapazitive Spannungswandler

Die kapazitiven Spannungswandler finden speziell in der Energieversorgungstechnik Verwendung. Im Gegensatz zu den im vorigen Abschnitt behandelten kapazitiven Spannungsteilern, deren Niederspannungsseite nur mit elektrostatischen Voltmetern oder Elektronenstrahloszilloskopen belastet wird, speist der Spannungswandler sehr niederohmige Verbraucher. Der kapazitive Spannungswandler dient nicht nur der Messung des genauen Werts der Hochspannung für Verrechnungszwecke, sondern auch der Erfassung von Netzstörungen wie Phasen- und Erdkurzschlüssen. Die am Niederspannungsteil angeschlossenen Geräte — Leistungsmesser, Zähler, Netzschutzeinrichtungen — benötigen eine Meßleistung von einigen 100 VA, die in keinem Verhältnis zu der von einem elektrostatischen Spannungsmesser bei Untersuchungen im Laboratorium benötigten Leistung steht. Dementsprechend besitzt die Hochspannungskapazität $C_1$ einen Wert von einigen 1000 pF gegenüber 100 pF bei dem im Laboratorium verwendeten Preßgaskondensator. Um den Niederspannungsteil an die vergleichsweise niederohmigen Verbraucher anzupassen, schaltet man zwischen die Niederspannungskapazität $C_2$ und die Bürde einen induktiven Zwischenwandler $T$ (Bild 114).

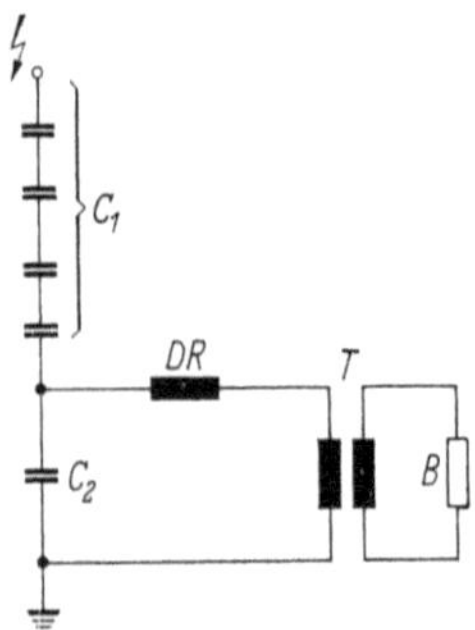


**Bild 114.** Kapazitiver Spannungswandler, bestehend aus kapazitivem Spannungsteiler und induktivem Zwischenwandler $T$; $B$ Bürde, $Dr$ Drossel.

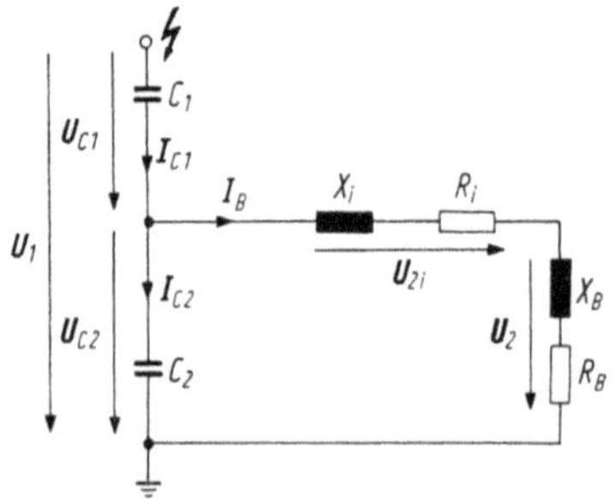


**Bild 115.** Ersatzschaltbild des kapazitiven Spannungswandlers (Erläuterung siehe Text).

Das Übersetzungsverhältnis des Zwischenwandlers wird aus wirtschaftlichen Gründen so gewählt, daß die Spannung an $C_2$ noch zwischen 10 und 30 kV liegt.

Um die Bedeutung der Drossel $Dr$ zu erkennen, betrachten wird das Ersatzschaltbild des kapazitiven Spannungswandlers [179] (Bild 115). In der Reaktanz $X_i$ sind die Induktivitäten der Drossel und des Zwischenwandlers zusammengefaßt. (Der Übersichtlichkeit wegen wurden Hauptinduktivität und Eisenverlustwiderstand des Zwischenwandlers vernachlässigt.) $R_i$ beinhaltet die Verlustwiderstände der Induktivitäten und Kondensatoren. Die Impedanz $\boldsymbol{Z}_B = R_B + \mathrm{j}X_B$ stellt die Bürde dar. Zu diesem Ersatzschaltbild gehören die Zeigerdiagramme in Bild 116.

Bei Belastung teilt sich der dem Netz entnommene Strom in die Teilströme $\boldsymbol{I}_{C_2}$ und $\boldsymbol{I}_B$ auf:

$$\boldsymbol{I}_{C_1} = \boldsymbol{I}_{C_2} + \boldsymbol{I}_B .$$

Die induktive Belastung des kapazitiven Spannungsteilers bewirkt, daß $\boldsymbol{I}_{C_2} > \boldsymbol{I}_{C_1}$ wird und damit die Spannung $\boldsymbol{U}_{C_2}$ einen größeren Wert annimmt, als er sich aus dem Übersetzungsverhältnis des leerlaufenden kapazitiven Teilers berechnen würde. $\boldsymbol{U}_{C_2}$ wird um so größer, je größer die Sekundärleistung ist, während der Spannungsabfall an $C_1$ entsprechend abnimmt. Hieraus ist sofort ersichtlich, daß sekundäre Kurzschlüsse zu sehr hohen Überspannungen an $C_2$ führen, weswegen man den Niederspannungsteil auch durch eine Funkenstrecke absichert (Bild 119). Um nun die Spannungsüberhöhung an $C_2$ beim Nennbetrieb des Wandlers zu kompensieren, schaltet man zwischen $C_2$ und den induktiven Zwischenwandler die Drossel $Dr$. Sie wird so dimensioniert, daß die Spannungsteilung zwischen $\boldsymbol{Z}_B$ und $\boldsymbol{Z}_i$ die Spannungsüberhöhung an $C_2$ gerade wettmacht.

Rechnet man die Primärspannung sowie alle primären Komponenten auf die Sekundärseite des induktiven Wandlers um, so ergibt sich das Ersatzschaltbild nach Bild 117.

Die Spannung über der Bürde ist um den Spannungsabfall an der „Streuimpedanz" des kapazitiven Wandlers vermindert. Faßt man die ohmschen und induktiven Widerstände zusammen, so erhält man unter Vernachlässigung von Hauptinduktivität und Eisenverlustwiderstand für den Betrag der Streuimpedanz

$$|Z_{Str}| = \sqrt{R_i^2 + \left(\omega L - \frac{1}{r^2\omega(C_1 + C_2)}\right)^2}$$

mit

$$R_i = \frac{R_1}{r^2} + R_2 \quad \text{und} \quad L = \frac{L_1}{r^2} + L_2 .$$

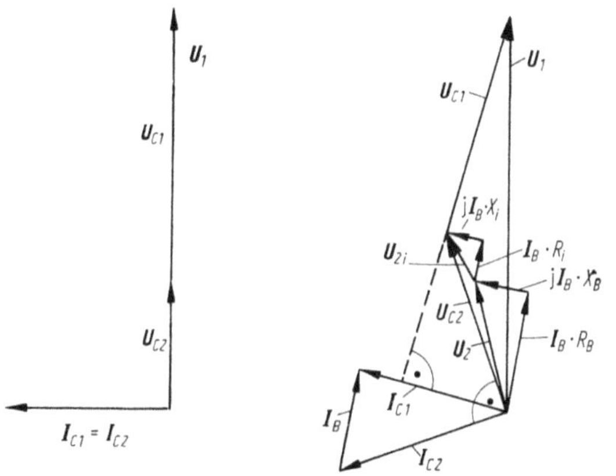


**Bild 116.** Zeigerdiagramm des kapazitiven Spannungswandlers im Leerlauf und bei Belastung

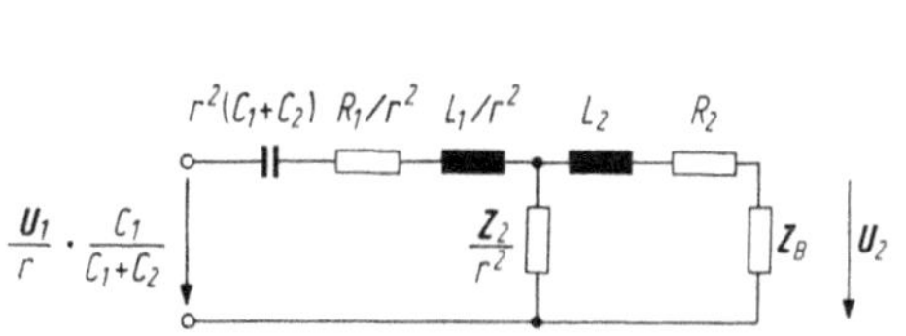


**Bild 117.** Ersatzschaltbild des kapazitiven Spannungswandlers. $R_1$ beinhaltet die primärseitigen Kupferverluste sowie die dielektrischen Verluste von $C_1$ und $C_2$; $L_1$ beinhaltet die Induktivität der Drossel und die primäre Streuinduktivität des induktiven Wandlers. $L_2$ stellt die sekundäre Streuinduktivität, $R_2$ den Wirkwiderstand der Sekundärwicklung dar. $Z_2$ Parallelschaltung von Hauptinduktivität und Eisenverlustwiderstand, $\boldsymbol{Z}_B$ Bürde, $r$ Windungszahlenverhältnis.

Durch Abgleichen der Drossel auf Resonanz bei der Netzfrequenz $f_0$ läßt sich der zweite Term in der Wurzel zum Verschwinden bringen. Es gilt dann

$$2\pi f_0\left(L_1 + \frac{L_2}{r^2}\right) = \frac{1}{2\pi f_0(C_1 + C_2)}.$$

Aus obiger Gleichung erkennt man unschwer die Thomsonsche Schwingungsgleichung. Von der Bürde aus betrachtet ist der Innenwiderstand des kapazitiven Spannungswandlers jetzt rein ohmsch und besitzt den Wert $R_i$. Der verbleibende durch den Wirkwiderstand bedingte Betragsfehler läßt sich durch Anzapfungen am induktiven Wandler abgleichen.

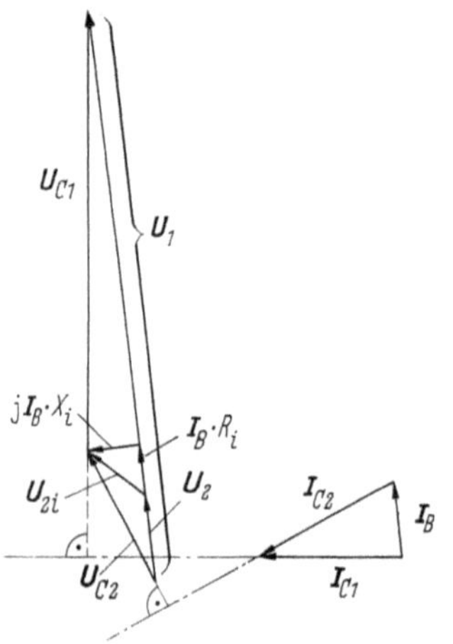


**Bild 118.** Zeigerdiagramm des kapazitiven Spannungswandlers bei Resonanzabstimmung (Erläuterung im Text).

Mit einer ohmschen Bürde ergibt sich für das Zeigerdiagramm im Resonanzfall Bild 118. Die zu messende Spannung $\boldsymbol{U}_1$ und die an der Bürde liegende Spannung $\boldsymbol{U}_2$ besitzen die gleiche Phasenlage. Damit läßt sich das Spannungsübersetzungsverhältnis als skalare Gleichung schreiben:

$$\ddot{u} = \frac{U_1}{U_2} \approx \frac{U_{C_1} + U_{R_i} + U_2}{U_2}.$$

Eigentlich müßte im Zähler statt der Spannung $U_{C_1}$ ihre Projektion auf die $U_1$-Richtung eingesetzt werden. Diese kleine Ungenauigkeit ist aber erlaubt, da $U_{C_1} \gg U_{X_i}$.

Die Vorzüge des kapazitiven Spannungswandlers liegen in seinem vergleichsweise geringen Isolationsaufwand — der induktive Spannungswandler muß wegen seiner bei Stoßspannungen nicht linearen Spannungsverteilung längs der Primärwicklung besonders aufwendig geschützt werden, der kapazitive Spannungswandler besitzt naturgemäß eine frequenzunabhängige lineare Spannungsverteilung — und weiter in der Tatsache, daß der kapazitive Spannungswandler neben seiner Verwendung als Meßeinrichtung gleichzeitig noch als Koppelkondensator für die Trägerfrequenztelefonie (TFH) einsetzbar ist. Seine unangenehmen Eigenschaften liegen in der Temperaturabhängigkeit der Kapazitäten und damit auch des Leerlaufübersetzungsverhältnisses. Beim induktiven Wandler besitzt das Leerlaufübersetzungsverhältnis einen konstanten Wert, der durch die primäre und sekundäre Windungszahl festgelegt wird. Weiter ergeben sich im praktischen Betrieb Ferroresonanz- und Kippschwingungserscheinungen, deren Beherrschung einige Schwierigkeiten bereitet.

Abschließend zeigt Bild 119 das Prinzipschaltbild eines kapazitiven Spannungswandlers mit Andeutungen der zum störungsfreien Betrieb erforderlichen Schutzeinrichtungen und der Auskopplung der HF-Leistung bei TFH. Wegen der ausführlicheren Behandlung der mit dem Einsatz kapazitiver Spannungswandler

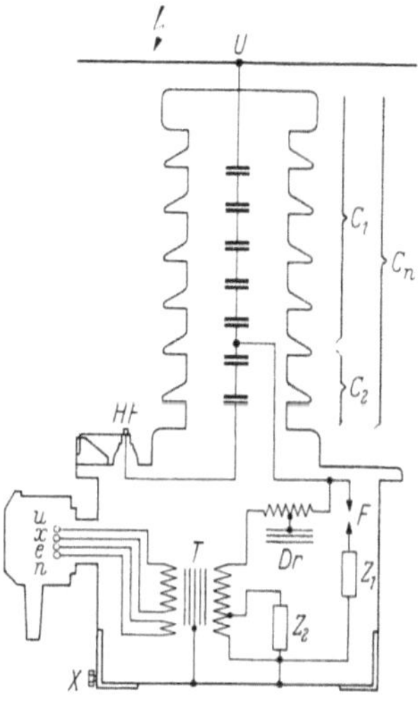


**Bild 119.** Schematische Darstellung eines kapazitiven Spannungswandlers mit Schutzeinrichtungen für Freiluftaufstellung. $C_1$ Hochspannungskapazität, $C_2$ Niederspannungskapazität für die HF-Ankopplung, $T$ induktiver Zwischenwandler, $F$ selbstlöschende Schutzfunkenstrecke, $Z_1$, $Z_2$ Impedanzen der Ferroresonanzschutzeinrichtung, $X-U$ Primäranschlüsse, $x-u$ Sekundärhauptwicklung, $n-e$ Sekundärhilfswicklung für Erdschlußerfassung, HF Hochfrequenzanschluß für TFH. (Nach Gertsch und Wettstein [180].)

verbundenen Probeleme, insbesondere auch der Betrachtung der Meßfehler in Abhängigkeit von der Spannung, Frequenz und Größe der Bürde, sei auf das Schrifttum verwiesen [178, 187, 188, 202, 743, 744, 755, 756].

Dank des wachsenden Verständnisses auf dem Gebiet der elektromagnetischen Verträglichkeit ersetzt man bei modernen kapazitiven Spannungswandlern den induktiven Zwischenwandler zunehmend durch elektronische Verstärker. Diese Bauweise besitzt erheblich bessere Übertragungseigenschaften bei transienten Vorgängen und besitzt bei höheren Spannungen auch Preisvorteile [734, 814]. Ein Überblick über Veröffentlichungen auf dem Gebiet der induktiven und kapazitiven Spannungswandler findet sich bei Woelken [485].

### 3.2.3 Induktive Spannungswandler, Bestimmung der Hochspannung aus dem Übersetzungsverhältnis des Hochspannungsprüftransformators

Der induktive Spannungswandler ist wohl eines der ältesten Geräte zur genauen Messung des Effektivwerts hoher Wechselspannungen. Er stellt praktisch einen nur schwach belasteten speziellen Hochspannungstransformator dar, an dessen Hochspannungswicklung die zu messende Spannung liegt und an dessen Sekundärklemmen die Niederspannungsmeßgeräte angeschlossen sind (Bild 120). Für strengen Leerlaufbetrieb läßt sich die Hochspannung aus der Niederspannung und dem Windungszahlenverhältnis errechnen:

$$U_1 = U_2 \frac{w_1}{w_2} = U_2 ü .$$

Selbst im Leerlauf gilt diese Gleichung nicht ganz exakt, da ja nur die induzierten Spannungen $E_1$ und $E_2$ sich genau wie die Windungszahlen verhalten. Streng-

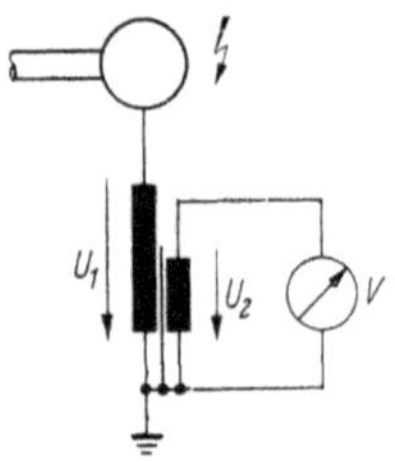


**Bild 120.** Messung hoher Wechselspannungen mit induktivem Spannungswandler.

genommen muß zu dem vereinfacht berechneten Wert von $U_1$ noch der Wirk- und Blindspannungsabfall der Primärwicklung addiert werden (Bild 121).

Die Übertragungseigenschaften lassen sich im stationären Zustand mit dem bekannten Zeigerdiagramm des Transformators beschreiben. Bild 122 zeigt die Verhältnisse unter Berücksichtigung des Magnetisierungsstroms und der Eisenverluste. Ausgehend von den auf die Primärseite umgerechneten Größen $\boldsymbol{U}_2'$ und $\boldsymbol{I}_2'$ erhält man nach Addition der umgerechneten inneren Wirk- und Blindspannungsabfälle die induzierte EMK und unter Berücksichtigung der primären

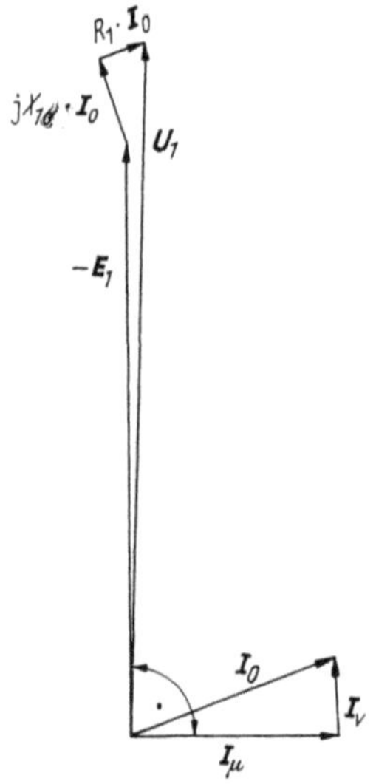


**Bild 121.** Zeigerdiagramm des induktiven Spannungswandlers im Leerlauf.

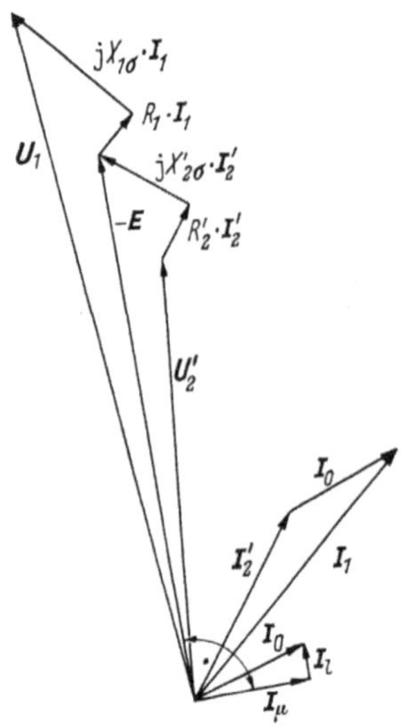


**Bild 122.** Zeigerdiagramm des induktiven Spannungswandlers bei Belastung.

inneren Spannungsabfälle die Klemmenspannung $\boldsymbol{U}_1$. Der Primärstrom errechnet sich aus resultierender primärer und sekundärer Durchflutung:

$$w_1 \cdot \boldsymbol{I}_0 = w_1 \cdot \boldsymbol{I}_1 - w_2 \cdot \boldsymbol{I}_2,$$

$$\boldsymbol{I}_0 = \boldsymbol{I}_1 - \boldsymbol{I}_2'.$$

Wegen der vergleichsweise großen Kupferquerschnitte und des streuungsarmen Aufbaus entstehen an den inneren Impedanzen nur geringe Spannungsabfälle, so daß die auf die Hochspannungsseite umgerechneten Niederspannungen nahezu identisch sind mit der tatsächlichen Hochspannung. Die inneren Spannungsabfälle sind in den Bildern 121 und 122 in ihrer Größe stark übertrieben eingezeichnet. Zur einfachen quantitativen Bestimmung der belastungsabhängigen Meßfehler bedient man sich daher besser des speziell auf Spannungswandler zugeschnittenen maßstäblichen Zeigerdiagramms nach Möllinger und Gewecke [178, 199].

Um den Betrag des Spannungsfehlers möglichst klein zu halten, besitzt die Niederspannungswicklung einige zusätzliche Abgleichwindungen, mit denen die Niederspannung ein wenig über den dem Leerlaufübersetzungsverhältnis entsprechenden Wert vergrößert werden kann. Bei Belastung wird die Niederspannung um den inneren Spannungsabfall des Wandlers vermindert, so daß für einen bestimmten Belastungszustand der Spannungsfehler zu Null gemacht werden kann.

Für die verzerrungsfreie Übertragung von Stoßspannungen eignen sich Spannungswandler nicht. Ihre obere Grenzfrequenz liegt bei wenigen kHz, wobei sich die Spannungswandler für höhere Reihenspannungen wegen ihrer beträchtlichen kapazitiven Ströme (verteilte Wicklungs- und Erdkapazitäten) besonders ungünstig verhalten. In den Netzen auftretende Oberschwingungen der 50 Hz Betriebsspannung werden dagegen im allgemeinen richtig übertragen.

Die mit dem Aufbau, den Übertragungseigenschaften und dem Einsatz induktiver Spannungswandler verknüpften Probleme sind sehr vielgestaltig und können an dieser Stelle nicht in voller Breite behandelt werden. Wegen ausführlicherer Betrachtungen über die genaue Ermittlung der Betrags- und Winkelfehler, Wandlerprüfeinrichtungen und Konstruktionsmerkmale induktiver Wandler sei daher auf die umfangreiche Spezialliteratur verwiesen [178, 189—201]. Ein Überblick über Veröffentlichungen auf dem Gebiet der induktiven und kapazitiven Spannungswandler findet sich bei Woelken [485].

In enger Beziehung zum induktiven Spannungswandler steht noch folgende weitere Möglichkeit der Effektivwertmessung hoher Wechselspannungen. Bei Hochspannungsversuchen im Laboratorium berechnet man häufig für Kontrollzwecke die Hochspannung aus der Speisespannung auf der Niederspannungsseite und dem Übersetzungsverhältnis des Prüftransformators. Wie aus dem Zeigerdiagramm in Bild 122 leicht zu erkennen ist, ergeben sich auf diese Weise bei induktiver Belastung zu große Werte für die Hochspannung. Die Mehrzahl der Prüflinge in der Hochspannungstechnik — Kabel, Durchführungen, Stützer usw. — stellt jedoch für die Prüftransformatoren eine überwiegend kapazitive Belastung dar. Hinzu kommt, daß bei Prüftransformatoren für sehr hohe Spannungen die Wicklungs- und Streukapazität der Hochspannungsseite schon im Leerlauf zu einer kapazitiven Eigenlast führt. Wie Bild 123 zeigt, führen kapazitive Belastungen zu einer Spannungserhöhung auf der Hochspannungsseite, und zwar um so mehr, je größer die gesamte Streuinduktivität und je größer bei gegebener Spannung der Strom und damit die Belastungskapazität ist. Wegen der hohen Streuspannungen von Hochspannungsprüftransformatoren, bedingt durch große Isolationsabstände zwischen Primär- und Sekundärwicklung, können Spannungsüberhöhungen von mehreren 10% auftreten. Besonders stark ausgeprägt ist diese Erscheinung bei Prüftransformatoren in Kaskadenschaltung, deren Überkopplungswicklungen eine zusätzliche Erhöhung der Streuspannung bewirken. Kennt man die relative Kurzschlußspannung $u_k$ in Prozent, so läßt

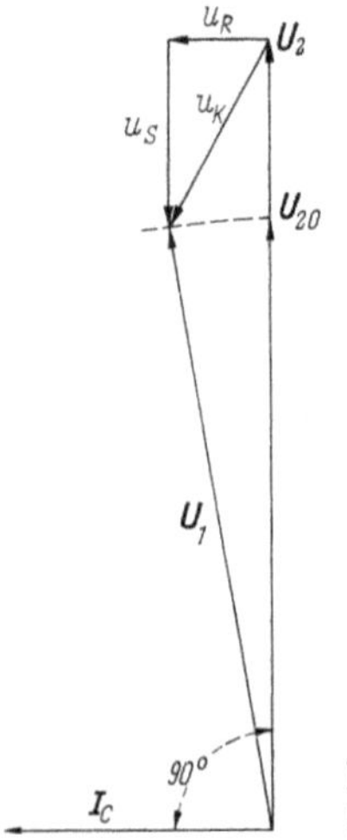


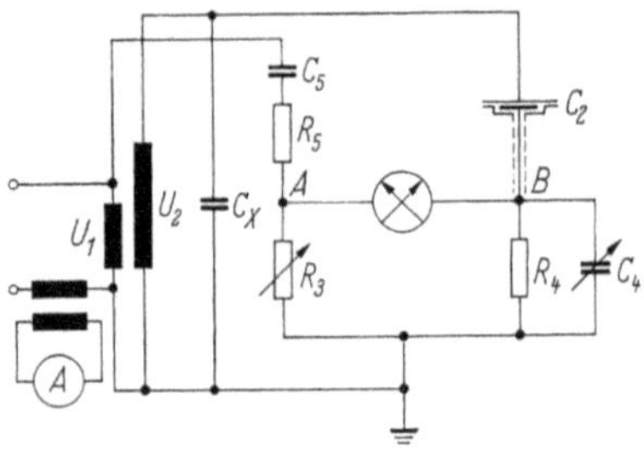


**Bild 124.** Messung der Hochspannung aus dem Übersetzungsverhältnis des Hochspannungsprüftransformators in Abhängigkeit von der kapazitiven Belastung.

**Bild 123.** Zeigerdiagramm zur Berechnung der Spannungserhöhung bei kapazitiver Belastung $\boldsymbol{U}_1 = \boldsymbol{U}_{20} = 100\%$.

sich für die Nennlast $C_N$ (die Eigenkapazität eingerechnet) die Spannungsüberhöhung näherungsweise aus Bild 123 berechnen:

$$U_2 = U_{20} + 0{,}01 u_s \cdot U_{20},$$

$$U_2 = U_{20}(1 + 0{,}01 u_s).$$

In dieser Gleichung bedeuten $U_{20}$ die sekundäre Leerlaufspannung und $u_s$ die relative Streuspannung $u_s = \sqrt{u_k^2 - u_R^2}$ in % (Kappsches Dreieck [203]). Besitzt der Prüfling eine Kapazität $C < C_N$, so berechnet sich die tatsächliche Spannung angenähert zu:

$$U_2 = U_{20}\left(1 + 0{,}01 \cdot u_s \cdot \frac{C}{C_N}\right).$$

Man kann sich somit eine Eichkurve $ü = f(C)$ anlegen, die mehr oder weniger linear verlaufen wird. Ergebnisse experimenteller Untersuchungen über die Abhängigkeiten des Übersetzungsverhältnisses von der Kurvenform der Ober- und Unterspannung sowie des Scheitelfaktors von der Belastungskapazität finden sich bei Bechtold [204].

Im Zusammenhang mit Verlustfaktormessungen haben Schering und Brülle [206] eine sehr elegante Methode zur Bestimmung des genauen Übersetzungsverhältnisses abhängig von der kapazitiven Belastung vorgeschlagen (Bild 124).

Der Prüfling $C_X$ wird nicht an den Brückeneckpunkt $A$ gelegt, sondern direkt geerdet. Statt $C_X$ werden in den Brückenzweig *1* eine zusätzliche Kapazität $C_5$ und ein ohmscher Widerstand $R_5$ eingefügt. Bezeichnen wir die einzelnen Impedanzen der Brückenzweige mit $\boldsymbol{Z}_2$, $\boldsymbol{Z}_3$, $\boldsymbol{Z}_4$ und $\boldsymbol{Z}_5$, so erhalten wir für die Spannungsverhältnisse an den als Spannungsteiler gedachten Zweigen *5*, *3* und *2*, *4*:

$$\frac{\boldsymbol{U}_1}{\boldsymbol{U}_3} = \frac{\boldsymbol{Z}_5 + \boldsymbol{Z}_3}{\boldsymbol{Z}_3}, \qquad \frac{\boldsymbol{U}_2}{\boldsymbol{U}_4} = \frac{\boldsymbol{Z}_2 + \boldsymbol{Z}_4}{\boldsymbol{Z}_4}.$$

Im abgeglichenen Zustand ist der Diagonalzweig stromlos, das heißt, die beiden Brückeneckpunkte $A$ und $B$ befinden sich auf gleichem Potential. Damit ist $\boldsymbol{U}_3 = \boldsymbol{U}_4$, und wir erhalten nach einer kurzen Zwischenrechnung

$$\ddot{u} = \frac{U_2}{U_1} = \frac{C_5 \cdot R_3}{C_2 \cdot R_4}\left[1 + \frac{k}{100}\right],$$

mit

$$k = 0{,}5(\tan^2\delta - \tan^2\gamma)\ 100\%.$$

Das Korrekturglied ist meist vernachlässigbar. Man bestimmt $k$ aus $\tan\delta = \omega R_4 C_4$ und $\tan\gamma = \omega C_5(R_3 + R_5)$. Bemerkenswert ist, daß man sowohl bei der erstmaligen Aufnahme der Eichkurve als auch bei späteren Messungen die Kapazität des Prüfobjekts nicht kennen muß, da das Übersetzungsverhältnis als Funktion des Primärstroms in einer Eichkurve $\ddot{u} = f(I_1)$ aufgetragen wird. Mit dieser vergleichsweise einfachen zusätzlichen Messung des Übersetzungsverhältnisses in der um die Reihenschaltung $C_5$, $R_5$ erweiterten Scheringbrücke kann bei Verlustfaktormessungen die Hochspannung mit großer Genauigkeit aus der Primärspannung bestimmt werden.

## 3.3 Messung hoher Gleichspannungen, Stoßspannungen und des Scheitelwerts hoher Wechselspannungen mit der Kugelfunkenstrecke

Die Messung von Scheitelwerten mit Funkenstrecken beruht auf der Tatsache, daß eine gegebene Elektrodenanordnung unter gleichen äußeren Bedingungen bei einem bestimmten, innerhalb bekannter Toleranzen reproduzierbaren Spannungswert durchschlagen wird. Bei Erreichen der Durchschlagsfeldstärke ($E_D = 30$ kV/cm für Luft bei Atmosphärendruck) werden die Gasteilchen im Feldraum zwischen den Elektroden so stark durch die Feldkräfte beschleunigt, daß sie aufgrund ihrer vermehrten kinetischen und potentiellen Energie in der Lage sind, Bestandteil einer selbständigen Entladung zu werden. Die im einzelnen stattfindenden Vorgänge beim Entladungsaufbau sind sehr verwickelt, so daß an dieser Stelle nicht ausführlich darauf eingegangen werden kann. Dies erübrigt sich auch, da der eigentliche Entladungsmechanismus vielerorts ausführlich behandelt wird [207—210]. Es sei hier lediglich erwähnt, daß sich nach bisherigen Erfahrungen nur solche Elektrodenanordnungen gut zur Spannungsmessung eignen, bei denen die Anfangsspannung (Einsatz von Vorentladungserscheinungen) und Funkenspannung (Durchschlagsspannung) dicht beieinander liegen.

Eine Ausnahme bildet die Stab—Stab-Funkenstrecke, die nach neuesten Untersuchungen von Peschke [545] für die Messung hoher Gleichspannungen eine geringere Streuung der Durchschlagswerte und eine bessere Linearität der Abstandsabhängigkeit besitzt als die im folgenden beschriebene Kugelfunkenstrecke.

Die gebräuchlichste Meßentladungsstrecke ist die Kugelfunkenstrecke [221]. Die beiden kugelförmigen Elektroden sind entweder senkrecht oder waagrecht

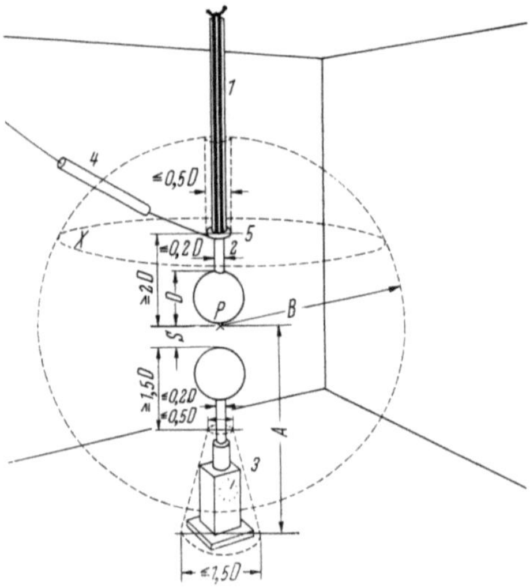


**Bild 125.** Schutzraumbedarf von Kugelfunkenstrecken bei vertikaler Aufstellung. *1* Isolator, *2* Kugelschaft, *3* Vorrichtung zur Abstandseinstellung, *4* Hochspannungszuführung mit Dämpfungswiderstand, *5* Entlastungsring, *P* Durchschlagpunkt, *A* Abstand des Durchschlagpunkts vom geerdeten Fußboden, *B* Schutzraumbedarf, *X* Grenzebene, die von der Hochspannungszuführung nicht durchdrungen werden darf. (Nach IEC.)

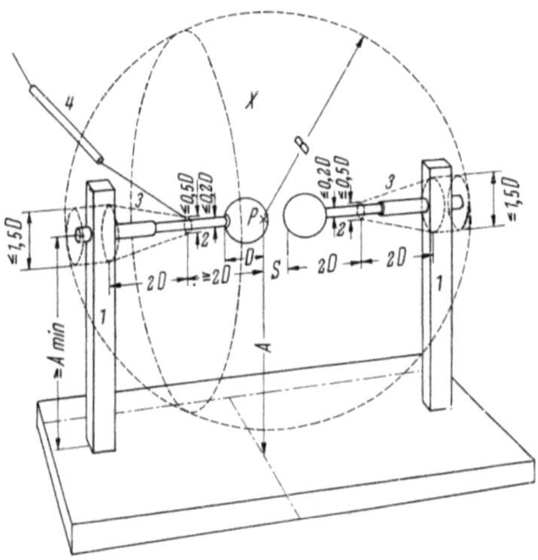


**Bild 126.** Schutzraumbedarf von Kugelfunkenstrecken bei horizontaler Aufstellung. *1* Isolatoren, *2* Kugelschaft, *3* Vorrichtung zur Abstandseinstellung, *4* Hochspannungszuführung mit Dämpfungswiderstand, *P* Durchschlagpunkt, *A* Abstand des Durchschlagpunkts vom geerdeten Fußboden, *B* Schutzraumbedarf, *X* Grenzebene, die von der Hochspannungszuführung nicht durchdrungen werden darf. (Nach IEC.)

angeordnet Bilder 125 und 126 [217]. Da die Handhabung der Kugelfunkenstrecke umständlich und zeitraubend ist, und außerdem während des Spannungszusammenbruchs der eigentliche Versuchsvorgang jedesmal unterbrochen wird, wobei zusätzlich durch Ausgleichsvorgänge erhebliche Spannungsüberhöhungen auftreten können, eicht man häufig eine andere kontinuierlich anzeigende Scheitelspannungsmeßeinrichtung bei Spannungen knapp unterhalb der Prüfspannung mit der Kugelfunkenstrecke ein und extrapoliert die so gewonnene Eichkurve über den Wert der Prüfspannung hinaus. Die Kugelfunkenstrecke wird während der weiteren Messungen meist in der Schaltung belassen. Mit einer auf den 1,1- bis 1,2fachen Wert der Prüfspannung eingestellten Schlagweite dient sie als Schutzfunkenstrecke. Es ist zu beachten, daß die aus Vergleichsmessungen mit der Kugelfunkenstrecke und der daneben verwendeten Scheitelspannungsmeßeinrichtung ermittelte Eichkurve durch Änderungen in der Schaltung ungültig werden kann. Eine solche Schaltungsänderung bedeutet beispielsweise

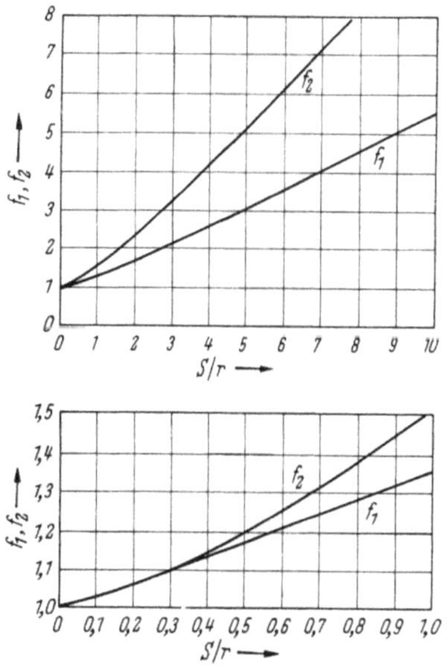


**Bild 127.** Geometriefaktor $f$ zur Berechnung der Kapazität von Kugelfunkenstrecken in Abhängigkeit vom Verhältnis Schlagweite zu Kugelradius.

die Wegnahme der Kugelfunkenstrecke, da damit gleichzeitig die parallel zum Prüfling liegende Kapazität der Kugelfunkenstrecke entfällt. Hat man in einer Eichkurve die Primärspannung eines Prüftransformators in Abhängigkeit von den hochspannungsseitig mit einer Kugelfunkenstrecke gemessenen Scheitelwerten dargestellt, so wird die Eichkurve hinfällig, wenn sich durch Wegnahme der Funkenstreckenkapazität das Übersetzungsverhältnis des Prüftransformators merklich ändert (s. a. 3.2.3).

Die Kapazität von Kugelfunkenstrecken berechnet man mit ausreichender Genauigkeit aus untenstehender Gleichung [211—213]:

$$C = \frac{S \cdot 10^{-11}}{36(f-1)} \text{ in F,} \qquad \text{Schlagweite } S \text{ in cm.}$$

Die Werte für den Geometriefaktor $f$ können in Abhängigkeit von dem Quotienten Schlagweite durch Kugelradius dem Bild 127 entnommen werden. Es ist $f = f_1$, wenn an den Kugeln eine erdsymmetrische Spannung liegt. Ist eine der beiden Kugeln geerdet, so gilt $f = f_2$. Übliche Kugelfunkenstrecken weisen Kapazitäten

**Tabelle 1.** Durchschlagspannungen für verschiedene Kugeldurchmesser und -abstände

| Schlagweite $S$ | 2 | | 5 | | 6,25 | | 10 | | 12,5 | | 15 | |
|---|---|---|---|---|---|---|---|---|---|---|---|---|
| cm | a | b | a | b | a | b | a | b | a | b | a | b |
| 0,05 | 2,8 | | | | | | | | | | | |
| 0,10 | 4,7 | | | | | | | | | | | |
| 0,15 | 6,4 | | | | | | | | | | | |
| 0,20 | 8,0 | | 8,0 | | | | | | | | | |
| 0,25 | 9,6 | | 9,6 | | | | | | | | | |
| 0,30 | 11,2 | 11,2 | 11,2 | 11,2 | | | | | | | | |
| 0,40 | 14,4 | 14,4 | 14,3 | 14,3 | 14,2 | 14,2 | | | | | | |
| 0,50 | 17,4 | 17,4 | 17,4 | 17,4 | 17,2 | 17,2 | 16,8 | 16,8 | 16,8 | 16,8 | 16,8 | 16,8 |
| 0,60 | 20,4 | 20,4 | 20,4 | 20,4 | 20,2 | 20,2 | 19,9 | 19,9 | 19,9 | 19,9 | 19,9 | 19,9 |
| 0,70 | 23,2 | 23,2 | 23,4 | 23,4 | 23,2 | 23,2 | 23,0 | 23,0 | 23,0 | 23,0 | 23,0 | 23,0 |
| 0,80 | 25,8 | 25,8 | 26,3 | 26,3 | 26,2 | 26,2 | 26,0 | 26,0 | 26,0 | 26,0 | 26,0 | 26,0 |
| 0,90 | 28,3 | 28,3 | 29,2 | 29,2 | 29,1 | 29,1 | 28,9 | 28,9 | 28,9 | 28,9 | 28,9 | 28,9 |
| 1,0 | 30,7 | 30,7 | 32,0 | 32,0 | 31,9 | 31,9 | 31,7 | 31,7 | 31,7 | 31,7 | 31,7 | 31,7 |
| 1,2 | (35,1) | (35,1) | 37,6 | 37,8 | 37,5 | 37,6 | 37,4 | 37,4 | 37,4 | 37,4 | 37,4 | 37,4 |
| 1,4 | (38,5) | (38,5) | 42,9 | 43,3 | 42,9 | 43,2 | 42,9 | 42,9 | 42,9 | 42,9 | 42,9 | 42,9 |
| 1,5 | (40,0) | (40,0) | 45,5 | 46,2 | 45,5 | 45,9 | 45,5 | 45,5 | 45,5 | 45,5 | 45,5 | 45,5 |
| 1,6 | | | 48,1 | 49,0 | 48,1 | 48,6 | 48,1 | 48,1 | 48,1 | 48,1 | 48,1 | 48,1 |
| 1,8 | | | 53,0 | 54,5 | 53,5 | 54,0 | 53,5 | 53,5 | 53,5 | 53,5 | 53,5 | 53,5 |
| 2,0 | | | 57,5 | 59,5 | 58,5 | 59,0 | 59,0 | 59,0 | 59,0 | 59,0 | 59,0 | 59,0 |
| 2,2 | | | 61,5 | 64,0 | 63,0 | 64,0 | 64,5 | 64,5 | 64,5 | 64,5 | 64,5 | 64,5 |
| 2,4 | | | 65,5 | 69,0 | 67,5 | 69,0 | 69,5 | 70,0 | 70,0 | 70,0 | 70,0 | 70,0 |
| 2,6 | | | (69,0) | (73,0) | 72,0 | 73,5 | 74,5 | 75,5 | 75,0 | 75,5 | 75,5 | 75,5 |
| 2,8 | | | (72,5) | (77,0) | 76,0 | 78,0 | 79,5 | 80,5 | 80,0 | 80,5 | 80,5 | 80,5 |
| 3,0 | | | (75,5) | (81,0) | 79,5 | 82,0 | 84,0 | 85,5 | 85,0 | 85,5 | 85,5 | 85,5 |
| 3,5 | | | (82,5) | (90,0) | (87,5) | (91,5) | 95,0 | 97,5 | 97,0 | 98,0 | 98,0 | 98,5 |
| 4,0 | | | (88,5) | (97,5) | (95,0) | (101) | 105 | 109 | 108 | 110 | 110 | 111 |
| 4,5 | | | | | (101) | (108) | 115 | 120 | 119 | 122 | 122 | 124 |
| 5,0 | | | | | (107) | (115) | 123 | 130 | 129 | 134 | 133 | 136 |
| 5,5 | | | | | | | (131) | (139) | 138 | 145 | 143 | 147 |
| 6,0 | | | | | | | (138) | (148) | 146 | 155 | 152 | 158 |
| 6,5 | | | | | | | (144) | (156) | (154) | (164) | 161 | 168 |
| 7,0 | | | | | | | (150) | (163) | (161) | (173) | 169 | 178 |
| 7,5 | | | | | | | (155) | (170) | (168) | (181) | 177 | (187) |
| 8,0 | | | | | | | | | (174) | (189) | (185) | (196) |
| 9,0 | | | | | | | | | (185) | (203) | (198) | (212) |
| 10 | | | | | | | | | (195) | (215) | (209) | (226) |
| 11 | | | | | | | | | | | (219) | (238) |
| 12 | | | | | | | | | | | (229) | (249) |
| 13 | | | | | | | | | | | | |
| 14 | | | | | | | | | | | | |
| 15 | | | | | | | | | | | | |
| 16 | | | | | | | | | | | | |
| 17 | | | | | | | | | | | | |
| 18 | | | | | | | | | | | | |
| 19 | | | | | | | | | | | | |

Durchschlagspannung $U_D$ (Scheitelwert in kV) einpolig geerdeter Kugelfunkenstrecken in Abhängigkeit von Schlagweite $S$ (in cm) und Kugeldurchmesser $D$ (in cm) bei 20 °C und 1 013 mbar (= 760 Torr). Bei dem angegebenen Kugeldurchmesser gilt jeweils die Spalte a für
Wechselspannungen,
positive und negative Gleichspannungen,
negative Stoßspannungen
die Spalte b für positive Stoßspannungen.

| 25 | | 50 | | 75 | | 100 | | 150 | | 200 | | Schlag-seite $S$ |
|---|---|---|---|---|---|---|---|---|---|---|---|---|
| a | b | a | b | a | b | a | b | a | b | a | b | cm |
| | | | | | | | | | | | | 0,05 |
| | | | | | | | | | | | | 0,10 |
| | | | | | | | | | | | | 0,15 |
| | | | | | | | | | | | | 0,20 |
| | | | | | | | | | | | | 0,25 |
| | | | | | | | | | | | | 0,30 |
| | | | | | | | | | | | | 0,40 |
| | | | | | | | | | | | | 0,50 |
| | | | | | | | | | | | | 0,60 |
| | | | | | | | | | | | | 0,70 |
| | | | | | | | | | | | | 0,80 |
| | | | | | | | | | | | | 0,90 |
| 31,7 | 31,7 | | | | | | | | | | | 1,0 |
| 37,4 | 37,4 | | | | | | | | | | | 1,2 |
| 42,9 | 42,9 | | | | | | | | | | | 1,4 |
| 45,5 | 45,5 | | | | | | | | | | | 1,5 |
| 48,1 | 48,1 | | | | | | | | | | | 1,6 |
| 53,5 | 53,5 | | | | | | | | | | | 1,8 |
| 59,0 | 59,0 | 59,0 | 59,0 | 59,0 | 59,0 | | | | | | | 2,0 |
| 64,5 | 64,5 | 64,5 | 64,5 | 64,5 | 64,5 | | | | | | | 2,2 |
| 70,0 | 70,0 | 70,0 | 70,0 | 70,0 | 70,0 | | | | | | | 2,4 |
| 75,5 | 75,5 | 75,5 | 75,5 | 75,5 | 75,5 | | | | | | | 2,6 |
| 81,0 | 81,0 | 81,0 | 81,0 | 81,0 | 81,0 | | | | | | | 2,8 |
| 86,0 | 86,0 | 86,0 | 86,0 | 86,0 | 86,0 | 86,0 | 86,0 | | | | | 3,0 |
| 99,0 | 99,0 | 99,0 | 99,0 | 99,0 | 99,0 | 99,0 | 99,0 | | | | | 3,5 |
| 112 | 112 | 112 | 112 | 112 | 112 | 112 | 112 | | | | | 4,0 |
| 125 | 125 | 125 | 125 | 125 | 125 | 125 | 125 | | | | | 4,5 |
| 137 | 138 | 138 | 138 | 138 | 138 | 138 | 138 | 138 | 138 | | | 5,0 |
| 149 | 151 | 151 | 151 | 151 | 151 | 151 | 151 | 151 | 151 | | | 5,5 |
| 161 | 163 | 164 | 164 | 164 | 164 | 164 | 164 | 164 | 164 | | | 6,0 |
| 173 | 175 | 177 | 177 | 177 | 177 | 177 | 177 | 177 | 177 | | | 6,5 |
| 184 | 187 | 189 | 189 | 190 | 190 | 190 | 190 | 190 | 190 | | | 7,0 |
| 195 | 199 | 202 | 202 | 203 | 203 | 203 | 203 | 203 | 203 | | | 7,5 |
| 206 | 211 | 214 | 214 | 215 | 215 | 215 | 215 | 241 | 241 | | | 8,0 |
| 226 | 233 | 239 | 239 | 240 | 240 | 241 | 241 | 215 | 215 | | | 9,0 |
| 244 | 254 | 263 | 263 | 265 | 265 | 266 | 266 | 266 | 266 | 266 | 266 | 10 |
| 261 | 273 | 286 | 287 | 290 | 290 | 292 | 292 | 292 | 292 | 292 | 292 | 11 |
| 275 | 291 | 309 | 311 | 315 | 315 | 318 | 318 | 318 | 318 | 318 | 318 | 12 |
| (289) | (308) | 331 | 334 | 339 | 339 | 342 | 342 | 342 | 342 | 342 | 342 | 13 |
| (302) | (323) | 353 | 357 | 363 | 363 | 366 | 366 | 366 | 366 | 366 | 366 | 14 |
| (314) | (337) | 373 | 380 | 387 | 387 | 390 | 390 | 390 | 390 | 390 | 390 | 15 |
| (326) | (350) | 392 | 402 | 410 | 411 | 414 | 414 | 414 | 414 | 414 | 414 | 16 |
| (337) | (362) | 411 | 422 | 432 | 435 | 438 | 438 | 438 | 438 | 438 | 438 | 17 |
| (347) | (374) | 429 | 442 | 453 | 458 | 462 | 462 | 462 | 462 | 462 | 462 | 18 |
| (357) | (385) | 445 | 461 | 473 | 482 | 486 | 486 | 486 | 486 | 486 | 486 | 19 |

**Tabelle 1.** (Fortsetzung)

| Schlag-seite $S$ | 25 | | 50 | | 75 | | 100 | | 150 | | 200 | |
|---|---|---|---|---|---|---|---|---|---|---|---|---|
| cm | a | b | a | b | a | b | a | b | a | b | a | b |
| 20 | (366) | (395) | 460 | 480 | 492 | 505 | 510 | 510 | 510 | 510 | 510 | 510 |
| 22 | | | 489 | 510 | 530 | 545 | 555 | 555 | 560 | 560 | 560 | 560 |
| 24 | | | 515 | 540 | 565 | 585 | 595 | 600 | 610 | 610 | 610 | 610 |
| 26 | | | (540) | (570) | 600 | 620 | 635 | 645 | 655 | 655 | 660 | 660 |
| 28 | | | (565) | (595) | 635 | 660 | 675 | 685 | 700 | 700 | 705 | 705 |
| 30 | | | (585) | (620) | 665 | 695 | 710 | 725 | 745 | 745 | 750 | 750 |
| 32 | | | (605) | (640) | 695 | 725 | 745 | 760 | 790 | 790 | 795 | 795 |
| 34 | | | (625) | (660) | 725 | 755 | 780 | 795 | 835 | 835 | 840 | 840 |
| 36 | | | (640) | (680) | 750 | 785 | 815 | 830 | 875 | 880 | 885 | 885 |
| 38 | | | (655) | (700) | (775) | (810) | 845 | 865 | 915 | 925 | 930 | 935 |
| 40 | | | (670) | (715) | (800) | (835) | 875 | 900 | 955 | 965 | 975 | 980 |
| 45 | | | | | (850) | (890) | 945 | 980 | 1050 | 1060 | 1080 | 1090 |
| 50 | | | | | (895) | (940) | 1010 | 1040 | 1130 | 1150 | 1180 | 1190 |
| 55 | | | | | (935) | (985) | (1060) | (1100) | 1210 | 1240 | 1260 | 1290 |
| 60 | | | | | (970) | (1020) | (1110) | (1150) | 1280 | 1310 | 1340 | 1380 |
| 65 | | | | | | | (1160) | (1200) | 1340 | 1380 | 1410 | 1470 |
| 70 | | | | | | | (1200) | (1240) | 1390 | 1430 | 1480 | 1550 |
| 75 | | | | | | | (1230) | (1280) | 1440 | 1480 | 1540 | 1620 |
| 80 | | | | | | | | | (1490) | (1530) | 1600 | 1690 |
| 85 | | | | | | | | | (1540) | (1580) | 1660 | 1760 |
| 90 | | | | | | | | | (1580) | (1630) | 1720 | 1820 |
| 100 | | | | | | | | | (1660) | (1720) | 1840 | 1930 |
| 110 | | | | | | | | | (1730) | (1790) | (1940) | (2030) |
| 120 | | | | | | | | | (1800) | (1860) | (2020) | (2120) |
| 130 | | | | | | | | | | | (2100) | (2200) |
| 140 | | | | | | | | | | | (2180) | (2280) |
| 150 | | | | | | | | | | | (2250) | (2350) |

Durchschlagspannung $U_D$ (Scheitelwert in kV) einpolig geerdeter Kugelfunkenstrecken in Abhängigkeit von Schlagweite $S$ (in cm) und Kugeldurchmesser $D$ (in cm) bei 20°C und 1013 mbar (= 760 Torr).
Bei dem angegebenen Kugeldurchmesser gilt jeweils die Spalte a für Wechselspannungen, positive und negative Gleichspannungen, negative Stoßspannungen; die Spalte b für positive Stoßspannungen.

zwischen 1 und 50 pF auf. Man kann also leicht nachprüfen, ob die Kapazität der Kugelfunkenstrecke im Vergleich zur Kapazität des Prüflings vernachlässigt werden kann.

Bei einseitig geerdeter Kugelfunkenstrecke bewirkt die benachbarte auf Erdpotential liegende Umgebung eine Feldveränderung derart, daß die Feldstärke an der nichtgeerdeten Kugel größer und an der geerdeten Kugel kleiner wird als im symmetrischen Fall. Dies kann man sich anschaulich dadurch erklären, daß die von der nicht geerdeten Kugel ausgehenden Feldlinien nur noch zu einem Teil auf der geerdeten Kugel enden, die übrigen Feldlinien enden auf benachbarten geerdeten Gegenständen. Besonders bei größeren Schlagweiten gewinnt der Umgebungseinfluß stark an Bedeutung [219, 223]. Alle Funkenstrecken mit asymmetrischer Feldverteilung weisen einen Polaritätseffekt auf. Bei der Kugelfunkenstrecke macht sich diese Erscheinung bei Schlagweiten $S > 0{,}5r$ bemerkbar [214, 215].

Während bei niederfrequenten Wechselspannungen und Gleichspannungen die Schlagweite einen einfachen Schluß auf die Höhe der angelegten Spannung zuläßt, ergeben sich bei der Messung sehr kurzzeitiger Stoßspannungen unter Umständen starke Unterschiede zwischen den tatsächlichen Scheitelwerten und den der eingestellten Schlagweite zugeordneten Werten der statischen Durchschlagspannung (Durchschlagspannung der Kugelfunkenstrecke bei niederfrequenten Wechselspannungen und Gleichspannungen). Die Bereitstellung geeigneter Anfangsbedingungen zur Erzeugung einer selbständigen Gasentladung folgt statistischen Gesetzen. Liegen während eines sehr kurzzeitigen Spannungsimpulses keine geeigneten Startbedingungen vor, so kommt es zu keinem Durchschlag, auch wenn der Scheitelwert des Impulses über der statischen Durchschlagspannung der Funkenstrecke liegt. Ausführliche Betrachtungen dieses Effekts findet man im Schrifttum über die Stoßfestigkeit gasformiger, flussiger und fester Isolierstoffe [20, 226–228].

Die eigentliche Spannungsmessung geschieht entweder bei konstant eingestellter Hochspannung und Verringern der anfänglich zu groß gewählten Schlagweite oder bei gleichbleibender Schlagweite und Hochfahren der Spannung bis zum Durchschlag. Im ersten Fall sollte die Schlagweite höchstens um 1% des Kugeldurchmessers je Sekunde geändert werden, im zweiten Fall die Spannung frühestens nach etwa 30 Sekunden den Durchschlagswert erreichen. Aus mehreren aufeinanderfolgenden Meßwerten kleiner Streuung wird der endgültige Spannungswert ermittelt. Bei Stoßspannungsmessungen wird entweder die Schlagweite oder der Scheitelwert so lange verändert, bis 50% aller Stöße zum Durchschlag führen (50%-Durchschlagsstoßspannung [234]). Aus einer Vielzahl international durchgeführter Messungen hat man Standarddurchschlagswerte ermittelt [216, 217], die sich unter noch zu nennenden Voraussetzungen überall mit bestimmter Genauigkeit reproduzieren lassen (Tab. 1, S. 110–112). Die in der Tabelle angegebenen Werte gelten für Wechselspannungen bis zu maximalen Schlagweiten $S \leqq r$ innerhalb $\pm 3\%$ als genau; bei Gleichspannungen bis zu $S \leqq 0{,}8r$ innerhalb $\pm 5\%$. Die für positive und negative Stoßspannung getrennt angegebenen Werte gelten für Schlagweiten $S \leqq r$ innerhalb $\pm 3\%$ als genau. Die in Klammern stehenden Werte besitzen wegen größerer, noch ungeklärter Streuungen nicht angebbare Unsicherheiten.

Wie schon erwähnt, hängt die tatsächliche Durchschlagspannung bei Stoßspannungen stark vom zeitlichen Verlauf der Stoßwelle ab. Die in der Tabelle genannten Werte gelten nur für Normstoßspannungen nach VDE und IEC mit Rückenzeiten $\geqq 50\,\mu$s. Um die Standardmeßwerte mit der angegebenen Genauigkeit reproduzieren zu können, ist die Einhaltung vieler Bedingungen erforderlich, die in den Vorschriftenwerken des VDE und der IEC ausführlich festgelegt sind [216, 217]. Die wichtigsten Bestimmungen werden im folgenden auszugsweise wiedergegeben:

Aufbau und Anordnung der Kugelfunkenstrecke: Die Kugeln bestehen aus Metall, vorzugsweise Kupfer. Der Nenndurchmesser soll mit einer Genauigkeit von $\pm 2\%$ eingehalten werden. Für die Anordnung der Kugeln gegeneinander und gegenüber der Umgebung (Decken, Wände, Fußboden) gelten die in Tab. 2 (S. 115) aufgeführten Mindest- und Höchstwerte, die im Zusammenhang mit den Bildern 125 und 126 anzuwenden sind.

Die Spannung wird dem Kugelschaft in einem Mindestabstand 2 r vom Kugelansatz entfernt zugeführt.

Vorwiderstand: Zur Dämpfung von vorentladungsbedingten Ausgleichsvorgängen und zwecks Verringerung des Kugelabbrands schaltet man vor die Kugelfunkenstrecke gern einen ohmschen Widerstand von 10 kΩ bis 1 MΩ. Bei Frequenzen größer als 1000 Hz ist der Vorwiderstand frequenzproportional zu verringern. Der Vorwiderstand und die Kapazität der Kugelfunkenstrecke bilden einen frequenzabhängigen Spannungsteiler. Der maximal zulässige Vorwiderstand richtet sich nach der Funkenstreckenkapazität. Es muß dafür gesorgt werden, daß im Rahmen der angestrebten Meßgenauigkeit $R$ ausreichend klein gegen $1/\omega C$ ist, das Übersetzungsverhältnis des Teilers also nahe bei 1 liegt (s. a. [760]). Meßergebnisse über den Einfluß überlagerter hochfrequenter Wechselspannungen auf die niederfrequenten Durchschlagsspannungen von Luft findet man bei Rasquin, Depping und Büser [230—233].

Bei Stoßspannungsmessungen dämpft der Vorwiderstand die durch die schnellen Strom- und Spannungsänderungen beim Durchschlag verursachten Ausgleichsvorgänge, die zu einer Gefährdung des Prüflings führen könnten. Gängige Werte liegen bei etwa 500 Ω. Bei vergleichsweise kleiner Kapazität der Kugelfunkenstrecke sind auch größere Werte möglich. Die Eigenzeitkonstante der Kugelfunkenstrecke mit Vorwiderstand muß eben ausreichend klein sein gegen die vorkommenden Stirnsteilheiten.

Bestrahlung: Beim Messen von Spannungen unter 50 kV Scheitelwert mit Kugeln aller Größen und in jedem Falle beim Messen mit Kugeln von 12,5 cm und kleinerem Durchmesser ist eine zusätzliche Bestrahlung der Kugelfunkenstrecke erforderlich, wenn genaue und nur wenig streuende Meßergebnisse erzielt werden sollen [224, 225, 750, 763]. Die Bereitstellung von Anfangselektronen durch Bestrahlung kann erfolgen

a) mit einem radioaktiven Präparat, das sich in einer Kapsel im Innern der spannungführenden Kugel in der Nähe des Durchschlagpunkts befindet. Die Radioaktivität soll mindestens 0,2 mCurie, vorzugsweise etwa 0,6 mCurie betragen [759].

b) mit einer Quecksilberdampf-Quarzlampe, die ungefähr in einem Abstand gleich dem Mindestwert von $B$ gemäß Tab. 2 so angeordnet sein sollte, daß ihr Licht auf die Durchschlagpunkte der Kugeln fällt.

c) mit einer Röntgenröhre, deren Anordnung sinngemäß a) oder b) und deren Bestrahlungswirkung nachweislich der von a) und b) entspricht.

d) mit einem gepulsten UV-Laser, dessen Anordnung sinngemäß a) oder b) und dessen Bestrahlungswirkung nachweislich der von a) und b) entspricht.

**Tabelle 2**

| Kugel-durchmesser $D$ cm | Mindestwert von $A$ | Höchstwert von $A$ | Mindestwert von $B$ |
|---|---|---|---|
| bis 6,25 | $7D$ | $9D$ | $14S$ |
| 10 bis 15 | $6D$ | $8D$ | $12S$ |
| 25 | $5D$ | $7D$ | $10S$ |
| 50 | $4D$ | $6D$ | $8S$ |
| 75 | $4D$ | $6D$ | $8S$ |
| 100 | $3{,}5D$ | $5D$ | $7S$ |
| 150 | $3D$ | $4D$ | $6S$ |
| 200 | $3D$ | $4D$ | $6S$ |
| 250, 300 | Für diese Durchmesser sind vorerst noch keine Werte festgelegt. | | |

Die Bestrahlungsarten a) und c) haben außer bei speziellen Forschungsarbeiten wenig Verbreitung gefunden, da die sehr strengen Sicherheitsbestimmungen über den Umgang mit radioaktiven Präparaten und Röntgenstrahlen ihre Handhabung sehr umständlich machen. Die Bestrahlung mit dem UV-Licht eines Stickstofflasers führt zu einer erheblichen Reduzierung der Streuung und besitzt darüber hinaus den Vorzug einer geringeren Belästigung [762].

Einfluß der Atmosphäre: Die Durchschlagspannung von Kugelfunkenstrecken ändert sich angenähert proportional mit der relativen Luftdichte $d$, die ihrerseits von der Lufttemperatur $\vartheta$ und dem Luftdruck $b$ abhängig ist:

$$d = \frac{b}{1013} \cdot \frac{273 + 20}{273 + \vartheta} = 0{,}289 \cdot \frac{b}{273 + \vartheta},$$

mit $b$ in mbar und $\vartheta$ in °C bzw.

$$d = \frac{b}{760} \cdot \frac{273 + 20}{273 + \vartheta} = 0{,}386 \cdot \frac{b}{273 + \vartheta},$$

mit $b$ in Torr und $\vartheta$ in °C.

Die in der Tab. 1 aufgeführten Durchschlagspannungen für atmosphärische Normalbedingungen von 20 °C und 1013 mbar (= 760 Torr), bei denen die relative Luftdichte $d = 1$ ist, müssen deshalb bei anderen Werten der relativen Luftdichte $d$ umgerechnet werden. Die dafür gültigen Durchschlagspannungen $U_{Dd}$ werden erhalten, indem man die Durchschlagspannungen $U_D$ der Tab. 1 mit einem von $d$ abhängigen Umrechnungsfaktor $k$ gemäß Tab. 3 multipliziert.

$$U_{Dd} = kU_D.$$

Im Bereich $0{,}95 \leqq d \leqq 1{,}05$, in dem hiernach praktisch $k = d$ ist, gilt

$$U_{Dd} = dU_D.$$

**Tabelle 3**

| $d =$ 0,70 | 0,75 | 0,80 | 0,85 | 0,90 | 0,95 | 1,00 | 1,05 | 1,10 | 1,15 |
|---|---|---|---|---|---|---|---|---|---|
| $k =$ 0,72 | 0,77 | 0,81 | 0,86 | 0,91 | 0,95 | 1,00 | 1,05 | 1,09 | 1,13 |

Bei einer anderen relativen Luftdichte als $d = 1$ ist die Tab. 1 wie folgt zu gebrauchen:

| | |
|---|---|
| a) Die Durchschlagspannung zu einer bestimmten Schlagweite $S$ wird gesucht: | Der Tabelle wird die zu $S$ gehörende Durchschlagspannung entnommen und mit $k$ (im Bereich $0{,}95 \leqq d \leqq 1{,}05$ mit $d$) multipliziert. |
| b) Die zum Durchschlag bei einer bestimmten Spannung erforderliche Schlagweite $S$ wird gesucht: | Die betreffende Spannung wird durch $k$ (im Bereich $0{,}95 \leqq d \leqq 1{,}05$ durch $d$) dividiert, und zu dieser auf $d = 1$ umgerechneten Durchschlagspannung wird der Tabelle die zugehörige Schlagweite entnommen. |

Einfluß der Luftfeuchte: Die Feuchte der Luft hat im Rahmen der angestrebten Genauigkeiten praktisch keinen Einfluß auf die Durchschlagspannung.

Zum Abschluß zeigt Bild 128 die moderne Ausführung einer Kugelfunkenstrecke für Spannungen bis 540 kV.

Wie aus den anfänglich angestellten Betrachtungen hervorgeht, ist die Kugelfunkenstrecke ziemlich empfindlich gegen den Durchgriff von Fremdfeldern und gegen benachbarte auf Erdpotential befindliche Gegenstände. Nach theoretischen und experimentellen Untersuchungen von Binns und Randall [218, 219] weist

**Bild 128.** Kugelfunkenstrecke für Spannungen bis 540 kV. Kugeldurchmesser $D = 50$ cm (Haefely).

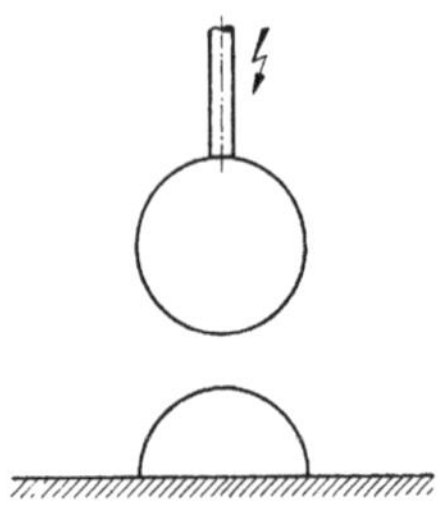

**Bild 129.** Kugel-Halbkugelfunkenstrecke

die Anordnung nach Bild 129 eine weit geringere Abhängigkeit gegenüber benachbarten geerdeten Wänden und Geräten auf. Sie besitzt daher einen kleineren Schutzraumbedarf. Die Durchschlagspannung der Kugel-Halbkugelfunkenstrecke liegt etwa 5% unter den Werten einer normalen Kugelfunkenstrecke, wenn die Schlagweite gleich dem Kugelradius ist. Für kleinere Schlagweiten werden die Abweichungen geringer. Die Verfasser geben einen Korrekturfaktor an, mit dem die Durchschlagspannungen der Kugel-Halbkugelfunkenstrecke aus den Standardwerten der Normalkugelfunkenstrecke berechnet werden können (s. a. [761]).

Funkenstrecken mit gekreuzten Zylinderelektroden sind ebenfalls vergleichsweise unempfindlich gegen den Durchgriff äußerer Felder [220]. Gleichzeitig besitzen sie noch den Vorzug, daß die Elektroden mit geringem Aufwand sehr genau hergestellt werden können. Nachteilig bei hohen Spannungen ist allerdings der große Platzbedarf, da die Länge der Zylinder etwa das Fünffache der Schlagweite betragen soll.

## 3.4 Messung des Scheitelwerts hoher Wechsel- und Stoßspannungen

Die Bestimmungen für die Messung und Anwendung hoher Wechselprüfspannungen sehen allgemein die Angabe des Scheitelwerts $\hat{u}$ geteilt durch $\sqrt{2}$ als Kriterium für die elektrische Festigkeit von Betriebsmitteln vor. Der Scheitelwert einer Wechselprüfspannung ist maßgebend für die Festigkeit von Luftstrecken und alle kurzzeitigen Beanspruchungen (elektrischer Durchschlag). Der Effektivwert kennzeichnet die Festigkeit von Isolieranordnungen mit festem Dielektrikum bei Dauerbeanspruchung (thermischer Durchschlag).

Es erscheint zunächst naheliegend, in bekannter Weise den Effektivwert auf der Niederspannungsseite der Transformatoren zu messen und anschließend mittels des Übersetzungsverhältnisses den Effektivwert auf der Hochspannungsseite zu bestimmen, gegebenenfalls durch Multiplikation mit $\sqrt{2}$ auch noch den Scheitelwert zu berechnen. Leider ist jedoch das Übersetzungsverhältnis insbesondere bei den Prüftransformatoren der Hochspannungstechnik stark belastungsabhängig und außerdem die Kurvenform sowohl auf der Hochspannungsseite als auch auf der Niederspannungsseite in der Mehrzahl der Fälle nicht sinusförmig und voneinander verschieden. Das heißt, Ober- und Unterspannung besitzen unterschiedliche Scheitelfaktoren. Hochspannungsprüftransformatoren werden häufig von einem Drehstromumformersatz gespeist, der nur einphasig belastet wird. Die unsymmetrische Belastung führt zu einer ausgeprägten dritten Oberschwingung der Klemmenspannung des Generators. Im Ständer entsteht bei Schieflast ein Wechselfeld, das in zwei gegenläufige Drehfelder zerlegt werden kann. Das mitlaufende Drehfeld läuft synchron mit dem Läufer um, das gegenläufige Drehfeld bewegt sich mit doppelter Frequenz gegen die Läuferdrehung. Das gegenläufige Wechselfeld induziert im Rotor einen Strom doppelter Frequenz, der seinerseits wieder auf den Ständer zurückwirkt, dort eine Spannung dreifacher Frequenz induziert und damit die ausgeprägte dritte Oberschwingung verursacht. Normalerweise wird diese dritte Oberschwingung durch spezielle Dämpferwicklungen in den Läuferpolschuhen abgeschwächt.

Selbst bei anfänglich rein sinusförmiger Klemmenspannung des Generators verursachen die Oberschwingungen des Magnetisierungsstroms der Prüftransformatoren rückwirkend eine Verzerrung der Kurvenform der Unterspannung. Bekanntlich besitzt der Magnetisierungsstrom von Einphasentransformatoren einen nicht sinusförmigen zeitlichen Verlauf. Der Magnetisierungsstrom durchfließt die Blind- und Wirkwiderstände der Speisespannungsquelle und ihre

Zuleitungen zum Transformator (Bild 130). Die dabei auftretenden Spannungsabfälle werden der sinusförmig angenommenen EMK des Generators überlagert und verursachen so eine Verzerrung der ursprünglich sinusförmigen Klemmenspannung. Obwohl die Amplituden der Oberschwingungen klein sind gegen die Amplitude der Grundschwingung des Magnetisierungsstroms und obwohl dieser selbst vergleichsweise klein ist, vermögen sie auf Grund ihrer höheren Frequenzen an den frequenzabhängigen Impedanzen der Quelle und ihrer Verbindungsleitung zum Transformator beträchtliche Spannungsabfälle hervorzurufen. Zusätzlich können Oberschwingungen das schwingungsfähige Gebilde, bestehend aus Generatorinduktivität, Transformatorinduktivität und der Summe aus der Kapazität des Prüflings und der Oberspannungswicklung, zu erzwungenen Schwingungen anregen und somit eine Verstärkung der Verzerrungen bewirken [287].

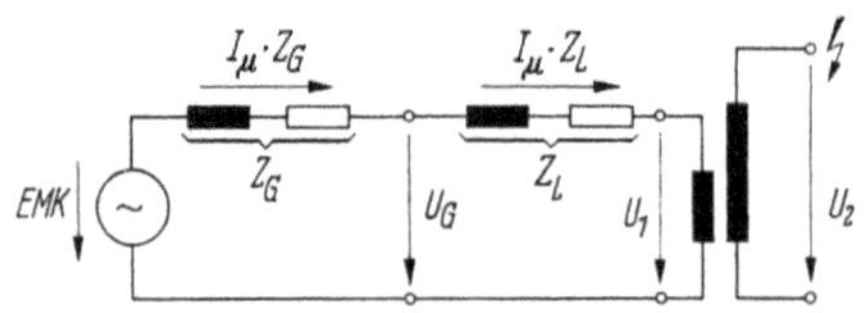


**Bild 130.** Vereinfachtes Ersatzschaltbild der Niederspannungsseite einer Einrichtung zur Erzeugung hoher Wechselspannungen. $Z_G$ Generatorimpedanz, $Z_L$ Impedanz der Zuleitungen vom Generator zum Prüftransformator, $I_\mu$ Magnetisierungsstrom.

Die Kurvenform der Hochspannung wird im allgemeinen mit Elektronenstrahloszilloskopen und Spannungsteilern oder -wandlern überprüft [288]. Spezielle Oberschwingungsmeßgeräte erlauben die quantitative Bestimmung des Anteils der einzelnen Oberschwingungen (Suchtonverfahren, Resonanzverfahren) [289, 764]. Bei der Scheitelfaktormeßbrücke von Warnecke läßt sich der Scheitelfaktor unmittelbar an einer Skala ablesen [290]. Schließlich kann die Kurvenform auch punktweise mit Spannungsmessern nach dem Generatorprinzip [240] oder synchron umlaufenden Kontaktgleichrichtern aufgenommen werden [291, 336]. Da in der Mehrzahl der Fälle der Scheitelfaktor von $\sqrt{2}$ verschiedene Werte besitzt — es sei hier bemerkt, daß auch bei Kurven mit stark nichtsinusförmigem Verlauf der Scheitelfaktor den Wert $\sqrt{2}$ annehmen kann —, ist man also gezwungen, die Scheitelspannung direkt auf der Hochspannungsseite der Prüftransformatoren zu messen. Die hierfür geeigneten Schaltungen beruhen entweder auf der Messung des gleichgerichteten Verschiebungsstroms eines Kondensators oder der unmittelbaren Messung des Scheitelwerts der durch einen Spannungsteiler reduzierten Wechselspannung mittels Gleichrichterschaltung und Speicherkondensator. Das erste Verfahren eignet sich nur für die Messung der Scheitelwerte periodischer Wechselspannungen, das zweite ermöglicht je nach Auslegung die Messung der Scheitelwerte sowohl periodischer als auch einmaliger Vorgänge (Stoßspannungsmeßeinrichtungen). Man unterscheidet zweckmäßig noch zwischen Schaltungen mit ausschließlich passiven und solchen mit aktiven und passiven Bauelementen im Speicherkreis. Letztere benötigen einen Netzanschluß und weisen ohne besondere Vorkehrungen eine geringere elektromagnetische Verträglichkeit auf. Speziell für die Verwendung in Hochspannungslaboratorien konzipierte Scheitel-

und Stoßspannungsmeßeinrichtungen können jedoch hinsichtlich Störspannungsempfindlichkeit rein passiv arbeitenden Geräten durchaus ebenbürtig sein; bezüglich Meßgenauigkeit und Bedienungskomfort sind sie ihnen überlegen.

### 3.4.1 Scheitelspannungsmessung nach Chubb und Fortescue

Schaltet man einen Kondensator an eine Spannungsquelle mit sinusförmiger Ausgangsspannung $U$, so fließt ein Wechselstrom $I_C$, der in der Hochspannungstechnik gemeinhin als Ladestrom bezeichnet wird:

$$\boldsymbol{I}_C = \mathrm{j}\omega \boldsymbol{U} C .$$

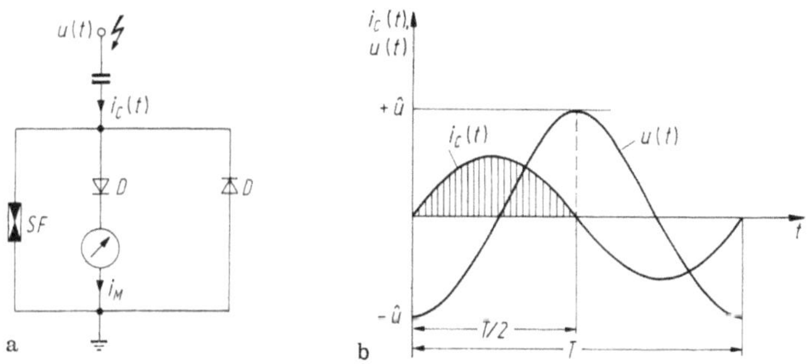


**Bild 131.** Scheitelspannungsmessung nach Chubb und Fortescue. $G$ Gleichrichter, $D$ Drehspulinstrument, $i_c(t)$ Ladestrom, $i_M$ arithmetischer Mittelwert der Halbwelle einer Polarität, $SF$ Schutzfunkenstrecke.

Der mit einem Drehspulinstrument gemessene arithmetische Mittelwert der Halbschwingungen einer Polarität des Ladestroms ist dem Scheitelwert der Hochspannung proportional. Die Messung dieses Mittelwerts ermöglicht die in Bild 131 dargestellte Schaltung [292–294]. Das eine der beiden Ventile dient der Gleichrichtung des Ladestroms, das andere der Entladung des Kondensators in den Zeiten entgegengesetzter Stromrichtung. Die Schutzfunkenstrecke (Edelgasableiter) schützt die Gleichrichter und das Meßinstrument bei etwaigen Überlastungen. Vernachlässigt man den inneren Widerstand der Gleichrichter in Durchlaßrichtung und den Spannungabfall am Innenwiderstand des Strommessers, so erhält man für den arithmetischen Mittelwert des über das Drehspulinstrument fließenden Stroms (Bild 131 b)

$$i_M = \frac{1}{T}\int\limits_0^{T/2} i_C(t)\,\mathrm{d}t = \frac{C}{T}\int\limits_{-\hat{u}}^{+\hat{u}} \mathrm{d}u = 2fC\hat{u}$$

und damit

$$\hat{u} = \frac{i_M}{2fC}.$$

Die obige Gleichung setzt voraus, daß die Scheitelwerte der positiven und negativen Halbschwingungen der Wechselspannung gleich groß sind. Weiter darf der zeitliche Verlauf der Hochspannung während einer Halbschwingung nur einen Extremwert besitzen (sattelfreie Spannungskurve). Weist die Spannung ein Zwischenmaximum auf (Bild 132), so kehrt der Ladestrom beispielsweise im Zeitpunkt $t_1$ sein Vorzeichen um, und das im Instrumentenzweig liegende Ventil sperrt. Der Kondensator entlädt sich über das dem Strommesser parallel geschaltete Ventil. Der während des Zeitintervalls $t_2 - t_1$ fließende Strom wird bei der Mittelwertbildung nicht erfaßt, der während des Zeitintervalls $t_4 - t_3$ fließende Strom ungewollt mitgemessen. Zum Nachweis einer sattelfreien Spannungskurve oszillographiert man den Ladestrom des Hochspannungskondensators. Während einer Spannungshalbschwingung darf nur ein Nulldurchgang des

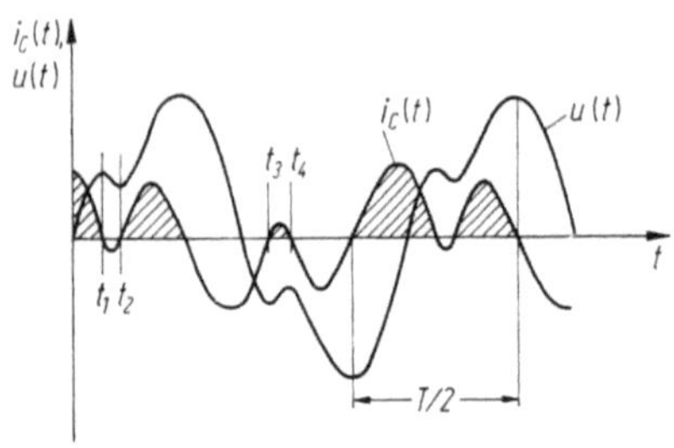


**Bild 132.** Oberschwingungshaltiger Spannungsverlauf mit Einsattelungen (Zwischenmaxima).

Ladestroms auftreten. Insbesondere beim Auftreten von stromstarken Gleit- und Stielbüschelentladungen am Prüfling werden der Spannungskurve Teilmaxima und -minima aufgeprägt, die merkliche Fehler verursachen können. Abhilfe schafft dann ein Dämpfungswiderstand $R$ zwischen Hochspannungszuleitung und Kondensator, der der Meßeinrichtung Tiefpaßeigenschaften verleiht und damit bei nicht allzu starken Vorentladungen den durch die Zwischenmaxima hervorgerufenen Fehler beseitigt [309]. Die obere Grenze für den Wert des Dämpfungswiderstands ergibt sich aus der Forderung, daß bei der Frequenz der zu messenden Spannung — im allgemeinen 50 Hz — die Bedingung $R \ll 1/\omega C$ im Rahmen der Meßgenauigkeit erfüllt ist. Zahlenmäßig läßt sich der Fehler für eine bestimmte Grundfrequenz aus der Gleichung

$$f = \frac{U_H - U_M}{U_H} = \left(1 - \frac{1}{R^2\omega^2C^2 + 1}\right) 100\%$$

bestimmen. Darin bedeuten $U_H$ die tatsächlich am Prüfling liegende Hochspannung und $U_M$ die gemessene Spannung. Da die Anzeige des Drehspulinstruments

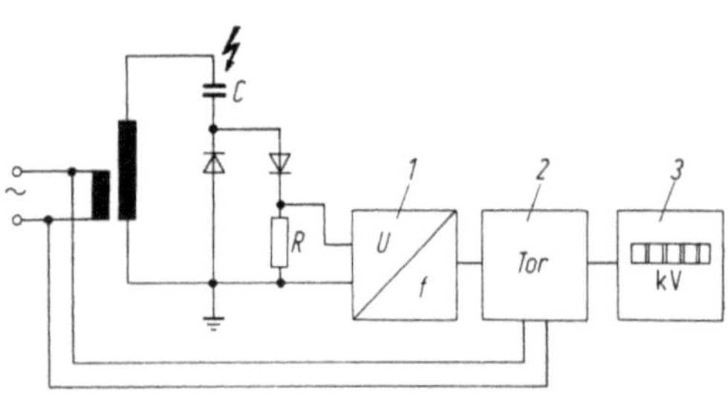


**Bild 133.** Scheitelspannungsmessung mit digitaler Anzeige. *1* Analog/Digital-Wandler (Spannung—Frequenz), *2* Elektronische Torschaltung, *3* digitales Anzeigeinstrument (Zähler)

der Grundfrequenz direkt proportional ist, erfordert das Meßverfahren eine gleichzeitige Frequenzmessung.

Bei der von Boeck [295] entwickelten Scheitelspannungsmeßeinrichtung mit digitaler Anzeige erübrigt sich eine getrennte Messung der Frequenz (Bild 133). An Stelle der direkten Messung des Ladestroms mit einem Drehspulinstrument wird bei dieser Schaltung eine dem Ladestrom proportionale Spannung mit einem Analog-Digital-Wandler in eine stromproportionale mittlere Frequenz $f_m$ umgesetzt und das Frequenzverhältnis $f_m/f$ mit einer Torschaltung und einem elektronischen Zähler digital gemessen. Die Torschaltung gibt für eine einstellbare Anzahl Perioden der Wechselspannung während der Zeit $\Delta t = p/f$ den Zählereingang frei. In dieser Zeit gelangen

$$n = f_m \,\Delta t = p \frac{f_m}{f} = 2pC\hat{u} \cdot AR$$

Impulse zum Zähler. In der obigen Gleichung bedeutet $A$ die Wandlerkonstante des Analog-Digital-Wandlers: $A = f_m/R\bar{i}_m$. Durch geeignete Wahl der Parameter $R$ und der Zahl der Perioden $p$ kann eine direkte Anzeige in Kilovolt erreicht werden.

Konstruktiv besteht eine Scheitelspannungsmeßeinrichtung nach Chubb-Fortescue aus dem Hochspannungsmeßkondensator und einem geschirmten Blechgehäuse, das die Gleichrichter und das Drehspulinstrument enthält. Kondensator und Anzeigevorrichtung sind über ein langes Koaxialkabel verbunden. Die Kapazität des Kabels liegt parallel zu den Gleichrichtern und muß je nach Kabellänge und erwarteter Genauigkeit bei der Einmessung berücksichtigt werden. Als Meßkapazität kommen Ölkondensatoren, bei höheren Ansprüchen an die Genauigkeit auch Preßgaskondensatoren in Frage. Im Fall der Verwendung von Ölkondensatoren sollte deren Kapazität mindestens 100 pF betragen, um den Einfluß der abhängig vom Aufstellungsort sich ändernden verteilten Erdkapazitäten in erträglichen Grenzen zu halten (s. a. 2.2.2.1). Bei Preßgaskondensatoren ist der Kapazitätswert aufgrund ihrer geschirmten koaxialen Bauweise unabhängig von der Umgebung (s. a. 6.3.2). Die Zulassung einer Scheitelspannungsmeßeinrichtung für Prüfungen nach den VDE-Vorschriften erfordert die Einhaltung bestimmter Bedingungen, die in VDE 0433 angegeben sind [296]. Der Gesamtmeßfehler einer Scheitelspannungsmeßeinrichtung nach Chubb-Fortescue setzt sich aus einem Kapazitätsfehler sowie den Meßunsicherheiten der Strom- und Frequenzmessung zusammen. Hinzu kommen bei Präzisionsmessungen die bisher vernachlässigten Innenwiderstände der Gleichrichter und des Strommessers sowie der Einfluß der Kabel- und Abschirmkapazität der eigentlichen Anzeigevorrichtung. Erreichbar sind Gesamtmeßunsicherheiten kleiner als 0,34% [295]. Bei Betriebsmeßeinrichtungen sind Gesamtfehler kleiner 2% üblich.

### 3.4.2 Scheitelspannungsmeßeinrichtungen mit Spannungsteiler

Die im folgenden Abschnitt beschriebenen Schaltungen eignen sich ebenfalls zur Messung der Scheitelwerte periodischer Wechselspannungen. In der Grundschaltung nach Davis, Bowdler und Standring [297, 298] wird über einen Gleichrichter $G$ eine Speicherkapazität $C_M$ auf den Scheitelwert der am Niederspannungsteil eines kapazitiven Spannungsteilers abfallenden Spannung aufgeladen (Bild 134). Die am Speicherkondensator $C_M$ liegende Spannung $\hat{u}_2$ wird mit einem elektrostatischen Voltmeter gemessen. Damit die Spannung am Anzeigeinstrument beim Zurückregeln der zu messenden Hochspannung den kleineren Scheitelwerten folgen kann, liegt parallel zu $C_M$ ein Entladewiderstand $R_M$. Ist $R_M$ sehr groß oder gar überhaupt nicht vorhanden, so treten bei einem Rückgang der Hochspannung beträchtliche Meßfehler auf, da die überschüssigen Ladungen auf $C_M$ nur über die Isolationswiderstände des elektrostatischen Spannungsmessers und den Sperrwiderstand des Gleichrichters abfließen können. Im allgemeinen legt man deshalb den Entladekreis für eine Zeitkonstante $T_M = R_M C_M$ in der

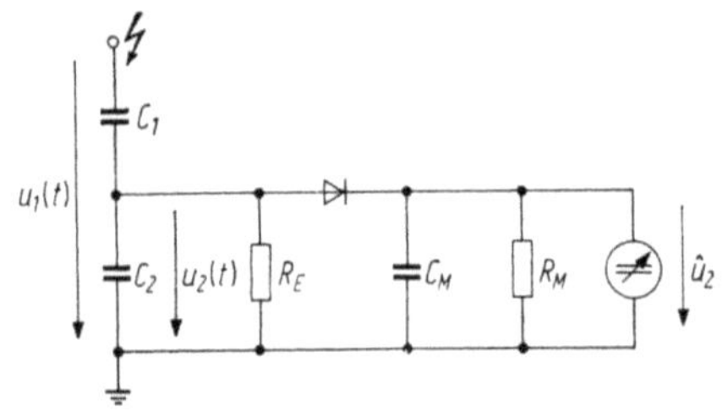


**Bild 134.** Scheitelspannungsmessung nach Davis, Bowdler und Standring (Spitzenspannungsgleichrichtung) (Erläuterung siehe Text).

Größenordnung von einer Sekunde aus. Der hierfür erforderliche vergleichsweise kleine Wert für $R_M$ bewirkt jedoch, daß sich der Speicherkondensator $C_M$ zwischen zwei aufeinanderfolgenden Scheiteln gleicher Polarität etwas entlädt, so daß das Anzeigeinstrument einen Mittelwert zwischen dem tatsächlichen Scheitelwert und der kleinsten an $C_M$ auftretenden Spannung anzeigt. Man bezeichnet diesen Fehler als Entladefehler. Er ist frequenzabhängig, da die Entladezeiten mit kleiner werdender Frequenz zunehmen und damit der Mittelwert der am Anzeigeinstrument liegenden Spannung sinkt. Für die Zeitspanne, innerhalb der die Speicherkapazität wieder auf den tatsächlichen Scheitelwert nachgeladen wird, liegt $C_M$ parallel zur Niederspannungskapazität von $C_2$ und vergrößert das Übrsetzungsverhältnis des kapazitiven Spannungsteilers. Diesen Fehler bezeichnet man als Nachladefehler. Auch er ist frequenzabhängig [299—301].

Der parallel zum Unterkondensator $C_2$ liegende Widerstand $R_E$ dient zum Ausgleich der über den Gleichrichter abgeführten Ladungen. Er bewirkt eine Verfälschung des Übersetzungsverhältnisses. Schließlich besitzt der Gleichrichter eine nicht zu vernachlässigende Eigenkapazität, die der an $C_M$ liegenden Gleichspannung eine Wechselspannungskomponente überlagert. Diese Komponente wird vom elektrostatischen Anzeigeinstrument als Effektivwertmesser mit erfaßt. Außerdem wird die Eigenkapazität des Gleichrichters über den vergleichsweise großen Speicherkondensator $C_M$ dem Unterkondensator des Teilers parallel geschaltet und bewirkt somit eine weitere Vergrößerung des Übersetzungsverhältnisses. Zusammenfassend läßt sich sagen, daß die Schaltung dann befriedigend genau arbeitet, wenn, wie in der Originalarbeit geschehen, $R_M$ sehr hochohmig gewählt wird.

Die durch große Werte von $R_M$ bedingte Trägheit der Anzeige beim Abwärtsregeln der Hochspannung führt in der Praxis zu einer starken Beeinträchtigung der Versuchsdurchführung, weswegen ausgehend von der eben beschriebenen Grundschaltung verbesserte Schaltungen entwickelt wurden [299].

Die Zweiwegschaltung nach Rabus enthält zwei bis auf das Anzeigeinstrument identische Zweige (Bild 135). Bei symmetrischer Hochspannung werden dem kapazitiven Spannungsteiler sowohl in der positiven als auch in der negativen Halbschwingung gleich große, aber entgegengesetzte Ladungsbeträge entnommen. Die im Meß- und Ausgleichszweig fließenden Gleichströme heben sich auf, so daß der in der Grundschaltung (Bild 134) benötigte Widerstand $R_E$ entfällt und die von ihm verursachten Fehler verschwinden beziehungsweise verkleinert

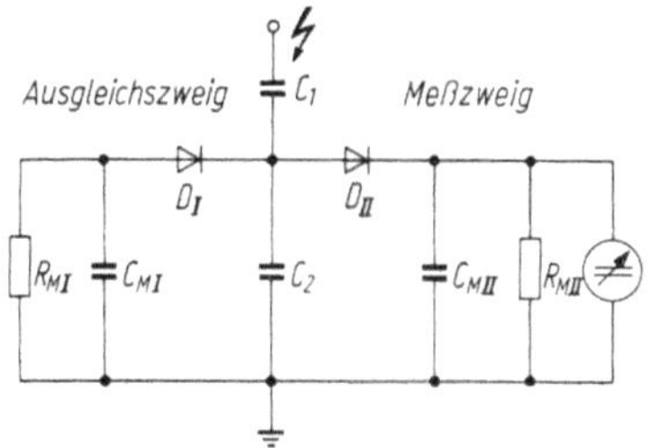


**Bild 135.** Zweiwegschaltung nach Rabus (Erläuterung siehe Text).

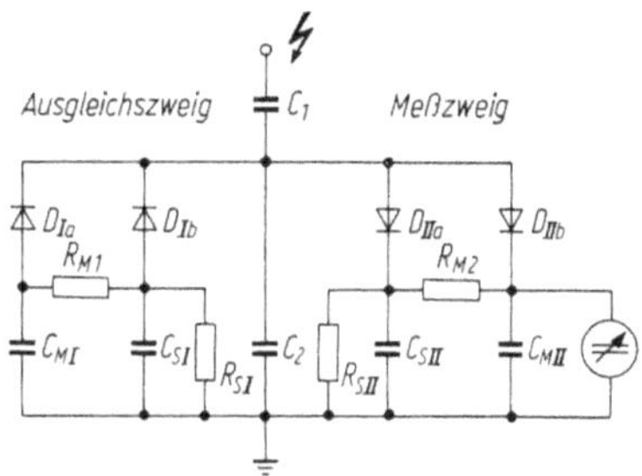


**Bild 136.** Zweiwegstützschaltung nach Rabus [299, 302].

werden. Der Entladefehler bleibt jedoch weiterhin bestehen. Eine grundlegende Verbesserung bringt die ebenfalls von Rabus entwickelte Zweiwegstützschaltung [301]. Diese Schaltung enthält auch zwei bis auf das Anzeigeinstrument identische Zweige, wobei jedoch die eigentlichen Speicherkreise $R_M$, $C_M$ um zwei Stützkreise $R_S$, $C_S$ erweitert sind (Bild 136). Die Entladung der Speicherkondensatoren $C_{M\mathrm{I}}$ und $C_{M\mathrm{II}}$ zwischen zwei Halbschwingungen gleicher Polarität kann sehr klein gehalten werden, da ihre Spannung durch die Kondensatoren $C_{S\mathrm{I}}$ und $C_{S\mathrm{II}}$ gestützt wird. Der Potentialunterschied zwischen den beiden Klemmen von $R_{M\mathrm{I}}$ und $R_{M\mathrm{II}}$ ist klein, verglichen mit den Spannungen an $C_{M\mathrm{I}}$ und $C_{M\mathrm{II}}$. Einem Rückgang der Hochspannung folgen die Stützkreise $R_S$, $C_S$ bei geeigneter Dimensionierung ihrer Zeitkonstanten sofort, während der eigentliche Speicherkreis sich erst dann rasch entlädt, wenn die Spannung an den Stützkondensatoren schon stark abgefallen ist (Bild 137). Mit der Zweigwegstützschaltung läßt sich eine Meß-

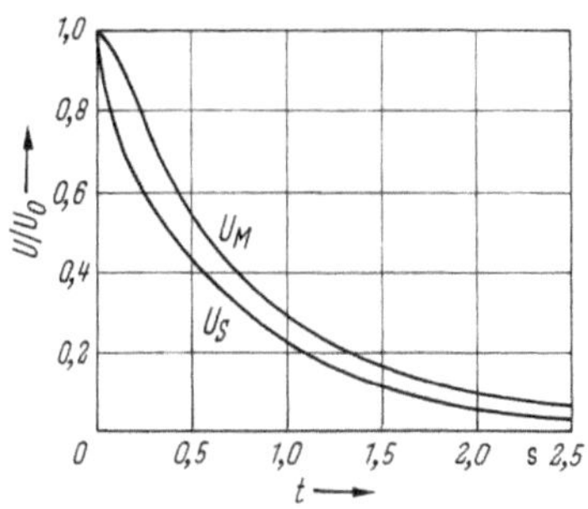


**Bild 137.** Zeitlicher Verlauf der Spannungsabsenkung an den Meß- und Stützkondensatoren.

genauigkeit im Frequenzbereich zwischen $16^2/_3$ Hz und 100 Hz von $\pm 1{,}5\%$ erreichen. Ausführliche Hinweise über die Dimensionierung der Zeitkonstanten von Scheitelspannungsmeßgeräten nach der Zweiwegstützschaltung finden sich bei Zaengl [302].

Das sog. Haefely-Voltmeter stellt eine abgewandelte Zweiwegschaltung dar [303]. Speicherkondensatoren und Gleichrichter sind gegeneinander vertauscht (Bild 138). Die Schaltung besitzt die gleichen Ent- und Nachladefehler wie die schon besprochene Zweiwegschaltung nach Rabus (s. Völcker u. Zaengl [304]). Die Messung des Scheitelspannungsmittelwerts an $C_M$ erfolgt mittels eines Mikroamperemeters, wobei einer der beiden Entladewiderstände als Vorwiderstand benutzt wird.

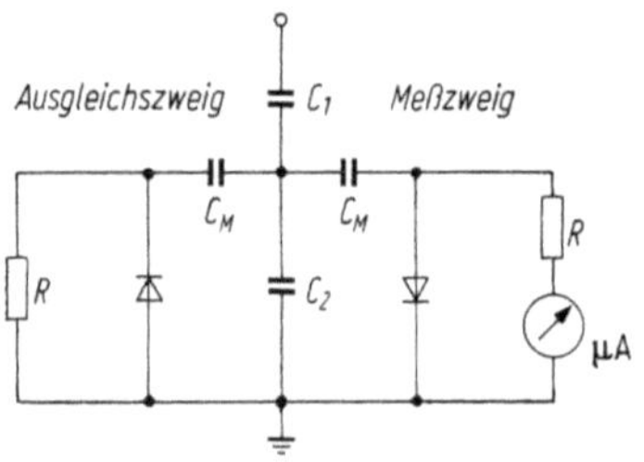


**Bild 138.** Scheitelspannungsmesser. (Bauart Haefely.)

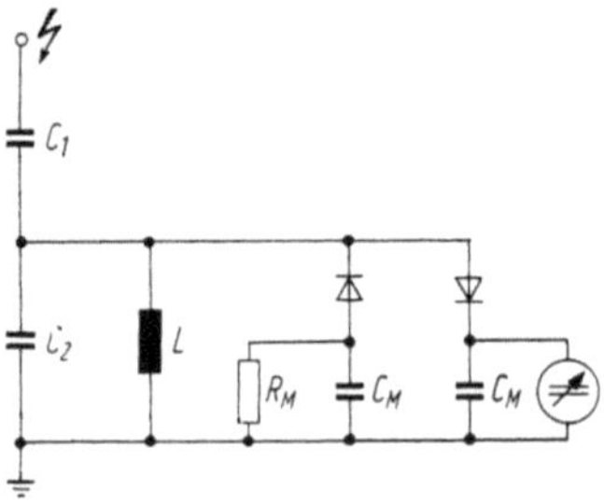


**Bild 139.** Scheitelspannungsmeßeinrichtung nach Bergen und Binge mit frequenzabhängiger Fehlerkorrektur (Erläuterung siehe Text).

Mit verhältnismäßig einfachen Mitteln kann eine Kompensation der frequenzabhängigen Fehler in der von Bergen und Binge entwickelten Schaltung erreicht werden [308]. Die in Bild 139 dargestellte Schaltung stellt die gewöhnliche Zweiwegschaltung dar, wobei parallel zum Unterkondensator des kapazitiven Spannungsteilers zusätzlich eine Drossel $L$ geschaltet ist. Die Fehler der Zweiwegschaltung nehmen, wie schon erläutert, mit kleiner werdender Frequenz zu. Es liegt daher nahe, das Übersetzungsverhältnis des kapazitiven Teilers zu niederen Frequenzen hin anzuheben, indem man dem Niederspannungsteil eine Drossel parallelschaltet. Drossel und Unterkondensator $C_2$ bilden einen Parallelschwingkreis, dessen Resonanzfrequenz weit unterhalb der kleinsten zu messenden Frequenz, im allgemeinen $16^2/_3$ Hz, liegt. Der abfallende Ast des Scheinwiderstandsverlaufs bewirkt bei geeigneter Auslegung die gewünschte Kompensation. Die Drossel dient gleichzeitig als Ableitwiderstand parallel zum Niederspannungsteil des Teilers, der, wie oben schon erwähnt, für die richtige Anzeige ungleich großer positiver und negativer Scheitelwerte erforderlich ist. Für eine praktisch ausgeführte Konstruktion ergab sich ein Anzeigefehler, bezogen auf den Endausschlag, von $-0{,}8\%$ bei $16^2/_3$ Hz und $+0{,}35\%$ bei 300 Hz. Es verbleiben also ausreichende Reserven, um Schwankungen im Übersetzungsverhältnis des kapazitiven Spannungsteilers insbesondere bei Verwendung von Ölkondensatoren auszugleichen.

Die beiden grundsätzlichen Nachteile der bislang beschriebenen Verfahren, Nachlade- und Entladefehler, lassen sich durch Einsatz aktiver Bauelemente im Rahmen der geforderten Genauigkeiten praktisch beseitigen. Betrachten wir zunächst eine ältere, in Hochspannungslaboratorien jedoch noch häufig anzutreffende Schaltung, die aufgrund der leistungslos gesteuerten Aufladung des Speicherkondensators $C_M$ einen vernachlässigbaren Nachladefehler besitzt (Bild 140). Die am Unterkondensator des kapazitiven Spannungsteilers abfallende Meßspannung wird dem Gitter einer Triode zugeführt. Wenn am Teiler keine Hochspannung anliegt, also die Meßspannung Null ist, lädt sich der Speicherkondensator $C_M$ auf eine bestimmte Spannung auf. Diese Ladespannung wirkt als negative Gittervorspannung, da die Kathode um diese Spannung positiver ist als das Gitter.

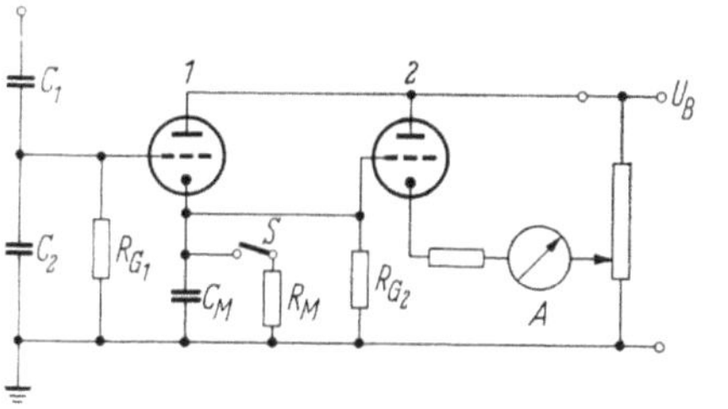


**Bild 140.** Scheitelspannungsmeßeinrichtung mit leistungslos gesteuerter Aufladung des Speicherkondensators $C_M$ (Meßwandler-Bau).

Damit die Schaltung auch kleiner werdenden Scheitelwerten folgen kann, muß parallel zum Speicherkondensator ein Entladewiderstand $R_M$ gelegt werden. Die Zeitkonstante $R_M C_M$ wird ähnlich wie bei den anderen schon besprochenen Schaltungen so ausgelegt, daß einerseits die Spannungsabsenkung zwischen zwei Halbschwingungen einer Polarität möglichst klein bleibt, daß aber andererseits die Entladung von $C_M$ bei Spannungsabsenkungen ausreichend schnell erfolgt. Gängige Werte für $R_M C_M$ liegen in der Größenordnung von einer Sekunde. Das Vorhandensein von $R_M$ bewirkt den gleichen frequenzabhängigen Entladefehler, wie ihn auch die Einwegschaltung besitzt, vermieden wird jedoch der Nachladefehler, da der Speicherkondensator durch die Elektronenröhre rückwirkungsfrei an den Spannungsteiler angekoppelt ist. Die während der Nachladeperiode benötigten Ladungen werden der Anodenspannungsversorgung des elektronischen Verstärkers entnommen. Da röhrenbestückte Scheitelspannungsmeßeinrichtungen an Bedeutung verloren haben, wird hier nicht weiter auf sie eingegangen. Ergänzende Hinweise finden sich im Schrifttum [306, 307].

In modernen Scheitelspannungsmeßeinrichtungen werden statt Elektronenröhren fast ausschließlich integrierte Operationsverstärker eingesetzt (Bild 141).

In Bild 141 a eliminiert der Verstärker $V_1$ die Durchlaßspannung der Diode, gleichzeitig verhindert sein hochohmiger Eingang eine Rückwirkung auf das Übersetzungsverhältnis des Hochspannungsteilers [766]. Die Diode leitet, so lange $U_{C_M} < u_1(t)$, d. h. bis der Speicherkondensator $C_M$ auf den Scheitelwert $\hat{u}_1$ der Eingangsspannung aufgeladen ist. Diese Spannung steht am niederohmigen Ausgang des Verstärkers $V_2$ (Spannungsfolger, Impedanzwandler) zur Speisung eines Drehspulinstruments oder eines Digitalvoltmeters zur Verfügung.

Die Grundschaltung eignet sich nur für niedrige Frequenzen, da $V_1$ wegen der kapazitiven Belastung zu Schwingungen neigt und daher einen Schutzwiderstand $R_1$ benötigt (Zeitkonstante $R_1 C_M$ führt zu Einstellzeit, engl.: aquisition time, s. a. 3.4.3), außerdem für $u_1(t) < U_{C_M}$ übersteuert wird und einer Erholzeit bedarf. Beide Nachteile werden in der Schaltung nach Bild 141b vermieden. Durch die Gegenkopplung über beide Verstärker wird der Einfluß des Spannungsabfalls über $R_1$ wesentlich verringert, außerdem hält die Diode $D_2$ die Gegenkopplung auch für den Fall $u_1 < |U_{C_M} = -\hat{u}_2|$ aufrecht und vermeidet so die Übersteuerung. Ein weiterer Vorzug ist die Kompensation der Offset-Spannung von $V_2$. Während die Schaltungen nach Bild 141 lediglich die Beseitigung des Nachladefehlers zum Ziel hatten, läßt sich mit der Schaltung nach Bild 142 auch der Entladefehler auf vernachlässigbar kleine Werte verringern [777].

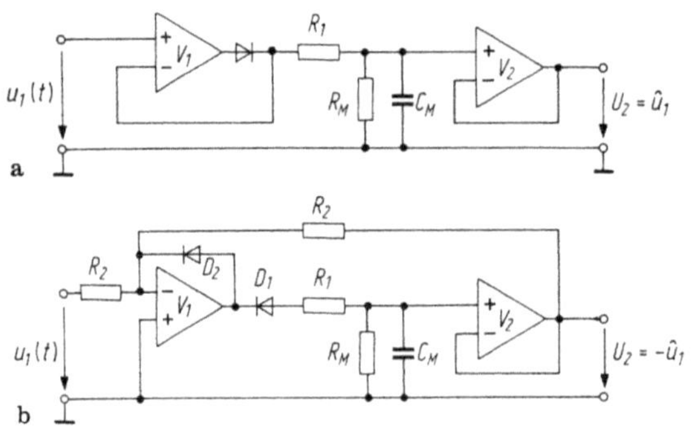


**Bild 141.** Scheitelspannungsmessung mit Operationsverstärkern (Erläuterung im Text).

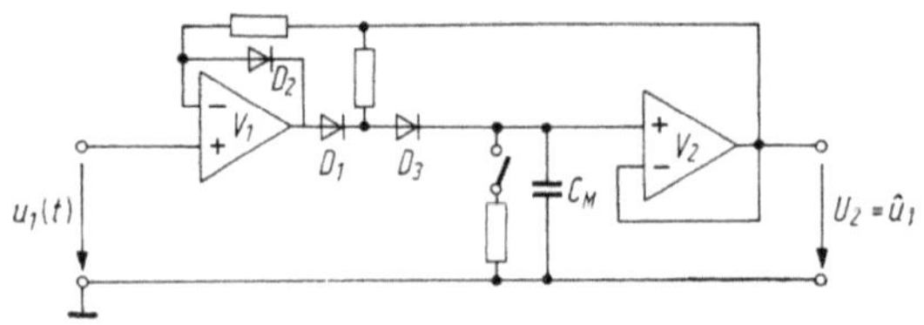


**Bild 142.** Scheitelspannungsmeßeinrichtung mit getakteter Entladung des Speicherkondensators.

In dieser Schaltung wird der Widerstand $R_M$ durch einen Schalter (FET) ersetzt und der Speicherkondensator $C_M$ getaktet entladen. Die Ansteuerung des Schalters erfolgt im einfachsten Fall durch den Status-Ausgang des nachgeschalteten Digitalvoltmeters oder durch einen separaten Mikroprozessor [742].

Durch Hinzufügen einer weiteren Diode $D_3$, deren Leckstrom vom Operationsverstärker geliefert wird, läßt sich die Entladung des Speicherkondensators über den Sperrwiderstand der Ladediode verhindern [777]. Eine Alternative zur getakteten Entladung stellt die Kompensation der den Entladefehler verursachenden Welligkeit durch einen weiteren Operationsverstärker dar.

In den vorangegangenen Betrachtungen wurde der Operationsverstärker stets als ideales aktives Bauelement vorausgesetzt. Bei der Realisierung einer Scheitelspannungsmeßeinrichtung nach den angegebenen Prinzipschaltungen treten jedoch eine Menge bislang nur gestreifter schaltungstechnischer Probleme auf — Offsetspannungen und -ströme, nichtlineare Frequenzgangkompensation,

Totzeitverhalten, Erzielung einer ausreichenden elektromagnetischen Verträglichkeit mit Störabständen von ca. 120 dB u. a. m. — die sich nur bei großer Erfahrung in angemessener Zeit bewältigen lassen.

Nach den beschriebenen Schaltungen arbeitende praktisch ausgeführte Scheitelspannungsmeßeinrichtungen besitzen im allgemeinen noch zusätzliche Annehmlichkeiten, wie Anschlußmöglichkeit für ein Elektronenstrahloszilloskop zur Beobachtung der Kurvenform, Eicheinrichtungen und ähnliches.

Die beiden Scheitelwerte der positiven und negativen Halbschwingung der zu messenden Hochspannung müssen nicht notwendigerweise gleich groß sein. Daher besitzen die industriell gefertigten, in Zweiwegschaltung arbeitenden Geräte meist eine Umschalteinrichtung, mit der das elektrostatische Voltmeter wahlweise auf den Meßzweig oder auf den Ausgleichszweig geschaltet werden kann. Ungleiche Scheitelwerte rufen am Unterkondensator des Teilers eine Gleichspannungskomponente hervor, die bei den Zweiwegschaltungen durch einen hochohmigen Ableitwiderstand parallel zu $C_2$ beseitigt werden muß. Der Widerstand darf vergleichsweise hochohmig sein, so daß sein Einfluß auf das Übersetzungsverhältnis des kapazitiven Teilers vernachlässigt werden kann. Bei sehr starken Unsymmetrien müssen ohmsche oder ohmsch kapazitiv gemischte Teiler verwendet werden.

An dieser Stelle sind einige Bemerkungen über den Aufbau der kapazitiven Spannungsteiler angebracht. Als Oberkondensatoren kommen sowohl Preßgaskondensatoren als auch Ölkondensatoren in Frage. Preßgaskondensatoren sind wesentlich teurer, gewährleisten jedoch ein konstantes Übersetzungsverhältnis unabhängig vom Aufstellungsort und von Temperaturschwankungen s. a. [767]). Mit Ausnahme von Präzisionsmessungen ist ihre Verwendung dann angebracht, wenn sie ohnehin für Verlustfaktormessungen mit der Scheringbrücke benötigt werden. Wenn dies nicht der Fall ist, zieht man im allgemeinen die billigeren Ölkondensatoren vor. Übliche Kapazitätswerte liegen zwischen 500 und 50 pF je nach der Größe der zu messenden Hochspannung und ihrer Frequenz. Ungeschirmte und ungesteuerte Kondensatoren mit vergleichsweise kleinen Kapazitätswerten ($C \leqq 200$ pF, Bauhöhe $>2$ m) müssen wegen ihrer unterschiedlichen Erdkapazitäten abhängig von den Umgebungseinflüssen stets am Ort ihrer tatsächlichen Verwendung eingemessen werden. Über den Einfluß der verteilten Erdkapazitäten auf das Übersetzungsverhältnis wollen wir hier nicht näher eingehen, da dies schon im Kapitel über die Stoßspannungsteiler ausführlich geschehen ist. Vorschriften über die Eigenschaften von Hochspannungsmeßkondensatoren für Scheitelspannungsmeßeinrichtungen finden sich unter anderem in VDE 0433 [296].

Die Unterspannungskondensatoren befinden sich meist im Gehäuse der eigentlichen Anzeigeeinrichtung. Ihre Verbindung mit dem Oberkondensator erfolgt über ein Koaxialkabel, dessen Kabelkapazität mit eingeeicht wird. Es ist also nicht zulässig, das Verbindungskabel willkürlich zu verlängern, wenn nicht gleichzeitig eine Neueichung vorgenommen werden kann. Der gesamte Niederspannungsteil wird gegen Überspannungsbeanspruchungen, wie sie beispielsweise als Folge von Reinigungsdurchschlägen bei der erstmaligen Inbetriebnahme von Preßgaskondensatoren nach längerer Pause ab und zu auftreten können, durch parallelgeschaltete Edelgasableiter geschützt.

### 3.4.3 Stoßspannungsmeßeinrichtungen mit Spannungsteiler

Die im folgenden beschriebenen Schaltungen und Geräte dienen der Messung der Scheitelwerte einmaliger Stoßspannungen. Ähnlich wie bei den im vorigen Kapitel behandelten Scheitelspannungsmeßeinrichtungen für periodische Vorgänge, wird die Hochspannung über einen Spannungsteiler auf kleinere Spannungen herabgesetzt und dann mit der eigentlichen Stoßspannungsmeßeinrichtung gemessen. Über die Qualität und den Aufbau der Spannungsteiler gelten die im vorigen Abschnitt gemachten Bemerkungen in verstärktem Maße (s. a. 2). Häufig wird die Belastungskapazität des Stoßspannungsgenerators zur Spannungsteilung mit herangezogen.

Zunächst wollen wir eine stark vereinfachte Schaltung betrachten und an ihr die grundsätzlichen Fehler erläutern. In Bild 143 ist der kapazitive Spannungsteiler nicht mehr mit eingezeichnet. Die an den Eingangsklemmen der Meßeinrichtung liegende Eingangsgröße $u_1(t)$ sei die am Unterkondensator des Teilers abgegriffene Niederspannung. Beim Eintreffen einer positiven Stoßspannung ist das Ventil $G$ (Vakuumdiode, hochsperrende Halbleiterdiode) geöffnet und die Speicherkapazität $C_M$ lädt sich auf den Scheitelwert der Stoßspannungswelle auf. Wenn die am Eingang liegende Spannung wieder kleiner wird, sperrt das Ventil und verhindert somit eine Entladung des Speicherkondensators. Die Ladespannung des Speicherkondensators wird mit einem elektrostatischen Spannungsmesser gemessen.

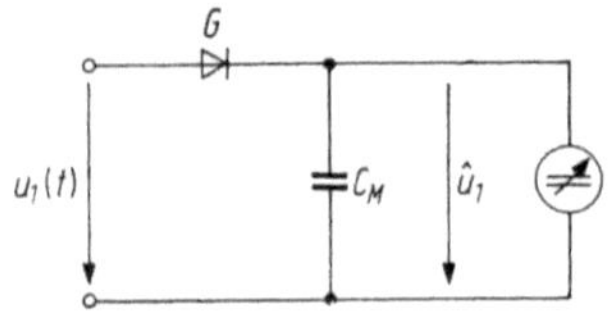


**Bild 143.** Einfache Schaltung zur Messung der Scheitelwerte von Stoßspannungen

Leider arbeitet diese einfache Schaltung nicht befriedigend, da der endliche Durchlaßwiderstand des Gleichrichters zusammen mit dem Innenwiderstand der Quelle keine beliebig kleinen Stirnzeiten erlaubt. Um die Bedeutung dieses Serienwiderstands zu verstehen, betrachten wir zunächst einmal das Verhalten der Ausgangsspannung eines $RC$-Gliedes beim Anlegen einer Stoßspannung am Eingang (Bild 144 a, b). Die Stoßspannung habe den zeitlichen Verlauf

$$u_1(t) = U_0[\exp(-t/T_1) - \exp(-t/T_2)].$$

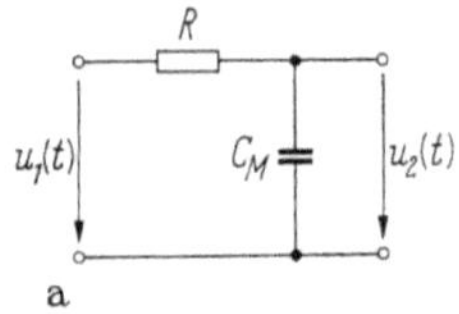


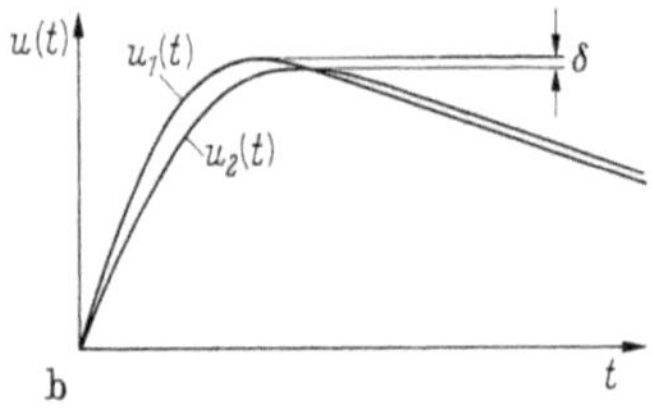


**Bild 144.** Vereinfachtes Ersatzschaltbild der Schaltung nach Bild 143 während der Durchlaßphase: b) zeitlicher Verlauf der Eingangs- und Ausgangsspannungen am $RC$-Glied nach Bild 144a, $\delta$ Meßfehler.

Die Zeitkonstante $T_1$ kennzeichnet den Spannungsrücken, $T_2$ im wesentlichen die Steilheit des Spannungsanstiegs. Denken wir uns den Widerstand $R$ durch den zunächst konstant angenommenen Durchlaßwiderstand des Gleichrichters in Reihe mit dem Innenwiderstand der Quelle liegend ersetzt, so ergibt sich am Kondensator $C_M$ näherungsweise ein Spannungsverlauf nach Bild 145. Vom Zeitpunkt $t^*$ an sperrt der Gleichrichter, da die am Eingang liegende Spannung negativ wird, bezogen auf die am Kondensator vorhandene Gleichspannung. Der mit einem elektrostatischen Spannungsmesser gemessene Scheitelwert ist demnach mit dem Fehler $\delta$ behaftet. Mit zunehmender Steilheit der Spannungsstirn wird dieser Fehler größer. Es erhebt sich nun die Frage, wie klein die Zeitkonstante der Schaltung bemessen werden muß, damit $\delta$ für eine gegebene Stirnzeit $T_S$ einen vorgeschriebenen Wert nicht überschreitet. Man geht zweckmäßig

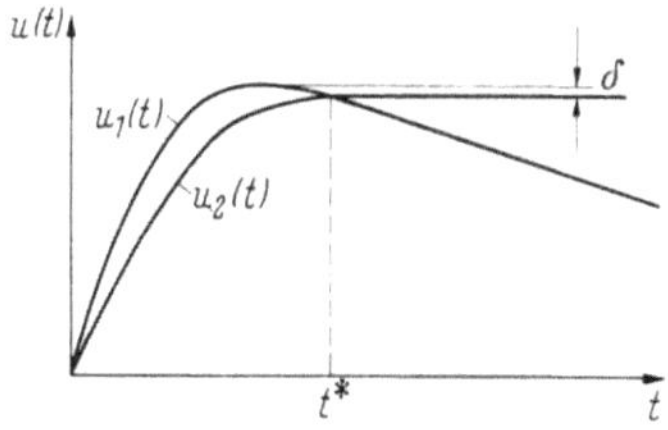


**Bild 145.** Angenäherter zeitlicher Verlauf der Spannungen $u_1(t)$ und $u_2(t)$ bei ideal sperrendem Gleichrichter, $\delta$ Meßfehler.

so vor, daß zunächst die maximale Ladespannung des Kondensators berechnet wird, indem man analytisch den Zeitpunkt $t^*$ ermittelt, zu dem $u_1(t) = u_2(t)$ wird. Diese Operation führt zu einer transzendenten Gleichung, deren Lösung $t^*$ mit einem Digitalrechner numerisch bestimmt wird. Berechnet man für diese Lösung $t^*$ den Wert $u_1(t^*)$ oder $u_2(t^*)$, so ergibt sich die maximale Ladespannung an $C_M$ und damit der relative Scheitelwertfehler

$$\delta = \frac{u_2(t^*) - u_{1\max}}{u_{1\max}}.$$

Für einen vorgegebenen Spannungsverlauf $u_1(t) = f(T_1, T_2)$ kann $\delta$ in Abhängigkeit von der Zeitkonstanten der Ladeschaltung berechnet werden. Im allgemeinen wird die zu messende Spannung nicht durch die Zeitkonstanten $T_1$ und $T_2$ charakterisiert sein, sondern durch ihre Stirnzeit $T_S$ und ihre Rückenzeit $T_R$ (s. 2.1.4). Es ist jedoch ohne weiteres möglich, die Kennwerte und Zeitkonstanten ineinander umzurechnen [310]. Besonders große Fehler entstehen bei der Messung in der Stirn abgeschnittener Stoßspannungen, sogenannter Keilwellen. Auch hier läßt sich der Scheitelwertfehler unter der Annahme eines idealisierten Spannungsverlaufs in Abhängigkeit von der Zeitkonstanten des Gleichrichterkreises berechnen.

Die oben aufgezeigte Möglichkeit der rechnerischen Fehlerermittlung setzt idealisierende Annahmen hinsichtlich der physikalischen Eigenschaften des Gleichrichters voraus. In Wirklichkeit stellt die Schaltung ein nichtlineares Problem dar, in dem der Durchlaßwiderstand des Gleichrichters für genaue Berechnungen keineswegs als konstant angenommen werden kann, sondern entsprechend seiner Durchlaßkennlinie als nichtlineares Bauelement betrachtet werden muß. Bei der Berechnung des Fehlers für sehr schnell veränderliche Vorgänge müssen außerdem Eigen- und Schaltkapazitäten sowie Zuleitungsinduktivitäten berücksichtigt werden.

Eine andere Art der Fehlerbestimmung ergibt sich durch Nachbildung der Stoßspannungswelle durch eine Ersatzsinuswelle, die im Augenblick des Nulldurchgangs an den Spannungsmesser gelegt wird. Beispielsweise entspricht einer 1,2/50-Stoßspannung eine Ersatzsinuswelle von 230 kHz [311]. Mit Hilfe der Methoden der komplexen Wechselstromrechnung läßt sich der Meßfehler abschätzen, wenn man das $RC$-Glied als frequenzabhängigen Spannungsteiler auffaßt.

In der Schaltungstechnik der Analog/Digital-Umwandlung verwendet man den Begriff der Einstellzeit oder Aquisitionszeit, engl.: aquisition time. Darunter versteht man die Zeit, innerhalb der die Spannung am Speicherkondensator mit einer vorgegebenen Toleranz den Endwert eines an das $RC$-Glied gelegten Spannungssprungs erreicht. Beispielsweise beträgt die Einstellzeit für 1% Abweichung das 4,6fache, für 0,1% das 6,9fache der Zeitkonstanten $RC_M$

Aufgrund des endlichen Sperrwiderstands $R_S$ des Gleichrichters sowie der Isolationswiderstände des Speicherkondensators und des elektrostatischen Spannungsmessers entlädt sich die vergleichsweise kleine Speicherkapazität $C_M$ (einige 10 pF) sehr rasch, so daß während der zur Ablesung benötigten Zeit die Spannung an $C_M$ schnell absinkt und dadurch ein weiterer Fehler entsteht. Einen Ausweg bietet die von Rabus entwickelte Schaltung mit selbsttätiger Umladung [311]. In Bild 146 wird der elektrostatische Spannungsmesser nicht direkt an die eigentliche Speicherkapazität gelegt, sondern an einen zweiten wesentlich größeren Kondensator, auf den die Ladung der Speicherkapazität über den Widerstand $R_U$ umgeladen wird. Durch die größere Kapazität ergibt

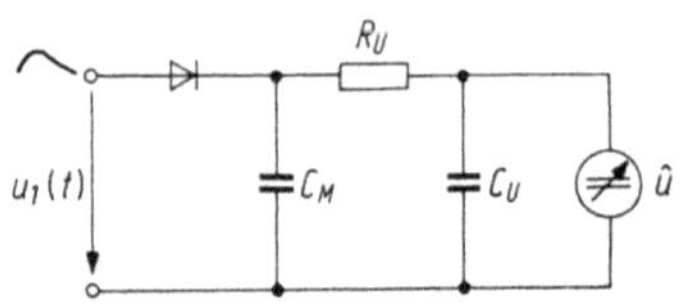


**Bild 146.** Spitzenspannungsmesser mit selbsttätiger Umladung.

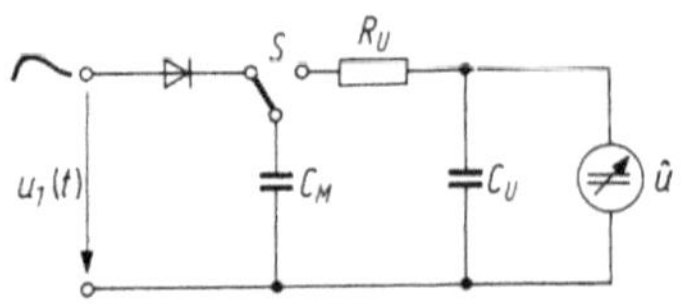


**Bild 147.** Spitzenspannungsmesser mit mechanischer Umladung.

sich eine ausreichende Entladezeitkonstante, die, da der Umladewiderstand im allgemeinen klein gegen den Sperrwiderstand ist, berechnet werden kann zu

$$T_E = (C_M + C_U)\, R_S\,.$$

Die Entladung erfolgt im wesentlichen über den endlichen Sperrwiderstand des Gleichrichters.

Die Schaltung mit selbsttätiger Umladung arbeitet dann zufriedenstellend, wenn durch geeignete Dimensionierung des Umladewiderstands dafür gesorgt wird, daß während der Aufladung von $C_M$ praktisch noch keine Ladungen auf $C_U$ gelangen. Für die Aufladung von $C_M$ wird eine Zeit $kT_S$ benötigt. Das ist näherungsweise die Zeit, innerhalb der die Stoßspannung ihren Scheitelwert erreicht. Beispielsweise nimmt $k$ für die Normwelle 1,2/50 den Wert 1,7 an [310]. Wählt man daher die Entladezeitkonstante zu wenigen Zehntelsekunden, so kann die während der Zeit $kT_S$ auf $C_U$ gebrachte Ladung im Rahmen der angestrebten Genauigkeit vernachlässigt werden. Die Forderung nach vernachlässigbarer Aufladung von $C_U$ während der Aufladung von $C_M$ stellt eine Einschränkung der zulässigen Rückenzeiten der zu messenden Stoßspannungen dar. Im allgemeinen wird die Zeitkonstante des Umladekreises so groß ausgelegt, daß Scheitelwerte von Stoßspannungen mit Rückenzeiten bis zu mehreren Millisekunden noch mit befriedigender Genauigkeit gemessen werden können.

Stellt sich die Aufgabe der Messung von Scheitelwerten mit extrem langen Rückenzeiten oder des Scheitelwerts mehrerer schnell aufeinanderfolgender Stoßspannungen gleicher Höhe und Form (Repetitionsstoßgenerator), so muß die selbsttätige Umladung durch eine mechanische Umladung ersetzt werden (Bild 147). Diese erfüllt die Forderung nach vernachlässigbarer Aufladung des Umladekondensators $C_U$ in idealer Weise [311, 312]. Die eigentliche Speicherkapazität $C_M$ wird durch einen oder mehrere Stöße auf den Scheitelwert der Eingangsspannung aufgeladen. Die Umladung erfolgt mit Hilfe des hand- oder elektromagnetisch betätigten Schalters $S$. Bei der Messung einmaliger Stöße verursacht der endliche Innenwiderstand des Gleichrichters die gleichen Meßfehler wie in der Schaltung mit selbsttätiger Umladung. Der Fehler kann jedoch durch Verwendung von Gleichrichtern mit geringerem Durchlaßwiderstand kleiner gehalten werden, da nach der mechanischen Umladung die Entladung von $C_M$ über deren ebenfalls geringeren Sperrwiderstand verhindert wird.

In diesem Zusammenhang sei auch auf eine Schaltung hingewiesen, in der die Aufladung der Speicherkapazität und die Verhinderung ihrer Entladung zwei verschiedenen Gleichrichtern übertragen wird (Bild 148).

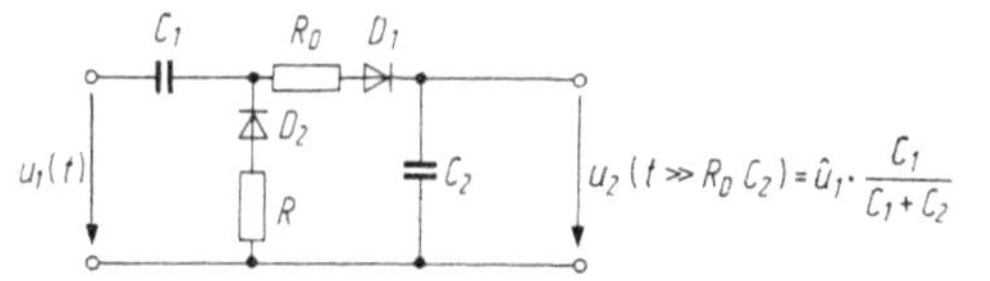


**Bild 148.** Stoßspannungsmeßeinrichtung zur Messung des Scheitelwerts in der Stirn abgeschnittener und voller Blitzstoßspannungen sowie von Schaltstoßspannungen (Erläuterung im Text).

Eine positive Stoßspannung am Eingang wird durch den kapazitiven Spannungsteiler auf etwa 1 V reduziert und lädt den Kondensator $C_2$ auf den Scheitelwert $\hat{u}_2 = \hat{u}_1 C_1/(C_1 + C_2)$ auf. Wenn die Eingangsspannung ihren Scheitelwert erreicht hat, kehrt der Strom durch $C_1$ seine Richtung um, und $D_1$ wird in Sperrichtung beansprucht. Es fließt jedoch kaum Sperrstrom, da $C_1$ über $D_2$ entladen wird. Der Strom wird nicht als Leckstrom dem Speicherkondensator $C_2$, sondern der Quelle entnommen. Die Spannung am Speicherkondensator $C_2$ kann mit einem hochohmigen Spannungsmesser erfaßt werden. Die Schaltung ist der Scheitelspannungsmeßeinrichtung nach Chubb/Fortescue sehr ähnlich und weist auch deren Fehler auf, wenn die Stoßspannung in der Stirn Zwischenmaxima enthält.

Für $D_1$ wählt man eine schnelle Schottky-Diode geringen Durchlaßwiderstands, deren kleine Sperrspannung und hoher Sperrstrom sich hier nicht nachteilig auswirken, weil die Diode kaum in Sperrichtung beansprucht wird. Für $D_2$ wählt man die hochsperrende Gate-Source-Strecke eines Feldeffekttransistors, deren geringer Strombelastbarkeit durch den Strombegrenzungswiderstand $R$ entsprochen wird. Eine ausführliche Betrachtung des dynamischen Verhaltens der Schaltung bei der Messung von Blitz- und Schaltstoßspannungen findet sich bei Wiesinger [532].

In gleicher Weise wie bei Scheitelspannungsmeßeinrichtungen (s. 3.4.2) erlaubt der Einsatz aktiver Bauelemente auch bei Stoßspannungsmeßeinrichtungen wesentliche Verbesserungen, sofern deren erhöhte Störspannungsempfindlichkeit durch geeignete Leitungsführung, Erdung und Abschirmung berücksichtigt wird.

Zunächst sei eine Zusatzeinrichtung erwähnt, die die bereits in 3.4.2 beschriebene röhrenbestückte Schaltung für Stoßspannungsmessungen geeignet macht [305]. Wahlweise durch einen ohmschen oder kapazitiven Spannungsteiler und eine Gleichrichterschaltung wird die zu messende Stoßspannung unabhängig von ihrer Polarität in eine ihr proportionale positive Stoßspannung kleiner Amplitude umgesetzt (Bild 149).

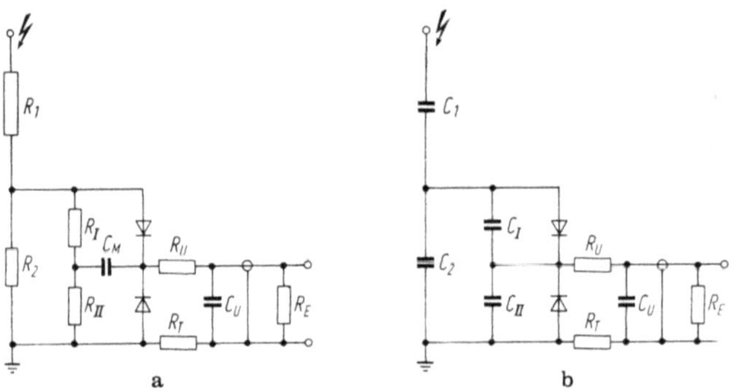


**Bild 149.** Stoßspannungsmeßeinrichtung mit a ohmschem und b kapazitivem Spannungsteiler (Meßwandlerbau) (Erläuterung im Text).

Diese Stoßspannung wird durch Umladung auf $C_U$ in ihrer Stirn so stark verflacht, so daß sie mit der in Bild 140 dargestellten Scheitelspannungsmeßeinrichtung gemessen werden kann. Die Anzeige wird für längere Zeit fixiert, wenn der Schalter $S$ in Bild 140 geöffnet ist. Um die Schaltung für eine neue Messung bereit zu machen, wird der Schalter $S$ mittels einer Löschtaste kurzzeitig geschlossen und der Speicherkondensator $C_M$ über $R_M$ entladen.

Da röhrenbestückte Stoßspannungsmeßeinrichtungen an Bedeutung verloren haben, wird hier nicht weiter auf sie eingegangen. Ergänzende Hinweise finden sich im Schrifttum [768, 769].

In neueren Stoßspannungsmeßeinrichtungen werden vorzugsweise integrierte Operationsverstärker eingesetzt, wobei als Meßschaltung grundsätzlich die bereits im Abschnitt Scheitelspannungsmeßeinrichtungen beschriebenen Schaltungen in Frage kommen können (s. 3.4.2). Diese erlauben auch die Messung einmaliger Spannungsimpulse, wenn zwischen Einstellzeit und Haltespannungsabfall am Speicherkondensator ein brauchbarer Kompromiß gefunden werden kann.

Blitzstoßspannungen und in der Stirn abgeschnittene Stoßspannungen verlangen sehr kleine Einstellzeiten, d. h. Speicherkondensatoren $C_M$ in der Größenordnung von wenigen Picofarad, die dann auch entsprechend schnell durch den Leckstrom der Diode $D_1$ einschließlich des Ladestroms für deren Sperrschichtkapazität, den Sperrstrom des Schalttransistors und den Eingangsstrom des nachgeschalteten Spannungsfolgers entladen werden. Des weiteren kann die Ausgangsspannung des Verstärkers $V_1$ überschwingen, so daß zunächst ein überhöhter Wert gemessen wird. Von den genannten Fehlereinflüssen besitzen der Ladestrom für die Sperrschichtkapazität und das Überschwingen das größte Gewicht. Beide Effekte lassen sich in ausreichendem Maß reduzieren, wenn statt der Diode $D_1$ ein extern ansteuerbarer Schalter, realisiert durch einen Feldeffekttransistor, verwendet wird (Bild 150).

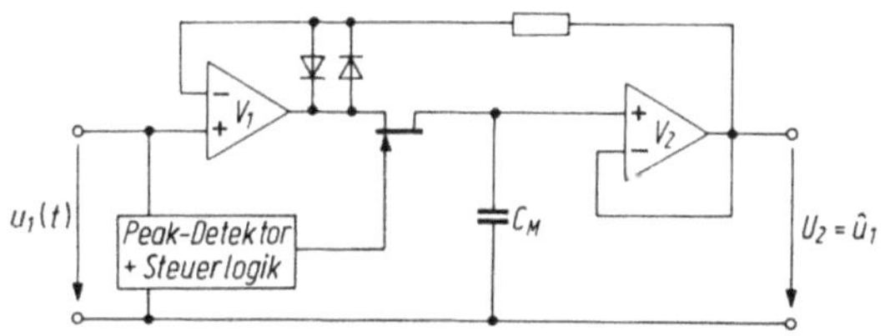


**Bild 150.** Stoßspannungsmeßeinrichtung mit Abtast-Halte-Glied (Erläuterung im Text)

Es liegt dann im Prinzip ein Abtast-Halte-Glied vor (engl.: Sample and Hold), das hier im Folge-Halte-Betrieb arbeitet (engl.: Track and Hold), [774—777, 802]. Zu Beginn einer Messung wird der FET von der Steuerlogik durchgeschaltet. Die Abtast-Halte-Schaltung verhält sich wie eine normale Scheitelspannungsmeßeinrichtung und die Spannung am Speicherkondensator folgt der Eingangsspannung mit einem Augenblicksfehler, der sich aus der Einstellzeit abschätzen läßt (s. a. 2.1.5). Wenn die zu messende Spannung ihren Scheitelwert erreicht hat, veranlaßt der Peak-Detektor die Öffnung des Schalters und der Scheitelwert wird gehalten.

Der Peak-Detektor ist entweder ein Komparator, der den Zeitpunkt des Scheitelwerts durch Vergleich,

a) der Ein- und Ausgangsspannung von $V_1$,
b) der Eingangsspannung von $V_1$ mit der um eine Laufzeit verzögerten Eingangsspannung,
c) der differenzierten Eingangsspannung mit dem Wert Null

detektiert, oder er ist selbst wieder eine Scheitelspannungsmeßeinrichtung [749, 778]. In allen Fällen besteht die Schwierigkeit im Erreichen der zeitlichen Koinzidenz des Öffnens des Schalters im Zeitpunkt des Spannungsmaximums. Dieses Problem wird in der Regel durch Einfügen von Verzögerungsgliedern gelöst.

Im Hinblick auf kleine Einstellzeit besitzt die Speicherkapazität $C_M$ meist nur einen Wert von wenigen 10 pF, was einen merklichen Haltespannungsabfall zur Folge hat. Man schaltet deshalb mehrere derartige Stufen in Kaskade und erhält so Aquisitionszeiten von ca. 30 bis 50 ns bei Speicherzeiten in der Größenordnung von Stunden.

Hinsichtlich der praktischen Realisierung von Stoßspannungsmeßeinrichtungen mit aktiven Bauelementen gewinnen die am Ende des Abschnitts über Scheitelspannungsmeßeinrichtungen gemachten Bemerkungen erhöhte Bedeutung, wobei bei der Messung mit Abtast-Halte-Schaltungen zusätzliche Kriterien wie Aperturzeit, Aperturjitter usw. relevant werden. Neben den rein schaltungstechnischen Problemen bereitet die Erlangung ausreichender elektromagnetischer Verträglichkeit mit einem Störabstand von 120 dB große Schwierigkeiten, die nur durch Einsatz spezieller Schirmgehäuse, doppelt geschirmter Kabel usw. beherrschbar sind.

In bezug auf elektromagnetische Verträglichkeit sind Stoßspannungsmeßeinrichtungen ebenso anspruchsvoll wie Elektronenstrahloszilloskope, mit dem Unterschied, daß eine unzureichende Verträglichkeit nicht selten unbemerkt bleibt, mit anderen Worten unbemerkt falsch gemessen wird. Vor Beginn einer Messung ist daher der Nachweis ausreichender Störempfindlichkeit dringend angeraten, auch ist eine wiederholte Überprüfung der Eichung in nicht zu langen Zeitabständen zu empfehlen. Wegen des Nachweises der Störempfindlichkeit sei auf 1.5 verwiesen, wegen der Eichung von Stoßspannungsmeßeinrichtungen auf das Schrifttum [770—773].

## 3.5 Messung hoher Gleichspannungen sowie des Scheitelwerts und beliebiger Zwischenwerte hoher Wechselspannungen mit Hochspannungsmessern nach dem Generatorprinzip

Hochspannungsmeßeinrichtungen nach dem Generatorprinzip finden überall da Verwendung, wo entweder wegen des hohen Innenwiderstands einer Gleichspannungsquelle leistungslos gemessen werden muß, oder die Spannungen so hoch sind, daß herkömmliche galvanisch anzuschließende Hochspannungsmeßeinrichtungen konstruktiv nicht mehr beherrscht werden können.

Ursprünglich dienten Spannungsmesser nach dem Generatorprinzip nur zu Feldstärkemessungen [235]. Aus Sicht der Kapazitätsmaschinen betrachtet stellen sie fremderregte elektrostatische Generatoren dar. Das zu messende Feld dient als Erregerfeld [236]. Ähnlich wie bei einem Gleichstromgenerator, dessen Erregerfeld ein Permanentmagnet erzeugt, wird auch hier dem Erregerfeld keine Energie entzogen (Reziprozitätssatz). Die von den Anzeigeinstrumenten verbrauchte Meßleistung der Generatoren wird durch den Antrieb gedeckt. Die physikalische Wirkungsweise zeigt Bild 151. Endet ein elektrisches Feld auf der Oberfläche eines Leiters, so sitzen auf dessen Oberfläche Influenzladungen $\sigma$, deren Verteilung der örtlich herrschenden Feldstärke entspricht. Wird durch eine Relativbewegung zwischen Leiter und Feld die Ladungsverteilung geändert, so fließen innerhalb der Oberfläche des Leiters Ausgleichsströme, die zwischen voneinander isolierten Teilen des Leiters gemessen werden können.

Sie lassen sich aus der Gleichung

$$i(t) = \frac{\mathrm{d}q}{\mathrm{d}t} = \frac{\mathrm{d}}{\mathrm{d}t} \int_F \sigma \, \mathrm{d}F$$

berechnen. Alle konstruktiven Varianten arbeiten nach diesem Grundprinzip.

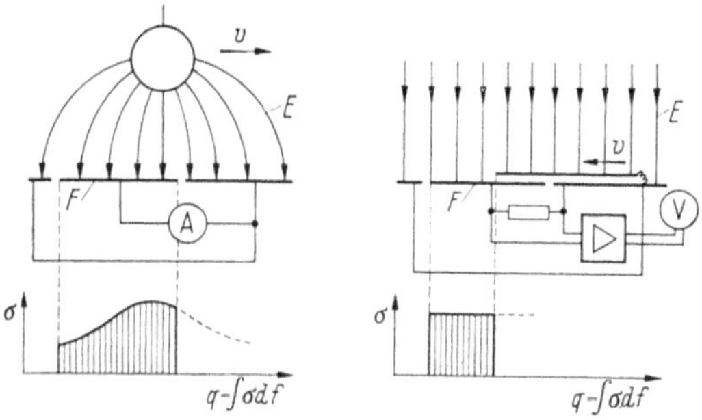


**Bild 151.** Zur Wirkungsweise der Hochspannungsmesser nach dem Generatorprinzip. (Nach Matthias und Schwenkhagen [235].)

Die eigentliche Spannungsmeßeinrichtung bildet mit einer oder auch mehreren Elektroden, an denen die zu messende Spannung liegt, eine Kondensatoranordnung. Durch eine auf mechanischem Weg hervorgerufene periodische Kapazitätsänderung entstehen periodische Ausgleichsströme, die nach Gleichrichtung mit einem Drehspulinstrument gemessen werden können. Sie sind der zu messenden Spannung direkt proportional. Ersetzt man in obenstehender Gleichung die Ladung $q$ durch $CU$, so erhält man:

$$i(t) = U \frac{\mathrm{d}C}{\mathrm{d}t}$$

für den Fall, daß die zu messende Spannung eine konstante Gleichspannung ist. Bild 152 zeigt einen Spannungsmesser mit rotierendem Zylinder nach Kirkpatrick [237]. Er besteht aus zwei Erregerfeldelektroden und einem zweipoligen Anker,

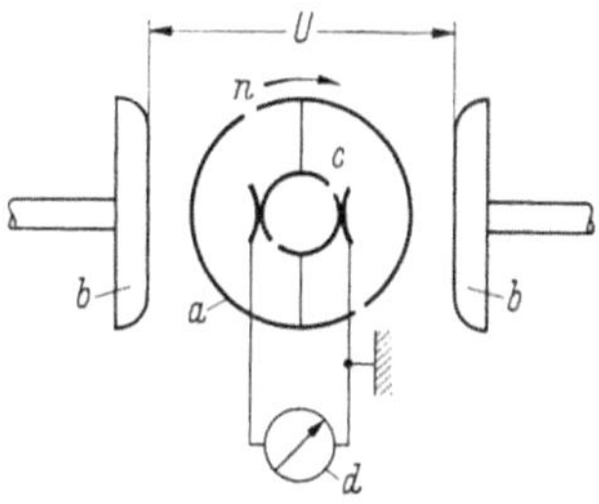


**Bild 152.** Hochspannungsmesser mit rotierendem Zylinder. (Nach Kirkpatrick.)

der über einen Synchronmotor mit konstanter Drehzahl $n = 1500 \text{ min}^{-1}$ angetrieben wird. Zwischen den beiden Ankerhälften fließt ein Wechselstrom, den ein Kommutator gleichrichtet. Der arithmetische Mittelwert des Stroms läßt sich berechnen zu

$$i = \frac{n}{30} \Delta C U, \qquad \text{mit} \qquad \Delta C = C_{\max} - C_{\min}.$$

Liegt an den beiden Erregerfeldelektroden eine symmetrische Spannung, so nimmt $C_{\min}$ den Wert Null an. Ist die zu messende Spannung unsymmetrisch, so liegt eine der beiden Erregerelektroden auf Erdpotential und $C_{\min}$ behält einen endlichen Wert. Der Proportionalitätsfaktor

$$\frac{n}{30} \Delta C$$

wird nicht berechnet, sondern durch Einmessung bestimmt.

Die bisherigen Überlegungen galten für die Messung von Gleichspannungen. Mit der gleichen Anordnung können aber auch hohe Wechselspannungen gemessen werden, und zwar dann, wenn die Drehzahl $n$ der halben Frequenz der zu messenden Spannung entspricht [239]. Für 50 Hz kommt demnach ein vierpoliger Synchronmotor mit einer Drehzahl $n = 1500\ \text{min}^{-1}$ in Frage. Man kann zeigen, daß zur Scheitelwertmessung die Phasenlage des Ankers so eingestellt werden muß, daß im Augenblick des zeitlichen Spannungsmaximums $C = C_{\max}$ ist. Indem man den Phasenwinkel mittels einer zwischengeschalteten Phasenbrücke oder auch durch Verdrehen des Stators des Synchronmotors verändert, lassen sich beliebige Augenblickswerte der Wechselspannung und damit die Kurvenform messen [240].

Eine größere Verbreitung haben die Generatorspannungsmesser mit rotierender Sektorscheibe gefunden. Ihren prinzipiellen mechanischen Aufbau zeigt Bild 153

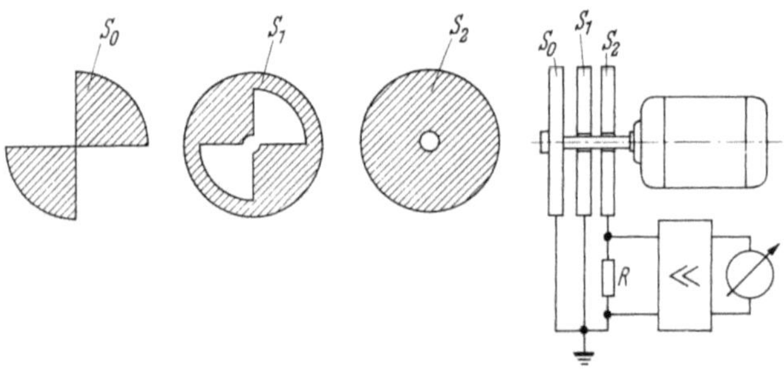


**Bild 153.** Hochspannungsmesser mit rotierender Sektorscheibe, $S_0$ beweglicher Flügel, $S_1$, $S_2$ feststehende Elektroden.

[242]. Der Vorteil dieser Bauweise besteht in dem Verzicht auf spezielle Erregerfeldelektroden. Der Spannungsmesser wird einfach gegenüber einer Hochspannungspotential führenden Elektrode aufgestellt (s. a. Bild 155). Der rotierende Flügel $S_0$ bewirkt zusammen mit der Sektorblende $S_1$ eine periodische Veränderung der Kapazität zwischen Hochspannungselektrode und der isolierten Metallscheibe $S_2$. Der über den Abgriffwiderstand $R$ fließende Ausgleichsstrom wird verstärkt, gleichgerichtet und mit einem Drehspulinstrument gemessen. Erwähnt sei in diesem Zusammenhang die Beseitigung der Durchlaßspannung

der Dioden mit Hilfe eines Operationsverstärkers [613, 766]. Normalerweise besitzt der Ausgleichsstrom einen periodischen, jedoch nichtsinusförmigen Verlauf. Gibt man der Randkurve des Rotorflügels oder der Sektorblende den Verlauf einer Lemniskate, so wird eine sinusförmige Kapazitätsänderung erzwungen und ein sinusförmiger Stromverlauf erzielt [243]. Die Kurvenform ist natürlich nicht exakt sinusförmig, da die Scheiben $S_0$, $S_1$ und $S_3$ nicht in einer Ebene liegen, sondern endliche Abstände gegeneinander besitzen. Die dadurch bedingten Feldverzerrungen führen zu Abweichungen von der idealen Kurvenform [244, 245]. Weitere Ausführungsformen rotierender Voltmeter, teilweise ähnlich wie der Spannungsmesser mit rotierendem Zylinder nach Kirkpatrick auch für Wechselspannungsmessungen geeignet, sind im Schrifttum ausführlich erläutert [247 bis 254, 785, 786]. Eine von Hagemeyer entwickelte Meßeinrichtung eignet sich speziell für die Ausmessung elektrischer Gleichfelder in der Umgebung von Isolatoren für hohe Gleichspannungen [546, 548].

Bei den bislang erwähnten Geräten erfolgt die Kapazitätsänderung durch eine Drehbewegung, weswegen diese Spannungsmesser häufig als rotierende Voltmeter bezeichnet werden. Treffender ist die Bezeichnung Generatorspannungsmesser, die gleichzeitig als Oberbegriff auch die sogenannten Schwingvoltmeter beinhaltet, deren Kapazitätsänderung durch eine Linearbewegung bewirkt wird [255, 256]. Eine zusammenfassende Darstellung von Spannungsmessern nach dem Generatorprinzip geben die Arbeiten von Prinz und Böning [257, 258].

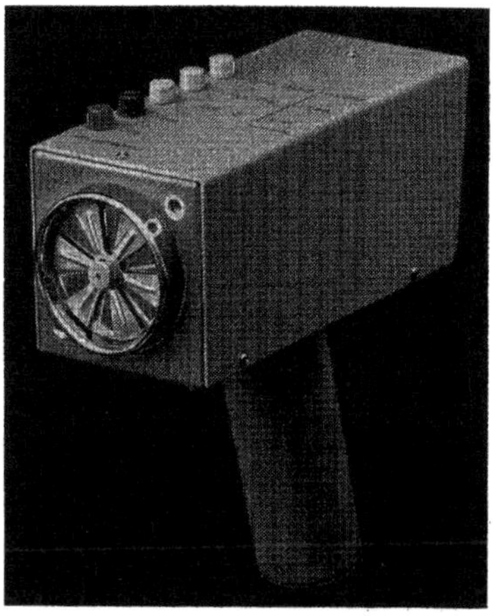

**Bild 154.** Generatorspannungsmesser mit rotierender Sektorscheibe (Kleinwächter).

Bild 154 zeigt die praktische Ausführung eines Generatorspannungsmessers mit rotierender Sektorscheibe. Zur Nullpunktkontrolle und zur Anzeige des Vorzeichens der zu messenden Gleichspannung enthält der eigentliche Meßkopf zusätzlich einen magnetisch erregten Hilfsgenerator, der starr mit dem Lochblendenantrieb gekuppelt ist. Seine Ausgangsspannung steuert einen phasenempfindlichen Gleichrichter, der die vom elektrostatischen Generator erzeugte Spannung so gleichrichtet, daß ihre Größe und Polarität der tatsächlichen Feldstärke und Feldrichtung entsprechen. Bild 155 zeigt einige Einbaubeispiele für den Meßkopf. Zur Messung des Erdfelds, beispielsweise bei Gewittern, eignet sich die Einbauart nach Bild 155a, kleine und mittlere Gleichspannungen können nach Bild 155 b gemessen werden. Die Vergrößerung der Meßkopffläche erzwingt eine nahezu homogene Feldverteilung vor dem eigentlichen Meßkopf, womit eine Eichung über die Gleichung $E = U/d$ ermöglicht wird. Bei höheren Spannungen wird der Meßkopf in der Nähe einer Hochspannungspotential führenden flächenhaften Elektrode in die Innenwand des Laboratoriums eingebaut (Bild 155 c). Weitere Anwendungsbeispiele ergeben sich bei der Messung elektrostatischer Aufladungen (s. 3.7).

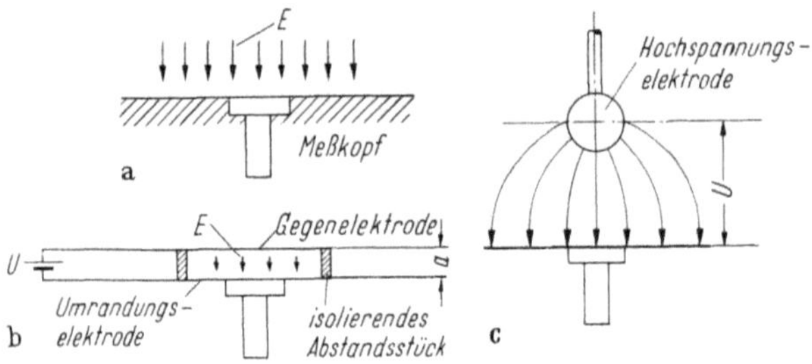


**Bild 155.** Anwendungsbeispiele für den Einsatz der Hochspannungsmeßeinrichtung nach Bild 154.

Da bei den meisten Anwendungen die Kapazität zwischen dem Meßkopf und der auf Hochspannungspotential liegenden Elektrode weder berechnet noch genau gemessen werden kann, erfolgt immer eine Eichung mit Niederspannung von wenigen 100 V bei einem vergleichsweise großen Abgriffwiderstand $R$. Verkleinert man dann $R$ auf $^1/_{1000}$ des ursprünglichen Werts, so gilt die Eichkurve in Kilovolt. Die Rückwirkung durch den Spannungsabfall am Abgriffwiderstand kann für alle physikalisch realisierbaren Widerstandswerte praktisch vernachlässigt werden. Meßfehler können lediglich dann auftreten, wenn sich zwischen der Hochspannungselektrode und dem Spannungsmesser Raumladungen befinden. Wie praktische Messungen gezeigt haben, besitzt dieser Fehlereinfluß weniger Bedeutung als man zunächst erwartet hat, da die Meßelektrode meist in einer der Wände des Laboratoriums, also an Orten niedriger Feldstärke eingebaut wird, während Raumladungen mit merklicher Raumladungsdichte nur in nächster Umgebung der Hochspannungselektrode auftreten. Da weiter Sprüherscheinungen gut verrundeter Hochspannungselektroden nur an örtlich begrenzten Inhomogenitäten kleiner geometrischer Abmessungen entstehen, ist ihre abschirmende Wirkung meist zu vernachlässigen. Sollte sich der Einfluß der Raumladungen dennoch bemerkbar machen, so kann man durch Beblasen mit einem Ventilator den elektrostatischen Feldzustand wieder herstellen.

Abschließend soll nochmals darauf hingewiesen werden, daß die elektrostatischen Spannungsmesser nach dem Generatorprinzip leistungslos messen (vgl. hierzu [246], wo der Versuch gemacht wurde, das Gegenteil zu beweisen). Dies ist leicht einzusehen, da Spannungen und Ströme unterschiedlicher Frequenz keine Wirkleistung miteinander bilden können. Betrachten wir den Augenblickswert einer Spannung

$$u(t) = \hat{u} \sin(\omega_1 t + \varphi_1)$$

und eines Stroms

$$i(t) = \hat{\imath} \sin(\omega_2 t + \varphi_2),$$

so erhalten wir die Augenblicksleistung

$$p(t) = u(t)\, i(t) = \hat{u}\hat{\imath} \sin(\omega_1 t + \varphi_1) \sin(\omega_2 t + \varphi_2),$$

$$p(t) = \frac{\hat{u}\hat{\imath}}{2} \{\cos[(\omega_1 - \omega_2)\, t + (\varphi_1 - \varphi_2)] - \cos[(\omega_1 + \omega_2)\, t + (\varphi_1 + \varphi_2)]\}.$$

Die Augenblicksleistung läßt sich also als Summe zweier Schwingungen gleicher Amplitude mit Differenz- und Summenfrequenz darstellen. Solange $\omega_1 \neq \omega_2$ ist, wird der zeitliche arithmetische Mittelwert der beiden Cosinusschwingungen in der geschweiften Klammer zu Null. Für $\omega_1 = \omega_2$ wird der erste Term zeitunabhängig, und man erhält die Wirkleistung

$$P_W = \frac{\hat{u}\hat{\imath}}{2} \cos(\varphi_1 - \varphi_2).$$

Da die Hochspannung als Gleichspannung die Frequenz Null besitzt, der Strom durch den Meßwiderstand aber periodisch ist und keine Gleichstromkomponente enthält, kann der Quelle keine Wirkleistung entnommen werden. Die im Wirkwiderstand $R$ und den angeschlossenen Meßinstrumenten verbrauchte Wirkleistung wird dem System mechanisch zugeführt. Die obige Überlegung gilt nur für stationäre Gleichspannungen. Bei Spannungsänderungen oder der Messung hoher Wechselspannungen wird Leistung verbraucht. Wegen ausführlicherer Betrachtungen über Stromkreise mit veränderlicher Kapazität sei auf die Arbeiten von Schemmrich und Ziegler hingewiesen [259, 260].

## 3.6 Absolute Spannungsmessung

Die Messung einer physikalischen Größe nennt man dann absolut, wenn sie zurückgeführt werden kann auf die Messung physikalischer Grundgrößen. Die Einheiten der physikalischen Grundgrößen sind unveränderlich und lassen sich an jedem Ort der Erde und zu jedem Zeitpunkt mit bestimmter Genauigkeit reproduzieren. Beispiele für solche Grundgrößen sind die Wellenlängen vereinbarter Farben des sichtbaren Lichts oder der reziproke Wert der Frequenz bestimmter Schwingungszustände von Atomen beziehungsweise Molekülen (Atomuhr). Die meisten bisher gebauten absoluten Spannungsmesser führen die Messung hoher Spannungen zurück auf die Messung von Längen und mechanischen Kräften und lehnen sich im Meßprinzip mehr oder weniger stark an die Thomsonsche Spannungswaage an [164—170, 318, 739]. Zusammenfassende Darstellungen finden sich bei Böning [184] und Paasche [250].

Bei der herkömmlichen Messung hoher Gleichspannungen mit hochohmigem Vorwiderstand und Strommesser läßt sich unter Verwendung von Metallfilm- oder Drahtwiderständen eine Genauigkeit von etwa 0,3 Promille erreichen. Diese hohe Genauigkeit ist jedoch nur in dem Spannungsbereich gewährleistet, in dem der Meßwiderstand in einer Brückenschaltung oder aus einer Strom-Spannungsmessung bestimmt wurde. Bei der Beanspruchung der Meßwiderstände mit wesentlich höheren Spannungen beziehungsweise Feldstärken muß mit einem nichtlinearen Verhalten der Meßanordnung gerechnet werden (Spannungsabhängigkeit der Teilwiderstände, ungleichmäßige Erwärmung, Sprüherscheinungen). Die mit vergleichsweise kleinen Spannungen vorgenommene Eichung verliert dann ihre Gültigkeit. Der Vorzug aller absoluten Spannungsmesser liegt in der Tatsache, daß sie keine Einmessung oder Eichung benötigen. Die Hochspannung läßt sich aus den gemessenen Grundgrößen mit der bei ihrer Bestimmung erzielten Genauigkeit berechnen.

Da die absoluten Spannungsmesser nur für einen eng begrenzten Interessentenkreis von Bedeutung sind, wollen wir hier nicht auf die einzelnen Bauarten eingehen. Es seien lediglich zwei Möglichkeiten der absoluten Messung hoher Spannungen ausführlicher erwähnt, die wegen ihres grundsätzlich andersartigen Meßprinzips besondere Beachtung verdienen. Beide Verfahren führen die Messung der Hochspannung zurück auf die Messung der kinetischen Energie von Teilchen, die im elektrischen Feld der zu messenden Hochspannung beschleunigt wurden. Das zuerst beschriebene Verfahren beruht auf den Erkenntnissen der Atomphysik und erlaubt die absolute Messung hoher Spannungen unter Ausnutzung des Effekts der Elektronenbeugung an Kristallgittern. Durchläuft ein Elektron eine Potentialdifferenz $U$, so besitzt es am Ende des Flugwegs die kinetische Energie

$$E_{\text{kin}} = \mathrm{e}U = \frac{m_0 v^2}{2},$$

wobei e die Elementarladung und $m_0$ die Ruhemasse des Elektrons bedeuten. Unter Benutzung obiger Beziehung läßt sich die Spannungsmessung auf die Messung der kinetischen Energie beziehungsweise der Endgeschwindigkeit $v$ der mit der zu messenden Hochspannung beschleunigten Elektronen zurückführen. Ordnet man nach der Idee von de Broglie den Elektronen Wellencharakter zu, so kann statt der Geschwindigkeit $v$ auch die Wellenlänge der Elektronen gemessen werden, die mit der Geschwindigkeit der Teilchen über die Gleichung

$$\lambda = \frac{h}{m_0 v}$$

verknüpft ist ($h$ = Plancksches Wirkungsquantum $= 6{,}62 \cdot 10^{-27}$ g cm$^2$ s$^{-1}$). Die Wellenlänge $\lambda$ bestimmt man durch Beugungsversuche mit Elektronen an Kristallgittern. Es ergeben sich die von den Debye-Scherrer-Diagrammen für Röntgenstrahlen bekannten Beugungserscheinungen. Die Beugungsmaxima liegen auf konzentrischen Kegelmänteln, die eine Ebene (Leuchtschirm, photographische Platte) in konzentrischen Kreisringen schneiden. Die Lage der Beugungsringe wird durch die Braggsche Reflexionsbedingung beschrieben:

$$\lambda = 2d \sin \varphi .$$

Darin bedeuten:

$\lambda$ die den Elektronen zugeordnete Wellenlänge,
$d$ Netzebenenabstand des Kristallgitters für eine bestimmte Richtung,
$\varphi$ Winkel zwischen Einfallsrichtung und Netzebene.

Der Netzebenenabstand wird berechnet [317]. Beispielsweise ergibt sich für das kubische Gitter:

$$d = \frac{a}{\sqrt{h^2 + k^2 + l^2}}.$$

In dieser Gleichung bedeuten $a$ die Gitterkonstante und $h$, $k$, $l$ die Millerschen Indizes der Netzebenen. Aus der Geometrie der Anordnung läßt sich der Beugungswinkel $\varphi$ berechnen und über die Kenntnis des Netzebenenabstands $d$ die Wellenlänge $\lambda$ und die Geschwindigkeit $v$ der Elektronen. Nach der von Induni [314, 315] angegebenen Zahlenwertgleichung berechnet sich die Hochspannung zu:

$$U = \frac{150 \cdot 10^{-16}}{a^2} \cdot \left(\frac{2 \cdot s}{D}\right)^2 \cdot (h^2 + k^2 + l^2)\ \mathrm{V}.$$

Darin bedeuten:

$s$ Abstand zwischen Kristall und Photoplatte in cm,
$D$ Durchmesser der Beugungsringe in cm.

Genaue Messungen, insbesondere bei hohen Teilchenenergien, erfordern die Berücksichtigung der relativistischen kinetischen Energie

$$E_{\mathrm{kin}_{\mathrm{rel}}} = (m - m_0)\, c^2$$

und der relativistischen Massenzunahme der Elektronen

$$m(v) = \frac{m_0}{\sqrt{1 - \frac{v^2}{c^2}}}.$$

Weiter muß gewährleistet sein, daß die Elektronenaustrittsgeschwindigkeit aus der Kathode vernachlässigbar klein gegen die Endgeschwindigkeit $v$ ist. Die letztlich erreichbare Genauigkeit beträgt bei Berücksichtigung aller möglichen Korrekturen wenige Promille.

Das zweite ausführlicher erläuterte Verfahren beruht auf den Erkenntnissen der Kernphysik. Beschießt man leichte Atomkerne mit beschleunigten Protonen oder Deuteronen, so finden Kernreaktionen statt. Der Wirkungsquerschnitt für diese Reaktionen nimmt bei bestimmten Teilchenenergien ein Maximum an; die Einfangprozesse besitzen resonanzartigen Charakter. Beschießt man beispielsweise ein Lithium-Target mit Protonen, so tritt bei einer Teilchenenergie von $(441{,}1 \pm 0{,}5)$ keV ein ausgeprägtes Maximum der Reaktion

$${}_3\mathrm{Li}^7 + {}_1\mathrm{H}^1 \rightarrow ({}_4\mathrm{Be}^8) \rightarrow {}_4\mathrm{Be}^8 + \gamma$$

auf [319].

Häufiger findet man die folgende abgekürzte Schreibweise:

$$\mathrm{Li}^7(p, \gamma)\,\mathrm{Be}^8.$$

Die Kernumwandlung wird charakterisiert durch die Angabe des in den Kern hineingeschossenen und des als Folge dieses Ereignisses herausfliegenden Teilchens ($p$, $\gamma$-Prozeß). Vor der Klammer steht der Ausgangskern, nach der Klammer der durch die Umwandlung gebildete Endkern [320]. Beim Beschuß von Lithium mit Protonen von 441,1 keV entsteht zunächst angeregtes Beryllium, das unter Aussendung von $\gamma$-Strahlen in seinen Grundzustand übergeht. Die Intensität der $\gamma$-Strahlung ist ein Maß für den Wirkungsquerschnitt der Reaktion.

Die $(p, \gamma)$-Resonanz ist nur bei sehr dünnen Targets scharf ausgeprägt, da bei massiven Targets eine Abnahme der Protonenenergie im Präparat stattfindet, so daß auch Protonen mit anfänglich höherer Energie die Resonanz anregen können. Beschleunigt man die Protonen mit der zu messenden Hochspannung, so kann aus der für eine bestimmte Resonanz benötigten Teilchenenergie die Hochspannung rückwirkend berechnet werden. Die zu den einzelnen Ausbeutemaxima gehörigen Teilchenenergien kennt man aus Messungen, bei denen die Höhe der Beschleunigungsspannung aus der Ablenkung der Teilchen in einem Magnetfeld bestimmt wurde. Die Feldstärke des Magnetfelds wiederum wurde durch Messung der Frequenz der Präzession des Kernspins mit einem Resonanzverfahren bestimmt (paramagnetische Kernresonanz [323, 324]). Neben Lithium eignen sich auch noch andere leichte Kerne, beispielsweise $F^{19}$, das zwischen einigen 100 keV und einigen MeV Protonenenergie mehrere Maxima mit geringer Halbwertsbreite besitzt [321].

Das Verfahren der absoluten Spannungsmessung mittels Kernreaktionen eignet sich besonders zur Eichung der Spannungsmeßeinrichtung von Teilchenbeschleunigern in Drucktankausführung. Die Eichung anderer Gleichspannungsmeßeinrichtungen setzt das Vorhandensein einer offen aufgebauten Gleichspannungsanlage mit separatem Strahlrohr voraus, damit die zu eichende Meßeinrichtung überhaupt mit dem hochspannungsseitigen Pol der Beschleunigeranlage verbunden werden kann. Die mögliche Genauigkeit von wenigen Zehntel Promille läßt sich selbstverständlich nur bei Gleichspannungsquellen mit geringer Welligkeit ausschöpfen (Van-de-Graaf-Generator, symmetrischer Kaskadengleichrichter [322]).

In jüngster Zeit wurde ein drittes Verfahren vorgeschlagen, mit dem ein Fixpunkt bei 1022 kV auf der Spannungsskale erhalten werden könnte. Der neue Fixpunkt beruht auf der für die Erzeugung von Elektron-Positron-Paaren benötigten Energie und ist elementar berechenbar. Es wird erwartet, daß der neue Fixpunkt eine Verringerung der Unsicherheit um etwa eine Größenordnung gegenüber mit Kernresonanzverfahren erhaltenen Fixpunkten ermöglicht. Das Verfahren bedarf noch seiner experimentellen Bestätigung [780].

## 3.7 Messung elektrostatischer Aufladungen

Mit dem Aufkommen der Chemiefasern und der allgemeinen stark zunehmenden Verwendung von Kunststoffen in der Technik und im Alltag haben die elektrostatischen Aufladungserscheinungen und die mit ihnen verbundenen technologischen Probleme und Gefahren vermehrte Bedeutung erlangt. Elektrostatische Aufladungen entstehen bei der Trennung zweier Medien, von denen mindestens eines ein Isolierstoff sein muß — andernfalls würde sofort ein Ladungsausgleich stattfinden —, in Form einer Anhäufung von Ladungsträgern eines Vorzeichens. Ladungstrennungen ergeben sich zum Beispiel beim Ablaufen von Kunststoff- und Papierbahnen von Rollen (Textilindustrie, Rotationsdruckmaschinen,

Filmindustrie, Glaswolleherstellung), beim Fließen isolierender Flüssigkeiten durch Leitungen (Flugzeugbetankung, Kunststoff-Benzinkanister) beim Aufwirbeln von Staub, Versprühen von Aerosolen usw. Die Natur der elektrostatischen Aufladungen ist sehr verwickelt und bis zum heutigen Tag nicht gänzlich geklärt [261, 262].

Voraussetzung für die Bekämpfung und Beseitigung elektrostatischer Aufladungen sind exakte Meßgeräte und Verfahren, die reproduzierbare Meßwerte ergeben und damit die Wirksamkeit von Abhilfemaßnahmen geeignet widerspiegeln. Ähnlich wie in der Teilentladungsmeßtechnik (s. 7) gewährt auch bei der Messung elektrostatischer Aufladungen die Verwendung teurer Meßgeräte allein keine Garantie für richtige Meßergebnisse. Vielmehr tragen die Art der Meßanordnung, die äußeren Umstände und die richtige Interpretation der gemessenen Werte wesentlich zur Brauchbarkeit der Untersuchungen bei. Schon im Kapitel über die Messung schnellveränderlicher Spannungen tauchte der Begriff der Rückwirkungsfreiheit einer Meßeinrichtung auf. Wir wollen ihn hier wegen seiner Bedeutung nochmals wiederholen. Eine Meßeinrichtung arbeitet dann rückwirkungsfrei, wenn sich der zeitliche Verlauf der Meßgrößen in einem Versuchsaufbau beim Zuschalten der Meßeinrichtung nicht ändert. Bei einer Spannungsmeßeinrichtung ist Rückwirkungsfreiheit im allgemeinen dann gegeben, wenn ihr Innenwiderstand sehr groß ist gegen den Innenwiderstand der Quelle, deren Spannung gemessen werden soll. Leider läßt sich diese Forderung bei der Messung elektrostatischer Aufladungen praktisch nur selten verwirklichen. In den meisten Fällen nimmt man daher die Rückwirkung bewußt in Kauf und korrigiert nachträglich das Meßergebnis. Wesentlich ist nur, daß die Rückwirkung als solche überhaupt erkannt wird.

Die Höhe der elektrostatischen Aufladung eines Körpers hängt wesentlich von dessen Isolationswiderstand ab [273]. Der Isolationswiderstand seinerseits verändert sich mit dem Feuchtigkeitsgehalt der umgebenden Atmosphäre. Sollen die Meßergebnisse reproduzierbar sein oder mit Werten verglichen werden, die zu anderer Zeit und an einem anderen Ort erhalten wurden, so ist es unbedingt erforderlich, die klimatischen Umweltbedingungen im Protokoll festzuhalten. Dazu gehört neben der relativen Luftfeuchte und der Temperatur auch der Luftdruck, da die maximal erreichbare Ladung beziehungsweise Ladungsdichte eines Gegenstands auch von der Durchbruchsfestigkeit der Luft abhängt. Darüber hinaus sollte man sich im klaren sein, daß bei der Untersuchung elektrostatischer Aufladungen zwischen einem Primärprozeß und mehreren Sekundärprozessen unterschieden werden muß. Zum Primärprozeß gehört die eigentliche Ladungstrennung an der Stelle inniger Berührung der beiden Medien. Die Sekundärprozesse führen zu der Ladungsverteilung, die mit Meßgeräten erfaßt wird (Begrenzung der maximalen Aufladespannung durch Gasentladungen, galvanische Leckströme usw.). Zwischen beiden Mechanismen muß eine klare Trennungslinie gezogen werden, um Fehler in der Interpretation der Meßergebnisse zu vermeiden.

Als meßbare elektrostatische Kenngrößen kommen das Potential beziehungsweise die Potentialdifferenz gegen Erde, die Ladungsdichte und die Feldstärke in Frage. Je nachdem, ob es sich bei dem aufgeladenen Gegenstand um einen Isolierstoff oder um einen isoliert aufgestellten Leiter handelt, erweist sich die Messung der einen oder anderen Größe als besonders zweckmäßig.

### 3.7.1 Messung des Potentials

Alle Punkte der Oberfläche eines geladenen Leiters besitzen unter der Voraussetzung elektrostatischer Zustände (keine zeitlichen Änderungen, $\mathrm{d}/\mathrm{d}t = 0$) das gleiche Potential. Die Oberfläche stellt eine Äquipotentialfläche dar. Das Potential beziehungsweise die Spannung des Leiters gegen Erde kann dann in bekannter Weise durch Anlegen eines Spannungsmessers bestimmt werden. Abhängig vom Innenwiderstand des Spannungsmessers stimmt die angezeigte Spannung mehr oder weniger gut mit dem vor Anlegen des Spannungsmessers vorhandenen Wert überein. Um den Vorgang der Rückwirkung besser zu verstehen, betrachten wird das Ersatzschaltbild der Meßanordnung (Bild 156). Der

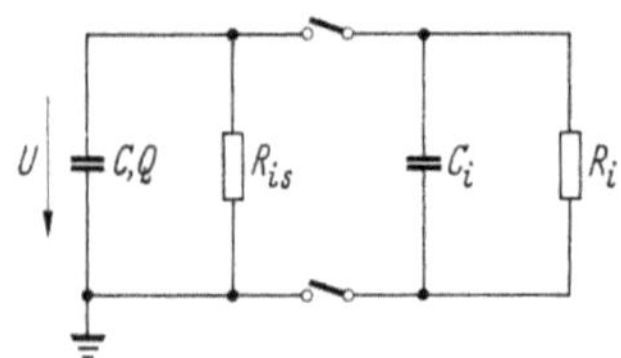


**Bild 156.** Zur Rückwirkung einer Meßeinrichtung bei der meßtechnischen Erfassung elektrostatischer Aufladungen.

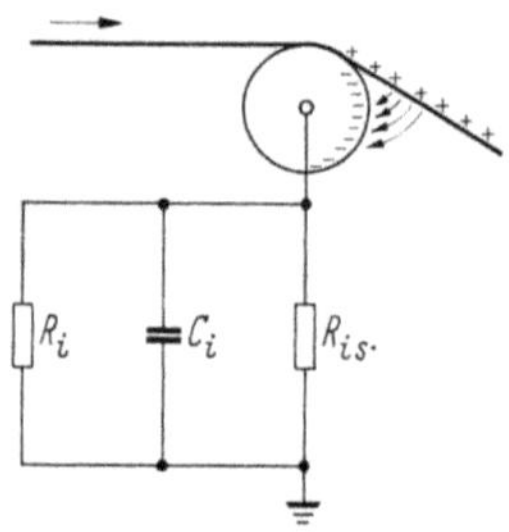


**Bild 157.** Messung elektrostatischer Aufladungen, hervorgerufen durch eine abrollende Isolierstoffbahn.

isoliert aufgestellte Gegenstand bildet zusammen mit der auf Erdpotential befindlichen benachbarten Umgebung eine Kondensatoranordnung mit der Kapazität $C$. Der parallel zu $C$ liegende Isolationswiderstand $R_{is}$ sei so groß, daß während des Meßvorgangs keine merkliche Entladung der Kapazität auftritt. Zwischen der Ladung $Q$ des Leiters, seiner Kapazität $C$ gegen Erde und seiner Spannung $U$ gegen Erde besteht dann der Zusammenhang:

$$Q = CU.$$

Beim Anschließen des Spannungsmessers schaltet man der Kapazität $C$ die Eingangskapazität $C_i$ des Spannungsmessers und dessen Isolationswiderstand $R_i$ parallel. Ein Teil der auf $C$ befindlichen Ladung fließt auf die Eingangskapazität $C_i$ des Meßinstruments ab, wobei die Spannung an der Parallelschaltung $C + C_i$ um den Betrag

$$\Delta U = U \frac{C_i}{C + C_i}$$

absinkt (die Gesamtladung $Q$ bleibt konstant!). Der Fehler wird beträchtlich, wenn $C$ sehr klein oder $C_i$ z. B. durch Verwendung koaxialer Meßleitungen vergleichsweise groß ist. Der angezeigte Spannungswert stimmt mit dem vor Anschluß des Meßgeräts vorhandenen Wert praktisch überein, wenn der Gegenstand dauernd mit einer Spannungsquelle verbunden ist, seine Kapazität $C$ sehr groß gegen $C_i$ ist oder wenn laufend Ladungen nachgeliefert werden, wie dies z. B. bei der Messung der Spannung einer Metallwalze der Fall ist, die durch eine abrollende Isolierstoffbahn ständig nachgeladen wird (Bild 157).

Der ohmsche Innenwiderstand der für die Messung elektrostatischer Aufladungen geeigneten Spannungsmesser (Elektrometer und elektrostatische Spannungsmesser) liegt zwischen $10^{14}$ und $10^{17}\,\Omega$ und führt im allgemeinen während der Dauer der Messung zu keiner merklichen Entladung der Kapazität $C$. Dies muß jedoch von Fall zu Fall nachgeprüft werden, da die Isolation der Meßelektrode und der Zuleitungen durch geringfügige unbemerkte Verschmutzungen stark herabgesetzt werden kann. Zur Kontrolle legt man deshalb vor Beginn der eigentlichen Messungen an den Eingang des Geräts eine Gleichspannung und verfolgt den Rückgang der Anzeige nach Abtrennung der Spannungsquelle.

Die Messung der Spannung elektrostatisch aufgeladener Isolierstoffoberflächen ist wenig sinnvoll. Berührt man mit der nicht geerdeten Zuleitung eines Spannungsmessers den Isolierstoff, so fließen die an der Berührungsstelle vorhandenen Ladungen auf die Kapazität $C_i$ über, während die in der weiteren Umgebung befindlichen Ladungsträger auf dem Isolierstoff sitzen bleiben. Die Potentialdifferenz zwischen Berührungsstelle und Erde beträgt dann nur einige Volt, während wenige Millimeter daneben mehrere 1000 V gegen Erde vorhanden sein können. Das Potential an der Oberfläche elektrostatisch aufgeladener Isolatoren ist im allgemeinen nur ungenau definiert und kann örtlich stark schwanken [550].

Häufig findet man im Schrifttum die alleinige Angabe von Spannungswerten zur Charakterisierung der elektrostatischen Aufladefähigkeit und des elektrostatischen Zustands von Isolierstoffen. Es handelt sich hierbei jedoch fast nie um das tatsächliche Potential beziehungsweise richtiger die Spannung des Isolators gegen Erde, sondern um einen maßgeblich von der Kapazität des Meßgeräts und den Geometriefaktoren der Meßanordnung bestimmten Spannungswert, der nur für vergleichende Untersuchungen wertvoll ist. Als eindeutigeres Kriterium für den elektrostatischen Zustand aufgeladener Isolatoren verwendet man daher besser die Ladung beziehungsweise die Ladungsdichte.

### 3.7.2 Messung der Ladung

Auch bei der Ladungsmessung elektrostatisch aufgeladener Gegenstände ist zwischen aufgeladenen Isolierstoffen und aufgeladenen isolierten Leitern zu unterscheiden. Die Ladung isolierter Leiter läßt sich in einfacher Weise aus ihrer Spannung gegen Erde und ihrer Kapazität bestimmen:

$$Q = CU.$$

Für die Kapazität $C$ muß die Summe aus der Kapazität des Leiters gegen Erde und der Eingangskapazität $C_i$ des elektrostatischen Spannungsmessers samt Zuleitungen eingesetzt werden.

Schwieriger ist die Ladungsbestimmung bei Isolatoren. Da die Ladungen bei Isolatoren nicht verschiebbar sind, ist die direkte Messung der Gesamtladung nicht auf ähnlich einfache Weise möglich. Man beschränkt sich meist auf die partielle Messung der Ladungsdichte und integriert über die Oberfläche, wenn die Gesamtladung ermittelt werden soll. Ist eines der beiden Medien ein Leiter, so läßt sich die Ladungsdichte durch Reihenschaltung eines Amperemeters zwischen Leiter und Erde ermitteln (Bild 158). Als Strommesser eignen sich empfindliche Galvanometer oder elektronische Nano- und Picoamperemeter.

Das Meßverfahren setzt voraus, daß der Leiter überhaupt von Erde isoliert werden kann. Als Isolationswiderstand genügen Werte, die etwa 100mal größer sind als der Innenwiderstand des Amperemeters. Läuft ein Band der Breite $b$ mit der Geschwindigkeit $v$ über die Walze in Bild 158 und zeigt das Galvanometer den arithmetischen Mittelwert $I$ an, so berechnet sich die Ladungsdichte auf dem Band zu [262]:

$$\sigma = \frac{Q}{A} = \frac{I}{bv}.$$

Bei Garnen und Fäden gibt man meist nicht die Flächenladungsdichte, sondern eine längenbezogene Ladungsdichte an:

$$\sigma = \frac{Q}{l} = \frac{I}{v}.$$

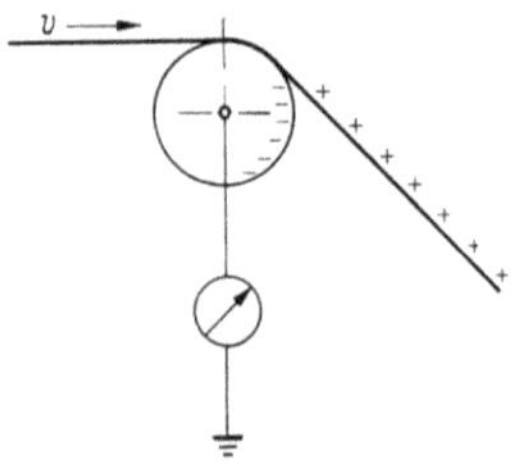


**Bild 158.** Messung elektrostatischer Aufladungen, hervorgerufen durch eine abrollende Isolierstoffbahn.

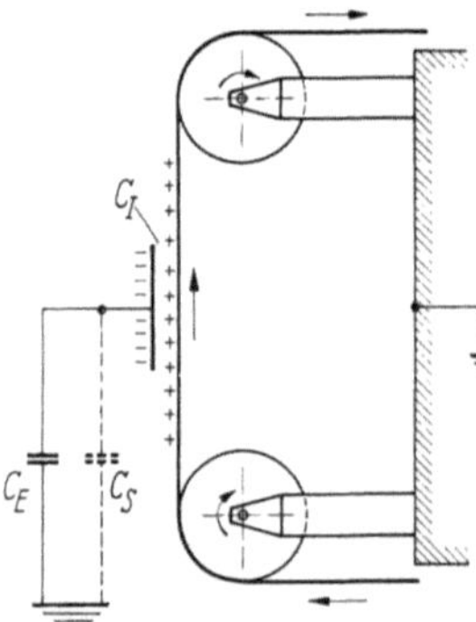


**Bild 159.** Messung der Ladungsdichte auf einer bewegten Isolierstoffbahn.

Die Messung der Ladungsdichte an aufgeladenen Isolierstoffoberflächen kann mit rotierenden Voltmetern oder auch mit ebenen Metall- und Leitgummisonden, die mit einem Elektrometer verbunden sind, erfolgen. Bild 159 zeigt eine Schaltung zur Messung der Ladungsdichte an elektrostatisch aufgeladenen Isolierbahnen. Die auf dem Isolierstoff befindlichen Ladungen influenzieren auf einer parallel zur Isolierstoffoberfläche angeordneten ebenen Sonde Ladungen entgegengesetzten Vorzeichens mit gleicher Ladungsdichte. Ist die Sonde mit einem Elektrometer verbunden, so berechnet sich die Ladungsdichte aus der Summe der Kapazitäten $C_E + C_S$ des Elektrometers und der Sonde, der Sondenfläche $A$ und der angezeigten Spannung zu:

$$\sigma = \frac{Q}{A} = \frac{(C_E + C_S)\, U}{A}.$$

Das Meßverfahren liefert nur dann richtige Ergebnisse, wenn gewährleistet ist, daß die Erdkapazität der im Nahbereich der Sonde befindlichen Isolierstofffläche klein ist gegen die Kapazität $C_M$, gebildet aus der Reihenschaltung der Elektrometerkapazität samt Zuleitungen und der Kapazität zwischen der Sonde und der in Betracht gezogenen Isolierstoffoberfläche

$$C_M = \frac{(C_E + C_S)\, C_I}{C_E + C_S + C_I}.$$

Dies erreicht man dann, wenn der Abstand der Sonde zum Isolierstoff sehr klein gehalten wird und sich keine anderen geerdeten Gegenstände in unmittelbarer Sondennähe befinden. Mit anderen Worten: Im Sondenbereich müssen praktisch alle vom Isolierstoff ausgehenden Feldlinien auf der Sonde enden.

Zur Bestimmung der elektrostatischen Aufladung von laufenden Garnen und Fäden verwendet man eine Meßanordnung nach Bild 160 [263, 264]. Der ladungsbehaftete Faden läuft durch die mit einem Elektrometer verbundene rohrförmige Meßelektrode $E$. Das innerhalb der Meßelektrode befindliche Fadenstück $\Delta l$ influenziert auf ihrer Oberfläche eine Ladung $Q$, die mit dem in Ladungseinheiten

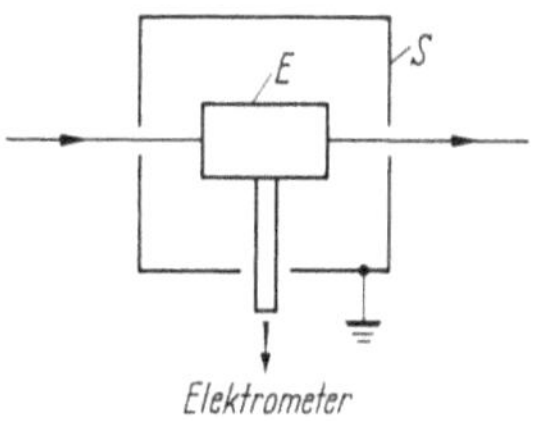


**Bild 160.** Messung der Ladungsdichte von Garnen und Fäden. (Nach Lochmüller [264].)

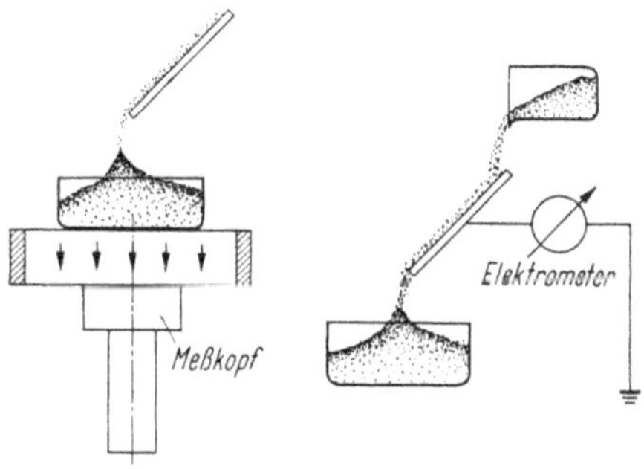


**Bild 161.** Möglichkeiten der Messung elektrostatischer Aufladung von körnigem Schüttgut.

geeichten Elektrometer gemessen werden kann. Die auf die Meßelektrode einwirkende effektive Fadenlänge $\Delta l_{\text{eff}}$ errechnet sich über den experimentell zu bestimmenden Faktor $k$ zu:

$$\Delta l_{\text{eff}} = \frac{\Delta l}{k},$$

wobei $k$ das Verhältnis der in den Meßkopf eingeführten Ladung $Q_e$ zu der vom Elektrometer angezeigten Ladung $Q_a$ darstellt:

$$k = \frac{Q_e}{Q_a}, \qquad k \geqq 1.$$

Die Nullpunktkontrolle erfolgt durch einen besonderen Nulltubus, der jedoch in Bild 160 der Übersichtlichkeit wegen nicht eingezeichnet ist. Das geerdete Metallgehäuse $S$ schirmt die eigentliche Meßelektrode $E$ gegen Fremdfelder ab.

Die Aufladung von körnigem Schüttgut oder von Flüssigkeiten kann mit Anordnungen nach Bild 161 gemessen werden. Über Erfahrungen bei der Messung von Raumladungen, häufig im Zusammenhang mit meteorologischen Untersuchungen, berichten im Schrifttum aufgeführte Arbeiten [266–272].

### 3.7.3 Messung der elektrischen Feldstärke

Die rückwirkungsfreie Messung der elektrischen Feldstärke in der Umgebung elektrostatisch aufgeladener Gegenstände läßt sich praktisch nicht verwirklichen. Bei der Annäherung des Meßgeräts wird das Feld mit kleiner werdendem Abstand zunehmend verzerrt. Betrachten wir nochmals Bild 159 und stellen uns vor, daß die links vom Band befindliche Meßeinrichtung mit ihren Kapazitäten $C_E$, $C_S$ und $C_I$ noch nicht vorhanden sei. Alle vom Band ausgehenden Feldlinien enden dann auf den beiden Walzen und dem geerdeten Lagerrahmen. Auf der Rückseite des Bandes besitzt die Feldstärke dann nahezu den Wert Null. Nähern wir uns von links kommend mit einem praktisch auf Erdpotential liegenden Meßinstrument, so wird ein Teil der Feldlinien vom Band auf dem Meßgerät enden. Verringern wir den Abstand des Meßgeräts zum Band weiter, so enden schließlich alle in nächster Nachbarschaft des Meßgeräts vom Band ausgehenden Feldlinien auf diesem. Das heißt, wo vor der Messung die Feldstärke einen vernachlässigbar kleinen Wert besaß, können jetzt Feldstärken bis zu 30 kV/cm bestehen. Von einer rückwirkungsfreien Messung kann daher nicht die Rede sein. Wenn trotzdem die Mehrzahl der für Betriebsmeßzwecke hergestellten elektrostatischen Meßgeräte in Feldstärkeeinheiten geeicht ist, so hat dies seinen Grund darin, daß man ja in der Tat die augenblicklich vorhandene Feldstärke mißt, und wenn die Größe und Form der Meßelektrode sowie der Abstand der Meßelektrode zum aufgeladenen Gegenstand angegeben werden, besitzen die auf diese Weise ermittelten Feldstärkeangaben durchaus eine Aussagekraft hinsichtlich des elektrostatischen Zustands der aufgeladenen Objekte.

Für die Messung der Spannung, Ladung und Feldstärke elektrostatischer Aufladungen eignet sich eine Vielzahl von Geräten, deren Meßprinzipien, soweit nicht schon im vorangegangenen Text geschehen, im folgenden Abschnitt betrachtet werden.

### 3.7.4 Meßgeräte zur Messung elektrostatischer Aufladungen

Die für die Untersuchung elektrostatischer Aufladungen geeigneten Meßgeräte lassen sich nach ihren unterschiedlichen Meßprinzipien in folgendes Schema einordnen [283]:

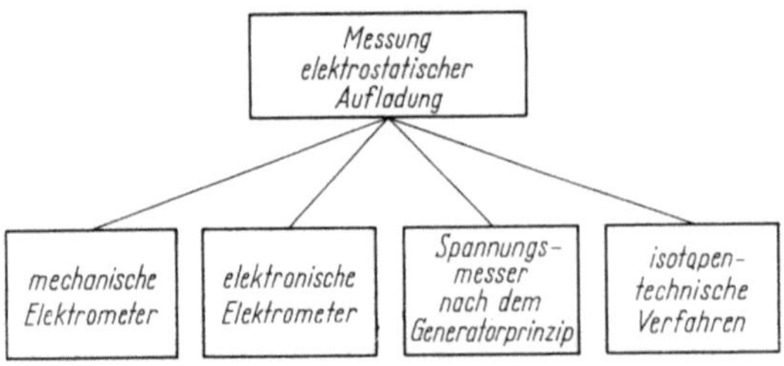


Die Wirkungsweise der mechanischen Elektrometer beruht ähnlich wie die der in 3.1.2 ausführlich behandelten elektrostatischen Spannungsmesser auf den Kraftwirkungen des elektrischen Felds. Für die meisten Anwendungsfälle der Hochspannungstechnik gelten elektrostatische Spannungsmesser bei der Messung hoher Gleichspannungen als rückwirkungsfrei, da sie der Quelle zur Aufrechterhaltung der Anzeige keinen stationären Strom entnehmen. Der kurzzeitige Stromstoß bei der anfänglichen Aufladung der Meßwerkskapazität kann meist vernachlässigt werden. Nach Abtrennung eines elektrostatischen Spannungsmessers von der Spannungsquelle bleibt die Anzeige je nach Größe des Isolationswiderstands mehr oder weniger lang erhalten. Bei den eigentlichen Elektrometern erreicht man durch sehr hohe Isolationswiderstände in der Größenordnung von $10^{16}\ \Omega$ besonders lange Entladezeiten.

Im Gegensatz zu den meisten anderen Anwendungen bedeutet bei der Untersuchung elektrostatischer Aufladungen auch schon der einmalige Stromstoß zum Aufladen der Meßwerkskapazität eine Rückwirkung auf die zu untersuchende Anordnung. Man versucht deshalb, durch geeignete konstruktive Ausbildung die Kapazität des Meßwerks möglichst klein zu halten. Gleichzeitig erreicht man eine Erhöhung der Ladungsempfindlichkeit, da ja die Kraftwirkung auf das bewegliche Element des Meßwerks eine Funktion vom Quadrat der Spannung ist und diese wiederum bei konstanter Ladung der Kapazität umgekehrt proportional ist.

Wegen ihrer Anfälligkeit gegen Erschütterungen bleibt der Anwendungsbereich empfindlicher mechanischer Elektrometer in erster Linie auf physikalische Grundlagenuntersuchungen im Laboratorium beschränkt. Es wird daher hier auf die Beschreibung der verschiedenen konstruktiven Ausführungsformen verzichtet und auf die umfangreiche Spezialliteratur verwiesen [274—278].

Für Betriebsmessungen eignen sich besser die elektronischen Elektrometer. Der erstmalige Umgang mit elektronischen Elektrometern bereitet dem Ungeübten zunächst einige Schwierigkeiten, insbesondere dann, wenn Spannungen von Quellen mit sehr hohen Innenwiderständen gemessen werden sollen (dies ist bei der Untersuchung elektrostatischer Aufladungserscheinungen fast immer gegeben). Die Störspannungserscheinungen lassen sich jedoch im allgemeinen durch geeignete Maßnahmen beseitigen [486]. Sehr häufig entstehen elektrostatische Einstreuungen durch Influenzwirkung anderer unbemerkt elektrostatisch aufgeladener Gegenstände auf den ungeschirmten Elektrometereingang. Hierfür kommen z. B. aufgeladene Bekleidungsstücke aus Kunstfasern oder auch nur ein elektrostatisch aufgeladener Taschenkamm in Frage. Abhilfe schafft sofort eine völlige metallische Schirmung des gesamten Eingangskreises (koaxiale Zuleitungen, Schutzringanordnungen). Gleich häufig treten Störspannungen durch bloßes Bewegen des Meßkabels oder der Meßsonde auf. Die mechanische Beanspruchung des Meßkabels verursacht durch Reibung der Leiter am Dielektrikum (meist PE) und durch piezoelektrische Effekte im Innern des Dielektrikums Störspannungen am Elektrometereingang. Störspannungsarme Spezialkabel („low-noise"-Kabel) mit einer Graphitschicht zwischen Dielektrikum und Abschirmung reduzieren den Störpegel erheblich. Störspannungen, hervorgerufen von Schwankungen der Eingangskapazität durch Bewegung der Zuleitungen oder der Meßsonde ($Q = \Delta C \cdot \Delta U$), lassen sich durch einen soliden mechanischen Aufbau eliminieren.

Sofern die elektronischen Elektrometer speziell zur Messung elektrostatischer Aufladungen gedacht sind, liegen ihre Spannungsmeßbereiche zwischen 1 V und einigen Kilovolt, bei der Eichung der Anzeige in Feldstärkeeinheiten meist zwischen einigen 10 V/cm bis zu maximal 30 kV/cm.

Bild 162 zeigt die vereinfachte Prinzipschaltung einer Elektrometerstufe [279]. Die am Gitter anliegende Spannung $U_M$ steuert den Anodenstrom der Elektrometerröhre. Der Gitterstrom beträgt etwa $10^{-15}$ A. Verzichtet man auf einen speziellen Gitterableitwiderstand, indem man den Isolationswiderstand der Röhre als Gitterableitwiderstand benützt, so erreicht man noch kleinere Gitterströme. Diese Betriebsart der Elektrometerröhre nennt man „floating-grid“-Verfahren („schwimmendes“ Gitter). Wegen der starken Schwankungen des Isolationswiderstands und der komplexen Zusammensetzung des Gitterstroms [280, 783] bevorzugt man jedoch für robuste Schaltungen einen definierten Gitterableitwiderstand, der etwa um zwei Größenordnungen unter dem Isolationswiderstand der Röhre liegt.

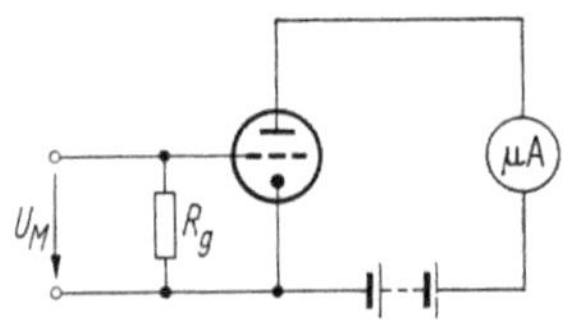


**Bild 162.** Prinzipschaltung einer Elektrometerröhre.

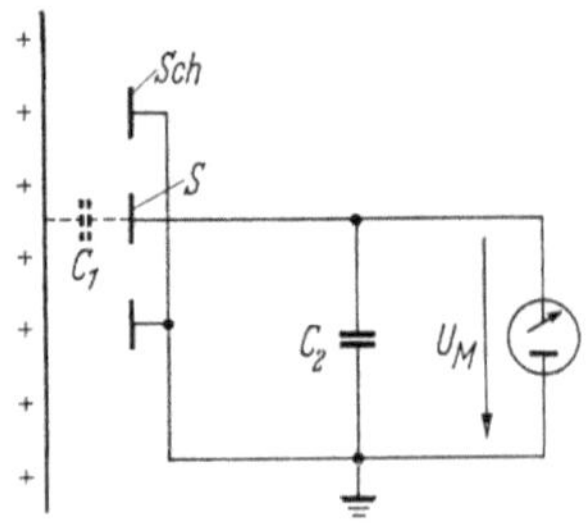


**Bild 163.** Elektrometer mit definierter Meßkapazität. *S* Meßbelag der Sonde, *Sch* Schutzringbelag.

Die Elektrometer benötigen zur Feldstärkemessung eine definierte Kapazität. Bild 163 zeigt eine Prinzipschaltung zur Messung elektrostatischer Aufladungen mit einem Elektrometer. Zwischen der Sondenfläche $S$ und der ihr gegenüberliegenden aufgeladenen Oberfläche besteht eine Kapazität $C_1$, die zusammen mit der im Gerät eingebauten Kapazität $C_2$ einen kapazitiven Spannungsteiler bildet. Die an $C_2$ abgegriffene Spannung liegt am Gitter einer Elektrometerröhre und wird nach praktisch leistungsloser Verstärkung mit einem Drehspulinstrument gemessen (s. a. Bild 159). Der angezeigte Wert $U_M$ ist der Höhe der Aufladespannung proportional:

$$U_H = U_M \frac{C_1 + C_2}{C_1}.$$

Wie alle Gleichspannungsverstärker weisen auch die Elektrometerverstärker eine ausgeprägte Nullpunktwanderung (Drift) auf. Schwankungen der Versorgungsspannungen und Instabilitäten der Röhreneigenschaften bewirken eine Verschiebung der Arbeitskennlinien. Durch Modulation der am Gitter liegenden Gleichspannung, beispielsweise mittels eines Schwingkondensators, läßt sich das Eingangssignal in eine Wechselspannung umformen und anschließend in bekannter Weise mit einem Wechselspannungsverstärker stabil verstärken [281, 282, 781, 782].

Rückgekoppelte elektrostatische Spannungs- und Feldstärkemeßgeräte erlauben die stabile berührungslose Messung von Oberflächenpotentialen im Bereich von

Millivolt bis zu einigen Kilovolt, bezogen auf Erdpotential. Ihre Wirkungsweise geht aus Bild 164 hervor.

Das auszumessende elektrische Feld greift durch eine Öffnung in der Frontplatte des Meßkopfes auf die mechanisch bewegte feldfühlende Elektrode durch. Ähnlich wie bei den Generatorspannungsmessern bewirkt die Bewegung eine Kapazitätsänderung und prägt einen Wechselstrom in die feldfühlende Elektrode ein. Die Amplitude des Wechselstromsignals ist der Potentialdifferenz zwischen der aufgeladenen Oberfläche und dem Meßkopf proportional, seine Phasenlage ist durch die Polarität bestimmt. Das verstärkte Wechselstromsignal und ein Referenzsignal werden über Trenntransformatoren einem phasenempfindlichen

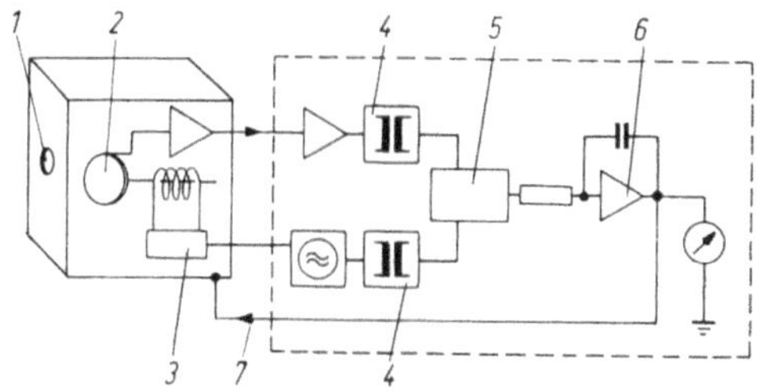


**Bild 164.** Rückgekoppeltes Spannungs- und Feldstärkemeßgerät mit Kapazitätsmodulator. *1* Meßöffnung, *2* feldfühlende Elektrode (Schwingkondensator oder Stimmgabel), *3* mechan. Antrieb, *4* Isoliertransformatoren oder Optokoppler, *5* phasenempfindlicher Demodulator, *6* Integrationsverstärker, *7* Rückkopplung (Monroe).

Demodulator zugeführt. Dieser speist einen kapazitiv gegengekoppelten Hochspannungsoperationsverstärker, an dessen Ausgang die Spannung zwischen aufgeladener Oberfläche und Erdpotential vorzeichenrichtig ansteht. Bei Verwendung als Spannungsmesser wird der Verstärkerausgang geerdet, und die Ausgangsspannung bringt den isolierten Meßkopf mit einer Toleranz von ca. 0,1% auf das Potential der zu messenden Oberfläche. Bei Verwendung als Feldstärkemeßgerät wird der Meßkopf geerdet, seine mit der Meßöffnung versehene Bodenplatte jedoch über einen Spannungsteiler auf ein Potential gebracht, das das Nettofeld an der feldfühlenden Elektrode zu Null macht [784]. Das Hauptmerkmal beider Verfahren besteht in der praktisch vernachlässigbaren Nullpunktdrift und, bei Potentialmessungen, in der hohen Auflösung unterschiedlicher Flächenladungsdichten von nur wenigen mm Ausdehnung.

In modernen Geräten finden zunehmend Feldeffekt-Transistoren Verwendung [284, 285]. Um die hohe Eingangsimpedanz von MOS-FETs voll ausschöpfen zu können, schmilzt man diese in ein Glasgehäuse ein und führt den Gateanschluß diametral heraus. Durch die merkliche Verlängerung des luftfeuchteabhängigen Kriechwegs lassen sich stabile Eingangswiderstände von $10^{16}\,\Omega$ realisieren (z. B. Keithley, Model 642).

Die nächste Hauptgruppe elektrostatischer Meßgeräte, Spannungs- und Feldstärkemesser nach dem Generatorprinzip, wurde schon in 3.5 ausführlich behandelt. Es bestehen keine grundsätzlichen Unterschiede in der Wirkungsweise und der konstruktiven Ausführung dieser Geräte für reine Hochspannungsmessungen einerseits und die Untersuchung elektrostatischer Aufladungen andererseits, so daß hier auf eine nochmalige Behandlung verzichtet werden kann.

Schließlich verbleiben noch die isotopentechnischen Verfahren, die mittels radioaktiver Präparate und einer geeigneten Elektrodenanordnung die direkte Messung elektrischer Feldstärken erlauben. Die Wirkungsweise dieser Geräte beruht ähnlich wie die der Zählrohre in der Kernmeßtechnik auf der vermehrten Leitfähigkeit von Gasen bei Anwesenheit radioaktiver Strahlung. Bei den Zählrohren liegt an einer Elektrodenanordnung mit inhomogener elektrischer Feld-

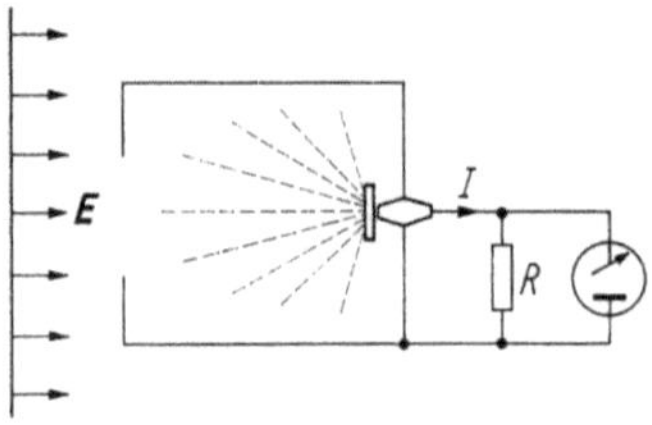


**Bild 165.** Feldstärkemesser mit radioaktivem Präparat.

stärkeverteilung eine Gleichspannung, die bei Anwesenheit radioaktiver Strahlung eine verstärkte Gasentladung zwischen den beiden Elektroden bewirkt. Die vom Meßgerät gelieferte Spannung und die unbekannte zu messende radioaktive Strahlung tragen gemeinsam zum Zustandekommen der Gasentladung bei. Vertauscht man die Herkunft beider Größen, so wird das Zählrohr zum Feldstärkemesser [265]. Im Inneren der in Bild 165 dargestellten Ionisationskammer befindet sich ein radioaktives Präparat ($\alpha$-Strahler), das dem lufterfüllten Raum zwischen den beiden konzentrisch angeordneten Elektroden eine gewisse Leitfähigkeit verleiht. Greift ein elektrisches Feld durch die Öffnung in der vorderen Stirnwand der Schirmelektrode hindurch, so entsteht eine Gasentladung, die an dem Widerstand $R$ des äußeren Entladekreises einen Spannungsabfall verursacht. Dieser Spannungsabfall kann mit einem Elektrometer gemessen werden und ist dann ein Maß für die vor der Öffnung vorhandene Feldstärke. Die Meßbereichsumschaltung erfolgt mittels einer in der Frontplatte befindlichen Blende, die den Durchgriff des zu messenden elektrischen Feldes beeinflußt. Selbst mit Präparaten, deren Strahlungsintensität unterhalb der Freigabegrenze der deutschen Strahlenschutzverordnung liegt, lassen sich noch Feldstärken von wenigen 10 V/cm messen.

# 4 Messung hoher schnellveränderlicher Ströme mit dem Elektronenstrahloszilloskop

Auf vielen Gebieten der Technik und der Forschung ist es notwendig, schnellveränderliche Ströme großer Amplitude meßtechnisch zu erfassen, z. B. in Stoßstromanlagen der Plasmaphysik und der Hochgeschwindigkeitsumformung von Metallen, bei der Untersuchung transienter Vorgänge in Stromrichterschaltungen der Leistungselektronik, bei Nachstrommessungen an Hochleistungsschaltern und in der Blitzforschung. Die auftretenden Stromstärken bewegen sich zwischen einigen zehn bis hunderttausend Ampere, die Anstiegszeiten der Flanken betragen in einigen Fällen nur wenige Nanosekunden. Eine Aufzeichnung dieser kurzzeitigen Vorgänge bedingt breitbandige Meßeinrichtungen, deren Eigenanstiegszeiten ebenfalls in dieser Größenordnung liegen müssen. Aber selbst bei Stromimpulsen verhältnismäßig großer Anstiegszeit ist eine kleine Zeitkonstante des Meßkreises erwünscht, da beispielsweise beim Oszilloskopieren von keilförmigen Stromimpulsen mit niederohmigen Meßwiderständen erhebliche Amplitudenfehler auftreten können, wenn die Zeitkonstante der Meßwiderstände nicht ausreichend klein ist (s. a. 2.1.4).

Zur Messung hoher, nichtsinusförmiger Ströme kann man im wesentlichen von zwei Verfahren Gebrauch machen. In beiden Fällen erhält man eine Meßspannung, die dem zeitlichen Verlauf des Stromes mehr oder weniger proportional ist. Das Meßsignal wird mittels eines Elektronenstrahloszilloskops registriert. Wie bei der Messung hoher Stoßspannungen treten auch hier wieder Störspannungen auf. Die Ursache ihrer Entstehung sowie Maßnahmen zu ihrer Beseitigung wurden schon in 1.5 ausführlich behandelt. Neben den beiden hauptsächlich angewandten Verfahren, dem magnetischen Spannungsmesser (Rogowski-Spule) und dem niederohmigen Meßwiderstand, die beide eine Registrierung des gesamten zeitlichen Stromverlaufs erlauben, gibt es noch einige andere Methoden, die mit beschränkter Genauigkeit (20 bis 50%) die Ermittlung von Scheitelwerten ermöglichen. Ihre Anwendung hat in den Laboratorien keine allgemeine Verbreitung gefunden, so daß hier ein Hinweis auf das Schrifttum erlaubt sei [325—329].

## 4.1 Niederohmige Meßwiderstände

Das gebräuchlichste Verfahren zur Erfassung des zeitlichen Verlaufs nichtsinusförmiger Ströme ist die Messung des Spannungsabfalls an einem in den Stromkreis eingeschalteten Meßwiderstand (Bild 166). Das Meßsignal $u_M(t)$ wird über ein Koaxialkabel, das an seinem Ende mit dem Wellenwiderstand $Z$ abgeschlossen ist, zum Elektronenstrahloszilloskop übertragen. Der Spannungsabfall $u_M(t)$

ist dem zeitlichen Verlauf des Stromes proportional, wenn der Meßwiderstand für den in Frage kommenden Frequenzbereich im wesentlichen als Wirkwiderstand aufgefaßt werden kann

$$u_M(t) = R_M i(t).$$

Diese Voraussetzung ist bei Meßwiderständen für hohe Ströme nur schwer oder meist überhaupt nicht zu erfüllen. Jeder stromdurchflossene ohmsche Widerstand weist in seiner näheren Umgebung ein magnetisches und ein elektrisches Feld auf.

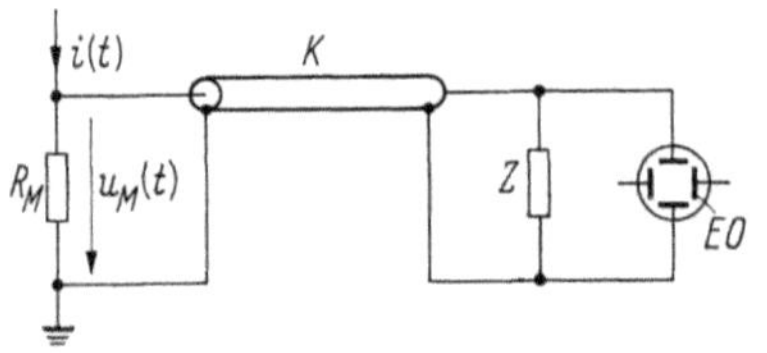


**Bild 166.** Messung schnellveränderlicher hoher Ströme über den Spannungsabfall $u_M(t)$ an einem Meßwiderstand $R_M$. $K$ Koaxialkabel, $Z$ Abschlußwiderstand, $EO$ Elektronenstrahloszilloskop.

Das Vorhandensein dieser unbeabsichtigten Streufelder berücksichtigt man im vereinfachten Ersatzschaltbild durch Reihenschaltung eines ideal angenommenen ohmschen Widerstands mit einer Induktivität; parallel zu den Anschlußklemmen denkt man sich eine Kapazität liegen. Bei vergleichsweise hochohmigen Meßwiderständen (z. B. Vorwiderständen zur Messung hoher Wechselspannungen, s. a. 3.1.1) kann die Induktivität meist vernachlässigt werden, da $\omega L$ erst bei sehr hohen Frequenzen in die Größenordnung von $R$ kommt, während der Blindwiderstand $1/\omega C$ sich bei um so niedrigeren Frequenzen schon stark bemerkbar macht, je hochohmiger der Widerstand ist. Bei vergleichsweise niederohmigen Meßwiderständen kann gewöhnlich die Parallelkapazität vernachlässigt werden, während $\omega L$ einen um so größeren Einfluß erhält, je niederohmiger der Wert des Widerstands wird. Letzterer Fall beschreibt in grober Näherung das Scheinwiderstandsverhalten einfacher Meßwiderstände zur Messung hoher schnellveränderlicher Ströme. Die niedrigen Werte derartiger Meßwiderstände ($R_M = 0{,}1$ bis 10 mΩ) werden einmal bedingt durch die Forderung nach geringer Rückwirkung auf den Kreis, in dem der zu messende Strom fließt. Bekanntlich arbeitet eine Strommeßeinrichtung dann rückwirkungsfrei, wenn ihr Innenwiderstand sehr klein ist in bezug auf die restlichen Widerstände im Stromkreis (im Gegensatz zu Spannungsmeßeinrichtungen, deren Innenwiderstand möglichst groß sein muß, verglichen mit dem Innenwiderstand der Quelle, deren Spannung gemessen werden soll). Zum anderen erzwingt die Erwärmung der Meßwiderstände beim Stromdurchgang die Wahl möglichst kleiner Widerstandswerte. Beispielsweise würde die Verlustleistung eines 10-mΩ-Meßwiderstands bei der Messung eines Wechselstroms von 400 $A_{eff}$ 1,6 kW betragen, eine Leistung, die bei den üblichen Abmessungen der Meßwiderstände durch natürliche Konvektion auch nicht annähernd abzuführen ist.

Für Widerstandswerte zwischen 0,1 und 10 mΩ kommt der Blindwiderstand $1/\omega C$ erst bei Werten um 100 MHz und mehr in die Größenordnung des Wirkwiderstandswerts, so daß die kapazitive Komponente im allgemeinen vernachlässigt werden kann und für normale Anforderungen das Ersatzschaltbild nach

Bild 167 gilt. Der Spannungsabfall am Meßwiderstand setzt sich aus zwei Teilspannungen $u_R(t) = i(t)\,R$ und $u_L(t) = L\,\mathrm{d}i(t)/\mathrm{d}t$ zusammen. Bild 168 zeigt den durch lineare Superposition erhaltenen Spannungsabfall $u_M(t)$, wenn durch den

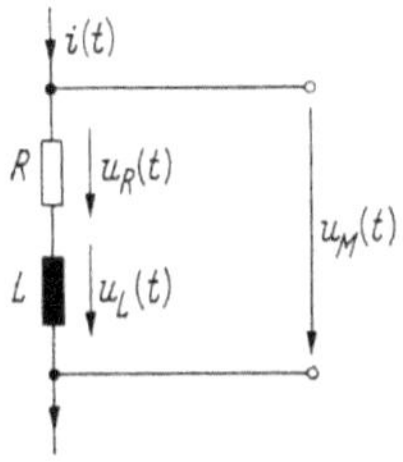


**Bild 167.** Vereinfachtes Ersatzschaltbild eines niederohmigen Meßwiderstands ohne Berücksichtigung der Stromverdrängung.

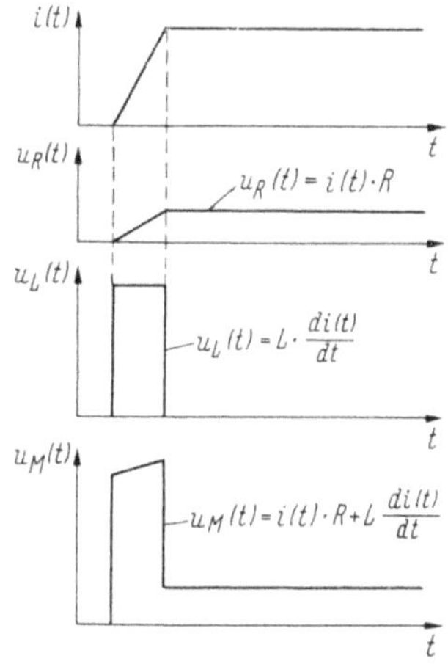


**Bild 168.** Zur Entstehung des Spannungsabfalls an einem Meßwiderstand nach Bild 167 bei einem eingeprägten Stromsprung endlicher Steilheit als Erregung.

Meßwiderstand ein eingeprägter Stromstoß endlicher Steilheit mit linear verlaufender Stirn fließt. Die induktive Spannungsspitze kann bei entsprechender Steilheit des Stroms ohne weiteres den tausendfachen Wert des Gleichspannungs-

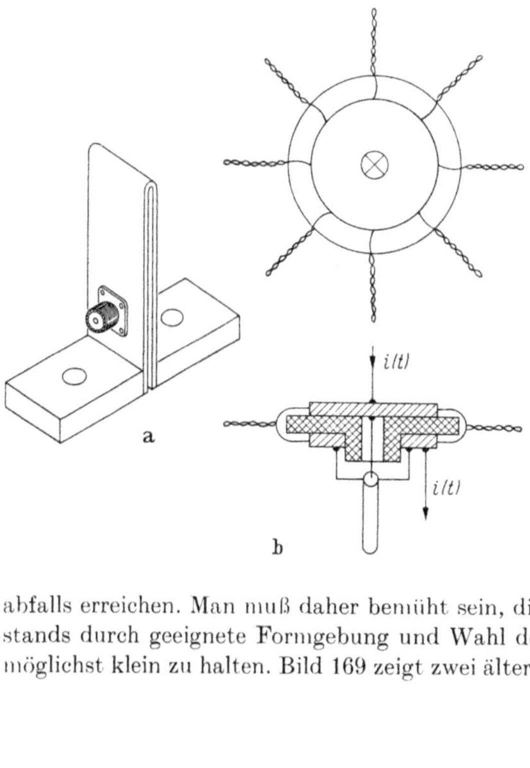


**Bild 169.** Bauformen bifilarer Meßwiderstände.

abfalls erreichen. Man muß daher bemüht sein, die Induktivität eines Meßwiderstands durch geeignete Formgebung und Wahl der geometrischen Abmessungen möglichst klein zu halten. Bild 169 zeigt zwei ältere Ausführungsformen von Meßwiderständen, bei denen durch bifilare Konstruktion versucht wurde, die induktive Komponente möglichst klein zu halten [339, 340]. Der Meßwiderstand nach Bild 169a besteht aus gefaltetem Widerstandsmaterial in Bandform. Zur Isolation beider Enden des Meßwiderstands gegeneinander eignet sich Asbest, Glimmer oder Teflon. Die Meßspannung wird mit einer UHF-Gerätebuchse abgegriffen.

Der in Bild 169b dargestellte Meßwiderstand besteht aus mehreren parallel geschalteten, bifilar gewickelten Drahtwiderständen. Die Parallelschaltung mehrerer Teilwiderstände führt zu einer Verkleinerung der Gesamtinduktivität.

Bei beiden Konstruktionen umfaßt die aus dem Meßwiderstand und den Meßleitungen gebildete Schleife immer noch einen, wenn auch kleinen Teil des mit dem zu messenden Strom verknüpften magnetischen Flusses. Um diese Schwierigkeit zu überwinden, geht man zu koaxialen Anordnungen über (Bild 170). Der

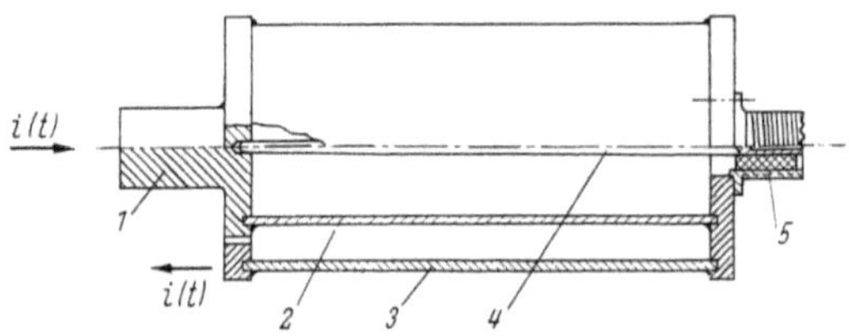


**Bild 170.** Koaxial aufgebauter niederohmiger Meßwiderstand. *1* Stromzuführung, *2* Widerstandszylinder, *3* Stromrückführung, *4* Meßabgriff, *5* koaxiale Anschlußbuchse für das Meßkabel zum Elektronenstrahloszilloskop.

Strom fließt über den zentralen Anschlußbolzen *1* durch den aus dünnem Widerstandsmaterial gefertigten Innenzylinder *2* und über den koaxialen Zylinder *3* aus normalleitendem Material wieder zurück. Die am Innenzylinder abfallende Spannung wird über den Abgriff *4* und die koaxiale HF-Buchse *5* zum Elektronenstrahloszilloskop übertragen. Da der Raum zwischen dem Abgriff *4* und dem Widerstandszylinder *2* feldfrei ist, müßte sich ein solcher Meßwiderstand wie ein reiner Wirkwiderstand verhalten. Tatsächlich besitzen auch koaxiale Meßwiderstände eine beschränkte Bandbreite. Diese wird jedoch nicht durch die von Luftstreuflüssen in der Meßschleife induzierten Spannungen verursacht, wie dies bei den bifilaren Konstruktionen der Fall ist, sondern allein durch Stromverdrängungserscheinungen im Innern des Widerstandsmaterials. Selbstverständlich treten auch bei den bifilaren Konstruktionen Stromverdrängungserscheinungen auf; diese sind dort jedoch erst in zweiter Linie für die unzureichenden Wiedergabeeigenschaften verantwortlich. Berechnet man die Ausgangsspannung eines koaxialen rohrförmigen Meßwiderstands der Wandstärke $d$ und dem Gleichstromwiderstand $R$ für den Fall, daß an die Stromklemmen ein eingeprägter Stromsprung $I_0$ unendlicher Steilheit gelegt wird, so erhält man [345, 547]

$$u_M(t) = RI_0 \left[ 1 + 2 \sum_{\nu=1}^{\infty} (-1)^\nu \exp(-\nu^2 t/T) \right]$$

mit

$$T = \frac{\mu d^2 \varkappa}{\pi^2},$$

oder in anderer Schreibweise:

$$u_M(t) = RI_0\left[1 + 2\sum_{\nu=1}^{\infty}(-1)^\nu \exp\left(-\nu^2\pi^2\frac{R}{L_0}t\right)\right],$$

$L_0$ stellt einen der inneren Induktivität des Widerstandsrohrs proportionalen Induktivitätswert dar. Beide Gleichungen lassen sich aus dem zeitlichen Verhalten des Magnetfelds in einem rohrförmigen Leiter, durch den ein eingeprägter Stromsprung fließt, ableiten.

Definiert man die Sprungantwort eines Meßwiderstands gemäß den Überlegungen in 2.1.4 zu

$$h(t) = \frac{u_M(t)}{I_0 R},$$

so ergibt sich der in Bild 171a dargestellte Verlauf einer mehrfach gefalteten Exponentialfunktion. Die Steilheit der Stirn der Sprungantwort ist eine Funktion der geometrischen Parameter und der physikalischen Eigenschaften des Widerstandsmaterials. Zu der in Bild 171a dargestellten Sprungantwort gehört der auf

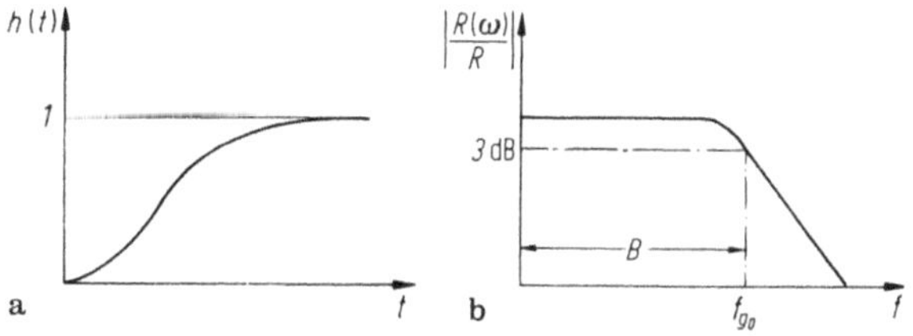


**Bild 171. a** Normierte Sprungantwort; **b** Amplitudengang eines koaxialen Meßwiderstands nach Bild 170.

den Gleichstromwiderstand $R$ bezogene Frequenzgang nach Bild 171b. Im Gegensatz zu bifilaren Konstruktionen tritt also keine mit zunehmender Steilheit des Stroms größer werdende induktive Spitze auf. Schickt man durch einen Meßwiderstand bifilarer Konstruktion einen unendlich steilen eingeprägten Stromsprung, so würde ein unendlich großer Spannungsabfall entstehen, der nur deswegen nicht beobachtet werden kann, weil er durch einen Funken am Meßspannungsabgriff begrenzt wird.

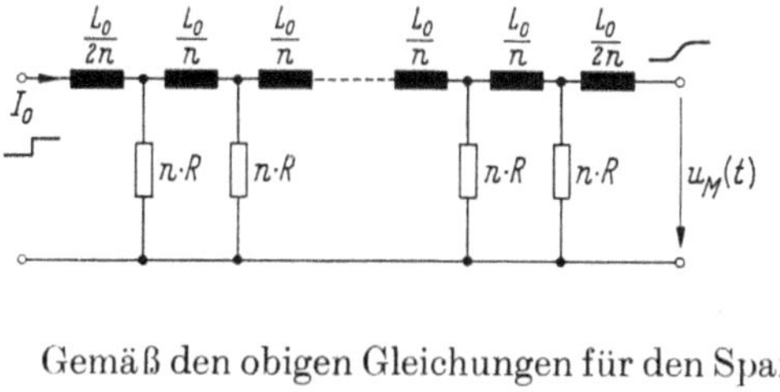


**Bild 172.** Ersatzschaltbild des rohrförmigen koaxialen Meßwiderstands nach Bild 170.

Gemäß den obigen Gleichungen für den Spannungsabfall kann man rohrförmigen Meßwiderständen das in Bild 172 dargestellte Ersatzschaltbild zuordnen [547]. Die Parallelschaltung der $n$ Teilwiderstände $Rn$ ergibt für $n = \infty$ den Gleichstromwiderstand $R$ des Meßwiderstands. Die Reihenschaltung der $n$ Teilinduktivitäten $L_0/n$ ergibt für $n = \infty$ einen der inneren Induktivität des Widerstandsrohrs proportionalen Induktivitätswert

$$L_0 = \frac{\mu d}{2\pi r}\, l .$$

$l$ Länge

$r$ Radius des Widerstandsrohrs

Schon bei einer Gliederzahl $n = 5$ unterscheidet sich die Sprungantwort für praktische Verhältnisse nicht mehr merklich von der Sprungantwort bei unendlich hoher Gliederzahl. Vergleicht man die Gleichung des Spannungsabfalls rohrförmiger Meßwiderstände mit der Gleichung des Stroms am Ausgang eines Thomsonkabels für den Fall, daß an den Eingang des Kabels ein Spannungssprung gelegt wird, so stellt man eine verblüffende Ähnlichkeit fest. Das gleiche gilt auch für das Ersatzschaltbild beider. Unter Berücksichtigung der Stromverdrängung stellt nämlich ein rohrförmiger Meßwiderstand ein duales Thomson-Kabel im Sinne der Theorie linearer Netzwerke dar.

Für den praktischen Gebrauch erweisen sich die obige Gleichung der Sprungantwort und das in Bild 172 dargestellte Ersatzschaltbild als zu umständlich. Ähnlich wie bei ohmschen Spannungsteilern arbeitet man auch bei Rohrwiderständen mit einem vereinfachten Ersatzschaltbild (Bild 173). Man kann den

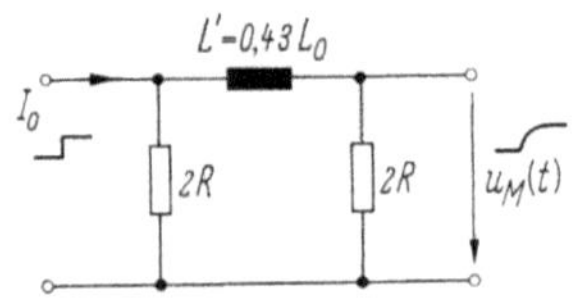


**Bild 173.** Vereinfachtes Ersatzschaltbild eines rohrförmigen koaxialen Meßwiderstands.

zeitlichen Verlauf der in Bild 171 wiedergegebenen Sprungantwort durch einen reinen Exponentialanstieg ersetzen, und zwar derart, daß sich sowohl für die Sprungantwort der Schaltung in Bild 172 als auch für die Sprungantwort des vereinfachten Ersatzschaltbilds nach Bild 173 die gleiche Antwortzeit ergibt:

$$T_R = \frac{L_0}{6R} .$$

Aus diesem Wert für die Antwortzeit würde sich die Ersatzinduktivität des Schaltbilds nach Bild 173 zu

$$L' = 2/3 \cdot L_0$$

berechnen.

Da die Antwortzeit die Übertragungseigenschaften rohrförmiger Meßwiderstände nicht befriedigend beschreibt, erscheint es auch hier zweckmäßig, das vereinfachte Ersatzschaltbild unter der Annahme gleicher Anstiegszeiten abzuleiten (s. a. 2.1.4). Man erhält dann für die Ersatzinduktivität statt $2/3 \cdot L_0$ den verbesserten Wert:

$$L' = 0{,}43 L_0 .$$

Anstiegszeit $T_a$ und Bandbreite $B$ berechnen sich zu:

$$T_a = 0{,}237 \frac{L_0}{R} = 0{,}237 \frac{\mu d^2}{\varrho}$$

und

$$B = 1{,}46 \frac{R}{L_0} = 1{,}46 \frac{\varrho}{\mu d^2},$$

mit

$$\mu_0 = 0{,}4\pi \cdot 10^{-6} \frac{\text{Vs}}{\text{Am}}.$$

Oberhalb 1 GHz ist die Länge des Widerstandsrohrs in der Regel nicht mehr kurz, verglichen mit der Wellenlänge. In diesem Fall kann das aktive Widerstandselement als Scheibe senkrecht zur Achse des stromführenden koaxialen Systems angeordnet werden, Högberg [626, 627]. Die Berechnung der Sprungantwort für eine auf die Scheibe auftreffende TEM-Welle führt zu dem gleichen Ausdruck, wie er auch für den Rohrshunt abgeleitet wurde [628]. Den Aufbau eines Scheibenwiderstands zeigt Bild 174.

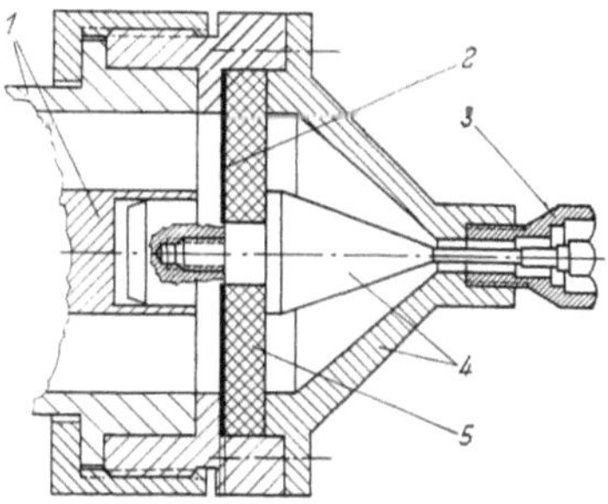


**Bild 174.** Scheibenförmiger Strommeßwiderstand mit wellenwiderstandsgerecht angepaßtem Spannungsabgriff. *1* Stromklemmen, *2* Widerstandselement, *3* koaxialer Anschluß, *4* Spannungsabgriff, *5* dielektrische Scheibe.

Der Spannungsabgriff in Form einer Kegelleitung ist dem Wellenwiderstand des Meßkabels angepaßt und erlaubt so eine optimale Sprungantwort.

Mit koaxial aufgebauten Scheibenwiderständen lassen sich nahezu ideale hochfrequente Übertragungseigenschaften erreichen, wenn die Dicke des Widerstandsmaterials hinreichend dünn gewählt wird. Beispielsweise beträgt für eine kommerziell erhältliche Widerstandsfolie aus Nickel-Chrom 80/20 mit einer Dicke von 10 µm die durch die Stromverdrängung begrenzte Anstiegszeit nur 28 ps [765].

Einige spezielle Anwendungen, wie Nachstrommessungen an Hochspannungsleistungsschaltern oder die Messung von Kurzschlußströmen in Hochleistungsprüffeldern, [354, 355, 357, 358], erfordern Meßwiderstände hoher Wärmekapazität, d. h. hohen Grenzlastintegrals $\int i^2 \, dt$. Da diese Meßwiderstände große Querschnitte und Wandstärken besitzen, zeigen sie ausgeprägte Stromverdrängungserscheinungen auch bei vergleichsweise niedrigen Frequenzen. Verschiedentlich wurde versucht, unzureichende Antwortzeiten durch Einsägen von Längsschlitzen in den Widerstandszylinder [341, 342] oder Aufbau des Meßwiderstands in Reusenform [343, 344] zu verkleinern. Die Schlitze bzw. die Spalte zwischen den einzelnen Stäben einer Reuse ermöglichen dem magnetischen Fluß einen Durchgriff in den ursprünglich feldfreien Raum des Innenzylinders. Damit sollte erreicht werden, daß die mit der Stromverdrängung verknüpften, im Innern des Widerstandsmaterials induzierten Spannungen durch die vom äußeren Feld in der Meßschleife induzierten Spannungen gerade kompensiert würden. Dies ist jedoch leider nicht möglich. In einem Ersatzschaltbild läßt sich der Durchgriff

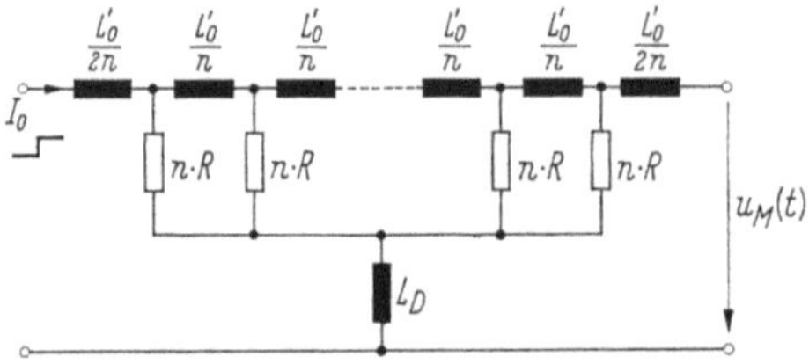


**Bild 175.** Vereinfachtes Ersatzschaltbild eines koaxialen Reusenwiderstands.

des äußeren Feldes vereinfacht durch Zuschalten einer weiteren Induktivität $L_D$ berücksichtigen. Für die inneren Teilinduktivitäten im Längszweig und die den Durchgriff darstellende Induktivität $L_D$ lassen sich beim Reusenshunt nicht die gleichen einfachen Ausdrücke finden wie beim Rohrshunt, da sich die Berechnung durch die kompliziertere Geometrie und den Proximityeffekt (Nähewirkung) recht schwierig gestaltet [34]. Jedoch ist auch hier für praktische Verhältnisse

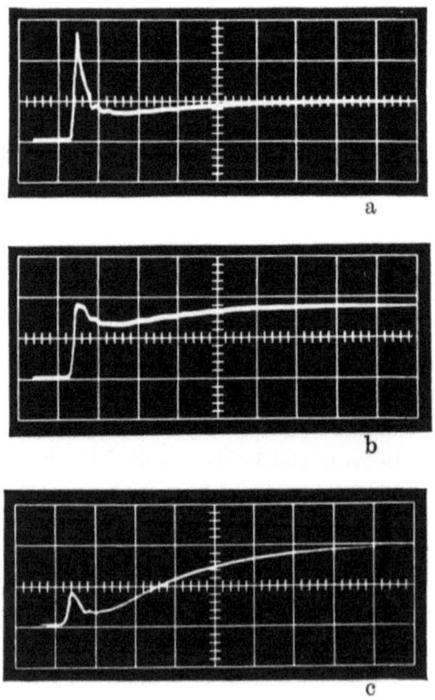


**Bild 176.** Sprungantwort bei Reusenwiderständen mit unterschiedlicher Stabzahl. **a** Stabzahl zu klein; **b** „ideale" Stabzahl; **c** Stabzahl zu groß.

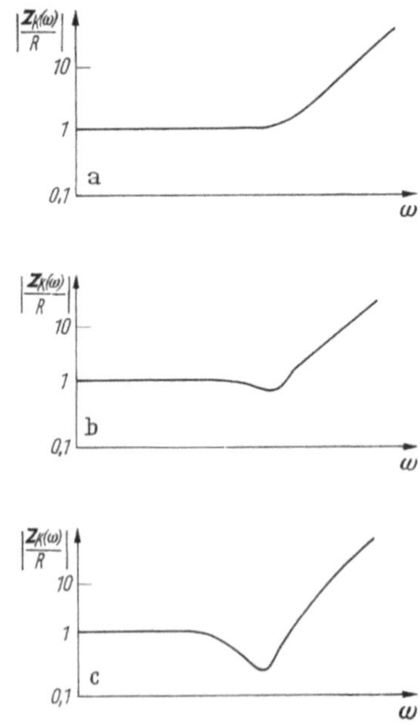


**Bild 177.** Frequenzgang von Reusenwiderständen mit unterschiedlicher Stabzahl der Innenreuse. **a** Stabzahl zu klein; **b** „ideale" Stabzahl; **c** Stabzahl zu groß.

die Nachbildung der Stromverdrängung durch einen Kettenleiter aus 5 Gliedern ausreichend. Die Ausgangsspannung eines Reusenshunts kann wegen der vorausgesetzten Linearität der Bauelemente dargestellt werden durch Superposition des durch Stromverdrängung hervorgerufenen Spannungsverlaufs — ähnlich dem des Rohrshunts — und der an der Induktivität $L_D$ entstehenden Selbstinduktionsspannung $L_D\,\mathrm{d}i(t)/\mathrm{d}t$. Bild 176 zeigt die Oszillogramme der Ausgangsspannung dreier Reusenwiderstände mit unterschiedlichem „Kompensationsgrad", wenn als Eingangsgröße ein eingeprägter quasi rechteckförmiger Stoßstrom mit einer Anstiegszeit von etwa 6 bis 8 ns durch die Widerstände fließt. In Bild 177 ist qualitativ der zugehörige Frequenzgang der jeweiligen Reusenwiderstände dargestellt [345]. Für einen bestimmten Prüfstrom mit entsprechender Anstiegszeit beziehungsweise Stromänderungsgeschwindigkeit $\mathrm{d}i(t)/\mathrm{d}t$ der Stirn läßt sich erreichen, daß die induktive Spitze genau so groß wird wie der Gleichstromwert (Bild 176b). Diese „Kompensation" — erreicht durch unterschiedliche Stabzahl der Widerstandsreuse — gilt jedoch nur für einen bestimmten Stromverlauf. Steilere Ströme erzeugen einen Spannungsabfall ähnlich Bild 176a, langsamere Stromänderungen einen Verlauf gemäß Bild 176c. Reusenwiderstände und Meßwiderstände bifilarer Bauart besitzen demnach eine von der Steilheit des Prüfstroms abhängige Sprungantwort. Die theoretische Definition der Sprungantwort im Sinne der Systemtheorie setzt eine unendlich steil ansteigende Eingangsgröße voraus, jedoch genügt für die experimentelle Bestimmung der Sprungantwort von Systemen mit integrierenden Eigenschaften ($RC$-Verhalten, exponentieller Anstieg der Sprungantwort) meist eine Eingangsgröße endlicher Steilheit. Es wird lediglich gefordert, daß die Anstiegszeit der Testfunktion mindestens fünfmal so steil ist wie die Eigenanstiegszeit des Systems (s. a. 2.1.3). Beliebig steilere Testfunktionen ergeben dann immer den gleichen Verlauf der Sprungantwort.

Im Gegensatz dazu können Systeme mit teilweise differenzierenden Eigenschaften — hier Reusenwiderstände und Meßwiderstände bifilarer Bauart — eine von der Steilheit der Testfunktion fortwährend abhängige Sprungantwort besitzen. Der Begriff der Sprungantwort gilt hier also nur unter Vorbehalt! Bei der Bestimmung der Sprungantwort streng gemäß ihrer Definition würde der Spannungsabfall am Meßwiderstand im Einschaltaugenblick einen unendlich hohen Wert annehmen. Ähnliche Überlegungen gelten für die Antwortzeit, die ja aus der Sprungantwort definiert wird. Die Angabe der Antwortzeit als Kriterium für die hochfrequenten Übertragungseigenschaften ist bei Reusenwiderständen und Meßwiderständen bifilarer Bauart mit gleicher Vorsicht zu bewerten wie bei den schon behandelten Stoßspannungsteilern.

Niederohmige Meßwiderstände in Reusenform besitzen dennoch ihre Daseinsberechtigung, wenn ihr Frequenzgang durch Entzerrungsnetzwerke eingeebnet wird. Unter bestimmten Voraussetzungen lassen sich für Reusenwiderstände mit Hilfe der Netzwerksynthese Entzerrungsnetzwerke finden, die sowohl die vom äußeren Feld in der Meßschleife induzierten Spannungen (induktive Spannungsspitze) als auch die mit den Stromverdrängungserscheinungen verknüpften Spannungen (schleichende Annäherung der Sprungantwort an den Endwert) in geeigneter Weise kompensieren [345, 348].

In der folgenden Betrachtung wird der Begriff des Übertragungsfaktors als bekannt vorausgesetzt, da er schon bei der Behandlung der Übertragungseigenschaften von Stoßspannungsteilern ausführlich erläutert wurde (s. 2.1.1). Besitzt der Übertragungsfaktor $\boldsymbol{A}_1(s)$ eines Vierpols nur Nullstellen und Pole im Innern der linken $s$-Halbebene, so daß also noch die $j\omega$-Achse und $s = \infty$ pol- und nullstellenfrei sind (Mindestphasennetzwerke mit beschränkter Dämpfung), dann existiert ein inverser Vierpol mit dem Übertragungsfaktor $\boldsymbol{A}_2(s) = K/\boldsymbol{A}_1(s)$. Man bezeichnet solche Vierpole auch als invertierbar.

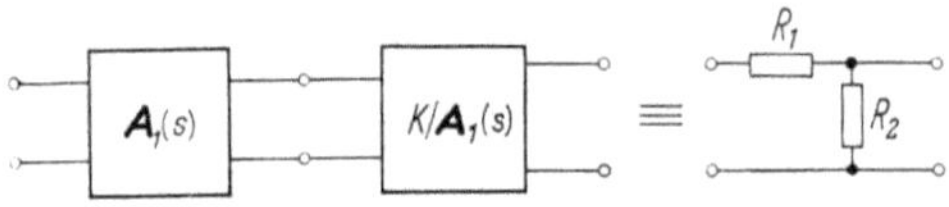


**Bild 178.** Kettenschaltung inverser Vierpole zur Erzielung eines frequenzunabhängigen Übertragungsfaktors. (Nach Wunsch [64].)

Die Kettenschaltung zweier zueinander inverser Vierpole mit beliebigen linearen Bauelementen kann demnach äquivalent sein einem Vierpol aus reinen Wirkwiderständen (Bild 178). Der Gesamtübertragungsfaktor $\boldsymbol{A}_{12}(s)$ der Kettenschaltung ist eine Konstante und damit unabhängig von der Frequenz [64]

$$\boldsymbol{A}_{12}(s) = K_1\boldsymbol{A}_1(s)\,\boldsymbol{A}_2(s) = K_1\boldsymbol{A}_1(s)\,\frac{K}{\boldsymbol{A}_1(s)},$$

$$\boldsymbol{A}_{12}(s) = K_1 K = \text{const.}$$

Der konstante reelle Faktor $K_1$ ergibt sich im allgemeinen bei der Kettenschaltung der Einzelrealisierungen. Physikalisch besagt die Gleichung, daß die von einem invertierbaren Vierpol verursachten Signalverzerrungen vollständig durch einen nachgeschalteten Vierpol mit inversen Übertragungseigenschaften aufgehoben werden können. Angewandt auf niederohmige Meßwiderstände läßt sich zeigen, daß beispielsweise die Ersatzschaltung des Reusenshunts nach Bild 175 den genannten Realisierungsbedingungen genügt, die Ersatzschaltung eines rohrförmigen Meßwiderstands nach Bild 172 jedoch nicht.

Die Theorie linearer Netzwerke stellt mehrere Verfahren der Netzwerksynthese zur Auswahl, mit Hilfe derer Entzerrungsnetzwerke realisiert werden können, deren Übertragungsfaktoren invers zum Übertragungsfaktor von Reusenwiderständen sind [64, 351]. Die Vielzahl der möglichen Verfahren wird eingeschränkt durch die Forderung, daß die Entzerrungsnetzwerke keine idealen Übertrager enthalten dürfen und außerdem eine durchgehende Verbindung zwischen einer Eingangs- und Ausgangsklemme vorhanden sein muß (durchgehende „Erde").

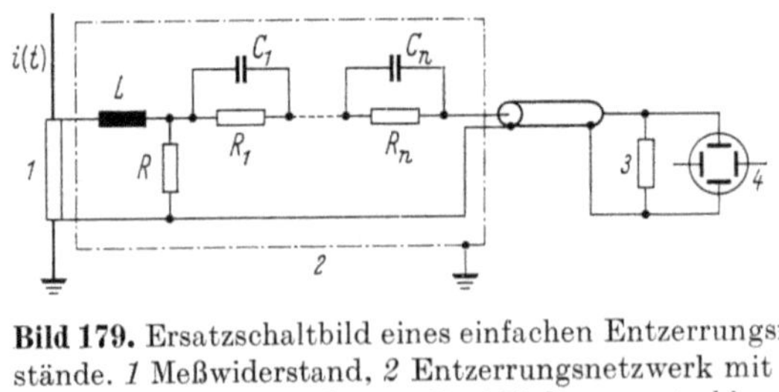


**Bild 179.** Ersatzschaltbild eines einfachen Entzerrungsnetzwerks für koaxiale Reusenwiderstände. *1* Meßwiderstand, *2* Entzerrungsnetzwerk mit Abschirmgehäuse, *3* Kabelabschlußwiderstand (Wellenwiderstand), *4* Elektronenstrahloszilloskop.

Bild 179 zeigt ein Entzerrungsnetzwerk, dessen Übertragungsfaktor zwar nicht exakt invers ist, für praktische Verhältnisse aber ausreichend entzerrt [348]. Das Netzwerk ist praktisch rückwirkungsfrei, da sein Eingangswiderstand groß ist, verglichen mit dem Widerstandswert des eigentlichen Meßwiderstands. Die einzelnen Werte der Bauelemente lassen sich für bestimmte geometrische Abmessungen zahlenmäßig angeben, jedoch muß wegen ihrer Toleranzen und der nichtidealen Eigenschaften der Bauelemente im Nanosekundenbereich auf alle Fälle ein experimenteller Abgleich mit einem Teststrom bekannten zeitlichen Verlaufs erfolgen. Ausgehend von einer Sprungantwort, wie sie beispielsweise in Bild 180 a dargestellt ist, wird durch geeignete Wahl von $L/R$ zunächst das

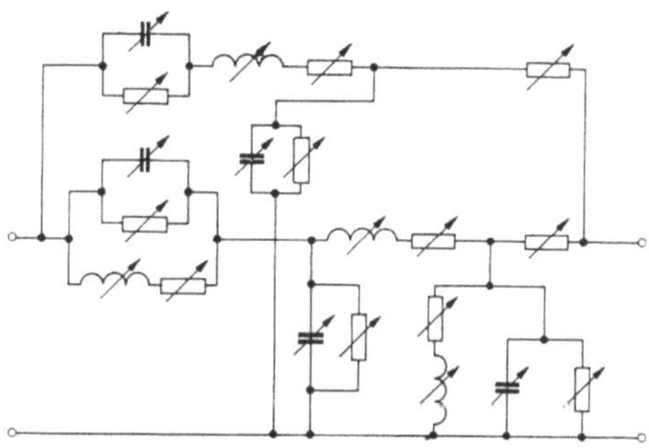

**Bild 181.** Struktur eines komplizierten Entzerrungsnetzwerks für koaxiale Reusenwiderstände.

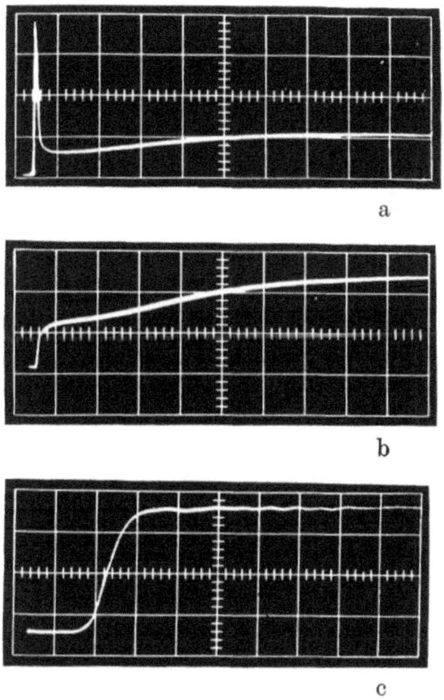


**Bild 180.** Sprungantwort eines Reusenwiderstands mit Entzerrungsnetzwerk während verschiedener Abgleichstadien.

Überschwingen beseitigt. Damit ergibt sich eine verbesserte Wiedergabe, wie sie Bild 180 b zeigt. Es verbleibt noch die schleichende Annäherung der Meßspannung auf den Endwert. Mit den $RC$-Gliedern $R_n$ und $C_n$ kann der Verlauf der Spannung in gewünschter Weise beeinflußt werden, Bild 180 c. Die Anzahl der $RC$-Kreise richtet sich nach der erforderlichen Wiedergabequalität. Bei günstig gewählten Abmessungen des Meßwiderstands reichen meistens drei $RC$-Glieder aus. Außerdem läßt sich die bei langen Verbindungskabeln zum Elektronenstrahloszilloskop durch Wirbelstromeffekte hervorgerufene Impulsverformung in gleicher Weise mittels eines oder zweier weiterer $RC$-Glieder kompensieren. Es ist zweckmäßig, aber nicht unbedingt erforderlich, die Summe der Widerstände $R_1$ bis $R_n$ gleich dem Wellenwiderstand $Z$ des Verbindungskabels zum Elektronenstrahloszilloskop zu wählen. Am Oszilloskop wird das Kabel mit seinem Wellenwiderstand abgeschlossen. Für die Auswahl der Bauelemente und für den räumlichen und elektrischen Aufbau des Kompensationsvierpols müssen die in der Nanosekundentechnik üblichen Gesichtspunkte beachtet werden. Bild 181 zeigt die Struktur eines Kompensationsvierpols, der mit Hilfe eines Syntheseverfahrens nach Wunsch realisiert wurde [64].

Ausgehend von dem in komplexer analytischer Form vorgegebenen Kopplungswiderstand einer Reusenanordnung [345] muß zunächst eine Approximation durch eine gebrochen rationale Funktion erfolgen. Deren inverser Übertragungsfaktor erst kann mit Hilfe der Netzwerksynthese realisiert werden. Der Abgleich des Netzwerks gestaltet sich aufgrund der Vielzahl der Bauelemente recht schwierig. Dafür besitzt dann die Meßeinrichtung aber auch eine theoretisch unendlich hohe Bandbreite beziehungsweise eine Eigenanstiegszeit $T_a = 0$. Die praktisch erreichbare obere Grenzfrequenz wird lediglich durch die nichtidealen Eigenschaften der Bauelemente im Entzerrungsnetzwerk und die bei der Berechnung des Kopplungswiderstands und seiner Approximation gemachten Vernachlässigungen bestimmt und liegt bei etwa 100 MHz.

Ein grundsätzlich anderer Weg der Verbesserung der Übertragungseigenschaften dickwandiger Meßwiderstände wurde von Malewski vorgeschlagen [622, 751, 804, 805]. Verlagert man den Meßabgriff teilweise in die Rohrwandung, so läßt sich die Anstiegszeit etwa um eine Größenordnung verringern (Bild 182).

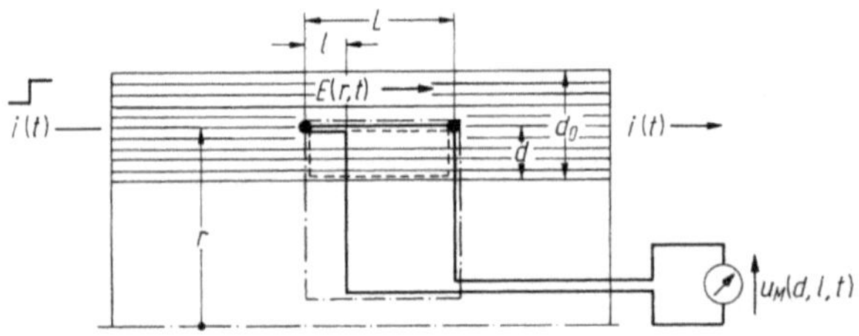


**Bild 182.** Kompensierter Meßwiderstand mit teilweise in die Rohrwandung verlagertem Meßabgriff.

Mit Hilfe der Maxwellschen Gleichungen berechnet sich der normierte Spannungsabfall dieser Anordnung abhängig von Lage und Größe des Meßabgriffs nach Schwab und Imo [803] zu

$$u_M(d, l, t) = 1 + 2\sum_{\nu=1}^{\infty} (-1)^\nu \cdot \left\{1 + \frac{l}{L}\left[\cos(\nu\pi d/d_0) - 1\right]\right\} \cdot \exp(-\nu^2 t/T).$$

Eine numerische Auswertung dieser Gleichung ergibt, daß unter der Voraussetzung eines Überschwingens kleiner 1% jedem Wert $d/d_0$ nur ein optimaler Wert $l/L$ zugeordnet ist, für den die Anstiegszeit ein Minimum annimmt. Beide Funktionen $T_a$ und $l/L$ sind nur im Bereich $0{,}51 \leq d/d_0 \leq 0{,}7$ definiert und streben mit wachsendem $d/d_0$ monoton unteren Grenzwerten zu. Damit existiert hinsichtlich der optimalen Lage und Größe des Meßabgriffs nur ein Wertepaar,

$$d/d_0 \approx 0{,}7$$

$$l/L \approx 0{,}62,$$

das mit der kleinstmöglichen Anstiegszeit korrespondiert. Den zeitlichen Verlauf dreier experimentell bestätigter Sprungantworten für verschiedene Verhältnisse

$d/d_0$ und $l/L$ zeigt Bild 183. Eine weitere Verringerung der Anstiegszeit läßt sich erreichen, wenn der Spannungsabgriff innerhalb der Rohrwandung parabelförmig ausgebildet wird [808].

Selbstverständlich arbeiten Meßwiderstände mit in der Rohrwandung verlagertem Meßabgriff nur dann einwandfrei, wenn die Stromdichte längs des Umfangs des Widerstandsrohrs konstant ist. Diese essentielle Voraussetzung ist je nach Lage der Stromzuführungen und des Schirmfaktors der koaxialen Rückleitung, insbesondere bei mehrphasigen Anordnungen, häufig nicht erfüllt und kann zu erheblichen Meßfehlern führen.

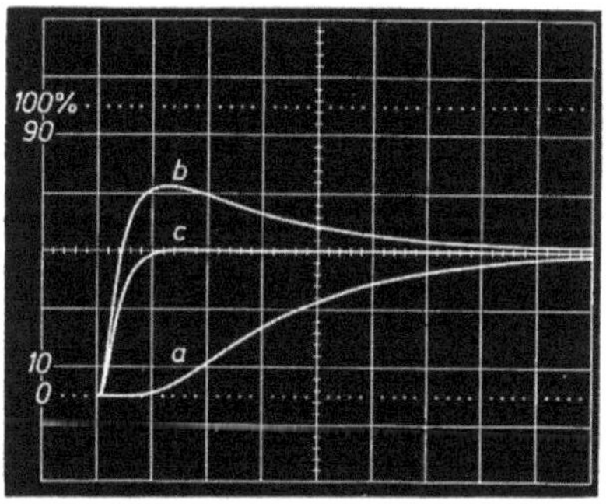


**Bild 183.** Sprungantworten eines Meßwiderstands mit teilweise in die Rohrwandung verlagertem Meßabgriff [803], Zeitablenkung 100 ns/div.

**a** $d/d_0 = 0$, $l/L = 1000$, $T_a = 555$ ns
**b** $d/d_0 = 2/3$, $l/L = 1000$, $T_a = 55$ ns
**c** $d/d_0 = 2/3$, $l/L = 0{,}6755$, $T_a = 61$ n

Der experimentelle Abgleich der Entzerrungsnetzwerke oder die Überprüfung der korrekten Dimensionierung eines verlagerten Spannungsabgriffs setzt das Vorhandensein eines induktionsarmen Prüfgenerators voraus, der eingeprägte Stromimpulse mit Scheitelwerten von mehreren zehn Ampere und hinreichend kleinen Anstiegszeiten ohne Einschwingvorgänge erzeugt. Hierzu eignet sich eine mit vergleichsweise wenig Aufwand zu erstellende einstufige Stoßschaltung

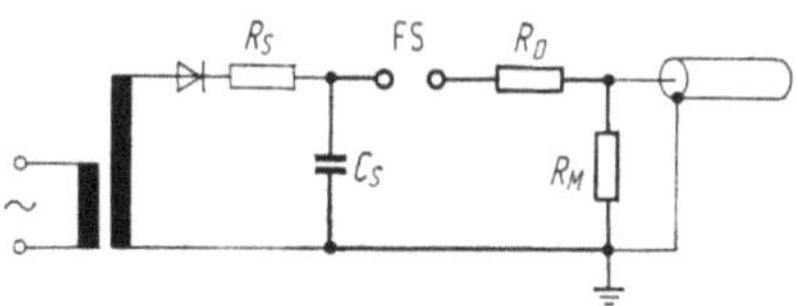


**Bild 184.** Testgenerator zur Messung der Sprungantwort niederohmiger Meßwiderstände.
$R_S$ Schutzwiderstand für den Gleichrichter,
$R_D$ Dämpfungswiderstand,
*FS* Preßgas- oder Vielfach-Schaltfunkenstrecke.

(Bild 184). Der stärker gezeichnete eigentliche Entladekreis muß möglichst induktionsarm, am besten koaxial, aufgebaut werden. Für die Stoßkapazität $C_s$ eignen sich induktionsarm aufgebaute Hochspannungsimpulskondensatoren mit Eigeninduktivitäten zwischen 10 und 100 nH, wie sie auch in der Plasmaphysik Verwendung finden [369, 370, 534]. Der Widerstand $R_D$ muß so groß gewählt werden, daß der Strom beim Durchzünden der Funkenstrecke mit Sicherheit nicht überschwingt. Mit normalen Funkenstrecken in atmosphärischer Luft erreicht man Anstiegszeiten zwischen 6 und 8 ns. Preßgas- und Vielfachfunkenstrecken erlauben kürzere Anstiegszeiten. Um die Ausbreitung leitungsgebundener Störspannungen zu unterbinden, baut man in die Netzzuleitungen zum Transformator Durchführungsfilter ein. Geerdet wird die gesamte Schaltung nur an einer Stelle, und zwar an dem Ende des Meßwiderstands, das mit dem Schirm des Meßkabels zum Elektronenstrahloszilloskop verbunden ist. Hinsichtlich der Unterdrückung sonstiger Störspannungen bei der Messung gilt das in 1.5 Gesagte ohne Einschränkung. Ersetzt man die induktionsarm aufgebaute Stoßkapazität $C_s$ durch ein langes Koaxialkabel, so liefert die gleiche Schaltung nahezu rechteckförmige Stromimpulse. Eine leichte Dachschräge läßt sich wegen der Kabeldämpfung nicht ganz vermeiden [535].

In den bislang angestellten Überlegungen wurde stillschweigend vorausgesetzt, daß ein Meßwiderstand als lineares Bauelement im systemtheoretischen Sinne aufgefaßt werden kann. Strenggenommen sind die Meßwiderstände jedoch nichtlinear, da sich mit zunehmender Stromstärke und die dadurch bedingte Erwärmung der spezifische Widerstand des Widerstandsmaterials ändert. Durch die Wahl von Werkstoffen mit kleinen Temperaturkoeffizienten läßt sich diese

**Tabelle 4**

| Legierung | Konstantan | Manganin | Nikrothal L | Nikrothal 80 |
|---|---|---|---|---|
| spez. el. Widerstand $\varrho$ bei 20 °C in $\Omega \frac{\text{mm}^2}{\text{m}}$ | 0,49 | 0,43 | 1,33 | 1,09 |
| Temperaturkoeffizient in $K^{-1}$ | $30 \cdot 10^{-6}$ | $20 \cdot 10^{-6}$ | $20 \cdot 10^{-6}$ | $60 \cdot 10^{-6}$ |
| Dichte in g/cm³ | 9,0 | 8,6 | 8,3 | 8,5 |
| spez. Wärme bei 20 °C in J/gK | 0,41 | 0,41 | 0,46 | 0,46 |
| Max. Betriebstemp. in °C | 600 | 300 | 250 | 1200 |

Nichtlinearität jedoch vernachlässigbar klein halten. Die Tab. 4 zeigt eine Aufstellung geeigneter Widerstandsmaterialien mit ihren spezifischen Widerständen und den jeweiligen Temperaturkoeffizienten. Außerdem enthält die Tabelle die zur Ermittlung der Impulsbelastbarkeit erforderlichen spezifischen Wärmen und Gewichte.

Ein Maß für die Stromverdrängung bei einer bestimmten Frequenz ist die Eindringtiefe $\vartheta$,

$$\vartheta = \frac{1}{\sqrt{\pi f \varkappa \mu_{\text{rel}} \mu_0}}.$$

Für sehr hohe Frequenzen, also starke Stromverdrängung, stellt $\vartheta$ bei einem runden Leiter die Dicke einer gedachten Leitschicht unter der Leiteroberfläche dar, deren Gleichstromwiderstand gleich dem Wirkwiderstand des massiven Leiters bei der betrachteten Frequenz ist [349]. Widerstandsmaterialien mit hohem spezifischen Widerstand besitzen nach obiger Gleichung eine große Eindringtiefe und damit vergleichsweise geringe Stromverdrängungserscheinungen.

Von weiterer Bedeutung ist ferner die relative Permeabilität des Widerstandsmaterials. Trotz der teilweise hohen Nickelgehalte der in der Tab. 4 aufgeführten Widerstandsmaterialien sind die genannten Werkstoffe nicht ferromagnetisch, so daß in der Gleichung für die Eindringtiefe $\mu_{\mathrm{rel}} = 1$ gesetzt werden kann. Die Stoffe weisen zwar teilweise ferromagnetische Eigenschaften auf, jedoch liegt ihr Curiepunkt unterhalb der Raumtemperatur [350]. Vorsicht ist geboten beim Einsatz von Meßwiderständen in Versuchseinrichtungen der Tieftemperaturphysik, wo der Curie-Punkt unterschritten werden kann.

Von grundlegender Bedeutung für die thermische Auslegung von Impulsstrommeßwiderständen ist das von der Aufgabenstellung her geforderte Grenzlastintegral $\int i^2\,\mathrm{d}t$, das der Anwender für den zu erwartenden Stromverlauf abschätzen muß. Während sich die thermische Dauerbelastbarkeit eines Impulsstrommeßwiderstands rechnerisch nur sehr ungenau erfassen läßt, weil sie wesentlich von den jeweiligen Einbau- und Betriebsbedingungen abhängt, kann die Impulsstrombelastbarkeit exakt angegeben werden.

Die Impulsstrombelastbarkeit von Meßwiderständen hängt neben ihrer rein mechanischen Widerstandsfähigkeit gegen die auftretenden Stromkräfte nur von der Wärmekapazität des aktiven Widerstandsteils ab. Für einen beliebigen zeitlichen Stromverlauf berechnet sich die im Widerstand in Stromwärme umgesetzte Energie, die zu einer Übertemperatur $\vartheta$ führt, nach Foitzik [347] zu

$$\int_0^\infty Ri^2(t)\,\mathrm{d}t = qcl\varrho\vartheta = mc\vartheta$$

Darin bedeuten:

$q$ Leiterquerschnitt,
$c$ mittlere spez. Wärme,
$\vartheta$ Leiterübertemperatur,
$\varrho$ Dichte
$l$ Länge des Widerstands.
$m$ Masse

Die Temperatur $\vartheta$ des Widerstands ist der zugeführten Energie proportional, wenn keine Wärme durch Strahlung, Leitung oder Konvektion abgeführt wird. Dies darf bei impulsförmigem Stromverlauf im Mikrosekundenbereich näherungsweise angenommen werden. Wie aus obiger Gleichung hervorgeht, ist unter den genannten Voraussetzungen die Impulsstrombelastbarkeit in erster Linie eine

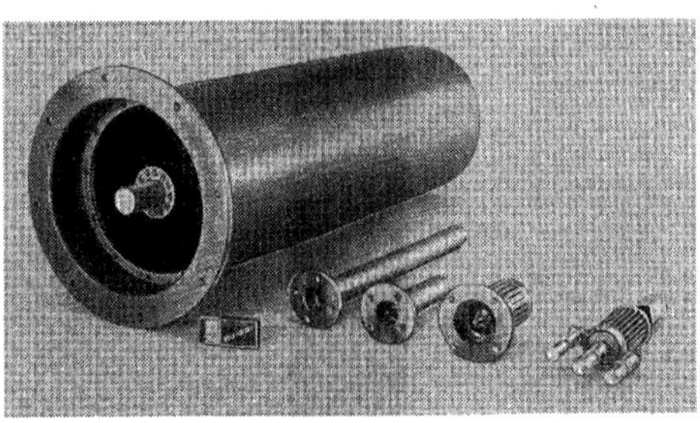

**Bild 185.** Praktisch ausgeführte Impulsstrommeßwiderstände. Bei hohen Bandbreiten sind die Stromanschlußklemmen koaxial (*MC*-Steckverbindungen), bei niedrigen Bandbreiten und hohem Grenzlastintegral als Flachkupferschienen ausgeführt (Hilo-Test, Zirrgiebel).

Frage der Masse. Beispielsweise besitzen praktisch ausgeführte Nachstrommeßwiderstände Massen von einigen 10 kg.

Abschließend zeigt Bild 185 einige praktisch ausgeführte Impulsstrommeßwiderstände.

## 4.2 Magnetische Spannungsmesser (Rogowski-Spulen)

Ein zeitlich veränderlicher Strom ist mit einem zeitlich sich ändernden Magnetfeld verknüpft, das in einer den Strompfad umgebenden Spule eine der Stromänderung $\mathrm{d}i_1(t)/\mathrm{d}t$ proportionale Spannung $u_i(t)$ induziert (Bild 186). Einem nachgeschalteten Netzwerk mit integrierenden Eigenschaften kann man ein dem Strom $i_1(t)$ proportionales Meßsignal $u_M(t)$ entnehmen.

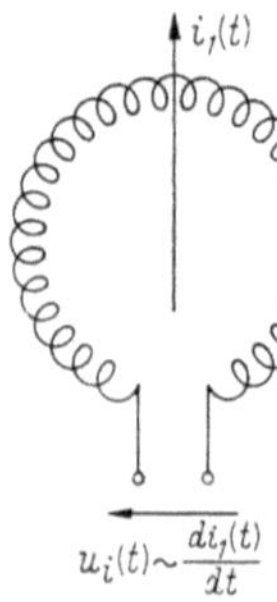


**Bild 186.** Zur Wirkungsweise des magnetischen Spannungsmessers (Nach Rogowski.)

Die Rogowski-Spule ist eine speziell für die Messung zeitlich veränderlicher Ströme oder deren Ableitungen ausgelegte Induktionsspule [325, 326, 331, 352, 788—793]. Ihre Wirkungsweise läßt sich aus dem Durchflutungsgesetz

$$\oint_C \boldsymbol{B}\,\mathrm{d}\boldsymbol{s} = \mu I$$

erklären. Das Linienintegral über der magnetischen Induktion ist der Durchflutung — darunter versteht man den mit dem Integrationsweg verketteten Strom — proportional. Das Integral erstreckt sich über eine geschlossene Kurve $C$, die beliebig verlaufen kann, aber den Strom ganz umschließen muß. Denkt man sich um eine den Strompfad umfassende Kurve der Länge $l$ eine Spule mit $n$ Windungen gleicher Ganghöhe $\Delta s$ und Fläche $F$ gewickelt, dann ist die bei einer Feldänderung $\mathrm{d}B/\mathrm{d}t$ induzierte Spannung dem Betrage nach

$$u_i(t) = F \sum_{\nu=1}^{n} \frac{\mathrm{d}B_\nu}{\mathrm{d}t},$$

wobei $B_\nu$ die Feldkomponente senkrecht zur Windungsfläche darstellt. Für hinreichend kleine $\Delta s$ kann man das Kreisintegral durch eine Summe annähern

$$\sum_{\nu=1}^{n} B_\nu \Delta s = \mu i_1 .$$

Aus obiger Gleichung erhält man durch Differentiation nach der Zeit $t$ und unter Berücksichtigung der vorstehenden Gleichung die induzierte Spannung

$$u_i(t) = \frac{\mu n F}{l} \frac{\mathrm{d}i_1}{\mathrm{d}t} = M \frac{\mathrm{d}i_1}{\mathrm{d}t}.$$

Der Proportionalitätsfaktor $M$ ist die Gegeninduktivität zwischen der Meßspule und dem Strompfad. Sie bewirkt, daß der im Meßkreis fließende Strom auf den zu messenden Strom zurückwirkt. Diese Rückwirkung kann meist vernachlässigt werden, da in vielen Fällen das Volumen der Meßspule klein gegen den gesamten vom Feld erfüllten Raum ist. Die Windungszahl muß so groß gewählt werden, daß das Kreisintegral im Rahmen der geforderten Meßgenauigkeit durch eine Summe ersetzt werden kann. Bei der Ableitung der induzierten Spannung wurde vorausgesetzt, daß die einzelnen Windungsflächen senkrecht zur Kurve $C$ orientiert sind. Dies ist wegen der endlichen Steigung der Windungen und einer möglichen Schräglage des Leiters nicht der Fall. Man führt deshalb die Rogowski-Spule in Form einer Kreuzwicklung aus, wobei sich dann die Feldkomponenten, die nicht parallel zu $\Delta s$ liegen, gegenseitig aufheben. Eine mögliche Bauform zeigt Bild 187 [328].

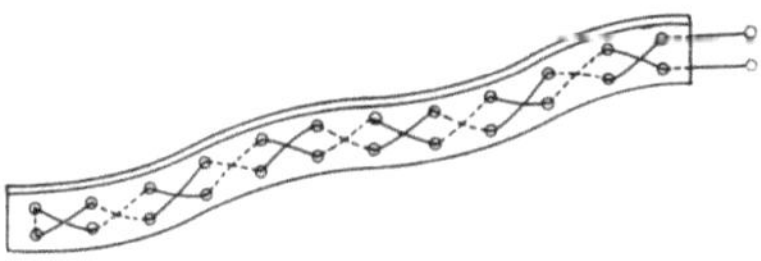

**Bild 187.** Rogowski-Spule

**Bild 188.** Schematische Wicklungsanordnung von Rogowski-Spulen

Die Kreuzwicklung macht es unmöglich, daß Magnetfelder außerhalb der Apertur liegender Strompfade in der durch die Kontur $C$ gebildeten Schleife zum Meßsignal beitragen.

Der bifilare Aufbau von Rogowski-Spulen geht nochmals deutlich aus Bild 188 hervor, in der zwei mögliche Formen mit unterschiedlicher Gleichtaktunterdrükkung dargestellt sind.

Wie schon eingangs erwähnt, ist das an den Enden der Rogowski-Spule gebildete Spannungssignal $u_i(t)$ der zeitlichen Stromänderung proportional. Um ein dem Strom proportionales Meßsignal zu erhalten, ist also eine Integration erforderlich. Diese kann mit einem entsprechend bemessenen passiven Netzwerk, bestehend aus einem einfachen $LR$- oder $RC$-Glied, geschehen, [332—334]. Mitunter finden auch kapazitiv gegengekoppelte integrierende Operationsverstärker Verwendung, die eine wesentlich niedrigere untere Grenzfrequenz ermöglichen [330]. Wir wollen uns hier auf passive Netzwerke beschränken, die sich in kurzer Zeit mit wenig Aufwand selbst herstellen lassen.

Für die elektrische Integration durch ein $LR$-Glied wird die Meßschleife mit einem Widerstand $R$, der klein gegen den Wellenwiderstand des Meßkabels sein muß, belastet (Bild 189). Der Widerstand muß induktionsarm aufgebaut sein, es gelten die bereits in 4.1 angestellten Überlegungen. Oberhalb der unteren Grenzfrequenz $\omega_u$ ist $L\omega_u \gg (R + R_s)$. Das heißt, der Strom im $LR$-Kreis wird durch den induktiven Widerstand $\omega L$ bestimmt (Betrieb als Stromwandler); dann ist

$$u_i(t) = L \frac{\mathrm{d}i_2}{\mathrm{d}t}$$

bzw.

$$u_M(t) = \frac{R}{L} \int u_i(t)\,\mathrm{d}t = \frac{R}{L} M i_1(t).$$

Als integrierende Induktivität verwendet man die Eigeninduktivität der Meßspule. Sie kann näherungsweise berechnet werden. Es ist jedoch im allgemeinen zweckmäßiger, der Meßspule eine bekannte Kapazität parallel zu schalten und ihre Induktivität aus der gemessenen Kreisfrequenz zu errechnen [385]. Die Messung der Gegeninduktivität kann außerdem in der Maxwell-Campbell-Brücke durch Vergleich mit einem Gegeninduktivitätsnormal erfolgen [337].

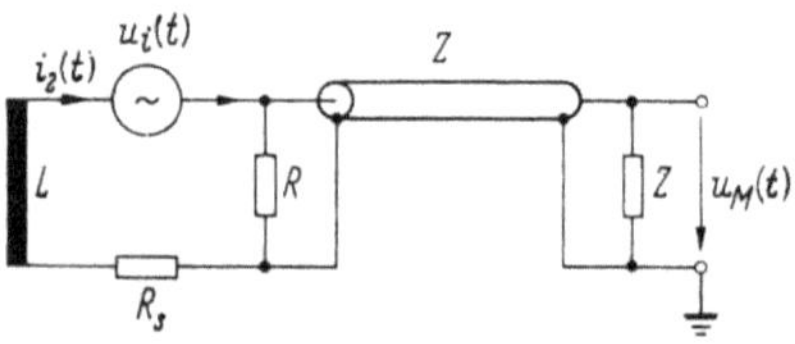


**Bild 189.** Elektrische Integration des Meßsignals durch ein $LR$-Glied. $R_S$ Wirkwiderstand der Rogowski-Spule.

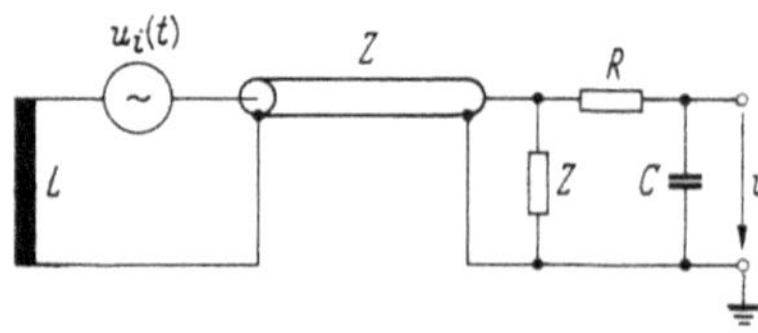


**Bild 190.** Elektrische Integration des Meßsignals durch ein $RC$-Glied.

Bei der Integration mit einem $RC$-Glied verwendet man die in dem Bild 190 gezeigte Schaltung. Sie besitzt eine obere Grenzfrequenz, bedingt durch die Belastung der Spule mit dem endlichen Wellenwiderstand $Z$, und eine untere Grenzfrequenz, bei der das Integrierglied noch integrierende Eigenschaften besitzen soll. Für die untere Grenzfrequenz gilt:

$$\frac{1}{\omega_u C} \ll R.$$

Für die obere Frequenzgrenze gilt:

$$\omega_0 L \ll Z.$$

Werden die obigen Ungleichungen durch geeignete Bemessung der Bauelemente erfüllt, dann erhält man

$$u_M(t) = \frac{1}{RC} \int u_i(t)\,\mathrm{d}t = \frac{M}{RC} i_1(t).$$

In der $RC$-Integrationsschaltung ist der Wirkwiderstand $R_s$ der Meßspule gegen den Wellenwiderstand $Z$ vernachlässigt. Die Integrationskapazität muß induktionsarm aufgebaut sein, es gelten die bereits in 2.3.4 angestellten Überlegungen.

Der bei elektrischen Integrierschaltungen immer vorhandene Rechenfehler läßt sich beliebig klein halten, solange eine beliebige Verkleinerung des Meßsignals in Kauf genommen werden kann. Die Verbesserung der Rechengenauigkeit hat ihre Grenzen in der beschränkten Höhe des Integranden und der maximalen Eingangsempfindlichkeit des Elektronenstrahloszilloskops. Neben der eigentlichen Integration des Meßsignals glättet die Integrationsschaltung zufällige Schwankungen und Störspannungsspitzen.

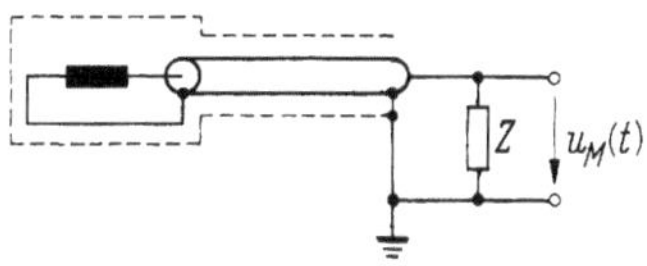


**Bild 191.** Abschirmung einer Rogowski-Spule gegen elektrische Felder.

Schnell veränderliche Magnetfelder sind immer mit schnell sich ändernden elektrischen Feldern verknüpft. Um unerwünschte kapazitive Überkopplungen zu vermeiden, wird die Meßspule abgeschirmt. Die Abschirmung muß geschlitzt sein, damit keine Kurzschlußwindungen entstehen. Als Verbindungskabel zum Elektronenstrahloszilloskop dient ein doppelt oder dreifach geschirmtes Koaxialkabel, dessen äußerer Mantel mit der Abschirmung der Meßspule verlötet wird (Bild 191). Die Abschirmung muß auf der ganzen Kabellänge vom eigentlichen Meßkreis elektrisch isoliert sein, um Erdschleifen und Kabelmantelströme zu vermeiden. Erst am Elektronenstrahloszilloskop darf eine galvanische Verbindung erfolgen. Hinweise zur Vermeidung von Störspannungen bei der Messung schnellveränderlicher Ströme speziell in Stoßstromanlagen finden sich bei Bodenseher [338] und Schmied [31].

**Bild 192.** Rogowski-Spulen, rechts für 110 kV Prüfgleichspannung auf einem Hochspannungsleiter isoliert montiert (Hilo-Test).

Ein besonderer Vorzug der Rogowski-Spule ist die Tatsache, daß keinerlei Potentialverbindung zwischen dem Meßkreis und dem Strompfad bestehen muß. Die Strommessung kann an beliebiger Stelle im Arbeitskreis erfolgen. Damit verknüpft ist der bei der Messung einmaliger Stromimpulse nicht sonderlich ins Gewicht fallende Nachteil, daß die Rogowski-Spule kein Gleichstromglied übertragen kann. Bild 192 zeigt zwei Rogowski-Spulen, die rechte für 110 kV Prüfgleichspannung auf dem Hochspannungsleiter isoliert montiert.

Bei sorgfältigem Aufbau der Meßspule und geeigneter Bemessung der Bauelemente läßt sich in Verbindung mit einem Elektronenstrahloszilloskop eine

Genauigkeit von etwa 3% erreichen. Bild 193 zeigt eine Präzisionshochstrommeßeinrichtung mit Integrationsverstärker. Durch präzisen und hochkonstanten Aufbau des Hochstrommeßrahmens ist das Ausgangssignal des Integrationsverstärkers unterhalb der oberen Grenzfrequenz von etwa 10 kHz dem zu messenden Strom mit einer Unsicherheit von $\pm 0{,}4\%$ proportional.

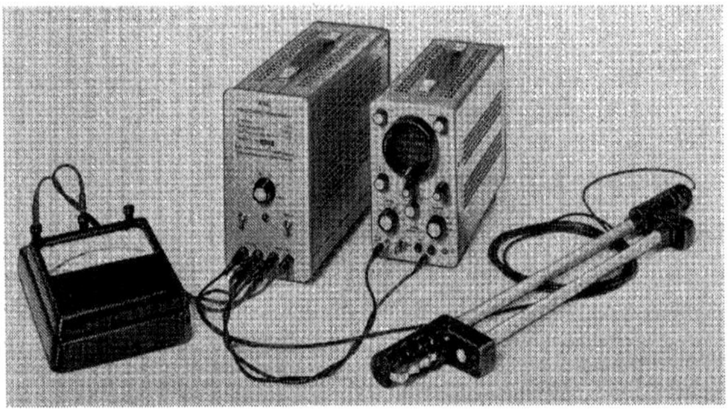

**Bild 193.** Magnetischer Spannungsmesser mit Integrationsverstärker (Werkbild *AEG*).

Die Messung der Scheitel- und Augenblickswerte periodischer Wechselströme kann auch mit einem Vektormesser beziehungsweise mit Meßkontaktgleichrichter und Drehspulinstrument oder Gleichspannungskompensator erfolgen [336]. Eine spezielle Schweißstrommeßeinrichtung mit Rogowski-Spule zur Messung des Effektiv- und Scheitelwerts gepulster Schweißströme findet sich bei Ohm [800].

Die obere Grenzfrequenz von Rogowski-Spulen läßt sich in den Megaherz-Bereich ausdehnen, wenn ihre durch die Wicklungskapazität bedingte Eigenresonanz durch geeigneten Aufbau erhöht wird. Für sehr hohe Frequenzen bzw. sehr kurze Anstiegszeiten der Stromimpulse darf die Rogowski-Spule nicht mehr als konzentriertes Bauelement aufgefaßt, sondern muß als Leitung mit verteilten Parametern betrachtet werden. Bei *RC*-Integration ist die Rogowski-Spule dann einseitig mit ihrem Wellenwiderstand abzuschließen, bei *LR*-Integration kann sie wahlweise am einen Ende abgeschlossen oder an beiden Enden im Kurzschluß betrieben werden. Im letzteren Fall konstituieren die mehrfach hin- und herlaufenden Stromwanderwellen in der Rogowski-Spule einen quasistationären Stromverlauf wie er auch bei konzentrierten Rogowski-Spulen gemessen wird. Derartige Rogowski-Spulen eignen sich zur Messung von Stromimpulsen mit Anstiegszeiten im Nanosekunden-Bereich bei Rückenzeiten im Millisekunden-Bereich [837].

Die Rogowski-Spule ist ein Spezialfall eines allgemeineren Strommeßverfahrens, im englischen Sprachraum „magnetic probe method“ genannt [595]. Bei diesem Verfahren wird das Magnetfeld des zu messenden Stroms mittels einer kleinen Probespule an beliebiger Stelle des Raums erfaßt. Die induzierte Spannung ist auch hier nur der zeitlichen Änderung des Magnetfelds $\mathrm{d}B/\mathrm{d}t$ proportional, erfordert also wie bei der Rogowski-Spule eine Integration. Im Gegensatz zur Rogowski-Spule, bei der ein bekannter fester Zusammenhang zwischen dem integrierten Signal und dem Strom durch die Apertur besteht, erfordert die „magnetic probe method" jedesmal eine Eichung, wann immer die Lage der Probespule relativ zum Strompfad geändert wird. Darüber hinaus darf das die Probespule erfüllende Feld nur von dem zu messenden Strom erzeugt sein, da die in der Spule induzierte Spannung eine Reaktion auf das Nettofeld aller Ströme in ihrer Umgebung ist. Dies ist ein Nachteil gegenüber der Rogowski-Spule, niederohmigen Meßwiderständen und Stromwandlern, bei denen die Zuordnung zwischen Strompfad und gemessenem Signal in erster Näherung eindeutig ist (ortsunabhängiges Übersetzungsverhältnis). Für Strommessungen im Multimegaampere-Bereich jedoch sind magnetische Sonden hinsichtlich ihrer Sprungantwort den genannten Verfahren überlegen. Ausführliche Hinweise über Bau und Eichung magnetischer Sonden bis hinab in den Subnanosekunden-Bereich finden sich im Schrifttum [555, 559, 560, 564, 610, 629, 787, 794, 798, 801].

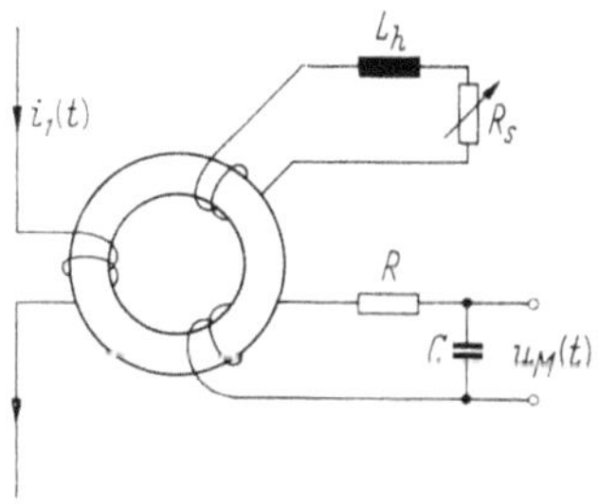


**Bild 194.** Sättigungsstromwandler für Nachstrommessungen. (Nach Spruth.)

Eine spezielle Ausführung einer Induktionsspule mit eisenhaltigem magnetischem Kreis für Nachstrommessungen an Leistungsschaltern ist von Spruth beschrieben worden [335]. Die Schwierigkeit bei der Messung von Nachströmen besteht darin, daß der Nachstrom unmittelbar auf den größenordnungsmäßig etwa $10^5$fachen Kurzschlußstrom folgt. Bei richtiger Bemessung steuert jedoch der Nachstrom den verwendeten hochpermeablen Ringkern gerade bis zur Sättigung aus. Die vielfach höheren Augenblickswerte des Kurzschlußstroms können keine wesentliche Vergrößerung des Flusses hervorrufen. Gemäß dieser Eigenschaft besitzt die Meßanordnung die Bezeichnung Sättigungsstromwandler (Bild 194). Die nach dem Integrationsglied verfügbare Spannung $u_M(t)$ ist während der Nachstromperiode dem zeitlichen Verlauf des Stroms mehr oder weniger proportional, wird aber in der Zeit des Kurzschlußstroms durch die Sättigung begrenzt. Der Hilfskreis $L_h$, $R_s$ erlaubt es, den Arbeitsbereich des Wandlers so einzustellen, daß bei einem beliebigen Wert des Kurzschlußstroms der Übergang in die Sättigung erfolgen kann.

Weitere Hinweise über transformatorähnliche Impulsstrommeßeinrichtungen mit eisenhaltigem magnetischen Kreis finden sich im Schrifttum [795—797].

## 4.3 Hall-Generatoren

Bei den Hall-Generatoren nutzt man den schon seit langem bekannten Hall-Effekt technisch aus [360]. Wird ein Metallplättchen der Dicke $d$ von einem elektrischen Strom $I_s$ durchflossen und senkrecht von einem Magnetfeld $B$

durchsetzt, so werden die Elektronen durch die Lorentz-Kraft senkrecht zur ursprünglichen Stromrichtung und senkrecht zur Richtung des Magnetfelds abgelenkt (Bild 195). Als Folge der Ladungsverschiebung bildet sich zwischen den beiden Längskanten des Plättchens (Anschlüsse $a$ und $b$) eine elektrische Spannung aus, die sogenannte Hall-Spannung. Die Hall-Spannung ist dem Produkt aus dem Steuerstrom $I_s$ und der magnetischen Induktion $B$ proportional

$$U_M = R\,\frac{BI_s}{\mathrm{d}},$$

$R$ ist eine Materialkonstante. Sie wird im allgemeinen als Hall-Konstante des betreffenden Materials bezeichnet. Aufgrund der vergleichsweise kleinen Hall-Konstanten der Metalle fand der Hall-Effekt anfänglich nur physikalisches Interesse. Mit dem Aufkommen der Halbleitertechnik entdeckte man jedoch intermetallische Verbindungen aus der dritten und fünften Gruppe des Perio-

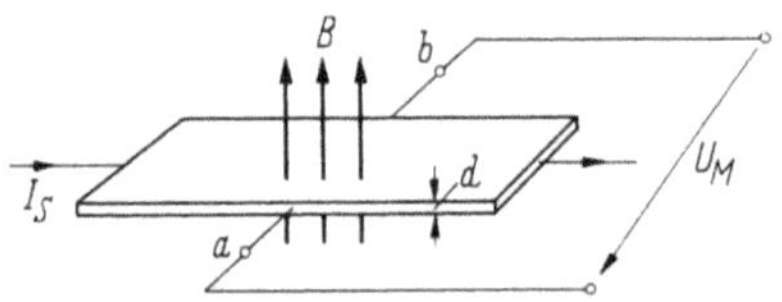


**Bild 195.** Zur Erklärung des Hall-Effekts (Erläuterung siehe Text).

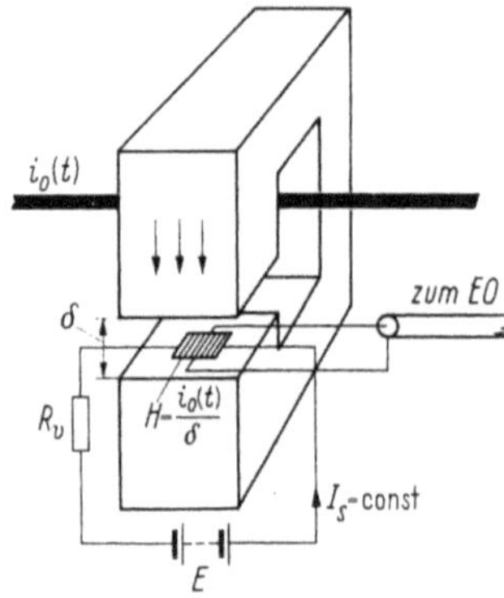


**Bild 196.** Messung eines zeitlich veränderlichen Stroms mit einem Hall-Generator.

dischen Systems, die um Größenordnungen höhere Hall-Konstanten aufweisen. Die Auffindung dieser Materialien erschloß dem Hall-Effekt ein breites Anwendungsgebiet [361, 362]. Eine der möglichen technischen Anwendungen — die Messung hoher Gleichströme und schnellveränderlicher hoher Ströme — soll hier kurz erwähnt werden.

Zur Messung hoher Ströme umgibt man den stromführenden Leiter mit einem Eisenjoch (Bild 196), in dessen Luftspalt sich ein dem zu messenden Strom proportionales magnetisches Feld ausbildet:

$$H(t) = \frac{i_0(t)}{\delta}.$$

Der im Luftspalt befindliche Hall-Generator liefert bei konstantem Steuerstrom $I_s$ eine der Feldstärke $H$ und damit auch dem Strom $i_0(t)$ proportionale Hall-Spannung

$$U_M(t) = K i_0(t).$$

Diese rückwirkungsfrei gemessene Hall-Spannung ist ein Maß für den Strom $i_0(t)$. Durch einen symmetrischen Aufbau des Jochs mit zwei Luftspalten und zwei Hall-Generatoren, deren Steuerströme galvanisch getrennten Quellen entstammen, und deren Hall-Spannungen in Reihe geschaltet werden, ergibt sich eine Gesamt-Hall-Spannung, die der Jochdurchflutung streng proportional und unabhängig von der Lage des stromführenden Leiters ist [363]. Bei sehr hohen Frequenzen beziehungsweise sehr schnell veränderlichen Strömen überlagern sich der Hall-Spannung Störspannungen. Die Ursache dieser Störspannungen liegt in Stromverdrängungserscheinungen und der endlichen Induktivität der Meßschleife, in der bei schnellen Flußänderungen beträchtliche Induktionsspannungen auftreten können.

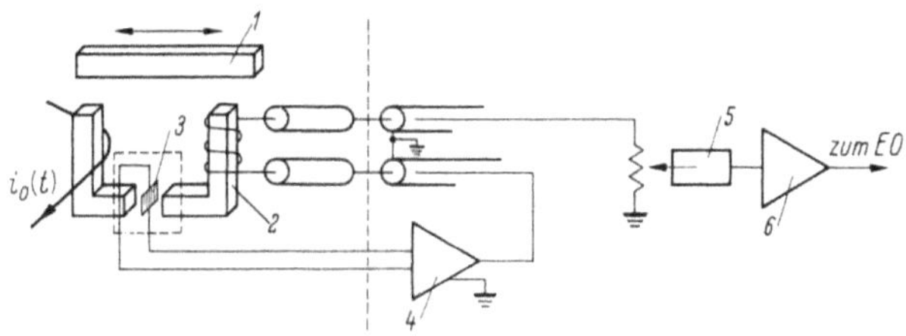


**Bild 197.** Strommeßzange mit einer Bandbreite von 0 bis 50 MHz. $i_0(t)$ zu messender Strom. *1* verschiebliches Joch, *2* Sekundärwicklung des Stromwandlers, *3* Hall-Generator, *4* Operationsverstärker, *5* Bereichanpassung, *6* Vorverstärker (Tektronix).

Eine sehr interessante Anwendung des Hall-Generators findet man in der Stromzange P 6042 von Tektronix [364]. Die Frequenzcharakteristik dieser Strommeßeinrichtung reicht von Gleichstrom bis zu 50 MHz. Gleichstrom und niedere Frequenzen werden mit einem Hall-Generator erfaßt, mittlere und höhere Frequenzen mit einem Stromwandler (Bild 197). Bei hohen Frequenzen kompensiert die Sekundärdurchflutung des Stromwandlers die vom zu messenden Strom erzeugte Primärdurchflutung. Unterhalb der unteren Grenzfrequenz des Stromwandlers verbleibt ein Restfluß, der von einer Gleichstromkomponente oder sehr niederen Frequenzen herrühren kann. Dieser Restfluß ruft am Ausgang des Hall-Generators eine Spannung hervor, die nach Verstärkung mit einem Operationsverstärker auf die Sekundärwicklung des Stromwandlers rückgekoppelt wird und zur Kompensation der niederfrequenten Primärdurchflutung dient. Auf diese Weise wird verhindert, daß das Eisen des Ferritkerns bei niederen Frequenzen in die Sättigung kommt.

Die Beschreibung einer Nachstrommeßeinrichtung für Hochleistungs-Lichtbogenschalter unter Verwendung von Hall-Generatoren findet sich bei Böttger und Popp [799].

# 5 Nichtkonventionelle Messung hoher Spannungen und Ströme

Konventionelle Spannungs- und Stromwandler erfordern mit steigender Übertragungsspannung der Energieversorgungsnetze einen überproportionalen Isolationsaufwand. Darüber hinaus behindern sie wegen ihrer unzureichenden hochfrequenten Übertragungseigenschaften und teilweise mangelnder Linearität die volle Ausschöpfung der schnellen Fehlererkennung und -beseitigung durch neuzeitliche Netzschutzeinrichtungen. Beide Beschränkungen führten in den vergangenen Jahren zur Entwicklung nichtkonventioneller Wandler, die im Hinblick auf die genannten Nachteile erhebliche Vorzüge aufweisen [717, 733—736, 731, 831]. Auch in der Plasma- und Hochenergiephysik wurden nichtkonventionelle Spannungs- und Strommeßeinrichtungen entwickelt, die bei geringeren Ansprüchen an Genauigkeit die Erfassung des zeitlichen Verlaufs schnell veränderlicher hoher Spannungen und Stoßströme ermöglichen. Die Problematik liegt dort eher in der Höhe der zu messenden Spannungen von einigen MV und ihrer kleinen Anstiegszeiten im Nanosekunden-Bereich, in der Unzugänglichkeit der Spannungs- und Stromklemmen oder auch in der Tatsache, daß die zu messende Spannung zwischen zwei Klemmen besteht, die beide eine Potentialdifferenz gegen Erde besitzen. Sei es, daß die Schaltung schon an anderer Stelle geerdet ist, oder daß sich während des Stoßvorgangs das Erdpotential im Arbeitskreis anhebt und damit eine Potentialdifferenz zwischen der Erde des Arbeitskreises und der Erde des Meßkreises auftritt. In beiden Fällen macht sich die Potentialdifferenz, um die sich beide Klemmen vom Erdpotential des Meßkreises unterscheiden, als störendes Gleichtaktsignal bemerkbar. Zu seiner Unterdrückung können Differenzverstärker benutzt werden. Voraussetzung ist allerdings, daß ihr Gleichtaktunterdrückungsverhältnis für Amplitude und Frequenz des Gleichtaktsignals einen ausreichenden Wert besitzt. Bei Gleichtaktsignalen großer Amplitude müssen notwendigerweise vor die Eingänge des Differenzverstärkers breitbandige Spannungsteiler geschaltet werden, die wegen ihrer nicht zu vermeidenden Unsymmetrien das Gleichtaktunterdrückungsverhältnis insbesondere bei hohen Frequenzen stark reduzieren.

In diesen und anderen Fällen stellen nichtkonventionelle Verfahren oft die einzige Lösung dar, weil eines ihrer wesentlichen Merkmale die völlige galvanische Trennung von Arbeitskreis und Meßkreis ist. Die Information über die zu messende Größe wird entweder mittels eines auf Erdpotential befindlichen Lichtwellensenders unter Ausnützung elektro- und magnetooptischer Effekte auf Hochspannungspotential abgefragt, oder direkt dort gewonnen und über einen optischen Datenkanal oder per Funk zum Erdpotential übertragen.

Da die elektrooptischen und magnetooptischen Effekte nicht zum Alltag des Elektrotechnikers gehören, wird auf den folgenden Seiten eine gedrängte Zusammenfassung der physikalischen Grundlagen gebracht [718, 719, 726, 729, 730].

## 5.1 Optische Effekte

Unter optischen Effekten im engeren Sinn versteht man die verschiedenen Beeinflussungen des Polarisationszustands von Lichtwellen beim Durchlaufen optisch anisotroper Stoffe. Die Anisotropie kann natürlichen Ursprungs oder durch äußere Einwirkungen induziert sein, beispielsweise durch mechanische Kräfte oder durch elektrische und magnetische Felder. Die beiden letzteren führen zu den sogenannten elektrooptischen und magnetooptischen Effekten.

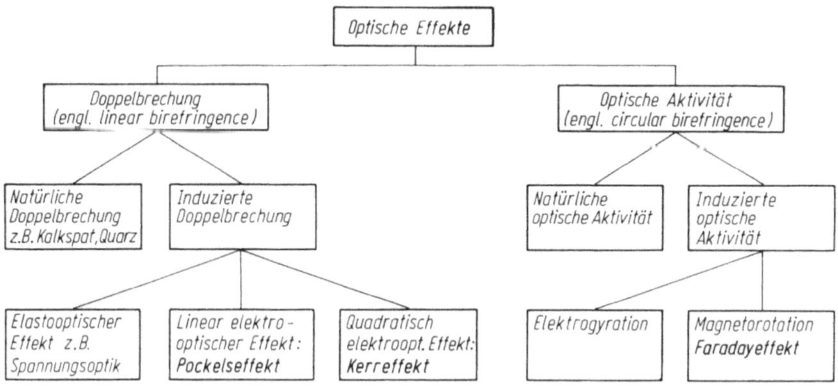


**Bild 198.** Systematische Einteilung optischer Effekte

Schließlich ist auch die Beeinflussung einer bereits vorhandenen natürlichen Anisotropie durch äußere Felder möglich. Zum besseren Verständnis der Begriffsvielfalt wird in Bild 198 eine systematische Einteilung der bekannteren optischen Effekte versucht.

Grundsätzlich lassen sich zwei Erscheinungen unterscheiden, Doppelbrechung und optische Aktivität. Erstere tritt in Stoffen mit zwei oder drei verschiedenen Brechungsindices auf, wobei wir uns hier jedoch auf Stoffe mit zwei Brechungsindices beschränken dürfen, d. h. auf optisch einachsige Stoffe. Diese Stoffe besitzen eine ausgezeichnete Ausbreitungsrichtung, bei der die Doppelbrechung verschwindet, die sogenannte optische Achse.

Denkt man sich den $E$-Feld-Vektor einer normal zur optischen Achse orientierten linear polarisierten Welle in zwei orthogonale, parallel und senkrecht zur optischen Achse schwingende Komponenten zerlegt — die beiden Komponenten sind ihrerseits wieder linear polarisiert — so breiten sich beide den unterschiedlichen Brechungsindices entsprechend mit zwei verschiedenen Geschwindigkeiten $v_\parallel = c/n_\parallel$ und $v_\perp = c/n_\perp$ aus. Nach Durchlaufen einer

Strecke $l$ weisen die Komponenten einen Gangunterschied

$$\Delta\varphi = \frac{2\pi l}{\lambda_0}(|n_\perp - n_\parallel|) = \frac{2\pi l}{\lambda_0}\Delta n$$

auf, wobei $\lambda_0$ die Vakuumwellenlänge und $\Delta n = n_\perp - n_\parallel$ ein Maß für die Doppelbrechung ist. Beim Verlassen des doppelbrechenden Stoffs konstituieren beide Komponenten im allgemeinen Fall eine elliptisch polarisierte Welle, beim Gangunterschied $\Delta\varphi = \pi/2, 3/2\pi \ldots$ und gleichen Amplituden eine zirkular polarisierte Welle, und beim Gangunterschied $\pi, 2\pi, 3\pi \ldots$ wieder eine linear polarisierte Welle. Der Polarisationszustand verändert sich also mit der Länge der durchlaufenen Strecke und der Doppelbrechung $\Delta n$.

Unter optischer Aktivität versteht man die in manchen Stoffen auftretende Drehung der Schwingungsebene, wenn linear polarisiertes Licht sich parallel zur optischen Achse ausbreitet. Im englischen Sprachraum wird die optische Aktivität treffender mit zirkularer Doppelbrechung bezeichnet, weil in Analogie zur linearen Doppelbrechung optisch aktiven Stoffen zwei unterschiedliche Brechungsindices $n_R$ und $n_L$ für rechts- und linkszirkular polarisierte Wellen zugeordnet werden können. Faßt man eine linear polarisierte Welle als Superposition je einer rechts- und linkszirkular polarisierten Welle auf, die sich beide aufgrund unterschiedlicher Brechungsindices mit verschiedener Geschwindigkeit ausbreiten, so tritt zwischen beiden Komponenten eine mit dem Weg zunehmende Phasenverschiebung

$$\Delta\varphi = \frac{2\pi l}{\lambda_0}(n_L - n_R) = \frac{2\pi l}{\lambda_0}\Delta n$$

auf. Beim Verlassen des optisch aktiven Stoffs konstituieren beide Komponenten wieder eine linear polarisierte Welle, die gegenüber der einfallenden Welle um den Winkel $\theta = \Delta\varphi/2$ gedreht ist.

Sowohl lineare als auch zirkulare Doppelbrechung können einem Stoff von Natur aus eigen oder induziert sein. Im letzteren Fall lassen sich die optischen Effekte zur nichtkonventionellen Spannungs- und Strommessung heranziehen. Für die Belange der Hochspannungstechnik dürfen sie als praktisch trägheitslos verknüpft mit den sie verursachenden elektrischen und magnetischen Feldern behandelt werden. Die Relaxationszeiten (Zeitkonstante, mit der die Umorientierung erfolgt) liegen durchweg im Subnanosekundenbereich. Der nutzbare Bereich kann jedoch bei manchen Materialien durch piezoelektrische Effekte eingeschränkt sein. Ausführliche Betrachtungen über die materialspezifischen Eigenschaften der für nichtkonventionelle Meßverfahren geeigneten Stoffe finden sich im Schrifttum [721, 729, 730, 732].

*Pockels-Effekt.* Eine Pockels-Zelle stellt im wesentlichen einen Plattenkondensator dar, dessen Dielektrikum aus einem einachsigen natürlich doppelbrechenden Kristall ohne Symmetriezentrum besteht, z. B. KDP ($KH_2PO_4$, Kalium Dihydrogenphosphat). Die Ausbreitungsrichtung des Lichts wird in die optische Achse gelegt, so daß die natürliche Doppelbrechung nicht in Erscheinung tritt. Abhängig von der Orientierung des elektrischen Felds unterscheidet man zwischen transversalem und longitudinalem Pockels-Effekt (Bild 199).

Die induzierte Doppelbrechung ist der elektrischen Feldstärke proportional, $\Delta n = n_\perp^3 \cdot r_{ij} \cdot E$, wobei $r_{ij}$ der für das jeweilige Material maßgebliche elektrooptische Koeffizient ist. Damit ergeben sich für den transversalen und longitudinalen Pockelseffekt die Gangunterschiede zu

$$\Delta\varphi_t = \frac{2\pi l}{\lambda_0} n_\perp^3 r_{ij} E \quad \text{und} \quad \Delta\varphi_l = \frac{2\pi}{\lambda_0} n_\perp^3 r_{ij} U .$$

In diesen Gleichungen ist $l$ eine effektive Länge, die den Einfluß etwaiger Randeffekte berücksichtigt, streng genommen müßte man das Linienintegral $\int E dl$

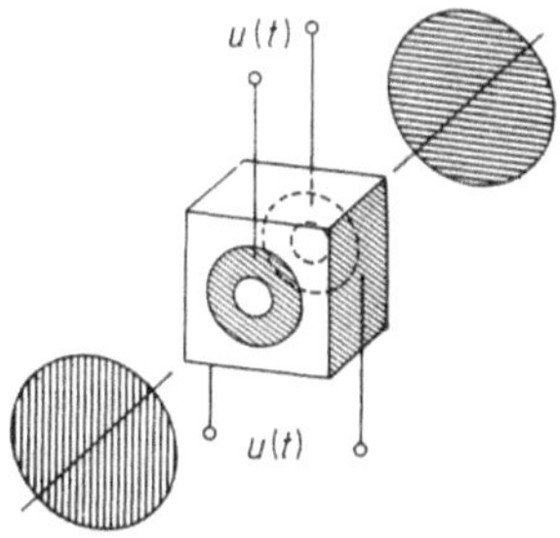


**Bild 199.** Pockels-Zelle mit Elektroden für transversalen und longitudinalen Pockels-Effekt.

bilden. Die Halbwellenspannung von Pockels-Zellen, das ist die Spannung, bei der ein Gangunterschied von $\Delta\varphi \equiv \lambda/2$ erreicht wird, liegt in der Größenordnung von einigen Kilovolt. Mit Hilfe des am Ausgang der Pockels-Zelle befindlichen Polarisators wird die im Gangunterschied zum Ausdruck kommende feldstärkenabhängige Polarisationsmodulation in eine Intensitätsmodulation überführt (s. 5.2).

*Kerr-Effekt.* Auch die Kerrzelle stellt im wesentlichen einen Plattenkondensator dar, dessen Dielektrikum jedoch in der Regel aus einer Flüssigkeit besteht (Nitrobenzol oder Wasser). Das elektrische Feld induziert in dem Kerr-Medium eine parallel zu den Feldlinien und senkrecht zur Ausbreitungsrichtung des Lichtstrahls liegende optische Achse (Bild 200).

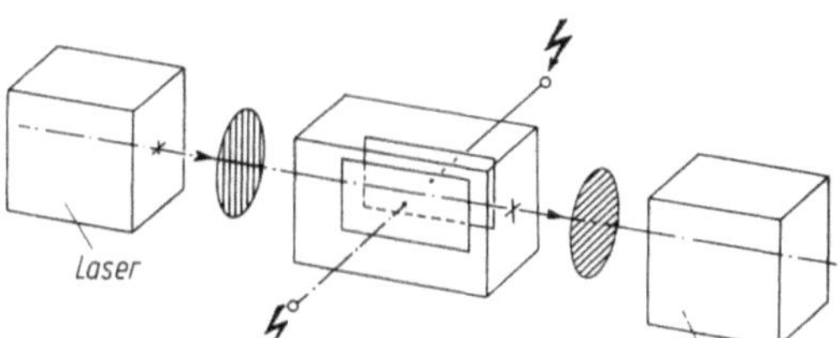


**Bild 200.** Kerr-Zelle, PD Photo-Detektor

Die induzierte Doppelbrechung ist dem Quadrat der Feldstärke proportional, $\Delta n = \lambda_0 K E^2$, worin $K$ die Kerr-Konstante bedeutet. Damit ergibt sich der Gangunterschied zu

$$\Delta\varphi = 2\pi l K E^2 .$$

Auch hier steht $l$ für die effektive Länge.

Die Halbwellenspannung von Kerr-Zellen mit Plattenabstand und Länge im Zentimeter-Bereich liegt bei einigen 10 kV.

*Elektrogyrationseffekt.* Hierunter versteht man die Drehung der Schwingungsebene linear polarisierten Lichts unter dem Einfluß eines elektrischen Feldes [722, 723, 882–84], (s. Bild 201). Elektrogyration ist auf bestimmte Kristallklassen beschränkt und läßt sich nur schwer von anderen gleichzeitig auftretenden morphologischen Effekten isolieren.

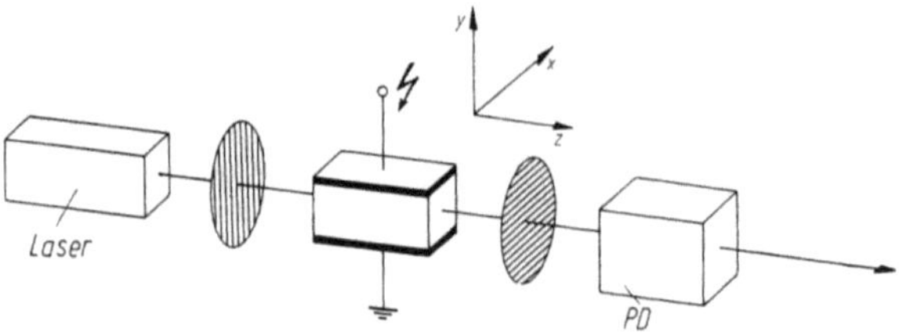


**Bild 201.** Elektrogyrationseffekt

In Analogie zu dem bereits seit langem bekannten Faraday Effekt beschreibt man die vom externen Feld herrührende zirkulare Doppelbrechung formal durch $\Delta n = G\lambda_0 E/\pi$, worin $G$ eine materialspezifische Konstante ist. Damit folgt für den Gangunterschied

$$\Delta\varphi = 2GEl,$$

und für die Rotation

$$\theta = \frac{\Delta\varphi}{2} = GEl.$$

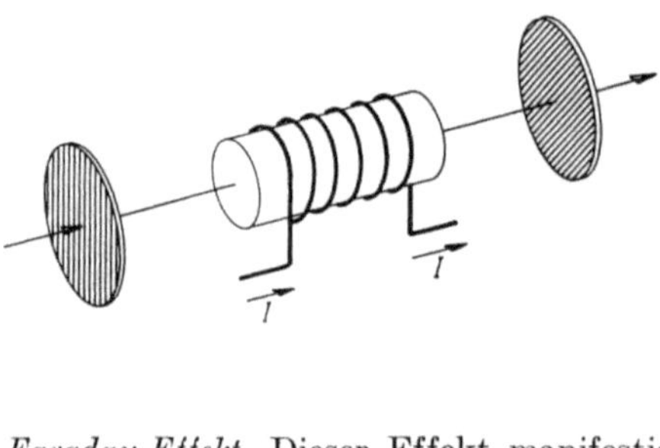


**Bild 202.** Faraday-Effekt

*Faraday-Effekt.* Dieser Effekt manifestiert sich als Drehung der Schwingungsebene, wenn linear polarisiertes Licht in Anwesenheit eines Magnetfelds durch Materie läuft (Bild 202). Die induzierte zirkulare Doppelbrechung ist $\Delta n = V\lambda_0 B/\pi$, worin $V$ die Verdetsche Konstante ist. Damit folgt für den Gangunterschied

$$\Delta\varphi = 2VBl.$$

und für die Rotation

$$\theta = \frac{\Delta\varphi}{2} = VBl.$$

Zwischen natürlicher und induzierter optischer Aktivität besteht ein wesentlicher Unterschied. Während bei ersterer ein Material unabhängig von der Ausbreitungsrichtung entweder immer links — oder immer rechtsdrehend ist, hängt beim Faraday-Effekt die Orientierung von der Richtung des Magnetfelds ab. Der Effekt kann also verstärkt werden, wenn man den Lichtstrahl mehrfach das Faraday-Medium passieren läßt.

Abschließend sollte nicht unerwähnt bleiben, daß die in den Gleichungen verwendeten materialspezifischen Konstanten nicht konstant im gewohnten Sinne sondern selbst wieder Funktionen der Wellenlänge $\lambda_0$ sind und je nach Materialart und Effekt eine ausgeprägte Temperaturabhängigkeit besitzen können [729].

## 5.2 Intensitätsmodulation

Die elektro- und magnetooptischen Effekte bewirken eine feldstärkeabhängige Modulation des Polarisationszustands der Lichtwelle, die erst nach Durchlaufen eines zweiten Polarisators (Analysator) in eine Intensitätsmodulation übergeführt wird. Bei der linearen Doppelbrechung weisen die Transmissionsachsen der beiden Polarisatoren meist ausgezeichnete Richtungen in bezug auf die optische Achse auf, z. B. bei der Kerr-Zelle $\pm 45°$; bei zirkularer Doppelbrechung erübrigt sich eine spezielle Orientierung. Die orthogonalen Komponenten des austretenden Lichts schwingen dann parallel bzw. senkrecht zur optischen Achse und breiten sich mit den Geschwindigkeiten $v_{\parallel}$ und $v_{\perp}$ aus. Nach Verlassen des Mediums konstituieren beide Komponenten eine Lichtwelle, deren in Richtung der Transmissionsachse $T_{II}$ fallende Komponente vom Analysator durchgelassen wird (Bild 203).

Unter Vernachlässigung der Verluste berechnet sich das Verhältnis der elektrischen Feldstärkevektoren vor und nach dem Analysator gemäß Bild 203 zu

$$\frac{E_2}{E_1} = \cos\alpha\,.$$

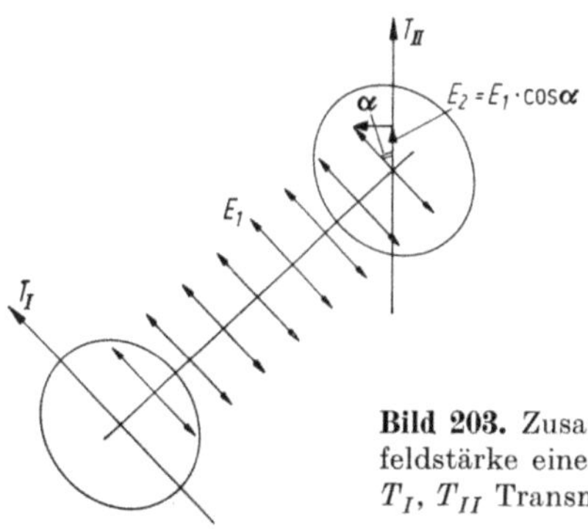


**Bild 203.** Zusammenhang zwischen Eingangs- und Ausgangsfeldstärke eines Analysators, Gesetz von Malus [726], $T_I$, $T_{II}$ Transmissionsachsen.

Im Falle zweier unter 90° gekreuzter Polarisatoren und einer feldinduzierten Drehung $\theta = \Delta\varphi/2$ erhält man

$$\frac{E_2}{E_1} = \cos(90° - \theta) = \sin\theta,$$

bzw. für die dem Quadrat der Feldstärken proportionalen Intensitäten

$$\frac{I_2}{I_1} = \sin^2\theta = \sin^2\frac{\Delta\varphi}{2}.$$

Meist trägt man nicht $I_2/I_1$ sondern den Quotienten aus Augenblickswert und Maximalwert der Ausgangsintensität, $I_2/I_{2\max}$ auf. Gelegentlich findet man auch den Augenblickswert der Ausgangsintensität auf die Intensität des natürlichen Lichts vor dem ersten Polarisator bezogen, wobei noch der Faktor 1/2 erforderlich wird

$$I_2 = \frac{1}{2} I_0 \sin^2\frac{\Delta\varphi}{2}.$$

Die Intensitätsmodulation erfolgt also nicht etwa proportional, sondern mit dem Quadrat einer Sinusfunktion, deren Argument beispielsweise bei der Kerr-Zelle wiederum eine Funktion des Quadrats der elektrischen Feldstärke sein kann. Einer linear ansteigenden Spannung entspricht dann auf dem Bildschirm eines Oszilloskops der in Bild 204 a gezeigte Spannungsverlauf (Abszisse auf die erste Hell-Spannung normiert).

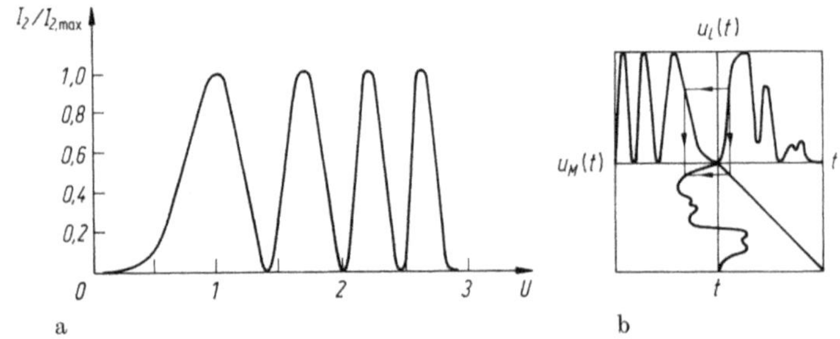


**Bild 204. a** Rampenantwort einer Kerr-Zellen-Meßeinrichtung; **b** Graphische Auswertung

Die Rekonstruktion erfolgt entweder mit einem Rechenprogramm nach Digitalisierung des Meßsignals [727] oder graphisch (Bild 204 b). Bei der graphischen Rekonstruktion wird die mit dem Oszilloskop gemessene Ausgangsspannung des Photodetektors im ersten Quadranten, die quadratische Sinuskennlinie, beispielsweise der Kerr-Zelle, im zweiten Quadranten und eine Spiegelgerade im vierten Quadranten eingezeichnet. Im dritten Quadranten kann dann punktweise das Originalsignal im Zeitbereich rekonstruiert werden [836]. Die Mehrdeutigkeit bei Drehungen größer als $\pi/2$ läßt sich in schwierigen Fällen durch gleichzeitige Verwendung von Kerr-Zellen unterschiedlicher Empfindlichkeit oder Betreiben der Kerr-Zellen mittels eines gesplitteten Lichtstrahls unterschiedlicher effektiver Länge beseitigen. Ausführliche Hinweise über die Kalibrierung finden sich im Schrifttum [602].

Wenn mit geringer Phasenverschiebung gearbeitet wird, beispielsweise beim Faraday- und Gyrations-Effekt, sind Polarisator und Analysator häufig nur um 45° gekreuzt angeordnet. Der Arbeitspunkt liegt dann im linearen Teil der Kennlinie, und man erhält für die Intensitäten

$$\frac{I_2}{I_1} = \cos^2(45° \pm \theta) = \frac{1}{2}(1 \mp \sin 2\theta)$$

bzw. für kleine Drehwinkel $\theta$ den linearen Zusammenhang

$$\frac{I_2}{I_1} \approx \frac{1}{2}(1 \mp 2\theta).$$

Da bei Ableitung der zu messenden Größe aus der Intensitätsmodulation Schwankungen der Intensität der Lichtquelle, veränderliche Verluste im Strahlengang — z. B. Anlaufen von Oberflächen, mechanische Dejustierung etc. — das Meßergebnis beeinflussen, wird der polarisationsmodulierte Lichtstrahl häufig mittels eines Strahlteilers in zwei zueinander senkrecht polarisierte Teilstrahlen aufgeteilt, die ihre Intensität in Abhängigkeit vom Drehwinkel gegenläufig ändern (Bild 205).

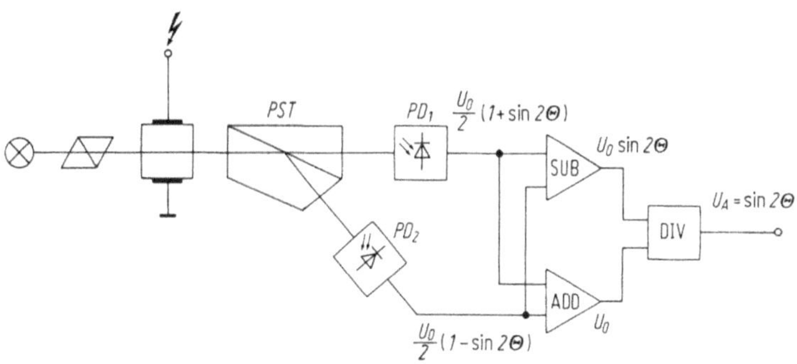


**Bild 205.** Verringerung des Einflusses von Intensitätsschwankungen durch Auswertung der Polarisationsmodulation mittels polarisierendem Strahlteiler *PST* und Differenzverstärker. $PD_1$, $PD_2$ Photodetektoren.

Bildet man mittels eines Differenzverstärkers die Differenz der Ausgangsspannungen der beiden Photodetektoren und dividiert das Ergebnis durch ihre Summe, so erhält man ein Ausgangssignal, das in erster Näherung nur von sin $2\theta$ abhängt. Bei ausreichender Symmetrie der Kanäle verringert sich der Einfluß der Intensitätsschwankungen um etwa zwei Größenordnungen. Ergänzt man weiter obige Schaltung noch um drei Radizierer, so wird die Ausgangsspannung des Wandlers der zu messenden Spannung schließlich direkt proportional.

Die genannten Kompensationsverfahren lassen sich nach geeigneter trigonometrischer Umformung unschwer rechnerisch begründen und eignen sich hinsichtlich ihres Aussteuerbereichs vorzugsweise für Spannungswandler. Stromwandler machen den Einsatz von Leistungsoperationsverstärkern mit optischer Rückkopplung erforderlich (s. 5.3.2).

Schließlich sei noch erwähnt, daß Driftprobleme in bekannter Weise auch durch periodische Modulation der Lichtintensität und anschließender phasengerechter Demodulation verringert werden können [729, 822]. Außerdem sei auf interferometrische Auswertemethoden hingewiesen, die insbesondere bei der Messung der räumlichen und zeitlichen Verteilung elektrischer und magnetischer Felder in Frage kommen [828, 829].

## 5.3 Nichtkonventionelle Strommessung

Der überwiegende Teil des Schrifttums über nichtkonventionelle Strommeßverfahren befaßt sich mit Stromwandlern für die Energieversorgungstechnik. Ihnen kommt die Aufgabe zu, die Vorgänge im Netz auf die an ihren Niederspannungsklemmen angeschlossenen Geräte für Netzschutz, Messung und Zählung

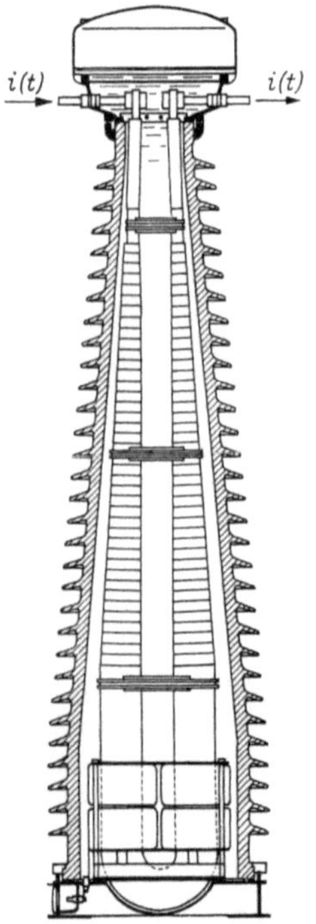


**Bild 206.** Stromwandler für 500-kV-Höchstspannungsnetze (Meßwandler-Bau).

zu übertragen [178, 193, 194, 365, 366]. Die Stromwandler der Hochspannungstechnik unterscheiden sich von den Stromwandlern der Starkstromtechnik durch ihren großen Isolationsaufwand zwischen der Primär- und der Sekundärwicklung, da der Leiter, in dem der zu messende Strom fließt, im allgemeinen eine große Potentialdifferenz gegen Erde besitzt (Bild 206). Die drastische Verringerung dieses mit zunehmender Spannung überproportional anwachsenden Isolationsaufwands stellt neben wesentlich besseren Übertragungseigenschaften für transiente Vorgänge das Hauptmerkmal nichtkonventioneller Stromwandler dar. Diesen Vorzügen stehen die geringere Zuverlässigkeit, der erhöhte Wartungsbedarf und je nach Verfahren Beeinflussungsfragen, Aussteuerprobleme, Temperatureffekte, Langzeitstabilität etc. gegenüber. Die weitere Entwicklung wird zeigen, inwieweit die im folgenden beschriebenen Geräte den bewährten Stromwandler konventioneller Bauart zu ersetzen vermögen.

Alle derzeit bekannten nichtkonventionellen Stromwandler bestehen im wesentlichen aus einer auf Hochspannungspotential liegenden strom- bzw. magnetfeldempfindlichen Komponente und einer auf Erdpotential befindlichen Komponente. Die auf Hochspannungspotential gewonnene Information gelangt unter Verzicht auf eine leitende Verbindung durch elektromagnetische Wellen in Form von Licht, Mikrowellen oder Funk zum Erdpotential. Abhängig von der Notwendigkeit einer eigenen Spannungsversorgung für die auf Hochspannungspotential liegende Komponente unterscheidet man zwischen aktiven und passiven Systemen.

### 5.3.1 Aktive Systeme

Bei nichtkonventionellen aktiven Stromwandlern wird auf Hochspannungspotential zunächst ein dem zu messenden Strom proportionales Spannungssignal erzeugt und dieses entweder per Funk, oder nach Umwandlung in ein Lichtsignal, über Lichtleiter zum Erdpotential übertragen. In jedem Fall finden

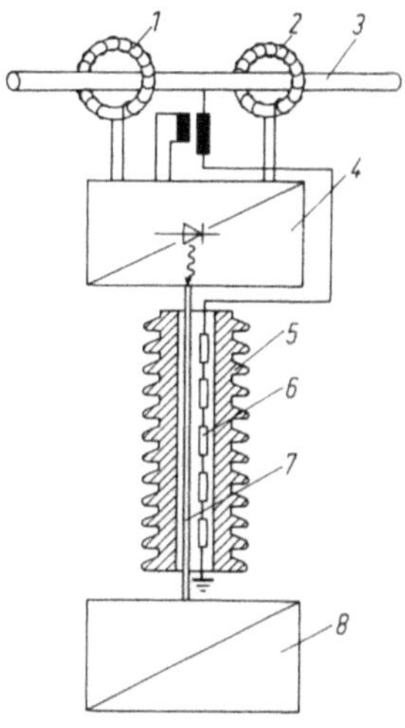


**Bild 207.** Stromwandler mit elektrooptischer Signalübertragung für Höchstspannungsnetze. *1* Meßwicklung, *2* Stromversorgung, *3* Stromführender Leiter, *4* Analog-Digitalwandler (Meßspannung → frequenzmodulierte Lichtimpulse), *5* Isolator, *6* hochohmiger Vorwiderstand für die Spannungsversorgung des Analog-Digitalwandlers, *7* Lichtleiter, *8* Digital-Analogwandler.

diskrete Modulationsverfahren Anwendung, wobei sich Periodendauermodulation und Pulsfrequenzmodulation hinsichtlich Genauigkeit, Störempfindlichkeit und Einfachheit als optimal erwiesen haben.

Der typische Vertreter aktiver Systeme ist der Traser[1] (Bild 207), [372, 733 bis 736, 816–818].

[1] Akronym aus **Tra**nsformator und La**ser**

Das am Ausgang der Meßwicklung anstehende stromportionale Meßsignal wird mittels eines Halbleiterlasers (Gallium-Arsenid-Diode) in ein Lichtsignal umgewandelt. Über einen Lichtleiter gelangen die Lichtimpulse zu einem auf Erdpotential befindlichen Phototransistor, der sie wieder in elektrische Signale umsetzt. Die erreichbaren Genauigkeiten liegen bei $\pm 0{,}2\%$ sowohl für Nennstrom als auch für den Kurzschlußfall (konventionelle Stromwandler besitzen im Kurzschlußfall eine gegenüber Nennbetrieb stark verringerte Genauigkeit). Je nach Modulationsverfahren lassen sich nahezu beliebige Bandbreiten erzielen, die allen Ansprüchen der Schutztechnik an die Wiedergabetreue verlagerter Kurzschlußströme gerecht werden.

Die Energieversorgung des auf Hochspannungspotential befindlichen Signalumsetzers erfolgt über einen Stromwandler und einen Spannungswandler, damit sowohl bei Leerlauf der Leitung als auch im Kurzschlußfall ausreichend elektrische Energie für die Speisung der elektronischen Ausrüstung zur Verfügung steht. Wegen des hochohmigen Vorwiderstandes für den Spannungswandler ist die Potentialtrennung nicht vollständig. Letzterer kann jedoch entfallen, wenn die Energie zur Versorgung der Hochspannungskomponente pneumatisch (Kompressor und Turbine) oder über Ultraschallsender und -empfänger übertragen wird [717, 819, 820].

Aktive Systeme mit Datenfunk wurden ebenfalls vereinzelt realisiert [822]. Sie sind jedoch empfindlicher gegen elektromagnetische Beeinflussungen und stellen eine zusätzliche Belastung der Funkbänder dar.

### 5.3.2 Passive Systeme

Passive Systeme machen die Notwendigkeit einer eigenen Spannungsversorgung auf Hochspannungspotential entbehrlich. Ein von Erdpotential ausgesandter Licht- oder Mikrowellenstrahl fragt den Magnetfeldzustand in Leiternähe ab und liefert nach Reflexion und Rückkehr zum Erdpotential eine Information über den im Leiter fließenden Strom [367, 368, 544, 822, 824, 835]. Die Information über den Feldzustand wird dem Abfragestrahl unter Ausnutzung des Faraday-Effekts in Form einer Polarisationsmodulation mitgeteilt (Bild 208).

Das einfallende Licht wird im Polarisator $P_I$ zunächst linear polarisiert, die passierende Schwingungsebene dann im Flintglaskörper $F_1$ feld- bzw. stromabhängig moduliert. Schließlich führt der Polarisator $P_{II}$ die Polarisationsmodulation in eine Intensitätsmodulation über (s. 5.2).

Die eigentliche Strommessung erfolgt mittels eines Kompensationsverfahrens. Im Strahlengang befindet sich ein weiterer Flintglaskörper $F_2$, in dem die beim Durchlaufen des ersten Magnetfelds entstandene Drehung der Schwingungsebene aufgehoben werden kann. Dies wird dann erreicht, wenn die Amperewindungszahl (Durchflutung) der Kompensationswicklung gleich der Amperewindungszahl der auf Hochspannungspotential befindlichen Hauptwicklung ist:

$$n_2 I_2 = n_1 I_1 .$$

Da die Polarisatoren $P_I$ und $P_{II}$ gekreuzt sind, fällt auf die Photozelle $Ph$ im stromlosen Zustand kein Licht. Sobald Primärstrom fließt, bewirkt die Hauptwicklung eine Drehung der Schwingungsebene und verhindert eine vollständige

Auslöschung. Das auf die Photozelle fallende Licht steuert den Operationsverstärker so weit aus, bis die Amperewindungszahlen in Haupt- und Hilfswicklung wieder gleich sind.

Als Lichtquelle finden mit Unterspannung betriebene Glühlampen mit Monochromator, vorzugsweise aber Laser Verwendung [376, 820, 822]. Darüber hinaus läßt sich die Information auf Hochspannungspotential auch mit Mikrowellen abfragen [728, 820, 831]. Die Führung von Mikrowellen ist bezüglich der Oberflächenqualität von Spiegeln und der Strahlkollimation weniger anspruchsvoll

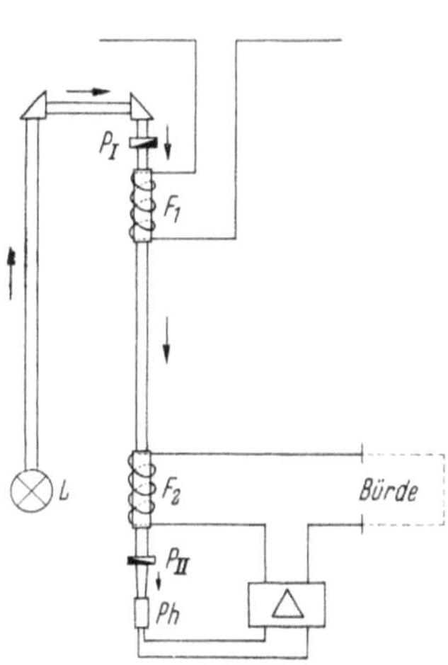


**Bild 208.** Prinzipschaltbild eines magnetooptischen Stromwandlers. $L$ Lichtquelle, $P_I$ Polarisator, $F_1/F_2$ Flintglaskörper, $P_{II}$ Polarisator (Analysator), $Ph$ Photozelle.

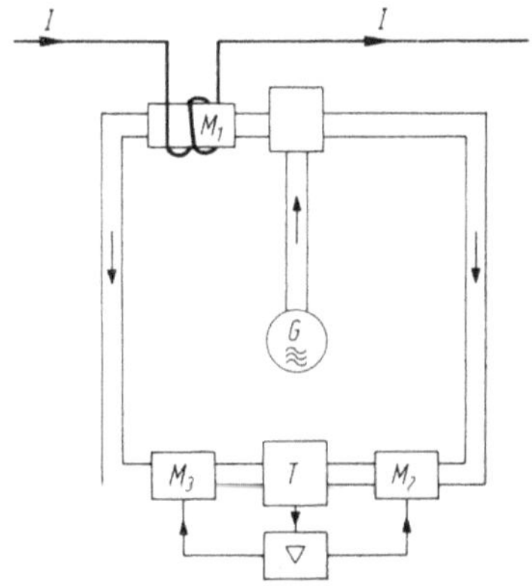


**Bild 209.** Mikrowellenstromwandler

als die Führung elektromagnetischer Wellen im Bereich des sichtbaren Lichtes, außerdem besitzt ein Mikrowellenstromwandler ein besseres Signal-Rausch-Verhältnis.

Ein Mikrowellensender im $X$-Band (8,2 bis 12,4 GHz, z. B. Gunn-Diode) erzeugt eine elektromagnetische Welle, die über einen dielektrischen Wellenleiter aus Teflon oder Keramik zur hochspannungsseitigen Komponente läuft und sich dort verzweigt (Bild 209).

Beide Signalanteile gelangen über zwei weitere dielektrische Wellenleiter zu einem magischen $T$ auf Erdpotential zurück und werden dort miteinander verglichen. Eine etwaige Modulation des einen Signalanteils im Modulator $M_1$ auf Hochspannungspotential führt zu einer Differenzspannung an den Detektoren des magischen $T$, die nach geeigneter Verstärkung die Modulatoren $M_2$ und $M_3$ aussteuert. Die Modulatoren $M_1$ und $M_2$ können als Zweige einer selbstabgleichenden Mikrowellenbrücke aufgefaßt werden, bei der im abgeglichenen Zustand die Amperewindungszahlen beider Modulatoren gleich groß sind. $M_3$ ist ein Hilfsmodulator, der zwischen beiden Signalanteilen die für die Funktion des magischen $T$ erforderliche Phasenverschiebung von 90° erzeugt und außerdem das durch die Unsymmetrie beider Kanäle bedingte Gleichstromglied kompensiert.

Die vorstehend beschriebenen nichtkonventionellen Verfahren zeichnen sich dank ihrer optischen und elektronischen Kompensationsschaltungen durch hohe Genauigkeit und Langzeitstabilität bei mäßiger Bandbreite aus. Sie kommen daher vorzugsweise für die Messung sinusförmiger Ströme und deren Transienten in Energieversorgungsnetzen in Frage.

In der Plasmaphysik und Fusionsforschung hat dagegen höchste Bandbreite Vorrang vor anderen Eigenschaften. Man verzichtet deshalb auf elektronische Kompensationsverfahren und wertet das den Analysator verlassende intensitätsmodulierte Licht, wie in 5.2 beschrieben, unmittelbar aus [367, 825, 826].

Abschließend sei eine auf dem Faraday-Effekt beruhende optische Rogowski-Spule erwähnt (Bild 210).

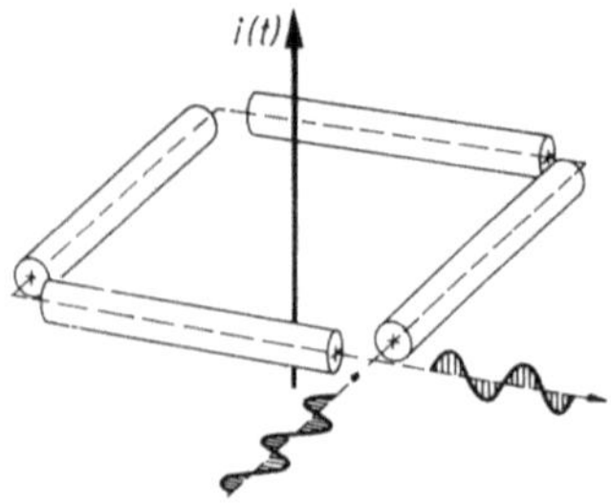


**Bild 210.** Auf dem Faraday-Effekt beruhende optische Rogowski-Spule.

Eine optische Rogowski-Spule kommt dann in Frage, wenn die zu überbrückende Potentialdifferenz nicht mehr mit einer Anordnung nach Bild 192 beherrscht werden kann bzw. kapazitive Einstreuungen nicht ausreichend abgeschwächt werden können, ohne gleichzeitig das magnetische Feld zu beeinträchtigen. Gegenüber den bisher erwähnten, auf dem Faraday-Effekt beruhenden Verfahren, erfolgt die Polarisationsmodulation bei der optischen Rogowski-Spule unmittelbar stromabhängig (s. a. 4.2). Eine typische Anwendung ist die Messung des zeitlichen Verlaufs der Stromstärke gepulster Korpuskularstrahlgeneratoren für die Röntgenblitzerzeugung oder die Trägheitsfusion.

## 5.4 Nichtkonventionelle Spannungsmessung

Im Gegensatz zu den nichtkonventionellen Strommeßverfahren, deren Schrifttum sich überwiegend mit Stromwandlern für die Energieversorgungstechnik befaßt, beschäftigen sich die Arbeiten über nichtkonventionelle Spannungsmessungen vorzugsweise mit Verfahren wie sie in der Plasmaphysik und Fusionsforschung gebräuchlich sind. Dies liegt im wesentlichen darin begründet, daß bei Spannungswandlern die Potentialtrennung nicht ohne weiteres denkbar ist, da eine Spannungsmeßeinrichtung üblicherweise mit den beiden Leitern verbunden wird, zwischen denen die Spannung gemäß ihrer Definition $\int E \mathrm{d}s$ gemessen werden soll. Wegen des unmittelbaren Zusammenhangs zwischen der Feldstärkeverteilung zweier Elektroden und der an ihnen liegenden Spannung läßt sich die Spannungsmessung jedoch auf eine Feldstärkemessung zurückführen. Ähnlich, wie die magnetische Feldstärke am Leiterseil mit dem Faraday-Effekt gemessen werden kann, läßt sich die elektrische Feldstärke mit dem Kerr- oder Pockels-Effekt messen (Bild 211).

Die Problematik gegenüber gewöhnlichen Pockels- oder Kerr-Zellen besteht darin, daß man es mit wesentlich kleineren Feldstärken zu tun hat, da die elektrische Feldstärke nicht eingeprägt werden kann, sondern sich entsprechend den unterschiedlichen Permittivitäten der Luft und dem jeweiligen aktiven Medium einstellt (Bild 211 b). Trotzdem lassen sich auch hier mit Feldverstärkung durch scharfkantige Elektroden im aktiven Medium ausreichende Empfindlichkeiten erreichen.

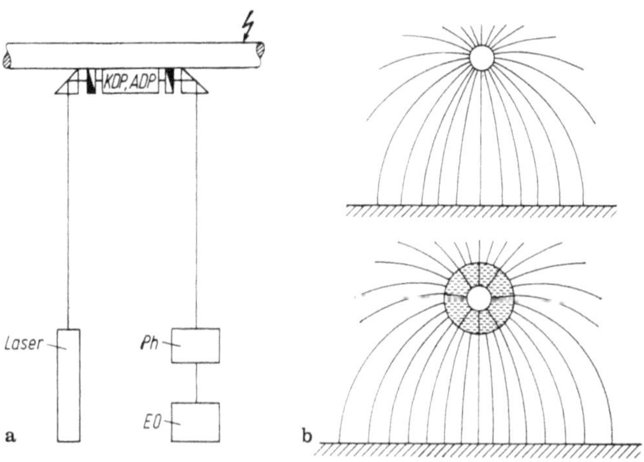


**Bild 211.** Nichtkonventionelle Spannungsmessung mit elektrooptischen Effekten. **a** Meßprinzip mit Pockels-Effekt; **b** Veranschaulichung des feldschwächenden Einflusses der Meßzelle.

Voraussetzung für eine zutreffende Spannungsmessung ist natürlich ein definierter Feldverlauf, der gegebenenfalls durch eine Reusenanordnung gewährleistet werden kann. Wenn jedoch schon eine definierte Hochspannungskapazität existiert, liegt es nahe, diese durch einen Unterkondensator zu einem kapazitiven Spannungsteiler zu ergänzen und mittels eines elektronischen Verstärkers als Spannungswandler auszubilden, wie dies z. B. in gasisolierten Schaltanlagen (GIS[2]) geschieht, (s. a. 3.2.2).

Nach augenblicklicher Einschätzung besitzen auf elektrooptischen Effekten beruhende Spannungswandler auch langfristig wenig Aussichten auf technische Verwirklichung. Wirtschaftlich interessant erscheint jedoch ein von Rogers vorgeschlagenes Kombiwandlerprinzip für die gleichzeitige Erfassung von Spannung und Strom und damit auch der übertragenen Leistung einer Leitung (Bild 212).

Als aktives Medium dient $\alpha$-Quarz. Das Licht eines He-Ne-Lasers wird in zwei Strahlen aufgeteilt, die beide, unter Zuhilfenahme einer Halbwellenplatte in einem Kanal, parallel zur Leiterachse polarisiert sind. Die beiden Quarze sind

[2] GIS, engl.: **G**as-**I**nsulated **S**witchgear

so orientiert, daß das E-Feld in bezug auf die Kristallachsen in beiden gleichgerichtet, das H-Feld entgegengesetzt gerichtet ist. Bei 45° Analysatorstellung ergibt die Addition der Detektorsignale ein spannungsproportionales Signal, ihre Subtraktion ein stromproportionales Signal.

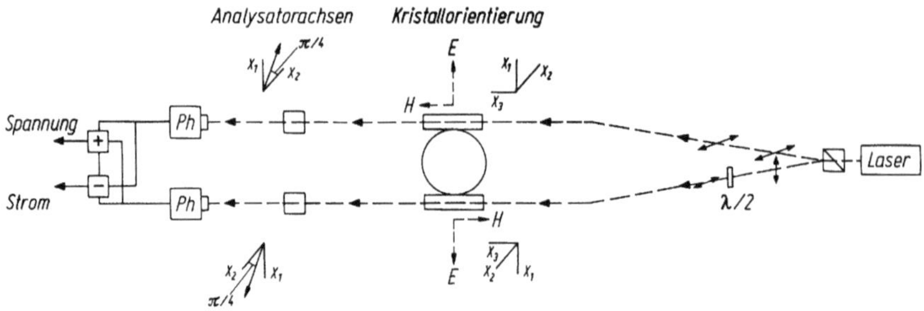


**Bild 212.** Kombiwandlerprinzip für gleichzeitige Strom- und Spannungsmessung [724], $OX_3$ optische Achse.

**Bild 213.** Kerr-Zelle für Impulsspannungen über 300 kV (Impulsphysik).

Abschließend sei noch die weitverbreitete Messung schnell veränderlicher hoher Spannungen in Kerr-Zellen mit eingeprägter elektrischer Feldstärke erwähnt (s. a. Bild 200). Dabei kann man sich entweder einer speziellen Kerr-Zelle bedienen [30—33, 139—142, 727, 729] oder die Versuchseinrichtung selbst als Kerr-Zelle benutzen, wie dies z. B. bei koaxial aufgebauten wasser- oder ölisolierten, gepulsten Korpuskularstrahlgeneratoren möglich ist. Eine kommerzielle Kerr-Zelle für Impulsspannungen über 300 kV zeigt Bild 213.

# 6 Dielektrische Messungen

## 6.1 Serien- und Parallelersatzschaltbild verlustbehafteter Kondensatoren

Kondensatoren mit festem oder flüssigem Dielektrikum besitzen bei Beanspruchung mit Wechselspannung dielektrische Verluste. Spannung und Strom sind nicht exakt um 90° phasenverschoben, da neben dem kapazitiven Ladestrom $I_C$ noch ein Wirkstrom $I_R$ durch den Kondensator fließt. Die Ursachen für diesen Wirkstrom liegen in der ohmschen Leitfähigkeit des Isolierstoffs [377, 378] (bei reiner Gleichspannungsbeanspruchung allein die Ursache dielektrischer Verluste), der Arbeit, die bei der Bewegung der Dipole in Form von Reibung geleistet wird (Polarisationsverluste) [379, 380], und in den Verlusten durch Teilentladungen [452, 453].

Zur vereinfachten rechnerischen und meßtechnischen Erfassung der dielektrischen Verluste stellt man sich einen verlustbehafteten Kondensator als Serien- oder Parallelschaltung eines idealen Kondensators und eines ohmschen Verlustwiderstands vor (Bild 214a, b). Die erst bei sehr hohen Frequenzen zu berücksichtigende Induktivität wird hierbei vernachlässigt. Aus den zugehörigen Zeigerdiagrammen (Bild 215a, b) wird der Verlustfaktor für das Parallelersatzschaltbild definiert als Tangens des Verlustwinkels $\delta$ zu

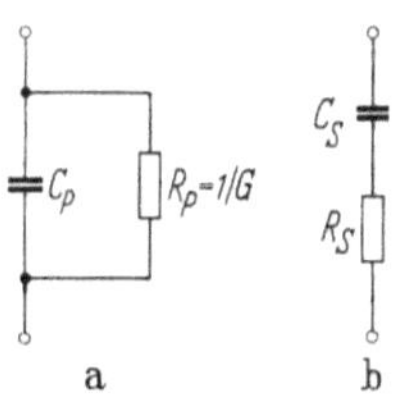


**Bild 214.** Ersatzschaltungen für verlustbehaftete Dielektrika. **a** Parallelschaltung; **b** Reihenschaltung.

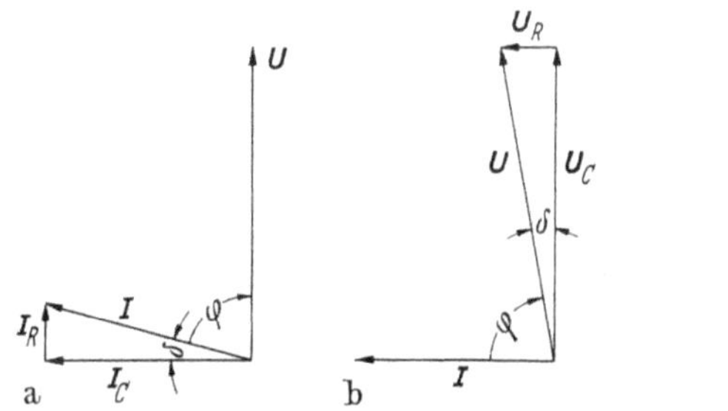


**Bild 215.** Spannungs- und Stromzeigerdiagramm eines Kondensators mit dielektrischen Verlusten. **a** Parallelschaltung; **b** Reihenschaltung.

$$\tan \delta_p = \frac{I_R}{I_C} = \frac{G}{\omega C_p}.$$

Für das Reihenersatzschaltbild gilt die Beziehung:

$$\tan \delta_s = \frac{U_R}{U_C} = R_s \omega C_s .$$

In Wirklichkeit besitzt ein Kondensator sowohl einen Reihen- als auch einen Parallelverlustwiderstand (Bild 216). Je nach der Frequenz der angelegten Spannung tritt nur einer von beiden in Erscheinung. In Bild 216 ist $r_p$ ein Maß für die im Dielektrikum entstehenden Verluste. Der Widerstand $r_s$ repräsentiert die ohmschen Zuleitungs- und Bahnwiderstände, die Übergangswiderstände an Kontaktstellen sowie den Anteil der Verluste im Dielektrikum, deren Natur physikalisch richtiger durch eine Reihenschaltung von Verlustwiderstand und

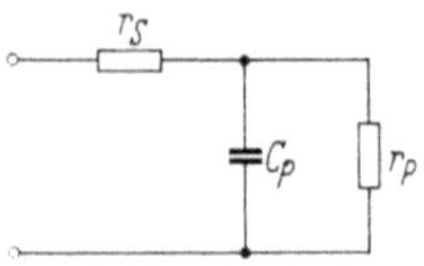


**Bild 216.** Erweitertes Ersatzschaltbild eines verlustbehafteten Kondensators mit Reihen- und Parallelverlustwiderstand.

idealer Kapazität beschrieben wird. Man sieht leicht, daß für kleine Frequenzen $1/\omega C_p \gg r_s$ nur die Parallelschaltung $C_p \parallel r_p$ gemessen wird; die gemessenen Verluste entstehen zum größten Teil im Dielektrikum. Bei hohen Frequenzen kommt $1/\omega C_p$ in die Größenordnung von $r_s$; d. h., die gemessenen Verluste rühren in erster Linie von $r_s$ her. Für eine feste Frequenz sind beide Ersatzschaltungen gleichwertig, bei veränderlicher Frequenz beide einzeln angenommen falsch.

Wenn man mehrere mit verschiedenen Meßgeräten erhaltene Werte des Verlustfaktors und der Kapazität untereinander vergleichen will, muß man nachprüfen, für welches Ersatzschaltbild und bei welchen Meßfrequenzen die einzelnen Werte erhalten wurden. Die in Bild 214 eingezeichneten Werte für $C_p$ und $C_s$ sowie $R_p$ und $R_s$ können mittels folgender Gleichungen ineinander umgerechnet werden:

$$C_p = \frac{C_s}{1 + \tan^2 \delta} = \frac{C_s}{1 + (R_s \omega C_s)^2},$$

$$C_s = C_p(1 + \tan^2 \delta) = C_p \left(1 + \frac{1}{(R_p \omega C_p)^2}\right),$$

$$R_p = \frac{1}{G} = R_s \left(1 + \frac{1}{\tan^2 \delta}\right) = R_s \left(1 + \frac{1}{(R_s \omega C_s)^2}\right),$$

$$R_s = \frac{R_p}{1 + \dfrac{1}{\tan^2 \delta}} = \frac{R_p}{1 + (R_p \omega C_p)^2}.$$

Bei bekanntem Verlustfaktor $\tan \delta$ läßt sich leicht entscheiden, ob der gemessene Kapazitätswert $C$ im Rahmen der gewünschten Genauigkeit für beide Ersatzschaltbilder gilt oder nicht. Strebt man die Ermittlung von $C_p$ und $C_s$ mit einer relativen Unsicherheit von $10^{-3}$ an, so ist eine Korrektur erforderlich, wenn $\tan\delta \geqq 3 \cdot 10^{-2}$ ist. Es ist zu beachten, daß die mit einem bestimmten Verlustfaktor vorgenommenen Umrechnungen jeweils nur für eine Frequenz gelten, da der Verlustfaktor selbst frequenzabhängig ist.

Die relative Dielektrizitätskonstante wird meist indirekt aus der Messung zweier Kapazitäten bestimmt. Man mißt erst die Kapazität $C_0$ eines Meßkondensators mit Luft-Dielektrikum ($\varepsilon_r = 1{,}0006$), füllt dann den Raum zwischen den Elektroden mit dem zu untersuchenden Isolierstoff aus und mißt ein zweites Mal die jetzt erhöhte Kapazität $C_0'$. Die relative Dielektrizitätskonstante ergibt sich dann gemäß ihrer Definition zu

$$\varepsilon_r = \frac{C_0'}{C_0}.$$

Auch hier muß man wieder unterscheiden zwischen der relativen Dielektrizitätskonstanten $\varepsilon_{r_s}$ für das Serienersatzschaltbild und der relativen Dielektrizitätskonstanten $\varepsilon_{r_p}$ für das Parallelersatzschaltbild.

## 6.2 Brückenschaltungen zur Messung von Kapazitäten und Verlustfaktoren

In den folgenden Abschnitten werden Meßverfahren zur Bestimmung von Kapazitäten und Verlustfaktoren bei technischen Frequenzen beschrieben. Wegen der Messung der Stoffkonstanten $\varepsilon_r$ und $\tan\delta$ bei höheren Frequenzen, z. B. zur Erlangung von Unterlagen für das Verschweißen von Kunststoffen mit Hochfrequenz usw., sei auf die einschlägige Spezialliteratur verwiesen [383–385, 389].

### 6.2.1 Verlustfaktormeßbrücke nach Schering

Von allen Vergleichsverfahren zur Messung von Kapazitäten liefern Wechselstrombrücken die genauesten Ergebnisse. In der Hochspannungstechnik haben sich vor allem die Verlustfaktormeßbrücke nach Schering [386, 388] und die

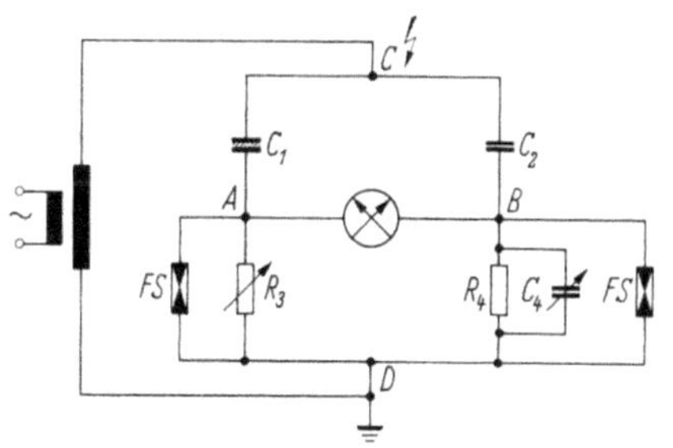


**Bild 217.** Prinzipschaltbild der Verlustfaktormeßbrücke. (Nach Schering.) *FS* Schutzfunkenstrecken, $C_1$ verlustbehaftetes Meßobjekt, $C_2$ verlustfreie Vergleichskapazität (Normalkondensator). (Weitere Erläuterungen siehe Text.)

von ihr abgeleiteten, für spezielle Anwendungszwecke zugeschnittenen Abwandlungen eingeführt und bewährt (Bild 217). Der Vorteil der Schering-Brücke besteht darin, daß Kapazität und Verlustfaktor eines Prüflings auch bei Nennspannung gefahrlos gemessen werden können. Die Schaltung ist so dimensioniert, daß an den Abgleichelementen $R_4$, $C_4$ und $R_3$ nur Spannungsabfälle von wenigen Volt entstehen. Sollte im Falle eines Durch- oder Überschlags am Kondensator $C_1$ oder $C_2$ Hochspannungspotential an die Klemmen $A$ und $B$ gelangen, so werden die Abgleichelemente und der Bedienende durch parallel geschaltete Überspannungsableiter (Edelgassicherungen) geschützt.

Der Abgleich der Brücke erfolgt durch abwechselndes Verstellen von $R_3$ und $C_4$. Im abgeglichenen Zustand besitzen die Knotenpunkte $A$ und $B$ gleiches Potential; das Nullgalvanometer zeigt keinen Nullstrom mehr an.

In diesem Fall ist das Übersetzungsverhältnis der beiden als Spannungsteiler aufgefaßten Brückenzweige $\boldsymbol{Z}_1$, $\boldsymbol{Z}_3$ und $\boldsymbol{Z}_2$, $\boldsymbol{Z}_4$ gleich groß, und es gilt

$$\frac{\boldsymbol{Z}_1}{\boldsymbol{Z}_3} = \frac{\boldsymbol{Z}_2}{\boldsymbol{Z}_4}.$$

Obige Gleichung stellt die Ausgangsbasis zur Ableitung der Abgleichbedingungen beliebiger Wechselstrombrücken mit passiven Bauelementen dar. Setzt man für die Impedanzen die Scheinwiderstände der einzelnen Bauelemente der jeweiligen Brücke ein und vergleicht die Real- und Imaginärteile, so ergeben sich die Bestimmungsgleichungen für den zu messenden Blindwiderstand und den unbekannten Verlustfaktor. Beispielsweise erhält man bei der Schering-Brücke mit

$$\boldsymbol{Z}_1 = R_1 + \frac{1}{\mathrm{j}\omega C_1}, \qquad \boldsymbol{Z}_2 = \frac{1}{\mathrm{j}\omega C_2}, \qquad \boldsymbol{Z}_3 = R_3, \qquad \frac{1}{\boldsymbol{Z}_4} = \frac{1}{R_4} + \mathrm{j}\omega C_4,$$

$$\boldsymbol{Z}_1 = \frac{\boldsymbol{Z}_2}{\boldsymbol{Z}_4}\boldsymbol{Z}_3,$$

$$R_1 + \frac{1}{\mathrm{j}\omega C_1} = \frac{R_3}{\mathrm{j}\omega C_2}\left(\frac{1}{R_4} + \mathrm{j}\omega C_4\right),$$

$$R_1 + \frac{1}{\mathrm{j}\omega C_1} = \frac{R_3}{\mathrm{j}\omega C_2 R_4} + R_3\frac{C_4}{C_2}.$$

Aus dem Vergleich der Real- und Imaginärteile folgt

$$R_1 = R_3\frac{C_4}{C_2} \quad \text{und} \quad C_1 = C_2\frac{R_4}{R_3}.$$

Der Verlustfaktor berechnet sich zu

$$\tan\delta = \omega R_s C_s = \omega R_4 C_4.$$

Der aus den obigen Abgleichbedingungen ermittelte Kapazitätswert entspricht einer Serienkapazität $C_s$; die Schering-Brücke mißt die Kapazität und den Verlustfaktor nach dem Serienersatzschaltbild. Bei großem Verlustfaktor und einem parallel zur Kapazität zu denkenden Verlustwiderstand erhält man gemäß den im vorigen Abschnitt angestellten Betrachtungen einen zu hohen Kapazitätswert (im Vergleich zu den Ergebnissen, die beispielsweise mit der Universal-$C$-tan $\delta$-Meßbrücke erhalten werden, s. 6.2.4), der jedoch leicht mit den in 6.1 angegebenen Gleichungen umgerechnet werden kann.

### 6.2.2 Schering-Brücke für hohe Ladeströme

Bei großen Prüflingskapazitäten, z. B. Hochspannungskabeln, Phasenschieberkondensatoren u. ä., übersteigen die Ladeströme die Strombelastbarkeit des Dekadenwiderstands $R_3$. Außerdem wird der Zweig so niederohmig, daß man seine induktive Komponente und die Übergangswiderstände seiner Umschaltkontakte nicht mehr vernachlässigen kann. In diesen Fällen wird der Meßbereich dadurch erweitert, daß man einen niederohmigen Nebenschlußwiderstand $R_N$ dem Zweig *3* parallel schaltet (Bild 218). Die Abgleichbedingungen lauten dann:

$$C_1 = C_2 R_4 \frac{R_N + r + S + R_3}{R_N(R_3 + \sigma)},$$

$$\tan \delta_1 = R_4 \omega C_4 - R_4 \omega C_2 \cdot \frac{r + S - \sigma}{R_3 + \sigma},$$

$\sigma$ bedeutet den am Schleifdraht $S$ abgegriffenen Anteil.

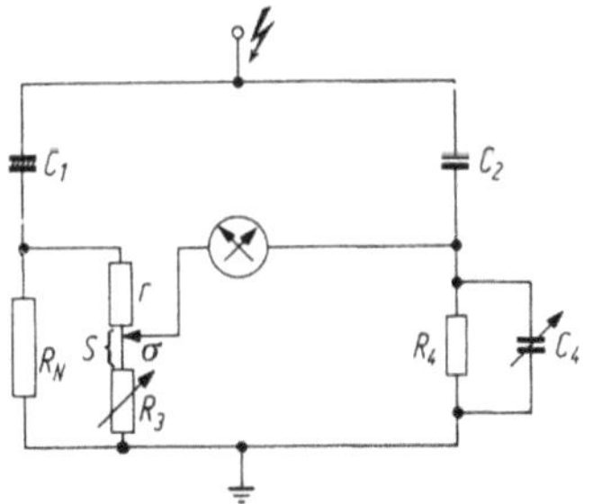


**Bild 218.** Erweiterte Verlustfaktormeßbrücke nach Schering für große Ladeströme, $S$ Schleifdrahtwiderstand, $\sigma$ am Schleifdraht $S$ abgegriffene Teilstrecke, $R_N$ Nebenwiderstand.

Für besonders hohe Ströme wird $R_N$ extern zugeschaltet, wobei aufgrund des sehr kleinen Widerstandswerts dem induktiven Fehlwinkel besondere Beachtung zu schenken ist.

Für überschlägige Messungen kann der Kapazitätsbereich einer Meßbrücke nach größeren Werten hin durch Reihenschaltung einer gerade noch meßbaren Hilfskapazität $C_H$ mit dem zu messenden Kondensator $C_x$ erweitert werden (bei der Reihenschaltung von Kapazitäten ist die Gesamtkapazität kleiner als die kleinste Teilkapazität der Reihenschaltung).

Aus den gemessenen Werten $C_M$ und $\tan \delta_M$ der Reihenschaltung kann man Kapazität und Verlustfaktor der unbekannten Kapazität $C_x$ errechnen

$$C_x = \frac{C_M C_H}{C_H - C_M},$$

$$\tan \delta_x = \tan \delta_M \left(1 + \frac{C_x}{C_H}\right) - \tan \delta_H \frac{C_x}{C_H}.$$

Mit zunehmendem $C_x$ nimmt die Meßgenauigkeit rasch ab.

In ähnlicher Weise kann man den Meßbereich einer Brücke in gewissen Grenzen auch für sehr kleine Kapazitäten $C_x$ durch Parallelschalten einer bekannten

Hilfskapazität $C_H$ erweitern, Kapazität und Verlustfaktor des unbekannten Kondensators berechnen sich zu:

$$C_x = C_M - C_H,$$

$$\tan \delta_x = \tan \delta_M \left(1 + \frac{C_H}{C_x}\right) - \tan \delta_H \frac{C_H}{C_x}.$$

Bei sehr großen Kapazitäten, z. B. Siebkondensatoren, Kondensatorbatterien in Stoßstromanlagen u. ä., kommt der Scheinwiderstand des Prüflings in die Größenordnung der Zuleitungs- und Kontaktwiderstände an den Anschlußklemmen. Die Induktivität und der ohmsche Widerstand der Zuleitung können dann den Kapazitätswert und den Verlustfaktor wesentlich verfälschen. Sehr niedrige Impedanzen müssen daher mit getrennten Strom- und Spannungsanschlüssen gemessen werden. Hier kommt z. B. eine für Kapazitäts- und Verlustfaktormessungen abgewandelte Kelvindoppelbrücke in Frage [397] (s. a. 6.5.5).

### 6.2.3 Schering-Brücke für hohe Verlustfaktoren

Die Meßbereichserweiterung der Grundschaltung nach Bild 217 für größere Verlustfaktoren erfolgt durch Vergrößern der Kapazität $C_4$. Um eine allzu aufwendige Kapazitätsdekade zu vermeiden, hat Geyger [393] im Zweig *4* die veränderliche Kapazität $C_4$ durch einen festen Kondensator ersetzt und $R_4$ als Schleifdraht ausgebildet (Bild 219). Die Meßbereichserweiterung geschieht additiv durch Parallelschalten fester Kapazitäten zu $R_4$.

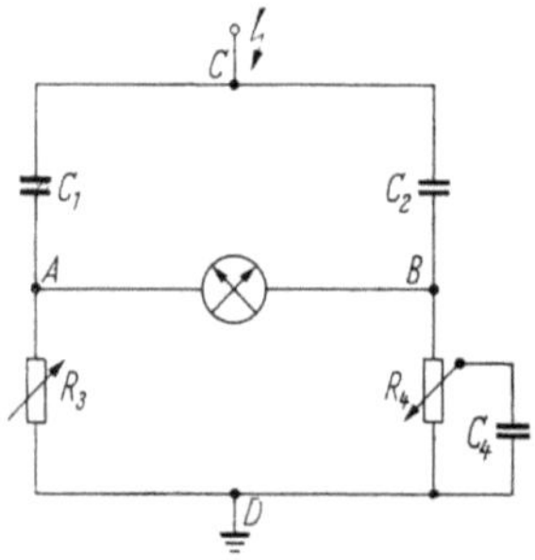


**Bild 219.** Verlustfaktormeßbrücke mit Schleifdrahtabgleich.

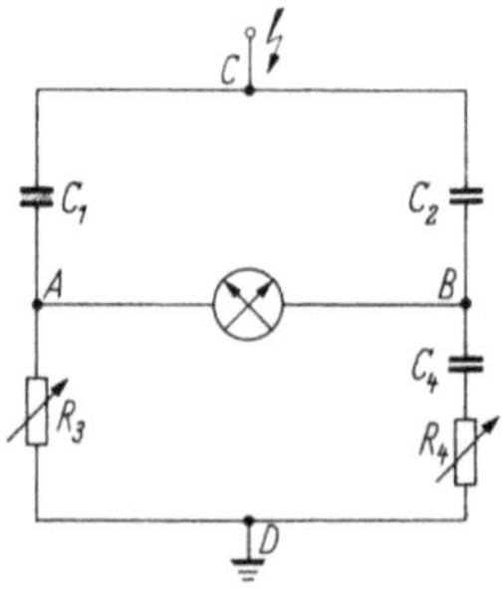


**Bild 220.** Schleifwendelmeßbrücke für große Verlustfaktoren ($\tan \delta > 10$).

Eine weitere Variante dieser Meßbrücke mit Schleifwendelabgleich ist die Spaltzweigmeßbrücke nach Schering [394]. Bei dieser Meßbrücke erfolgt auch der Betragsabgleich mit einer Schleifwendel. Die Meßbereichserweiterung geschieht additiv wie bei der vorgenannten Schaltung. Die additive Meßbereichserweiterung für große $\tan \delta$-Werte ist jedoch unbequem. Rutloh wandelte die Parallelschaltung der beiden Schleifwendeln im Zweig *4* der Spaltzweigbrücke in eine Reihenschaltung um. Damit ergibt sich eine einfache multiplikative Erweiterung des Meßbereichs und eine lineare Verlustfaktorskala [396].

Die additive und multiplikative Erweiterung des Verlustfaktormeßbereichs durch Vergrößern von $C_4$ ist nicht unbegrenzt möglich. Für Verlustfaktoren $\tan \delta > 1{,}5$ konvergiert der Abgleich dieser Schaltungen nicht mehr [398, 416, 431]. Diese Schwierigkeit umgeht die von Rutloh [398] neu entwickelte in Bild 220 dargestellte Schaltung, deren Abgleich auch bei Verlustfaktoren $\tan \delta = 1 \cdots 10$ gut konvergiert. Im Gegensatz zu den übrigen von der Schering-Brücke abgeleiteten Schaltungen wird hier wegen der Reihenschaltung von $R_4$ und $C_4$ die Kapazität des Prüflings im Parallelersatzschaltbild gemessen. Dies ist sehr vorteilhaft, da für große Verlustfaktoren das Parallelersatzschaltbild der Natur der Verluste ohnehin besser entspricht als das Serienersatzschaltbild.

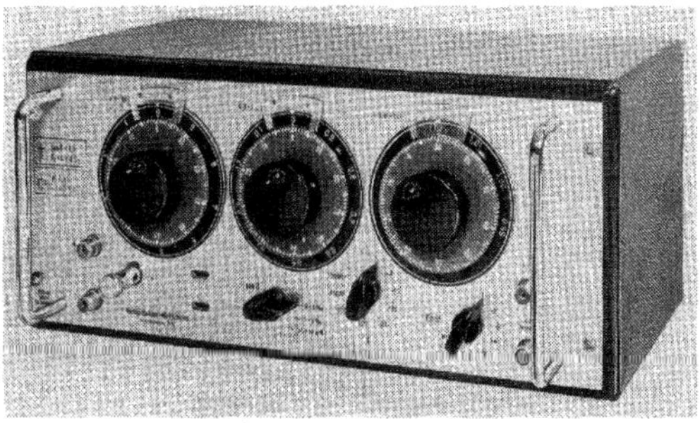

**Bild 221.** Verlustfaktormeßbrücke für Verlustfaktoren $\tan \delta > 10$.
(Nach Rutloh, Schering-Institut, TH Hannover.)

In der in Bild 221 wiedergegebenen Verlustfaktormeßbrücke des Schering-Instituts ist die neue Schleifwendelbrücke für große Verlustfaktoren umschaltbar kombiniert mit der bisherigen Spaltzweigausführung. Das Gerät erlaubt die Messung von Verlustfaktoren $\tan \delta = 10^{-4}$ bis $> 10$. In ähnlicher Weise läßt sich auch die Verlustfaktormeßbrücke mit Stromkomparator abändern [834].

### 6.2.4 Universal-$C$-tan $\delta$-Meßbrücke

Großen Bedienungskomfort, vereint mit der Möglichkeit selbsttätigen Abgleichs, gewährt die Universal-$C$-tan $\delta$-Meßbrücke nach Poleck [410, 433, 435—437]. Sie stellt in ihrer Grundschaltung eine Schering-Brücke dar, deren veränderliche Kapazitätsdekade $C_4$ durch einen komplexen Kompensator ersetzt ist. Der komplexe Kompensator liefert zwei um 90° versetzte Spannungen, aus denen durch geometrische Addition eine beliebig nach Betrag und Phase einstellbare Spannung erhalten werden kann. Diese Spannung liegt parallel zum Zweig *4* und kompensiert die vom Wandler $T$ übersetzte Spannung der Brückendiagonalen (Bild 222). Den Abgleichzustand zeigt ein induktiv angekoppelter elektronischer Nullindikator (*EN*) an. Durch Umpolung des komplexen Kompensators lassen sich auch negative Verlustfaktoren messen. Im Gegensatz zur Schering-Brücke mißt die Universal-$C$-tan $\delta$-Meßbrücke die Kapazität und den Verlustfaktor des Parallelersatzschaltbilds. Beim selbsttätigen Abgleich werden die beiden zum Handabgleich benötigten Potentiometer $P_\beta$ und $P_\gamma$ durch zwei gleichartige

Potentiometer in zwei Kompensationsschreibern ersetzt. Meßbrücke und Schreiber bilden einen vermaschten Regelkreis. Der elektronische Nullindikator liefert die Regelabweichung, die beiden Potentiometer die Stellgrößen für die als Regelstrecke anzusehende Meßbrücke.

Der Meßbereich der Brücke reicht von wenigen Picofarad bis zu einigen 1 000 μF, wobei der Verlustfaktor zwischen $10^{-5}$ und 5 liegen kann. Eine Vorrichtung zum Ausgleich der Zuleitungskapazitäten (s. 6.3.3), die Möglichkeit der Messung des zeitlichen Verlaufs des Verluststroms, eine eingebaute Scheitelspannungsmeßeinrichtung sowie ein Zusatzgerät für die Messung einseitig geerdeter Prüflinge (s. 6.4.1) machen die Brücke zu einem vielseitig einsetzbaren Meßinstrument.

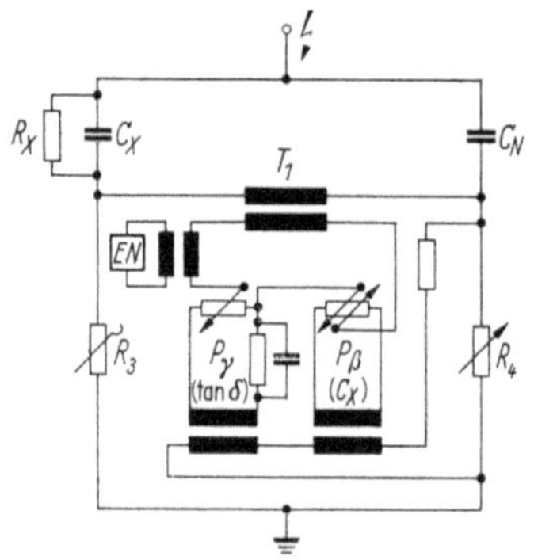


Bild 222. Universal-$C$-tan $\delta$-Meßbrücke (Erläuterungen im Text) (Siemens).

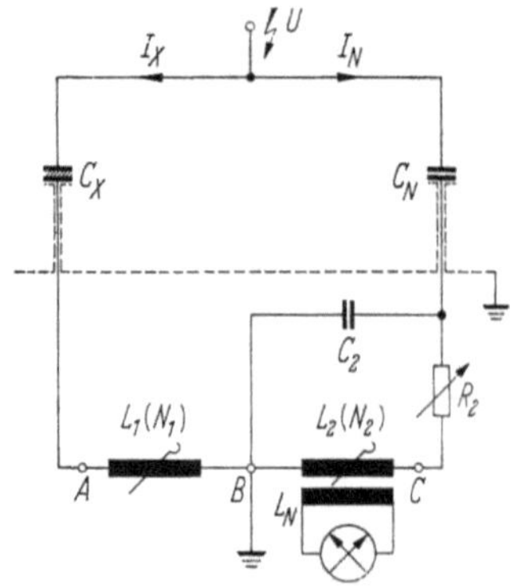


Bild 223. Kapazitätsmeßbrücke mit Stromkomparator. (Nach Glynne.)

### 6.2.5 Verlustfaktormeßbrücke mit Stromkomparator

Die im folgenden beschriebene Meßbrücke beruht im Prinzip auf einem schon 1928 von Blumlein vorgeschlagenen Abgleichverfahren [425]. Glynne [426] ergänzte die anfänglich nur für Impedanzmessungen gedachte Grundschaltung durch zwei weitere Bauelemente — $R_2$, $C_2$ —, die eine unmittelbare Ablesung des Verlustfaktors erlauben (Bild 223). Das Hauptmerkmal der Brückenschaltung ist ein sorgfältig geschirmter, streuungsarm aufgebauter Differenztransformator, bestehend aus den beiden eng gekoppelten Wicklungen $L_1$ und $L_2$ (Stromkomparator). Beim Abgleichen werden die Windungszahlen $N_1$ und $N_2$ so lange feinstufig verändert, bis die Durchflutungen des beiden Wicklungen $L_1$ und $L_2$ sich gegenseitig aufheben, der Gesamtfluß also Null ist:

$$I_x N_1 - I_N N_2 = 0 .$$

Der an die Wicklung $L_N$ angeschlossene Nullindikator mißt den Differenzfluß und zeigt somit den Abgleichzustand an. Setzt man $I_x = U\omega C_x$ und $I_N = U\omega C_N$ (dies gilt nur unter der Annahme, daß die Ströme in den beiden Brückenhälften jeweils nur durch $1/\omega C_N$ und $1/\omega C_x$ bestimmt werden), so erhält man

$$C_x = C_N \frac{N_2}{N_1}$$

und unter Vernachlässigung der Wirkwiderstände der Wicklungen $L_1$ und $L_2$ und des Verlustfaktors des Vergleichkondensators $C_N$

$$\tan \delta_X = \omega R_2 C_2 .$$

Das $RC$-Glied $R_2C_2$ ermöglicht, daß die Ströme $I_X$ und $I_N$ auch in bezug auf ihre Phasenlage in Übereinstimmung gebracht werden können. Der Kapazitätswert $C_X$ gilt unter der Annahme einer Reihenschaltung von Prüflingskapazität $C_{Xs}$ und Verlustwiderstand $R_{Xs}$.

Im abgeglichenen Zustand befinden sich die drei Klemmen $A$, $B$ und $C$ praktisch auf Erdpotential (unter Vernachlässigung der bei geeigneter Auslegung nahezu beliebig kleinzuhaltenden rein ohmschen Spannungsabfälle an den Wirkwiderständen der Wicklungen $L_1$ und $L_2$). Die parallel zu den Wicklungen liegenden Streukapazitäten beeinflussen somit den Abgleich nur noch unwesentlich (s. 6.3.3). Als Zuleitungen zum Prüfling und zum Vergleichskondensator genügen einfach geschirmte Koaxialkabel. Die Schaltung benötigt keine zusätzlichen Kunstgriffe zur Beseitigung schädlicher Erdkapazitäten. Hierin liegt ein wesentlicher Vorzug gegenüber der Scheringbrücke. Hinzu kommt eine bei Netzfrequenz etwa um den Faktor 100 höhere Empfindlichkeit [427].

Die Meßbereichserweiterung erfolgt in ähnlicher Weise wie bei der Schering-Brücke, die bei großen Ladeströmen bekanntlich einen außerhalb des Brückenkastens liegenden Nebenwiderstand im Zweig *3* benutzt (s. 6.2.2). Prüflinge mit sehr hoher Kapazität werden über einen Stromwandler (induktiver Nebenwiderstand) an den Zweig *1* angekoppelt [428]. Der Fehlwinkel des Stromwandlers beeinflußt die Verlustfaktormessung. Zum Beispiel bewirkt ein Fehlwinkel von 0,5′ eine Verlustfaktoränderung von $\tan \delta = 1{,}45 \cdot 10^{-4}$. Eine weitere Möglichkeit der Bereichserweiterung bietet die Kaskadenschaltung zweier Stromkomparatoren [429]. Bei der Messung des Verlustfaktors sehr großer Kapazitäten tritt neben der Notwendigkeit der Erweiterung des Kapazitätsmeßbereichs noch das Zuleitungsproblem auf (s. 6.2.3). Die Impedanz großer Kondensatoren kann bei technischen Frequenzen in der Größenordnung von wenigen Ohm liegen, so daß der Scheinwiderstand der Zuleitungen und der Schaltverbindungen im Brückenkasten nicht mehr vernachlässigt werden kann. In solchen Fällen wird der Prüfling mit getrennten Strom- und Spannungsklemmen versehen und als Vierpol aufgefaßt, durch dessen Eingangsklemmen der Ladestrom fließt, und zwischen dessen Ausgangsklemmen die unverfälschte Kondensatorspannung besteht, unbeschadet etwaiger Spannungsabfälle längs der Stromzuführung. Man mißt mit anderen Worten den Leerlaufkernwiderstand des Kondensators. Ausführliche Betrachtungen über die Ausschaltung der Zuleitungsimpedanzen bei Verlustfaktormessungen an großen Kapazitäten (Elektrolytkondensatoren, Starkstromkondensatoren zur Verbesserung des $\cos \varphi$ usw.) finden sich im Schrifttum [397, 429, 430, 540].

Bei sehr langen Zuleitungen ($C_E > 1000$ pF) zur Niederspannungsklemme des Vergleichskondensators dürfen auch bei der Verlustfaktormeßbrücke mit Stromkomparator die Erdkapazitäten nicht mehr vernachlässigt werden, da die Kapazität $C_2$ in Bild 223 dann doch merklich vergrößert wird (die Erdkapazitäten des geschirmten Zuleitungskabels liegen parallel zu $C_2$). Die Verlustfaktormeßbrücke mit Stromkomparator nach Kusters und Petersons beseitigt jedoch auch dann noch den schädlichen Einfluß der Erdkapazitäten (Bild 224). Die Kompensation des Wirkstroms wird nicht durch einen im Vergleichszweig liegenden veränderlichen Leitwert bewirkt, sondern über eine Hilfsspannung, die mit einem rückgekoppelten Operationsverstärker erzeugt wird. Unter der Voraussetzung, daß der Eingangswiderstand des Verstärkers unendlich groß, der Ausgangswiderstand Null sei, und unter der Annahme, daß die Verstärkung groß gegen 1 sei, ergibt sich die Hilfsspannung $U_H$ zu

$$U_H \approx \frac{C_N}{C_H} U.$$

Diese Hilfsspannung liegt in Phase mit der Speisespannung der Brücke. Ihre Größe ist reduziert um das Übersetzungsverhältnis des kapazitiven Spannungs-

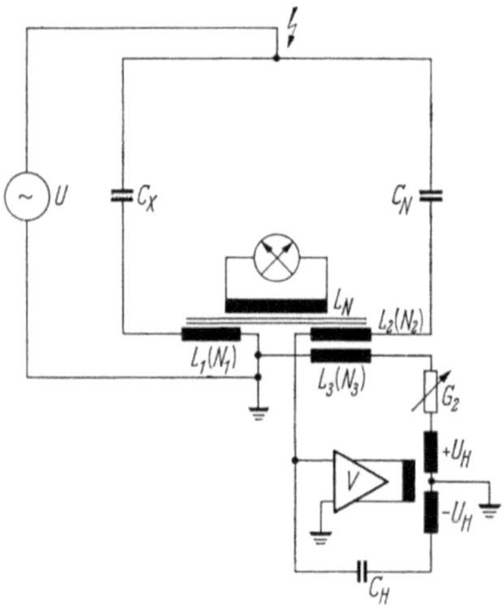


**Bild 224.** Verlustfaktormeßbrücke mit Stromkomparator. (Nach Kusters und Petersons.)

teilers, bestehend aus $C_N$ und $C_H$. Die Hilfsspannung treibt einen Strom durch den einstellbaren Leitwert $G_2$. Der gleiche Strom fließt durch die Wicklung $L_3$ des Stromkomparators und kompensiert die mit der Speisespannung der Brücke in Phase liegenden Stromkomponenten. Die Abgleichbedingungen ergeben sich zu

$$C_X = C_N \frac{N_2}{N_1}$$

und

$$\tan \delta = \frac{G_2}{\omega C_H} \frac{N_3}{N_2}.$$

Die aus den obigen Gleichungen ermittelten Werte gelten unter der Annahme eines Parallelersatzschaltbilds für die verlustbehaftete Kapazität $C_X$.

Gegenüber der zuvor beschriebenen Schaltung besitzt die Brücke nach Kusters und Petersons den Vorzug, daß über die Hilfsspannung $U_H$ die Größe und die Kurvenform der an der Brücke liegenden Hochspannung gemessen werden kann. Der dem Operationsverstärker nachgeschaltete Ausgangsübertrager besitzt eine Mittelpunktanzapfung, so daß die Hilfsspannung sowohl mit negativem als auch mit positivem Vorzeichen zur Verfügung steht. Durch Vertauschen der Wicklungsenden des Ausgangsübertragers wird die Messung negativer Verlustfaktoren ermöglicht. Die Meßbrücke eignet sich damit auch zur Eichung von Spannungswandlern und zur Messung von Spulenverlusten.

## 6.3 Allgemeine Betrachtungen über Empfindlichkeit, Abschirmung und Brückenelemente

### 6.3.1 Empfindlichkeit

Unter der Meßempfindlichkeit einer Verlustfaktor- oder Kapazitätsmeßbrücke versteht man die am Indikatorinstrument gerade noch erkennbare kleinste Kapazitäts- oder Verlustfaktoränderung gegenüber dem genauen Abgleichzustand:

$$q = \frac{\Delta Z}{Z}.$$

Man spricht von einer großen Brückenempfindlichkeit, wenn $q$ klein ist. Bei einer Stromempfindlichkeit des Nullindikators $I_0$/A pro Teilstrich erhält man [405, 406]:

$$q = \frac{I_0}{U\omega C_2}\left(1 + \frac{R_G}{R_4} + \frac{C_2}{C_1}\right).$$

Darin bedeuten $U$ die Meßspannung, $R_G$ den Innenwiderstand des Nullindikators, $C_2$ die Vergleichskapazität und $C_1$ die Kapazität des Prüfobjekts. Der Widerstand $R_4$ stellt den Wirkwiderstandswert des Brückenzweigs *4* dar (s. a. Bild 217, 6.2.1). Wie aus der obigen Gleichung zu ersehen ist, erreicht man eine Steigerung der Brückenempfindlichkeit durch Erhöhen der Meßspannung, Verwendung eines Nullindikators hoher Stromempfindlichkeit und kleinem Innenwiderstand $R_G$ sowie durch Wahl eines Vergleichskondensators $C_2$ möglichst großer Kapazität.

Die Empfindlichkeitssteigerung durch Vergrößern der Spannung findet schnell ihre Grenze in der Prüfspannung des Meßobjekts. Auch die Kapazität $C_2$ des Vergleichskondensators liegt bei hohen Ansprüchen an seinen Verlustfaktor fest. Die Ausnützung der maximal erreichbaren Empfindlichkeit der heute fast ausschließlich verwendeten elektronischen Nullindikatoren wird schließlich durch den endlichen Störabstand der Spannung im Nullzweig gegen die Spannungen im Zweig *3* und *4* gegen Erde eingeschränkt. Bei empfindlichen und genauen Messungen kleiner Verlustfaktoren können die Ergebnisse stark durch Fehlwinkel einzelner Brückenelemente und durch Störspannungen verfälscht werden. Da die Beseitigung der in den folgenden Abschnitten ausführlicher behandelten Meßfehler technisch nur bis zu einem gewissen Maße möglich ist, hat man spezielle Schaltungen für die Feinmessung dielektrischer Verluste entwickelt, die einen Teil der systematischen Fehler vermeiden [388—389, 406, 419, 420, 424, 427, 432]. Mit diesen Schaltungen lassen sich zum Teil Verlustfaktoren bis zur Größenordnung von $10^{-6}$ bestimmen.

Um im voraus überschlagen zu können, mit welcher Genauigkeit die Messung der Kapazität und des Verlustfaktors eines Prüfobjekts bei gegebener Spannung durch eine bestimmte Meßeinrichtung erfolgen kann, bedient man sich der von Keller [408] angegebenen Tabellen und Gleichungen oder auch der von manchen Herstellern zu ihren Meßbrücken mitgelieferten Nomogramme.

### 6.3.2 Vergleichskondensator

Als Vergleichskondensator $C_2$ finden bei hohen Meßspannungen ($> 20$ kV) fast ausnahmslos Preßgaskondensatoren mit Kapazitäten zwischen 30 und 200 pF Verwendung [400, 401]. Aufgrund ihres von Schering und Viehweg [399] erstmalig angewandten Konstruktionsprinzips vereinen sie hohe Spannungsfestigkeit mit kleinem Verlustfaktor ($\tan\delta \approx 10^{-6}$). Der grundsätzliche elektrische und mechanische Aufbau ist aus den Bildern 225 und 226 zu ersehen.

**Bild 225.** Preßgaskondensatoren für 200, 300, 500 und 800 kV.

In einem druckfesten Isolierrohr *4* befindet sich die aus zwei rotationssymmetrischen Hohlkörpern bestehende Meßkapazität in Form einer Schutzringelektrodenanordnung. Die Hochspannungselektrode *1* umhüllt den Niederspannungsbelag *2* fast völlig und schirmt ihn gegen äußere Fremdfeldeinflüsse ab. Die Zuleitung zum Niederspannungsbelag verläuft geschirmt innerhalb des leitenden Tragrohrs *3*. Zur Erreichung einer hohen Durchschlagsfestigkeit wird das Isolierrohr mit technisch reinem Stickstoff oder auch $CO_2$ unter einem Druck von etwa 12···20 bar gefüllt. Neuere Konstruktionen weisen als Dielektrikum auch elektronegative Gase ($SF_6$) auf. Sowohl das Nachfüllen bei eventueller Undichtigkeit als auch das Abblasen der Füllung erfordern die sorgfältige Beachtung der von den Herstellern angegebenen Richtlinien. So darf die Einfüllung des Stickstoffs nicht zu schnell vor sich gehen, damit das Gas in einer Filtervorlage (Silicagel, $P_2O_5$) ausreichend lange verweilen und seine Restfeuchtigkeit abgeben kann. Der Druck im Kondensator sollte um etwa 1 bar/min ansteigen. Beim Abblasen darf die Druckminderung höchstens 1 bar/h betragen; schlagartiges Entspannen des Druckgases kann zu einer Zerstörung des Isolierrohrs führen.

Die Kapazitätserhöhung durch die druckabhängige Änderung der Dielektrizitätskonstanten des Stickstoffs kann aus folgender Gleichung ermittelt werden:

$$C_{(B \pm \Delta p)} = C_B(1 \pm \Delta p \cdot 0{,}00056).$$

Darin bedeuten $C_B$ die auf dem Typenschild angegebene Nennkapazität bei Nenndruck, $C_{(B \pm \Delta p)}$ die Kapazität nach einer Druckänderung um $\Delta p$ Atmosphären. Für $CO_2$ beziehungsweise $SF_6$ ist der Zahlenwert in der Klammer durch

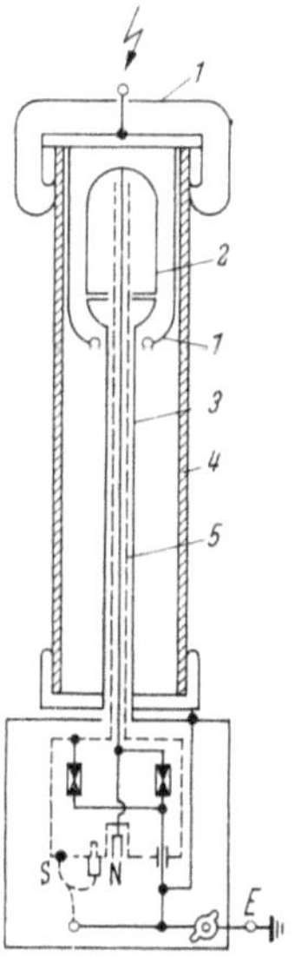


**Bild 226.** Aufbau eines Preßgaskondensators. *1* Hochspannungselektrode, *2* Niederspannungselektrode mit Schutzringbelag, *3* metallisches Tragrohr, *4* druckfester Isolierzylinder, *5* Abschirmung. Klemmen $S$ und $N$, s. Bild 227.

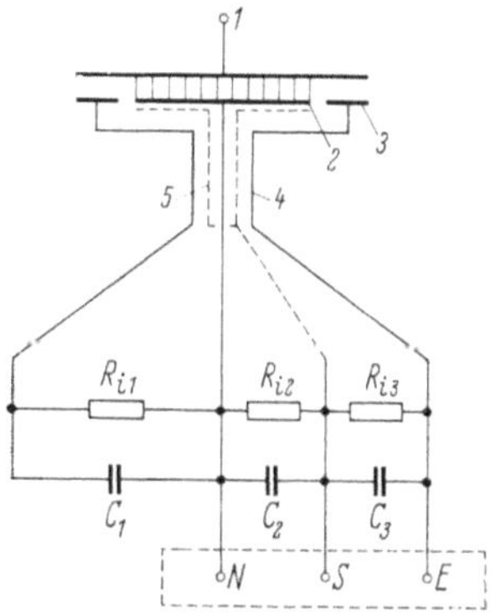


**Bild 227.** Prinzipschaltbild eines Preßgaskondensators. *1* Hochspannungsbelag, *2* Niederspannungsbelag, *3* Schutzring, *4* äußerer Schirm, *5* innerer Schirm $R_i$ und $C$ Isolationswiderstände und Teilkapazitäten (Micafil).

0,00076 beziehungsweise 0,00205 zu ersetzen [531]. Eine isochore Änderung des Gasdrucks durch Schwankungen der Umgebungstemperatur führt zu keiner Kapazitätsänderung, weil sich dadurch ja die Dichte des Gases nicht ändert. Durch mechanische und thermische Dehnungen treten nur geringfügige Kapazitätsänderungen auf, da kleine exzentrische und axiale Verlagerungen bei koaxialen rotationssymmetrischen Kondensatoranordnungen in erster Näherung keinen Einfluß auf die Kapazität besitzen [402]. Untersuchungsergebnisse über die Spannungsabhängigkeit der Kapazität von Preßgaskondensatoren finden sich bei Kusters und Petersons [403] und Zinkernagel [833].

Das elektrische Schaltbild eines Preßgaskondensators mit seinen niederspannungsseitigen Anschlußklemmen zeigt Bild 227. Der Niederspannungsbelag ist an die Klemme $N$ geführt, der Schirm an die Klemme $S$. Das Fahrgestell ist vom Fuß des Normalkondensators isoliert und liegt an Erde. Die Verbindung des Niederspannungsteils mit der Meßbrücke wird meist mittels eines doppeltgeschirmten Koaxialkabels hergestellt. Bei gewöhnlichen Schering-Brücken oder Verwendung des Preßgaskondensators zu reinen Spannungsmessungen wird der Schirm (Klemme $S$) am Kondensatorfuß mit dem geerdeten Fahrgestell verbunden; beide Schirme des Verbindungskabels und der Schutzring *3* des Preßgaskondensators liegen auf Erdpotential. Bei den Messungen sehr kleiner Verlustfaktoren wird der innere Schirm des Verbindungskabels zur Verringerung des Einflusses der Erdkapazitäten isoliert zur Meßbrücke geführt und dort mit dem Eckpunkt $A$ verbunden (s. 6.3.3).

### 6.3.3 Streukapazitäten und Abschirmung

Bei technischen Frequenzen und in noch höherem Maße im Tonfrequenzbereich macht sich bei empfindlichen Messungen der Einfluß der Erdkapazitäten stark bemerkbar. Die einzelnen Brückenzweige beeinflussen sich über ihre galvanischen Verbindungen hinaus noch durch induktive und kapazitive Kopplungen. Diese sind unerwünscht und werden vom Hersteller der Brücke im Rahmen der angegebenen Genauigkeit und Empfindlichkeit durch geeignete Abschirmmaßnahmen eliminiert. Hinweise darauf findet man im Schrifttum [384, 385, 389—392, 405, 406, 408].

Hier sollen die Abschirmfragen behandelt werden, die der Anwender einer Meßbrücke kennen muß, um zu fehlerfreien Ergebnissen zu kommen. Die wichtigsten Fehlerquellen der Scheringbrücke sind die Erdteilkapazitäten des Meßobjekts $C_1$ und des Vergleichskondensators $C_2$.

Bei einem Kondensator, dessen beide Anschlüsse nicht mit Erde verbunden sind, ergeben sich stets drei Teilkapazitäten (Bild 228), die beabsichtigte Durchgriffskapazität $C_{12}$ sowie die unerwünschten Teilkapazitäten $C_{10}$ und $C_{20}$ gegen Erde. Der Durchgriffskapazität $C_{12}$ entsprechen die Kapazitäten $C_1$ beziehungsweise $C_2$. Den Erdteilkapazitäten $C_{10}$, $C_{20}$ entsprechen die in Bild 229 eingezeichneten Streukapazitäten $C_1'$, $C_1''$ und $C_2'$, $C_2''$. Die Teilkapazitäten $C_1''$ und $C_2''$ liegen parallel zur Speisespannungsquelle der Meßbrücke und verursachen keinen Fehler. Die Teilerdkapazitäten $C_1'$ und $C_2'$ liegen parallel zu den Zweigen *3* und *4* und erzeugen so einen Fehlwinkel (s. 3.2). Je nach Lage und Länge der zu $C_1$ und $C_2$ führenden Zuleitungen können die Teilerdkapazitäten $C_1'$ und $C_2'$ in weiten Grenzen schwankende Werte annehmen und das Meßergebnis in nicht faßbarer Weise beeinflussen. Umgibt man die Zuleitungen von der Brücke zum Meßobjekt und zum Vergleichskondensator mit einem Schirm (Koaxialkabel), so werden die Erdkapazitäten $C_1'$ und $C_2'$ in definierte Parallelkapazitäten umgewandelt.

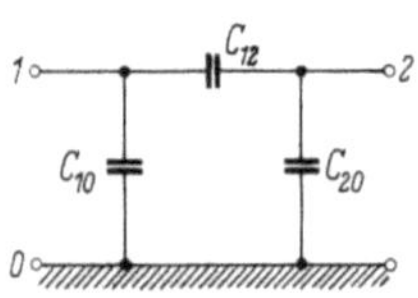


**Bild 228.** Kondensator mit Teilkapazitäten gegen Erde. $C_{12}$ Durchgriffskapazität, $C_{10}$, $C_{20}$ Teilkapazitäten (Streukapazitäten).

Durch die Parallelschaltung von $C_1'$ zu $R_3$ erhält der Zweig *3* einen Winkelfehler, der um so größer wird, je hochohmiger der eingestellte Wert von $R_3$ ist. Ebenso addiert sich im Zweig *4* die Erdkapazität $C_2'$ zum eingestellten Wert $C_4$. Bei bekannten Teilkapazitäten $C_1'$ und $C_2'$ (die Kabelkapazität der Zuleitungen kann gemessen oder aus Datenblättern entnommen werden) ergibt sich der korrigierte Verlustfaktor zu

$$\tan \delta_1 = R_4\omega(C_4 + C_2') - R_3\omega C_1'.$$

Eine Möglichkeit, die Erdkapazitäten praktisch zu eliminieren, bietet die Verwendung eines doppelt geschirmten Kabels zwischen Meßbrücke und Vergleichskondensator (Bild 230).

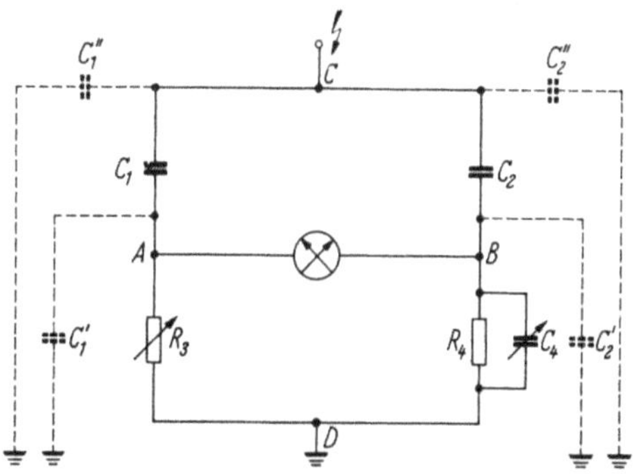


**Bild 229.** Schering-Brücke mit eingezeichneten Streukapazitäten gegen Erde (Erläuterungen siehe Text).

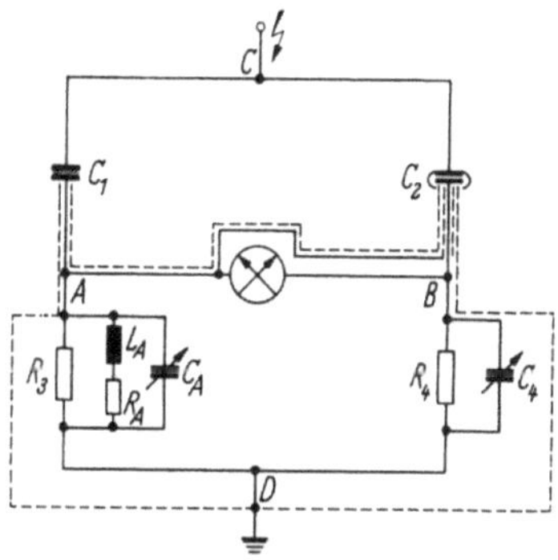


**Bild 230.** Kapazitätsmeßbrücke mit doppelt abgeschirmter Zuleitung zum Normalkondensator und Ausgleich der Erdkapazitäten durch Fehlwinkelabgleich im Zweig *3* (Siemens).

Der Innenleiter verbindet den Brückeneckpunkt $B$ mit dem Niederspannungsbelag des Vergleichskondensators $C_2$. Der innere Schirm wird an die Klemme $S$ (s. Bild 227, 6.3.2) angeschlossen und zum Brückeneckpunkt $A$ geführt, der äußere Schirm (Klemme $E$, Bild 227) liegt mittels einer an der Meßbrücke hergestellten galvanischen Verbindung auf Erdpotential. Durch die Verbindung des inneren Schirms mit dem Brückeneckpunkt $A$ wird dem Nullindikator eine Kapazität parallel geschaltet, die jedoch keinen Einfluß auf den Abgleich hat (wenn man einmal von der Verringerung der Empfindlichkeit absieht). Die Erdkapazität zwischen dem inneren und äußeren Schirm wird der Streukapazität $C_1'$ und damit dem Zweig *3* parallel geschaltet, was zu einer Vergrößerung des Winkelfehlers von $R_3$ führt. Die Erhöhung des Winkelfehlers kann durch eine mit $C_2$ in Reihe geschaltete Gegeninduktivität [409] oder, wie es z. B. bei der Universal-$C$-tan $\delta$-Meßbrücke von Poleck [410, 437, 438] geschieht, durch ein einfaches Netzwerk $L_A$, $C_A$, $R_A$ verhindert werden (Bild 230). Ohne Zuleitungskapazitäten besitzt der veränderliche Kondensator $C_A$ eine Kapazität von mehreren 1000 pF, deren Fehlwinkeleinfluß auf $R_3$ durch $L_A$ kompensiert wird. Der Zweig *3* besitzt dann im Rahmen der angestrebten Genauigkeit keinen Fehlwinkel.

Beim Parallelschalten äußerer Zuleitungskapazitäten wird die Kapazität $C_A$ einfach so lange verkleinert, bis der kompensierte Zustand wieder erreicht ist.

Es darf jedoch nicht übersehen werden, daß zwischen dem Hochspannungsbelag und dem inneren Schirm des Preßgaskondensators eine weitere Streukapazität in der Größenordnung von 10 bis 20 pF besteht, die mit der vorstehenden Maßnahme parallel zur unbekannten Kapazität $C_1$ gelegt wird und dadurch zu groben, häufig unbemerkten Meßfehlern führt. Der gemessene Wert für $C_1$ ist dann entweder um diese Streukapazität zu vermindern (falls bekannt) oder der innere Schirm des Preßgaskondensators wird nicht mit dem inneren Schirm der Zuleitung zur Meßbrücke verbunden, sondern geerdet. In letzterem Fall wird $C_4$ eine Streukapazität parallelgeschaltet, um die das Ergebnis der Verlustfaktormessung zu korrigieren ist.

Keinesfalls darf der äußere Abschirmmantel des Verbindungskabels zwecks Erreichung einer vermeintlich besseren Erdung sowohl an der Meßbrücke als auch am Fuß des Vergleichskondensators geerdet werden. Aufgrund der unterschiedlichen Potentiale der Erdanschlüsse oder auch wegen der durch Streufelder in der Erdschleife induzierten elektromotorischen Kräfte entstehen Kabelmantelströme, die zu beträchtlichen Meßfehlern führen können (s. a. 1.5).

Bei hohen Ansprüchen an die Meßgenauigkeit kann der störende Einfluß der Erdkapazitäten auch durch besondere Schaltungsmaßnahmen eliminiert werden (Hilfszweig nach Wagner [417, 420]). Ursprünglich war der Wagnersche Hilfszweig nur zur Ausschaltung des Kopfeffekts gedacht. Bei einer abgeglichenen Brücke besteht zwischen den beiden Eckpunkten $A$ und $B$ keine Potentialdifferenz mehr, wohl aber zwischen dem Diagonalzweig und Erde. Diese Potentialdifferenz verursacht Ausgleichsströme, die bei Verwendung eines Kopfhörers als Nullinstrument über den Kopf des Messenden nach Erde fließen. Der Wagnersche Hilfszweig beseitigt diese Erscheinung, indem die Eckpunkte $A$ und $B$ mittels eines zusätzlichen Zweigs ($Z_5$, $Z_6$) auf Erdpotential gebracht werden (Bild 231).

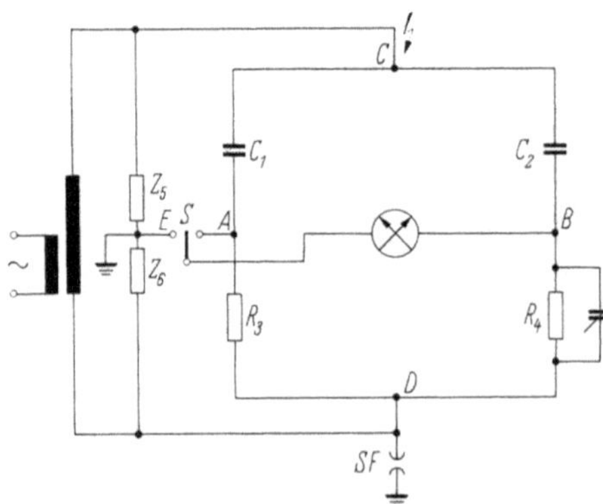


**Bild 231.** Verlustfaktormeßbrücke nach Schering mit Wagnerschem Hilfszweig zur Ausschaltung der Erdkapazitäten.

Die in dem Bild nicht eingezeichnete Abschirmung ist mit dem Punkt $E$ verbunden.

Zunächst wird die Brücke wie üblich abgeglichen. Dann legt man den Schalter $S$ nach $E$ um und gleicht den Hilfszweig ab. Anschließend wird das Nullinstrument wieder zwischen $A$ und $B$ gelegt und die Brücke erneut abgeglichen. Dieser Vorgang muß, abhängig von den Konvergenzeigenschaften der Schaltung, unter Umständen mehrfach wiederholt werden. Nach vollendetem Abgleich besitzen die Punkte $E$, $A$ und $B$ Erdpotential, ohne daß zwischen den Punkten $A$, $B$ und Erde eine galvanische Verbindung besteht. Damit ist der Kopfeffekt beseitigt. Gleichzeitig hat man aber auch, darin besteht der Hauptvorteil der Schaltung, den störenden Einfluß der Erdkapazitäten $C_1'$ und $C_2'$ eliminiert. Die Erdkapazitäten $C_1''$ und $C_2''$ liegen parallel zu den Hilfszweigimpedanzen $Z_5$ und $Z_6$ und üben somit keinen Einfluß auf die Abgleichbedingungen der eigentlichen Brücke aus. Die Schaltung nach Bild 231 setzt voraus, daß die mit $D$ verbundene Klemme der Prüfspannungsquelle gegen Erde isoliert ist (einige 100 V). Man kann die Schaltung aber auch bei einseitig geerdeten Prüfspannungsquellen verwenden, wenn statt des Punktes $E$ der Punkt $D$ geerdet wird. Auch in diesem Fall wird der Einfluß der Streukapazitäten $C_1'$ und $C_2'$ durch Potentialgleichheit eliminiert (die Abschirmung bleibt mit $E$ verbunden). Der Kopfeffekt wird jedoch nicht beseitigt. Es ist darauf zu achten, daß die Impedanzen $Z_5$ und $Z_6$ ausreichend niederohmig gewählt werden, damit der Hilfszweig überhaupt potentialbestimmend wirken kann. Hinweise zur Behebung eventuell auftretender Konvergenzschwierigkeiten finden sich bei Ogawa [494] und Dye und Jones [495]. Weitere gegen Erdkapazitäten praktisch unempfindliche Schaltungen zur Feinmessung dielektrischer Verluste enthält das Schrifttum [389, 406, 421—427].

Das eleganteste Verfahren zur Beseitigung des Einflusses der Erdkapazitäten in Schering-Brücken stellt eine Hilfsschaltung dar, die in der angelsächsischen Literatur als automatische Wagner-Erde bezeichnet wird [422, 423]. Der Wagnersche Hilfszweig beruht letztlich darauf, daß die Brückeneckpunkte $A$ und $B$ (s. Bild 231) auf das Potential der Abschirmung gebracht werden und somit die treibende Kraft für den durch die Erdkapazitäten fließenden Strom zu Null gemacht wird.

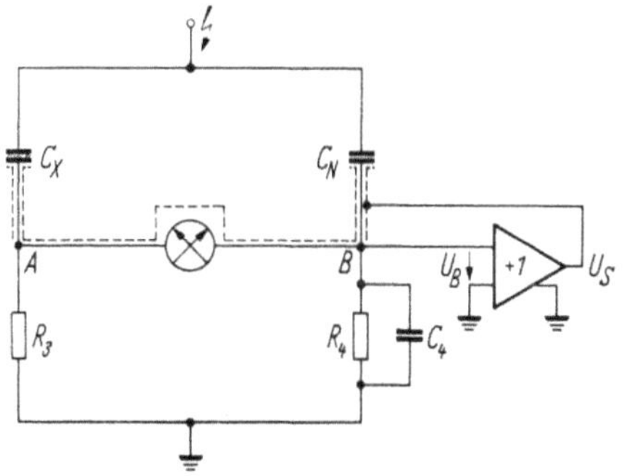


**Bild 232.** Schering-Brücke mit automatischer Wagner-Erde (engl: driving screen technique). (Erläuterungen siehe Text.)

Bei der automatischen Wagner-Erde wird das gleiche Ergebnis erreicht, indem der Schirm auf das Potential der Brückeneckpunkte $A$ und $B$ gebracht wird (driving screen technique) (Bild 232). Die Abschirmung der Zuleitung zum Meßobjekt und zum Vergleichskondensator wird nicht geerdet, sondern mit dem Ausgang eines Operationsverstärkers verbunden, an dessen Eingang die Spannung $U_B$ zwischen der Brückendiagonalen und Erde liegt. Aufgrund der zu $+1$ gewählten Verstärkung ($v = U_S/U_B = +1$) befinden sich Schirm und Brückeneckpunkt $B$ auf gleichem Potential, da ja $U_S = U_B$ ist. Der Operationsverstärker nimmt eine Impedanztransformation vor. Der Eingangswiderstand des Verstärkers wird durch eine hochohmige Beschaltung groß gegen die Impedanz des Zweiges *4* gemacht, so daß seine Parallelschaltung die Abgleichbedingungen nicht beeinflußt. Andererseits ist der Ausgangswiderstand des Verstärkers sehr niederohmig, so daß der Schirm praktisch über einen sehr kleinen Widerstand geerdet ist (Größenordnung 1 Ω [421]). Die am Ausgang des Operationsverstärkers bestehende Spannung kompensiert die zwischen der Brückendiagonalen und der Abschirmung liegende Spannung $U_B$.

Der endliche Wert des Ausgangswiderstands macht es möglich, daß über die Streukapazität zwischen der Abschirmung und benachbarten Spannungsquellen Störspannungen influenziert werden können (s. 1.4 und 1.5). Durch eine zweite Abschirmung, die direkt geerdet wird, oder durch einen sehr kleinen Ausgangswiderstand des Operationsverstärkers können die Störspannungen beseitigt beziehungsweise auf einen vernachlässigbar kleinen Wert reduziert werden.

### 6.3.4 Nullindikatoren

Im abgeglichenen Zustand fließt in der Brückendiagonale kein Strom; die beiden Brückeneckpunkte $A$ und $B$ befinden sich auf gleichem Potential. Die Empfindlichkeit des Abgleichs hängt im Idealfall nur von der Nachweisgrenze des Nullinstruments für kleine Ströme ab. Aus diesem Grund verwendet man heute an Stelle der früher üblichen Vibrationsgalvanometer fast ausschließlich die empfindlicheren elektronischen Nullindikatoren [411—415, 437]. Leider läßt sich ihre schaltungstechnisch erreichbare Stromempfindlichkeit nicht ganz ausnützen, da bei zu großen Empfindlichkeiten das Abgleichminimum an Schärfe verliert oder ganz durch Störspannungen überdeckt wird [418]. Die Störspannungen entstehen als Spannungsabfälle an den Kopplungswiderständen der Kabelmäntel und der lösbaren koaxialen Steckverbindungen (s. 1.5). Als treibende Kraft für die Kabelmantelströme kommt die durch den Strom $i_1(t)$ an den Widerständen $R_E$ und $R_{k_1}$ verursachte EMK in Frage (Bild 233). Die Brückenschaltung

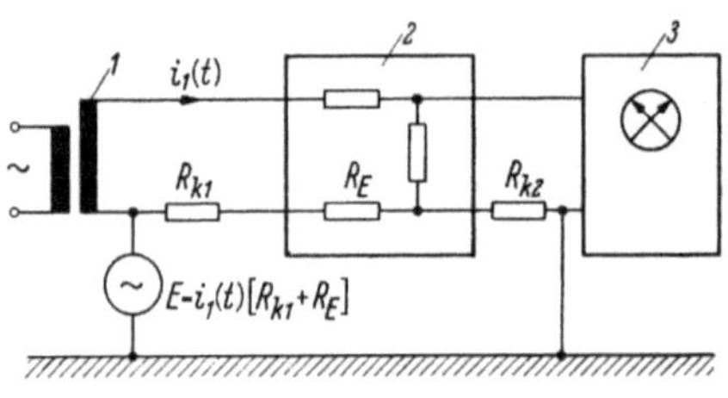


**Bild 233.** Entstehung von Störspannungen in einer Brückenschaltung. *1* Spannungsquelle *2* Meßbrücke, *3* elektronischer Nullindikator, $R_{k1}$ und $R_{k2}$ Kopplungswiderstände der Kabel- und Kabelsteckverbindungen $R_E$ Widerstand der Schaltverbindungen im Brückenkasten.

ist vereinfacht als Spannungsteiler dargestellt. Der Spannungsteiler beschreibt das Verhältnis der Speisespannung der Brücke zu der am Widerstand der Brükkendiagonalen anstehenden Spannung. Im abgeglichenen Zustand strebt diese Spannung gegen Null beziehungsweise das Übersetzungsverhältnis des Spannungsteilers gegen unendlich. Der Widerstand $R_E$ stellt die Impedanz der Masse beziehungsweise der Erdleitungen der Brücke dar.

Auch bei exakt abgeglichener Brücke liegt am Nullindikator noch die Störspannung

$$u_{St}(t) = i_1(t)\,(R_{k_1} + R_E)\,\frac{R_{k_2}}{R_{k_1} + R_E + R_{k_2}}.$$

Diese Störspannung täuscht einen unvollkommenen Abgleichzustand vor. Der Messende wird versuchen, durch fortgesetztes Abgleichen die Anzeige zu Null zu machen, wobei dann ein verfälschtes Meßergebnis entsteht.

In gleicher Weise können in Netzen mit stromführendem geerdetem Leiter (Nulleiter) Potentialunterschiede längs des Nulleiters Kabelmantelströme und damit Störspannungen verursachen.

Die Entstehung von Kabelmantelströmen kann bei niedrigen Frequenzen durch galvanische Auftrennung der Erdschleifen verhindert werden. Alle zu erdenden Teile eines Versuchsaufbaus müssen durch isoliert verlegte Leitungen an einem zentralen Punkt miteinander verbunden werden (sternförmige Erdung). Dieser zentrale Punkt ist bei Brückenschaltungen meist die Erdklemme des Brückenkastens. Ringerden, häufig unbeabsichtigt entstanden, müssen unter allen Umständen vermieden werden (s. 1.5).

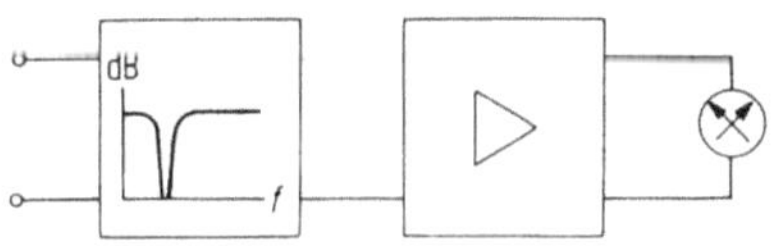


**Bild 234.** Nullindikator mit vorgeschaltetem Bandpaß, Anzeigeverstärker und Nullinstrument.

Elektronische Nullindikatoren zur Messung des Stromes im Diagonalzweig ohne Rücksicht auf die Phasenlage bestehen aus einem selektiven, auf die Grundschwingung der Meßfrequenz abgestimmten Anzeigeverstärker und einem Drehspulinstrument (Bild 234). Die Abgleichbedingungen einer Brücke bei gegebener Einstellung der Brückenzweige *1* bis *4* gelten nur für eine Frequenz. Enthält die Speisespannung Oberschwingungen, so wird zwischen den beiden Brückeneckpunkten bei richtigem Abgleich der Brücke für die Grundschwingung eine Potentialdifferenz höherer Frequenz bestehen bleiben, die das Minimum der Grundschwingung überdecken kann. Man schaltet deshalb vor den Verstärkereingang einen hochwertigen Bandpaß, der die Harmonischen der Meßfrequenz entsprechend dämpft.

Höheren Bedienungskomfort und einen schnelleren Abgleich auch bei schlechter konvergierenden Schaltungen gewähren die elektronischen Nullindikatoren, aus deren Anzeige sich der Zustand des Abgleichs nach Betrag und Phase erkennen läßt (Bild 235). Neben der Diagonalspannung wird dem Gerät noch eine mit der Meßspannung in Phase liegende Vergleichsspannung zugeführt. Die Diagonalspannung liegt am Hauptverstärker (Eingang *1*, *2*), die Bezugsspannung am Hilfsverstärker (Eingang *3*, *4*). Auf dem Bildschirm erscheinen je nach Abgleichzustand mehr oder weniger stark abgeflachte Ellipsen (Lissajou-Figuren). Die Phasenlage der Bezugsspannung kann durch ein *RC*-Glied innerhalb eines Bereichs von etwa 180° verändert werden. Durch eine einmalige Phaseneinstellung zu Beginn der Messungen läßt sich ein getrennter Abgleich nach Betrag und Phase erreichen. Die im nicht abgeglichenen Zustand auf dem Bildschirm vorhandene Ellipse geht bei korrektem Fehlwinkelabgleich in eine schrägliegende Gerade und weiter nach vollendetem Betragsabgleich in eine waagerechte Gerade über. Durch sorgfältig geschirmte, galvanisch trennende Eingangsübertrager wird ein hoher Störabstand für Spannungen gegen Erde erreicht.

Die Verwendung von Elektronenstrahloszilloskopen als Nullindikatoren kommt dann in Frage, wenn der Abgleich getrennt nach Grundverlusten (Ionenleitungs- und Polarisationsverlusten) und Ionisationsverlusten erfolgen soll oder wenn neben dem eigentlichen Abgleich auch noch der zeitliche Verlauf des Verluststroms von Interesse ist. Der Abgleich mit einem selektiven Instrument (Vibrationsgalvanometer, elektronischer Nullindikator) liefert die Gesamtverluste.

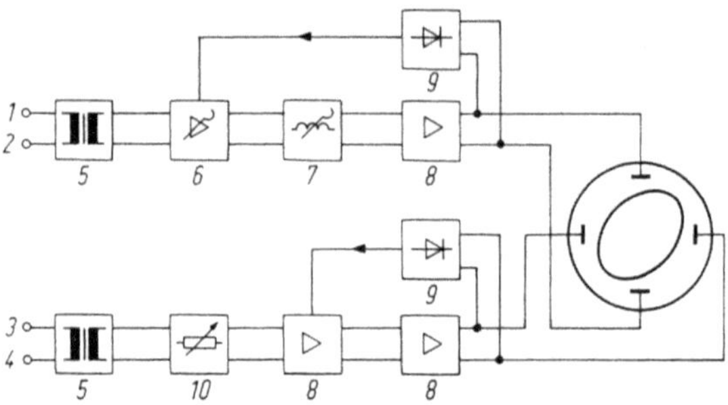


**Bild 235.** Vereinfachtes Ersatzschaltbild eines elektronischen Nullindikators mit Elektronenstrahlröhre und getrenntem Abgleich nach Betrag und Phase. *1*, *2* Eingangsklemmen des Hauptverstärkers, *3*, *4* Eingangsklemmen des Hilfsverstärkers, *5* geschirmte Eingangsübertrager, *6* regelbarer Verstärker, *7* Tiefpaß mit umschaltbarer Grenzfrequenz, *8* Verstärker, *9* Übersteuerungsschutz durch amplitudenabhängige Gegenkopplung, *10* Phasendrehglied 0 bis 180°.

Bei Verwendung eines Elektronenstrahloszilloskops kann die Brücke allein auf die Grundverluste abgeglichen werden [496, 497]. Die exakt getrennte Messung der Ionisationsverluste setzt eine sinusförmige Speisespannung voraus, die jedoch bei den Prüftransformatoren der Hochspannungstechnik im allgemeinen nicht gegeben ist. Genauere Angaben über den Einfluß einer oberschwingungshaltigen Speisespannung auf die Genauigkeit von Verlustfaktormessungen findet man bei Böning [498].

Zur Beobachtung des zeitlichen Verlaufs des Verluststroms schaltet man nach erfolgtem Abgleich den Kondensator $C_4$ ab. Ströme, die eine Phasenverschiebung oder eine andere Frequenz in bezug auf den Ladestrom des Prüflings besitzen, werden vom Elektronenstrahloszilloskop angezeigt [499]. Eine andere Möglichkeit zur Erfassung des zeitlichen Verlaufs des Verluststroms bietet sich in der Verwendung eines elektrisch und magnetisch geschirmten HF-Übertragers, der in die Zuleitung zum Prüfling geschaltet wird [437]. Wegen der unteren Grenzfrequenz der Anordnung oder auch durch einen unter Umständen zusätzlich vorgeschalteten Hochpaß werden nur hochfrequente Ströme ausgekoppelt. Die Grundschwingung wird unterdrückt.

Im Zusammenhang mit den Nullindikatoren sollen auch noch die selbsttätig abgleichenden Verlustfaktormeßbrücken erwähnt werden. Für die Registrierung des Verlustfaktors über längere Zeiträume oder für die Erfassung des zeitlichen Verlauf schneller Verlustfaktor- und Kapazitätsänderungen, z. B. bei Untersuchungen über die Kurzschlußbelastbarkeit von Kabeln usw., kommt ein Handabgleich nicht in Frage. Man hat daher verschiedene Schaltungen entwickelt, die einen selbsttätigen Abgleich und eine automatische Aufzeichnung der Verlustfaktor- und Kapazitätsänderungen durch Schreiber erlauben (s. a. 6.2.4). Der automatische Nullabgleich kann beispielsweise mit Potentiometern und Nullmotoren in einem vermaschten Regelkreis erfolgen [410, 433—437]. Daneben sind auch rein elektronische Verfahren entwickelt worden [439—443]. Die von Möller [441] entwickelte Schaltung ermittelt pro Periode einen Meßwert und erlaubt damit die Messung des Verlustfaktors in so kurzer Zeit, daß die Aufheizung des Dielektrikums nach Anlegen der Meßspannung keinen Einfluß auf die Höhe des Verlustfaktors hat. Die von Karlsson entwickelte Brücke kombiniert das gleiche Prinzip mit einem optischen Datenkanal und erlaubt so die Verlustfaktormessung auf Hochspannungspotential [740]. Neuere selbstabgleichende Meßbrücken sind mikroprozessorgesteuert [741].

## 6.4 Messung der Kapazität und des Verlustfaktors geerdeter Prüflinge

### 6.4.1 Messung geerdeter Prüflinge mit der Schering-Brücke

Aus Gründen der Sicherheit und um die Potentiale der Abschirmungen untereinander und gegen Erde festzulegen, wird die Schering-Brücke an einem Punkt der Schaltung auf Erdpotential gebracht. Dazu wählt man meist einen mit der Spannungsquelle verbundenen Knotenpunkt, und zwar denjenigen, der durch die kleineren Scheinwiderstände vom Nullzweig getrennt ist (zwecks Erreichung eines hohen Störspannungsabstands, s. a. 6.3.4).

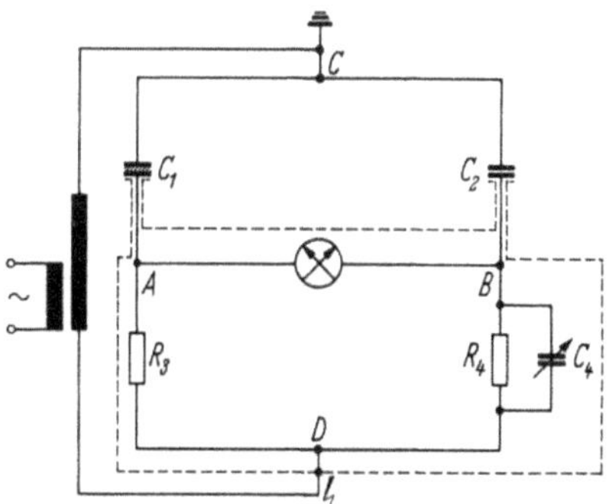


**Bild 236.** Umgepolte Schering-Brücke für Prüflinge mit einseitig geerdetem Belag. Brückeneckpunkt $C$ geerdet.

Bei der Messung des Verlustfaktors einseitig geerdeter Prüflinge, z. B. im Erdreich verlegter Kabel, wird der zu erdende Schaltungspunkt durch die Aufgabenstellung vorgeschrieben (Knotenpunkt $A$ oder $C$). In diesen Fällen kann man die umgekehrte Schering-Brücke nach Bormann und Seiler [444] verwenden (Bild 236). Der Brückenkasten liegt jetzt innerhalb eines Faraday-Käfigs auf Hochspannungspotential. Die Abgleichelemente müssen mit langen Isolierstangen bedient werden, oder aber der Messende muß sich im Innern des Käfigs aufhalten und dort den Abgleich in gewohnter Weise durchführen. Der Vergleichskondensator steht auf einem für die volle Spannung ausgelegten Isoliergestell.

Eine andere, ebenfalls von Bormann und Seiler [444] angegebene Möglichkeit besteht darin, den Brückeneckpunkt $A$ zu erden (Bild 237). Damit legt sich jedoch die verlustbehaftete Erdkapazität $C_E$ der Oberspannungsseite des Speisetransformators (Wicklungskapazität, Durchführung, sprühende Zuleitung) dem Prüfling parallel. Man bestimmt zunächst bei abgeklemmtem Prüfling die verlustbehaftete Kapazität $C_E$ und deren Verlustfaktor $\tan \delta_E$. Anschließend gleicht

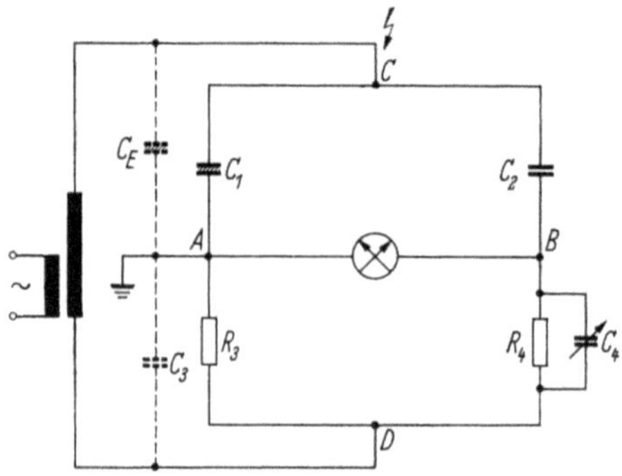


**Bild 237.** Schering-Brücke für Prüflinge mit einseitig geerdetem Belag. Brückeneckpunkt $A$ geerdet. $C_E$, $C_3$ Erdstreukapazitäten.

man die Brücke bei angeschlossenem Prüfling nochmals ab, wobei man die Werte

$$C_1' = C_E + C_1$$

und

$$\tan \delta_1' = \frac{C_1 \tan \delta_1 + C_E \tan \delta_E}{C_1 + C_E}$$

erhält. Die tatsächliche Kapazität $C_1$ errechnet sich dann zu:

$$C_1 = C_1' - C_E$$

und der Verlustfaktor $\tan \delta_1$ zu:

$$\tan \delta_1 = \frac{C_1' \tan \delta_1' - C_E \tan \delta_E}{C_1}.$$

Die Meßgenauigkeit nimmt rasch ab, wenn die Gesamtkapazität $C_1'$ und der Gesamtverlustfaktor $\tan \delta_1'$ im wesentlichen durch die verlustbehaftete Erdkapazität $C_E$ bestimmt werden.

Bei der Universal-$C$-tan $\delta$-Meßbrücke von Poleck [410, 437, 438] wird bei abgeklemmtem Prüfling mittels eines Zusatzgeräts für geerdete Prüflinge ein Grundabgleich vorgenommen, der die Streukapazität $C_E$ in ihrem Einfluß auf den Hauptabgleich berücksichtigt, so daß man sich die obige Umrechnung ersparen kann.

Die parallel zum Zweig *3* liegende Streukapazität $C_3$ muß dann berücksichtigt werden, wenn der Fehlwinkel $R_3 \omega C_3$ in die Größenordnung der angestrebten Genauigkeit kommt. Bei der Universal-$C$-tan $\delta$-Meßbrücke wird dieser Fehlwinkel durch den in 6.3.3 beschriebenen Kapazitätsausgleich kompensiert.

### 6.4.2 *M*-Schaltung

Die von Schering und Potthoff [445, 446] angegebene Schaltung (Bild 238) arbeitet mit einer festen Hochspannungsgegeninduktivität $M_1$ und einer veränderlichen Niederspannungsgegeninduktivität $M_2$. In den Sekundärspulen von $M_1$ und $M_2$ werden Spannungen induziert, die um 90° gegen die Ladeströme der Kondensatoren $C_1$ und $C_2$ phasenverschoben sind, gegeneinander also eine Phasenverschiebung um den Winkel $\delta_1$ aufweisen. Der Betragsabgleich erfolgt mit der

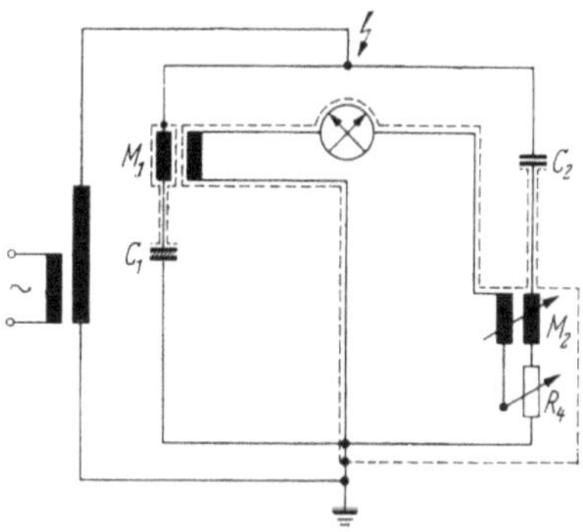


**Bild 238.** *M*-Schaltung nach Schering und Potthoff für Prüflinge mit einseitig geerdetem Belag. $M_1$ Hochspannungsgegeninduktivität, $M_2$ Niederspannungsgegeninduktivität.

Gegeninduktivität $M_2$, der Verlustfaktorabgleich mit dem Widerstand $R_4$. Im abgeglichenen Zustand erhält man

$$C_1 = \frac{M_2}{M_1} C_2$$

und

$$\tan \delta_1 = \frac{R_4}{\omega M_2}.$$

Beim Vergleich der mit dieser Schaltung erhaltenen Ergebnisse mit denen einer Schering-Brücken-Messung muß $C_1$ umgerechnet werden, da die *M*-Schaltung verlustbehaftete Kondensatoren nach dem Parallelersatzschaltbild mißt. Bei genauen Verlustfaktormessungen addiert sich zu tan $\delta_1$ ein Korrekturglied in der Größenordnung $5 \cdot 10^{-4}$, das die Fehlwinkel der Gegeninduktivitäten und die Wirbelstromverluste in Spulen und Abschirmungen berücksichtigt. Besondere Beachtung ist der einstreufreien Aufstellung der Brücke zu schenken, da die als Luftspulen ausgebildeten Gegeninduktivitäten gegen magnetische Streufelder sehr empfindlich sind.

### 6.4.3 Verlustfaktormessung mit dem Verfahren der gedämpften Schwingung

Bei dieser von Frügel [448, 449] vorgeschlagenen Schaltung wird der zu untersuchende Kondensator aus einer Hochspannungsquelle kleiner Leistung aufgeladen (Bild 239). Nach Beendigung des Aufladevorgangs wird der Kondensator über eine verlustarme Induktivität entladen. Aus dem logarithmischen Dekrement der dabei entstehenden gedämpften Schwingung kann man auf den Verlustfaktor des Kondensators schließen:

$$\tan \delta_{C_1} = \frac{\lambda}{\pi} - \tan \delta_L .$$

In obiger Gleichung bedeuten $\lambda = \ln A_1/A_2$ das logarithmische Dekrement der gedämpften Schwingung — der natürliche Logarithmus des Quotienten zweier aufeinanderfolgender Augenblickswerte der Schwingung, die um eine Periode phasenverschoben sind — und $\tan \delta_L = R'\omega L$ den Verlustfaktor der Spule,

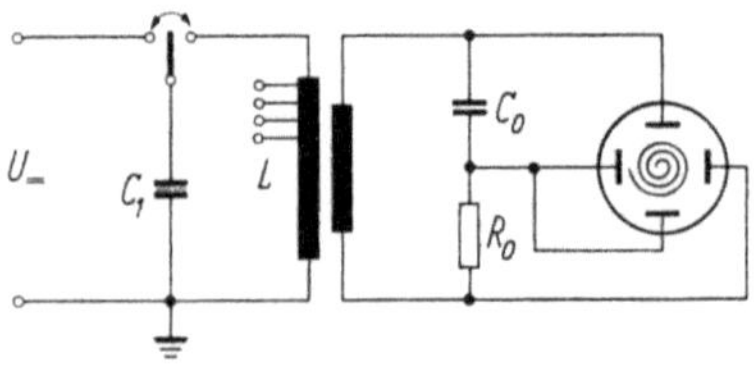


**Bild 239.** Verlustfaktormessung mit dem Verfahren der gedämpften Schwingung. $C_1$ einseitig geerdetes Meßobjekt, $L$ verlustarme Entladespule, $R_0$, $C_0$ Kunstschaltung zur Erreichung einer vereinfachten, genaueren Ablesung.

wobei $R'$ nicht den Gleichstromwiderstand, sondern den mit Wechselspannung gemessenen Wirkwiderstand der Spule darstellt. Die nach diesem Verfahren ermittelten Werte kann man nicht ohne weiteres mit den Ergebnissen einer Scheringbrückenmessung vergleichen. Man muß z. B. berücksichtigen, daß bei der vergleichsweise kurzen Meßdauer des Verfahrens der gedämpften Schwingung die Zeitabhängigkeit des Verlustfaktors in die Ergebnisse mit eingeht. Dabei sind unter dieser Zeitabhängigkeit nicht die thermischen Langzeiteffekte zu verstehen, sondern die kurz nach dem Anlegen einer Wechselspannung auftretende, sich meist nur über Bruchteile von Sekunden erstreckende Kurzzeitabhängigkeit des Verlustfaktors. Außerdem ist die Schwingfrequenz fast immer verschieden von 50 Hz, was bei der ausgeprägten Frequenzabhängigkeit des Verlustfaktors in diesem Bereich zu einem anderen Ergebnis führen muß. Miri [450] hat diese Einflüsse genau untersucht und rechnerisch sowie meßtechnisch erfaßt. Unter Berücksichtigung der in seiner Arbeit angegebenen Korrekturen und Umrechnungen ist das Verfahren der gedämpften Schwingung ein weiterer Weg zur Bestimmung des Verlustfaktors technischer Kondensatoren. Neben der Möglichkeit, geerdete Prüflinge ohne zusätzlichen Aufwand messen zu können, besitzt die Schaltung noch den Vorteil, daß sie mit einer Prüfspannungsquelle sehr kleiner Leistung auskommt. Das Verfahren der gedämpften Schwingung ist daher auch in erster Linie für die Messung von Verlustfaktoren im Erdreich verlegter Kabel gedacht, wo beide Erschwernisse, einseitig geerdeter Prüfling und hohe Ladeleistung, gleichzeitig auftreten.

Schließlich eignet sich das Verfahren in abgewandelter Form zur Bestimmung des Serienverlustwiderstands und der parasitären Induktivität von Energiespeicher-Kondensatoren für die Stoßstrom- und Stoßspannungstechnik [832].

# 7 Teilentladungsmeßtechnik

Unter Teilentladungen versteht man in der Hochspannungstechnik alle Erscheinungsformen elektrischer Entladungen, die die Elektrodendistanz nur teilweise überbrücken. Ihre Stromstärke wird nicht durch den Innenwiderstand der Spannungsquelle, sondern durch den beschränkten Energieinhalt von Teilkapazitäten und durch Raumladungseffekte begrenzt. Teilentladungen können von einer Elektrode ausgehen (Gleitentladungen, Korona) oder elektrodenlos in Hohlräumen eines Dielektrikums brennen. Da die Probleme der Teilentladungsmeßtechnik überwiegend in Zusammenhang mit der Erfassung von Entladungen in Hohlräumen fester und flüssiger Dielektrika entstehen, wird der Begriff Teilentladung häufig auch nur in Zusammenhang mit diesen verwendet, Teilentladungen in Gasen dagegen als Koronaentladungen u. ä. bezeichnet.

In den Anfängen der Elektrotechnik beurteilte man die Güte einer Isolieranordnung allein nach ihrem Isolationswiderstand und ihrer Spannungsfestigkeit. Bei der Suche nach zerstörungsfreien Prüfverfahren fand man im Verlustfaktor tan $\delta$, insbesondere seiner Spannungsabhängigkeit, eine weitere Möglichkeit, den Isolationszustand hochspannungstechnischer Apparate zu überwachen. Örtlich schwache Stellen, wie Gaseinschlüsse oder Risse, bleiben jedoch bei ungünstigem Verhältnis von Störstellenkapazität zur Gesamtkapazität des Prüflings in einer Verlustfaktormessung unerkannt.

Schon bei vergleichsweise kleinen Spannungen finden in diesen Hohlräumen innere Entladungen statt, die im Laufe der Zeit den Oberflächenwiderstand des Hohlraums verringern. Schließlich wird der Hohlraum leitend und verkürzt die Isolationsdistanz, wodurch die Lebenserwartung des Geräts sinkt. (Der tatsächliche Alterungsmechanismus, Bildung vom Hohlraum ausgehender Teildurchschlagskanäle und anderer Zerstörungserscheinungen, ist in Wirklichkeit viel komplizierter und derzeit noch Gegenstand zahlreicher Forschungsarbeiten [451, 453, 852].)

Lassen sich Teilentladungen im Innern hochspannungstechnischer Apparate, beispielsweise in Hochspannungstransformatoren, orten, so ergeben sich für den Konstrukteur wertvolle Hinweise auf besonders stark gefährdete Stellen innerhalb der Isolation. Durch geeignete konstruktive Maßnahmen und eine örtlich verstärkte Isolation läßt sich die Beanspruchung gezielt verringern und damit die Lebenserwartung der Geräte beträchtlich steigern.

Kunststoffumspritzte Kabel oder gießharzisolierte Geräte können herstellungsbedingt viele kleine Hohlräume besitzen, deren zerstörende Wirkung bei der Festsetzung der Betriebsspannung berücksichtigt wird [487, 489, 529]. Ihr Vorhandensein macht sich bei einer Verlustfaktormessung in Abhängigkeit von der Spannung als Ionisationsknick bemerkbar. Die Verlustfaktormessung bewertet jedoch wenige starke Entladungen in gleicher Weise wie eine große Anzahl schwacher und damit harmloser Entladungen [454]. Ein örtlich begrenzter, durch Zusammentreffen mehrerer unglücklicher Umstände entstandener echter Fertigungsfehler läßt sich im Ionisationsknick nicht erkennen. Um zu einer treffenderen Beurteilung des Isolationszustands zu gelangen, bedient man sich daher neben der Verlustfaktormessung zusätzlich der verschiedenen Verfahren der Teilentladungsmessung. Auch die Entwicklung der Teilentladungsmeßtechnik ist noch nicht endgültig abgeschlossen. An vielen Forschungsstätten wird derzeit versucht, von den erfaßbaren Größen einer Teilentladung diejenigen zu ermitteln, die unter Berücksichtigung der Ausbreitungsverhältnisse im Prüfobjekt ein Maß für die tatsächliche Gefährdung der Prüflinge darstellen [471, 472, 491, 528].

Teilentladungen in Hohlräumen sind mit elektrischen und anderen physikalischen Erscheinungen verbunden, die ihre Ortung und meßtechnische Erfassung ermöglichen [462]. Neben den visuellen und akustischen Erscheinungen [518, 878, 879, 881] werden in erster Linie die Teilentladungsströme im äußeren Stromkreis und die mit ihnen verknüpften elektromagnetischen Felder zum Nachweis innerer Entladungen herangezogen. Ihre meßtechnische Erfassung ist leider sehr kompliziert. Während bei herkömmlichen Messungen von Spannungen und Strömen neben der Bereitstellung eines geeigneten Meßgeräts meist keine besonderen Schwierigkeiten auftreten, bedürfen Durchführung und Deutung von Teilentladungsmessungen eingehender individueller Überlegungen, in denen die Unterschiede im elektrischen und konstruktiven Aufbau der Prüflinge (z. B. Hochspannungskabel und -kondensatoren, Spannungswandler und Großtransformatoren), die Parameter der Ankopplung der Meßeinrichtung an den Prüfling und durch Vergleichsmessungen gewonnene Erkenntnisse bei der Bewertung der Gefährlichkeit von Teilentladungen berücksichtigt werden müssen. So erfordert die korrekte Messung von Teilentladungen und in noch höherem Maße die Interpretation der gewonnenen Ergebnisse langjährige praktische Erfahrungen, und läßt sich in ihrer Vielfalt im vorliegenden Rahmen nicht erschöpfend darstellen. Die nachstehenden Kapitel sind denn auch nur als Einführung zum Verständnis der Entstehung und meßtechnischen Verarbeitung von Teilentladungen gedacht. Notwendige Voraussetzung für befriedigend vergleichbare Ergebnisse ist die Befolgung der von den Institutionen VDE [473, 478], IEC [866], NEMA[1] [475] und ASTM[2] [502] herausgegebenen Empfehlungen und Richtlinien, von denen in den folgenden Abschnitten noch öfter die Rede sein wird.

## 7.1 Teilentladungsimpulse in Hohlräumen

Die üblicherweise bei Teilentladungsmessungen an Isolierstoffhohlräumen beobachteten Teilentladungsimpulse haben hinsichtlich ihrer Entstehung nichts gemein mit Koronaentladungsimpulsen, wie sie an Spitzen und Drähten in Gasen

[1] NEMA = National Electrical Manufacturers Association (USA).
[2] ASTM = American Society for Testing and Materials.

beobachtet werden. Dies liegt daran, daß die an den Klemmen eines teilentladungsbehafteten Prüfobjekts erfaßbaren Stromimpulse nur als Antwort eines elektrischen Netzwerks auf die Erregung mit den im Hohlraum fließenden Teilentladungstromimpulsen zu verstehen sind. Selbst wenn diese unmittelbar gemessen werden, was in speziellen Modellanordnungen möglich ist, muß ihre endliche Dauer mit dem beschränkten Energieinhalt der sie speisenden Quelle, im wesentlichen die Hohlraumkapazität, erklärt werden, während Koronaentladungsimpulse sich selbst durch Raumladungseffekte abdrosseln und ihren Impulscharakter auch bei beliebig ergiebiger Quelle beibehalten.

Da ein tieferes Verständnis der zur Beurteilung von Teilentladungen verwandten Größen die genaue Kenntnis der Natur der Teilentladungsimpulse in Hohlräumen voraussetzt, wird deren Entstehung im folgenden an einem vereinfachten Ersatzschaltbild erläutert (Bild 240).

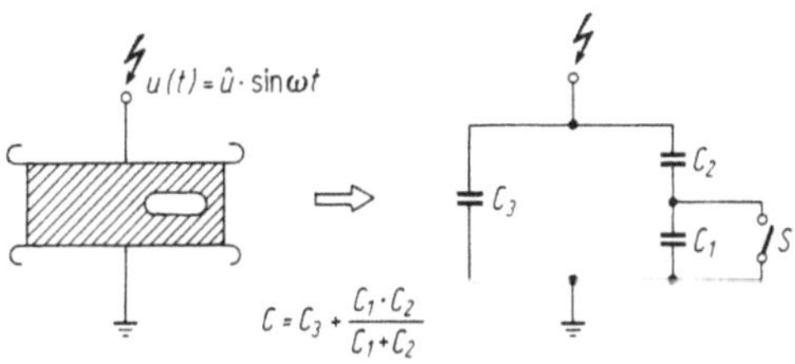


**Bild 240.** Nachbildung einer teilentladungsbehafteten Isolieranordnung $C$ im Ersatzschaltbild

In diesem Ersatzschaltbild stellt $C_1$ die Kapazität des Hohlraums, $C_2$ das in Reihe mit dem Hohlraum liegende gesunde Dielektrikum und $C_3$ die restliche teilentladungsfreie Kapazität des Prüfobjekts dar. Im allgemeinen ist $C_3 \geqq C_1 \geqq C_2$ und deswegen näherungsweise $C \approx C_3$. Dieses einfache Ersatzschaltbild ist nur für grundsätzliche Betrachtungen geeignet und vermag in keiner Weise die komplizierten elektromagnetischen Ausbreitungsvorgänge von Teilentladungen, beispielsweise in Transformatoren, zu beschreiben. Aufgrund der Vielzahl und des parasitären Charakters der Übertragungswege entziehen sich größere Geräte meist der Darstellung in einem einfachen Ersatzschaltbild.

Die an $C$ liegende Wechselspannung $u(t) = \hat{u} \sin \omega t$ wird durch den kapazitiven Spannungsteiler $C_1$, $C_2$ geteilt, so daß an einem Hohlraum ohne Teilentladungen die Spannung

$$u_1(t) = u(t) \frac{C_2}{C_1 + C_2}$$

liegt (Bild 241).

Erreicht die Spannung am Hohlraum, bzw. die Feldstärke im Hohlraum, den zum Selbständigwerden der dort stattfindenden Ionisationsprozesse erforderlichen Wert $U_{\text{Zünd}}$, so setzt eine Funkenentladung ein, und die Spannung am Hohlraum bricht zusammen. Nach Unterschreiten der Brennspannung $U_{\text{Lösch}}$ des Funkens reißt die Entladung ab, die Hohlraumkapazität wird erneut aufgeladen. Abhängig von der Höhe der äußeren Spannungsamplitude $\hat{u}$ können pro Halbschwingung ein oder mehrere Teilentladungsimpulse auftreten. Im Gegensatz zu Koronaentladungen tritt die größte Entladungshäufigkeit nicht im Bereich des Scheitelwerts $\hat{u}$, sondern im Bereich größter Spannungsänderung $du/dt$ auf. Aufgrund dieser Tatsache lassen sich Teilentladungsimpulse in Hohlräumen auf dem Bildschirm eines Oszilloskops leicht von Koronaentladungen unterscheiden; auch hängt ihr Vorzeichen nicht von der Polarität der Spannung, sondern von dem der Spannungsänderung $du/dt$ ab.

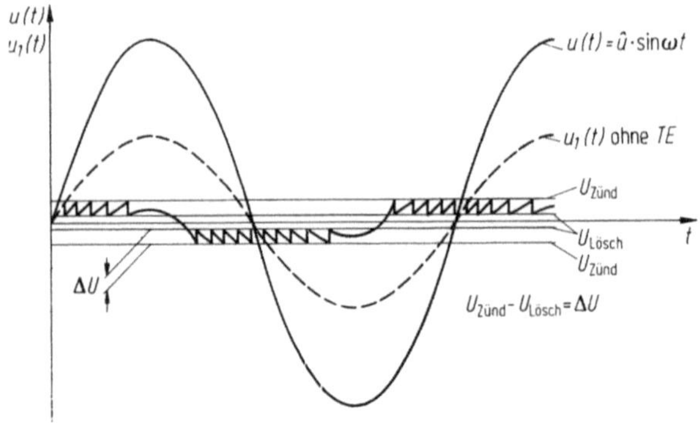


**Bild 241.** Zur Entstehung von Teilentladungsimpulsen

Zum Verständnis der Ausgleichsvorgänge beim Entstehen eines einzelnen Teilentladungsimpulses gehen wir vereinfacht von einer auf die Spannung $U$ aufgeladenen Kapazität aus. Diese Betrachtungsweise kommt den tatsächlichen Gegebenheiten während der Entladung eines Hohlraums sehr nahe, da der Prüfling für diese kurzen Zeiten durch die Zuleitungsinduktivität bzw. den Wellenwiderstand der Zuleitung von der Spannungsquelle entkoppelt ist und die Quellenspannung sich innerhalb ihres sinusförmigen Verlaufs nur unwesentlich ändert. Im einzelnen laufen folgende Ereignisse ab (Bild 242).

Beim Zünden der Entladung im Hohlraum springt der Funkenstrom $i_1$ mit einer sehr kleinen Anstiegszeit, bestimmt im wesentlichen durch die Geschwind-

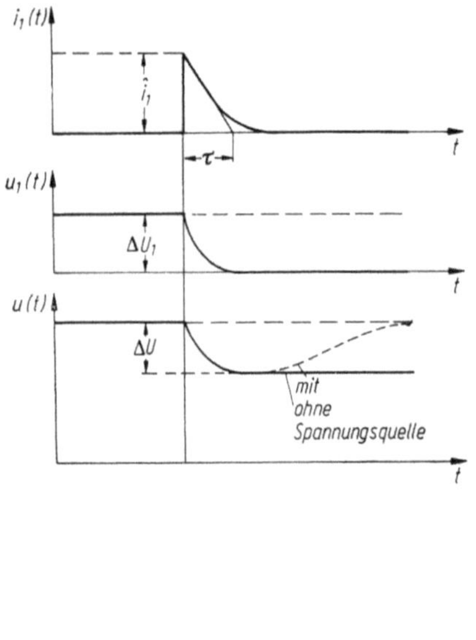


**Bild 242.** Idealisierter zeitlicher Verlauf der Ströme und Spannungen im Ersatzschaltbild, endliche Anstiegszeit des Funkenstroms vernachlässigt.

digkeit des Entladungsaufbaus, später zunehmend auch durch die im Ersatzschaltbild nicht eingezeichnete Streuinduktivität des Entladekreises, auf seinen Maximalwert $\hat{\imath}_1$ und klingt dann näherungsweise exponentiell ab. Ordnet man diesem Abfall eine Zeitkonstante $\tau$ zu, so läßt sich ein Ersatzwiderstand $R_{TE}$ angeben, der ein Maß für die bei der Umverteilung der Ladungen entstandenen Verluste ist.

$$\tau = R_{TE} C_{TE},$$

wobei

$$C_{TE} = C_1 + \frac{C_2 C_3}{C_2 + C_3}.$$

Mit näherungsweise gleicher Zeitkonstante bricht die Spannung $u_1$ am Hohlraum auf Null zusammen (Brennspannung vernachlässigt), die Spannung an den Klemmen des Prüfobjekts um $\Delta U$ ein. Beide Spannungen können sich nicht sprunghaft ändern, da sie das Integral des jeweiligen Stromimpulses sind. Bemerkenswert ist die Tatsache, daß die Anstiegszeit des Spannungseinbruchs identisch ist mit der Abfallzeit des wahren Teilentladungsstroms.

Bei der bislang unter Vernachlässigung der Spannungsquelle angestellten Betrachtung ergibt sich für $\Delta U$ eine negative Sprungfunktion endlicher Anstiegszeit $T_a = 2{,}2\,\tau$. Berücksichtigen wir jetzt den Einfluß der Spannungsquelle, so wird innerhalb eines Zeitraums, der groß ist verglichen mit $T_a$, die Kapazität $C$ wieder auf die ursprüngliche Spannung aufgeladen. Aus dem Spannungseinbruch $\Delta U$ wird ein Teilentladungsimpuls (Spannungsimpuls).

Während die Anstiegszeit dieses Teilentladungsimpulses ein Abbild der Abfallzeit des wahren Teilentladungsstroms darstellt, ist seine Rückenzeit ausschließlich vom Scheinwiderstand der Spannungsquelle einschließlich der parasitären Kapazitäten und Induktivitäten der Zuleitungen bestimmt. Ergänzt man die Schaltung zur meßtechnischen Erfassung der Teilentladungen um einen Koppelkondensator und einen Ankopplungsvierpol, so werden schließlich die Anstiegszeiten beider Flanken in weiten Grenzen durch die Bauelemente der Anordnung bestimmt (s. 7.2). Lediglich der durch die Kapazität $C_2$ fließende Teilentladungsstromimpuls $i_2(t)$ besitzt einen von der Beschaltung des Prüflings unabhängigen zeitlichen Verlauf. Dies erhellt einmal mehr die unterschiedliche Natur von Teilentladungen in Hohlräumen und Koronaentladungen an Spitzen u. ä. in Gasen.

Mit jedem Teilentladungsimpuls wird von der Spannungsquelle die Ladung

$$Q = C\,\Delta U$$

nachgeliefert. Sie wird Scheinbare Ladung genannt und ist im allgemeinen viel kleiner als die im Hohlraum umgesetzte Ladung $Q_1$.

Zwischen den an den Prüflingsklemmen erfaßbaren scheinbaren Teilentladungsgrößen und den am Hohlraum wirksamen Teilentladungsgrößen besteht unter der Voraussetzung $C_3 \geqq C_1 \geqq C_2$ folgender Zusammenhang:

$$\Delta U = \Delta U_1 \cdot \frac{C_2}{C_3} \quad \text{und} \quad Q = Q_1 \frac{C_2}{C_1}.$$

Von diesen Gleichungen wird praktisch wenig Gebrauch gemacht, da die Quotienten $C_2/C_1$ und $C_2/C_3$ meist nur der Größenordnung nach bekannt sind. Sie lassen jedoch erkennen, daß das Verhältnis zwischen der im Hohlraum umgesetzten Entladung $Q_1$ und der scheinbaren Ladung $Q$ um so größer sein wird, je höher die Betriebsspannung der Isolierung ist, was bei der Festlegung von Grenzen tolerierbarer Teilentladungen berücksichtigt werden muß. Man begnügt sich in der Regel mit der Messung der Scheinbaren Ladung $Q$ und dem Scheinbaren Scheitelwert $\Delta U$ der an den Klemmen des Prüfobjekts erfaßten Teilentladungsimpulse, wobei der Einfachheit halber der Vorsatz „Scheinbar" oft weggelassen wird.

Für das Verständnis des Zusammenhangs zwischen den Größen $Q$ und $\Delta U$ an den Prüflingsklemmen und den am Ankopplungsvierpol einer Teilentladungsmeßeinrichtung gemessenen Größen erweist sich noch die Darstellung einer teilentladungsbehafteten Kapazität unter Verwendung einer Konstantstromquelle als zweckmäßig (Bild 243).

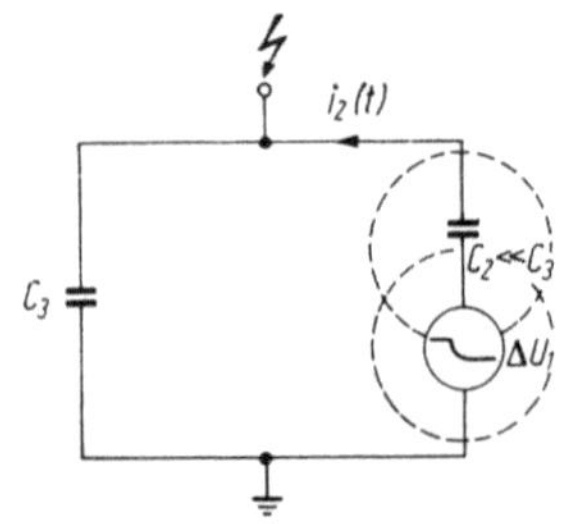


**Bild 243.** Darstellung einer teilentladungsbehafteten Kapazität mit Hilfe einer Konstantstromquelle

Unter der Voraussetzung $C_3 \gg C_1 \gg C_2$ treibt die Spannung $\Delta U_1$ durch die Reihenschaltung von $C_2$ und $C_3$ sowie durch die an den Prüflingsklemmen angeschlossenen Impedanzen einen Strom $i_2(t) = C_2 \mathrm{d}u_1/\mathrm{d}t$, dessen zeitlicher Verlauf und Scheitelwert von $C_2$ eingeprägt werden. Die Stromaufteilung hängt vom Verhältnis der Impedanzen zueinander ab und wird in 7.2 ausführlich behandelt.

Das in Bild 240 gezeigte einfache Ersatzschaltbild eignet sich gut für die qualitative Beschreibung vieler bei Teilentladungsuntersuchungen beobachteten physikalischen Erscheinungen. Bei quantitativen Betrachtungen stößt man jedoch manchmal auf Schwierigkeiten, so daß von einigen Autoren weitere Ersatzschaltbilder angegeben wurden [453, 525, 526, 527]. Eine zusammenfassende Darstellung bekannter Ersatzschaltbilder findet sich bei König [528].

## 7.2 Teilentladungsmeßschaltungen

Zur Erfassung der beiden Teilentladungsgrößen $Q$ und $\Delta U$ schaltet man dem Prüfobjekt eine teilentladungsfreie Kapazität $C_4$, den sogenannten Koppelkondensator, parallel (Bild 244).

Der Ankopplungsvierpol $Z_M$ liegt entweder in der Erdleitung des Prüfobjekts oder in Reihe mit dem Koppelkondensator. Im ersten Fall wird die Nachweisempfindlichkeit durch die Streukapazität $C_5$ der Hochspannungsquelle (Kapazität der Wicklung, Durchführung) erhöht, im zweiten Fall verringert.

Der Ankopplungsvierpol $Z_M$ ist eigentlich nur ein Zweipol, dessen Übertragungseigenschaften durch eine Zweipolübertragungsfunktion beschrieben werden, da Eingangs- und Ausgangsklemmen identisch sind. In praxi schaltet man jedoch $Z_M$ zum Schutz der angeschlossenen Meßinstrumente Überspannungsableiter parallel; außerdem liegt zwischen dem Spannungsabgriff und einer der Ausgangsklemmen meist ein Reihenkondensator, bzw. parallel zum Spannungsabgriff eine Induktivität, um die niederfrequenten Ladeströme vom Meßinstrument fernzuhalten.

Da $Z_M$ zusammen mit dem Überspannungsableiter und dem Entkoppelkondensator häufig in einem Gehäuse mit zwei Eingangsklemmen (Stromklemmen) und zwei Ausgangsklemmen (Spannungsabgriff für den Anschluß des Verbindungskabels zum Meßgerät) untergebracht ist, hat sich der Name „Ankopplungsvierpol" eingebürgert. Mitunter beinhaltet der Ankopplungsvierpol auch einen Spannungsteiler, mit dem gleichzeitig die Hochspannung gemessen werden

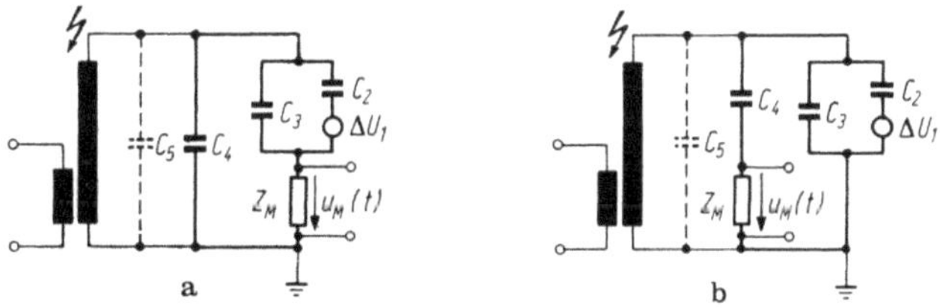


**Bild 244.** Meßschaltungen für Teilentladungen. **a**) Ankopplungsvierpol in Reihe mit dem Prüfling. Hohe Empfindlichkeit, da $C_4$ parallel zu $C_5$ liegt; **b**) Ankopplungsvierpol in Reihe mit dem Koppelkondensator, für hohe Ladeströme und bei selbsterregten Prüflingen.

kann. Erfolgt die Signalverarbeitung durch die am Ankopplungsvierpol angeschlossenen Geräte breitbandig (s. 7.4), so wählt man für $Z_M$ einen ohmschen Widerstand $R_M$. Zweckmäßigerweise paßt man ihn dem Wellenwiderstand $Z$ des Verbindungskabels zum Anzeigegerät an. Wird zwecks Erreichung großer Spannungsamplituden $R_M > Z$ gewählt, so werden die Spannungsimpulse durch die jetzt in Erscheinung tretende Kabelkapazität $C_K$ verflacht [455]. Die Scheitelwerte der durch $R_M$ fließenden Stromimpulse lassen sich nicht mehr in einfacher Weise über das ohmsche Gesetz aus den gemessenen Scheitelwerten der Spannungsimpulse berechnen [455, 457, 463]. Beim Anschluß schmalbandiger Geräte kann $Z_M$ ein abgestimmter Schwingkreis sein.

Im folgenden werden die hochfrequenten Übertragungseigenschaften der beiden Teilentladungsmeßschaltungen für einen ohmschen Ankopplungswiderstand $R_K$ untersucht. Die Übertragungseigenschaften für eine abgestimmte Ankopplungsimpedanz $Z_M$ lassen sich an Hand der in 7.6 angestellten Betrachtungen verstehen.

Vernachlässigt man zunächst die Einflüsse der Streukapazität und allfälliger Streuinduktivitäten, und denkt man sich weiter das Prüfobjekt für die Dauer einer einzelnen Teilentladung von der Spannungsquelle isoliert, so sind beide Schaltungen identisch. Lediglich die Erdverbindung des mit größerer Strichstärke gezeichneten Impulsstromkreises liegt mal am einen, mal am anderen

Ende der Meßimpedanz, was sich im unterschiedlichen Vorzeichen der gemessenen Teilentladungsimpulse bemerkbar macht (Bild 245). Abhängig von der Größe von $R_M$ ergeben sich zwischen den am Ankopplungsvierpol gemessenen Größen $u_M(t)$, $\hat{u}_M$ und $\int_0^T u_M(t)\,\mathrm{d}t = Q_M R_M$ und den Teilentladungsgrößen $Q$ und $\Delta U$ unterschiedliche Zusammenhänge.

Der außerhalb des Prüfobjekts fließende Teilentladungsstrom $i_4(t)$ wird durch die größte Impedanz im Strompfad bestimmt. Oberhalb einer gewissen Grenz-

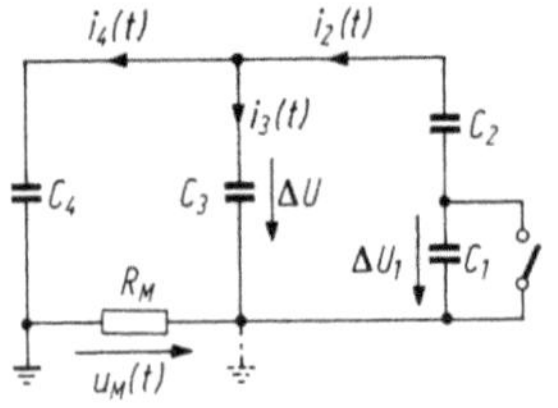


**Bild 245.** Einheitliche Ersatzschaltung für die beiden Meßanordnungen nach Bild 2.

frequenz $\omega_g$ ist dies der Ankopplungswiderstand $R_M$, unterhalb der kapazitive Blindwiderstand $1/\omega_g C_4$. Dabei ist $\omega_g$ die höchste Frequenz, bei der der eingeprägte Teilentladungsstrom $i_2(t)$ noch merkliche Spektralanteile besitzt (s. a. 7.5).

Man unterscheidet zwei Fälle:

1. $R_M \gg \dfrac{1}{\omega_g C_4}$ und $\dfrac{1}{\omega_g C_3}$ (Spannungsmessung).

Der Strom $i_4$ wird durch $R_M$ bestimmt, d. h. $i_4 = \Delta U/R_M$ und damit $\hat{u}_M = \hat{\imath}_4 R_M = \Delta U$

Der Scheitelwert $\hat{u}_M$ ändert sich mit zunehmender Größe des Ankoppelwiderstands nicht. Die Anstiegszeit des Spannungsimpulses $u_M(t)$ entspricht der Abfallzeit des wahren Teilentladungsstromes $i_1(t)$ (s. Bild 242).

Die Ladung $Q$ kann aus der durch $R_M$ geflossenen Ladung

$$Q_M = \frac{1}{R_M} \int_0^T u_M(t)\,\mathrm{d}t$$

ermittelt werden. Zwischen beiden besteht die Beziehung

$$Q = Q_M \frac{C_3 + C_4}{C_4} = Q_M K = K \frac{1}{R_M} \int_0^T u_M(t)\,\mathrm{d}t$$

2. $R_M \ll \dfrac{1}{\omega_g C_4}$ und $\dfrac{1}{\omega_g C_3}$ (Strommessung).

Der Strom $i_4$ wird durch $C_4$ bestimmt, besitzt also den gleichen zeitlichen Verlauf wie $i_2(t)$ und unterscheidet sich lediglich in der Größe um den Faktor $K$. Der Spannungsabfall am Ankoppelwiderstand liefert ein getreues Abbild des Stroms $i_2(t)$

$$u_M(t) = i_4(t)\,R_M = i_2(t)\,\frac{C_4}{C_3 + C_4}\,R_M\,.$$

Wie bereits in 7.1 erwähnt, stellt die Spannung $\Delta U$ das Integral des Stroms $i_2(t)$ dar. Unter der hier vorausgesetzten Annahme wirkt $C_4 R_M$ als Differenzierglied und hebt die Integration wieder auf. Der Spannungsabfall $u_M(t)$ wird dem Stromimpuls $i_2(t)$ proportional, Anstiegszeit und Abfallzeit stimmen mit den entsprechenden Größen des Teilentladungsstroms im Hohlraum überein. Es muß jedoch bemerkt werden, daß sich der unverfälschte zeitliche Stromverlauf von $i_2(t)$ nur in Modellanordnungen messen läßt, bei denen Streuinduktivitäten und -kapazitäten als konzentrierte Bauelemente betrachtet und ausreichend klein gehalten werden können. Gewöhnlich erhält man einen schwingenden Verlauf der Meßspannung $u_M(t)$. Die Frequenz $f$ der Schwingungen entspricht bei gedrängten Versuchsaufbauten der Eigenfrequenz des Meßkreises, die man aus der Kennfrequenz $\omega_0 = 1/\sqrt{LC_M}$ und der relativen Dämpfung $\varkappa = R_M/2L\omega_0$ berechnen kann [459]:

$$f = \frac{\omega_0}{2\pi}\sqrt{1-\varkappa^2}\,.$$

Bei räumlich ausgedehnten Meßkreisen werden die Schwingungen im zeitlichen Verlauf des Impulses nicht von Eigenresonanzen der konzentriert angenommenen Bauelemente des Versuchsaufbaus verursacht. Sie rühren vielmehr von Wanderwellenschwingungen her, da für die sehr steilen Teilentladungsimpulse schon wenige Zentimeter Draht als Leitung mit verteilten Parametern aufgefaßt werden müssen. Diese Leitungen sind an ihren Enden fast immer fehlangepaßt und führen somit zu ausgeprägten Wanderwellenschwingungen [105]. Die Schwingungserscheinungen lassen sich beseitigen, wenn die Verbindungsleitungen innerhalb des Versuchsaufbaus mit ohmschen Widerständen in der Größenordnung von 300 bis 500 Ω abgeschlossen werden können.

Die Ladung $Q$ läßt sich wieder aus der Spannungszeitfläche ermitteln:

$$\int_0^T u_M(t) = \int_0^T i_2(t)\,\mathrm{d}t \frac{C_4}{C_3 + C_4} R_M = Q_M R_M\,,$$

$$Q = \int_0^T i_2(t)\,\mathrm{d}t = K\frac{1}{R_M}\int_0^T u_M(t)\,\mathrm{d}t = KQ_M\,.$$

Während die Beziehung zwischen den Scheitelwerten $\hat{u}_M$ und $\Delta U$ von den jeweiligen Zeitkonstanten des Meßkreises und dem zeitlichen Verlauf der Teilentladungen abhängt, ergibt die Spannungszeitfläche von $u_M(t)$ immer die Ladung $Q_M$ bzw. $Q$. Eine Ausnahme bilden Prüflinge mit verteilten Parametern (Wicklungen, Kabel), bei denen $Q$ nur für $\tau_M > \tau_R$ (s. 7.4) aus der Spannungszeitfläche ermittelt werden kann. Wegen des überwiegend eindeutigen Zusammenhangs zwischen $Q$ und der Spannungszeitfläche erfassen praktisch alle modernen Teilentladungsmeßeinrichtungen die Ladung $Q$ bzw. $Q_M$.

Abschließend sei als dritte Grundschaltung die Brückenschaltung erwähnt (Bild 246).

Die Vorzüge der Brückenschaltung bestehen in ihrer Unempfindlichkeit gegen äußere hochfrequente Beeinflussungen. Beispielsweise erzeugen von der Hochspannungsquelle stammende Teilentladungsimpulse oder Rundfunksender bei abgeglichener Brücke an beiden Ankopplungsvierpolen gleichgroße Spannungsabfälle und leisten damit keinen Beitrag zum Differenzsignal am Nullzweig. Teilentladungen im Prüfobjekt werden dagegen wie bei den Grundschaltungen nach Bild 242 erfaßt. Je nach Symmetrie sind Gleichtaktunterdrückungen bis zu 5000 : 1 praktisch realisierbar. Als Vergleichskapazität $C_v$ wird häufig ein zweiter teilentladungsfreier Prüfling verwendet [465, 865, 866].

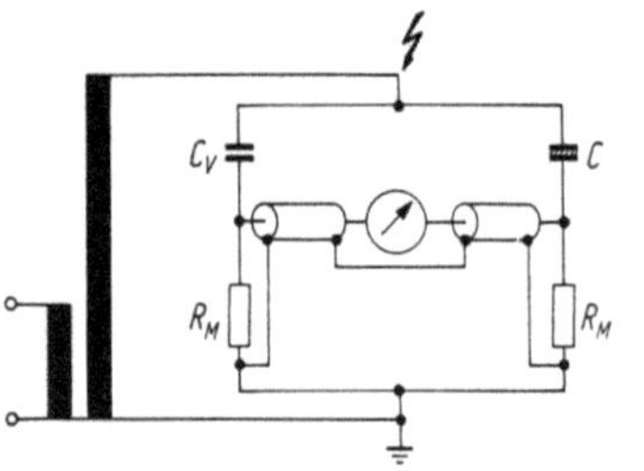


**Bild 246.** Brückenschaltung für Teilentladungsmessungen [853]

## 7.3 Prüflinge mit verteilten Parametern

Die bisherigen Betrachtungen galten für Prüflinge, deren Kapazität im Ersatzschaltbild konzentriert angenommen werden konnte. Kurze Kabelstücke gelten beispielsweise dann noch als konzentrierte Kapazitäten, wenn ihre Länge klein ist gegen die Länge der im Kabel als Wanderwellen auftretenden Teilentladungsimpulse $i_2(t)$ (s. a. 1.4). Bei der Untersuchung von langen Kabeln oder Transformatorwicklungen müssen die Leitungseigenschaften der Prüfobjekte berücksichtigt werden. Bild 247 veranschaulicht dies am Beispiel eines Kabels. Der Spannungszusammenbruch im Hohlraum verursacht eine Ladungsanhäufung an der Fehlerstelle, die sich in Form zweier Wanderwellen $u_w = Z_0 \cdot i_2/2$ in entgegengesetzten Richtungen nach den Enden des Kabels hin ausbreitet. Die an $R_M$ abfallende Spannung $u_M(t)$ berechnet sich unter der Voraussetzung, daß $C_4$ im betrachteten Frequenzbereich einen gegen $R_M$ vernachlässigbar kleinen Widerstand besitzt — hochfrequenzmäßig also einen Kurzschluß darstellt — zu

$$u_M(t) = \frac{R_M}{R_M + Z_0} Z_0 i_2(t).$$

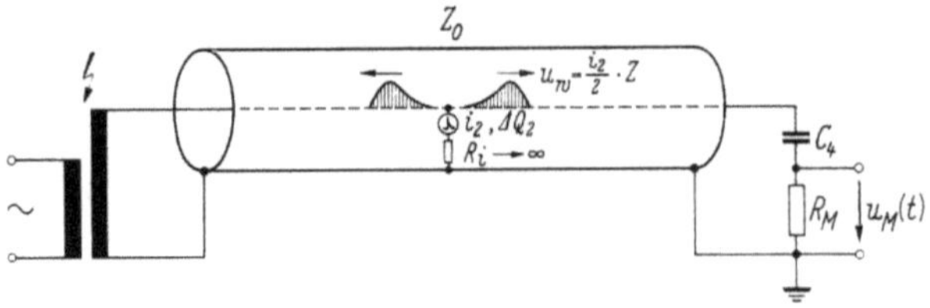


**Bild 247.** Teilentladungsmessung an einem Prüfobjekt mit verteilten Parametern (Hochspannungskabel)

Für den Fall, daß $R_M = Z_0$ gewählt wurde, vereinfacht sich diese Beziehung zu

$$u_M(t) = \frac{Z_0}{2}\, i_2(t).$$

Die in Bild 247 nach links laufende Wanderwelle wird am Kabelende mit gleichem Vorzeichen reflektiert — wir nehmen an, daß der Blindwiderstand der Transformatorwicklung im betrachteten Frequenzbereich groß gegen den Wellenwiderstand des Kabels sei — und trifft je nach Entstehungsort um eine Laufzeit zwischen 0 und $2\tau$ verzögert ebenfalls an $R_M$ ein. Im allgemeinen wird der induktive Blindwiderstand der Sekundärseite des Hochspannungstransformators durch die Wicklungskapazität überbrückt, so daß die am linken Kabelende ankommende Wanderwelle statt des eben angenommenen Leerlaufbetriebs einen Kurzschluß vorfindet. Dem kann aber durch Reihenschaltung einer kapazitätsarmen Drossel abgeholfen werden (Bild 248). Sofern die Meßkreiszeitkonstante $\tau_M = (Z_0 + R_M)\,C_4$ größer ist als die Rückenzeitkonstante $\tau_R$ der Teilentladungsimpulse (s. 7.5) — dies läßt sich durch Wahl einer ausreichend großen Kapazität $C_4$ immer erreichen —, besteht zwischen der Ladung $Q$ und der an $R_M$ abfallenden Spannung unabhängig vom Ort der Entladungsstelle die Beziehung

$$Q = \frac{R_M + Z_0}{2 R_M Z_0} \int_0^T u_M(t)\, \mathrm{d}t.$$

Im angepaßten Betrieb, $R_M = Z_0$, vereinfacht sich diese Gleichung zu

$$Q = \frac{1}{Z_0} \int_0^T u_M(t)\, \mathrm{d}t.$$

Der zeitliche Verlauf der Spannungsimpulse an $R_M$ stimmt mit dem der Teilentladungsimpulse $i_2(t)$ überein. Auch bei nicht angepaßtem Betrieb, $R_M \neq Z_0$, ergibt sich für die Ladung $Q$ nach obiger Gleichung der richtige Wert, weil die Spannungszeitflächen von der Meßeinrichtung aufsummiert werden.

Sollen die einzelnen Entladungsimpulse im Kabel möglichst unverfälscht oszilloskopiert werden, so wählt man $R_M = Z_0$ und schließt das Kabel auch an seinem linken Ende für hohe Frequenzen mit dem Wellenwiderstand ab (Bild 248). Die Kapazitäten $C_4$ und $C_4'$ sowie ihre Zuleitungen müssen induktionsarm aufgebaut sein. Weiter empfiehlt sich die Beachtung der in 1.1.5 gegebenen Hinweise zur Vermeidung von Störspannungen. Die Drossel $Dr$ unterdrückt die kurzschließende Wirkung der Streukapazitäten der Spannungsquelle.

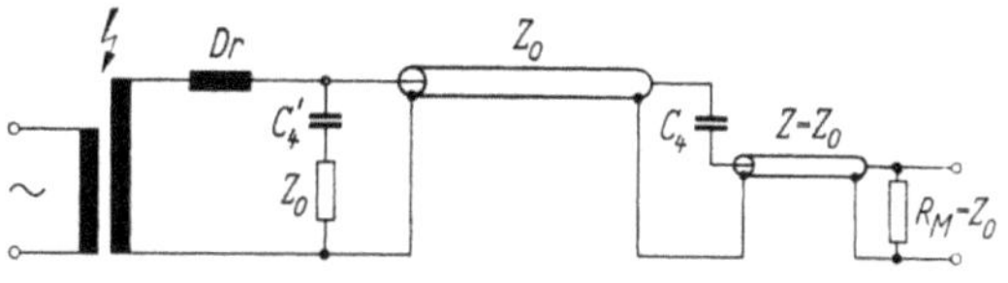


**Bild 248.** Schaltung zur Erfassung von Teilentladungsimpulsen in einem Hochspannungskabel. (Erläuterung siehe Text)

Beim Oszilloskopieren von Teilentladungsimpulsen an Transformatorwicklungen ist es im allgemeinen nicht möglich, den Wellenwiderstand des koaxialen Verbindungskabels zum Elektronenstrahloszilloskop dem Wellenwiderstand der Wicklungen (Größenordnung 1 kΩ) anzupassen. Abhilfe schaffen hier Tastköpfe mit Kathodenfolgerstufen als Impedanzwandler oder auch ohmsche Vorwiderstände.

Zur Ortung von Fehlstellen in Kabeln und Wicklungen wurden einige Verfahren entwickelt, die bei kleiner Störstellenzahl die Möglichkeit geben, aus den Laufzeiten der Stromimpulse Schlüsse auf ihren Ursprungsort zu ziehen [460, 463—464].

Mißt man mit Störspannungsmeßgeräten das Frequenzspektrum der Teilentladungsimpulse von Prüfobjekten mit verteilten Parametern, beispielsweise einer Transformatorwicklung, so erhält man stark ausgeprägte Resonanzstellen, die von Reflexionen der Impulse an den Enden der Wicklung herrühren. Voraussetzung ist dabei allerdings, daß die Wicklung mindestens an einem Ende nicht mit ihrem Wellenwiderstand abgeschlossen ist. Aus den Resonanzfrequenzen lassen sich die Laufzeitunterschiede zwischen Originalimpuls und reflektiertem Impuls berechnen und damit bei bekannter Ausbreitungsgeschwindigkeit auch der Entstehungsort der Impulse ermitteln. Die Maxima und Minima erscheinen nur dann scharf ausgeprägt, wenn die Bandbreite des selektiven Meßgeräts etwa um den Faktor 10 kleiner ist als die kleinste erforderliche Meßfrequenz. Ausführliche Betrachtungen mit experimentellen Ergebnissen finden sich bei Widmann [523, 633].

Bei einem anderen — von Tangen vorgeschlagenen — Verfahren erfolgt die Ortung über die Messung des Laufzeitunterschieds der an der Hochspannungsklemme und der Erdklemme ankommenden Impulse einer Entladungsstelle [461]. Die in einer Teilentladung entstehende Ladungsänderung hat zwei identische Wanderwellen zur Folge, die sich mit gleicher Geschwindigkeit (unter der Voraussetzung eines konstanten Wellenwiderstands der Wicklung), aber entgegengesetzter Richtung längs der Wicklung ausbreiten (s. a. Bild 247). Die an den beiden Wicklungsenden ankommenden Impulse werden einer Koinzidenzschaltung zugeführt. In dem Zweig mit der kürzeren Laufzeit befindet sich eine einstellbare geeichte Verzögerungsleitung, an der bei Zeitkoinzidenz der Laufzeitunterschied abgelesen werden kann. Bestehen zwei oder mehrere Entladungsstellen innerhalb der Wicklung, so zeigen das Elektronenstrahloszilloskop oder ein sogenannter Zeitkoinzidenzdetektor mit Zeigerinstrument [524] mehrere „peaks“ an. Diese können bei nicht allzugroßer Zahl, ausgehend von der Teilentladung größter Intensität, noch recht gut den verschiedenen Ursprungsorten zugeordnet werden. Um Reflexionen zu verhindern, muß der Prüfling an beiden Enden mit dem Wellenwiderstand abgeschlossen werden. Als Impedanzwandler zwischen Meßleitung und Wicklung finden Kathodenfolgerstufen Verwendung. Weitere Hinweise über Teilentladungsmessungen an Transformatoren und Motoren, bzw. Generatoren finden sich in [521, 745, 810, 839—845, 870, 876] an Kabeln in [846—848, 851, 867, 873—875].

## 7.4 Meßgeräte zur Erfassung von Teilentladungen

Zur Messung der am Ankopplungsvierpol abfallenden Spannung steht eine Vielzahl verschiedener Meßgeräte zur Verfügung, deren Anzeige je nach Auslegung und Schaltungsart die Ladung $Q$, der Scheitelwert $\hat{u}_M$, der arithmetische Mittelwert der gleichgerichteten Teilentladungsimpulse $u_M(t)$, ihr vollständiger zeitlicher Verlauf, ihre Häufigkeit etc. entnommen werden kann (Bild 249).

Während in den Anfängen der Teilentladungsmeßtechnik nur mit konventionellen Labormeßgeräten gearbeitet wurde, stehen heute spezielle Teilentladungsmeßeinrichtungen zur Verfügung, die hinsichtlich Vielseitigkeit, Störunterdrückung

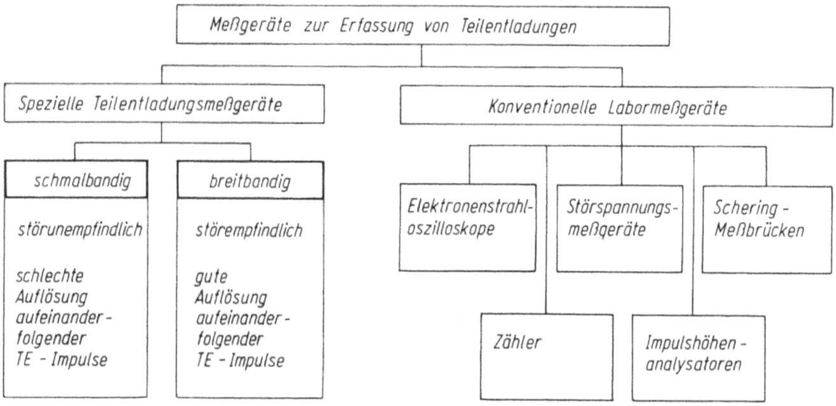


**Bild 249.** Meßgeräte zur Erfassung von Teilentladungen

und Bedienungskomfort kaum noch Wünsche offenlassen. Für Routinemessungen bei hohem Störpegel erweisen sie sich als unentbehrliches Glied der Qualitätssicherung.

Bei den speziellen Teilentladungsmeßeinrichtungen unterscheidet man zwischen breit- und schmalbandig arbeitenden Geräten. Breitbandige Geräte verstärken aus dem Spektrum der Teilentladungsimpulse ein Band von einigen kHz bis zu einigen Megaherz, beginnend bei einigen 10 kHz, damit die Netzfrequenz und ihre Oberschwingungen keinen Beitrag zur Anzeige liefern. Gleichzeitig wird die obere Grenzfrequenz so niedrig gelegt, daß man nach Möglichkeit unterhalb der Eigenresonanzen der Prüflinge bleibt. Die verbleibende Bandbreite führt zu nur unwesentlichen Impulsdehnungen und erlaubt so eine hohe Auflösung nahezu gleichzeitiger Teilentladungsereignisse, beispielsweise in Transformatoren und Kabeln, wo neben einer Vielzahl von Teilentladungsarten auch Reflexionen zu Überlagerungen führen können. Nachteilig ist die hohe Störempfindlichkeit, da einerseits die Zahl der möglichen Störer mit der Bandbreite zunimmt, andererseits die Möglichkeit ihrer Unterdrückung durch einfache Filter abnimmt.

Schmalbandige Geräte verstärken aus dem Spektrum der Teilentladungsimpulse ein Band in der Größenordnung von einigen Kilohertz gelegentlich bis zu 100 kHz.

Die Bandmittenfrequenzen liegen in der Größenordnung von 0,5 bis 2 MHz und sind meist innerhalb dieses Bereichs variabel. Infolge der geringen Bandbreite lassen sich von der Hochspannungsversorgung herrührende Teilentladungsimpulse leicht durch einen Sperrkreis abschwächen, außerdem können störende Rundfunksender durch Wahl geeigneter Mittenfrequenzen gemieden werden. Nachteilig ist die vergleichsweise geringe Auflösung nahezu gleichzeitiger Teilentladungsereignisse, weswegen schmalbandige Geräte vorzugsweise bei konzentrierten Prüflingskapazitäten und hohem Grundstörpegel eingesetzt werden.

Je nach Hersteller besitzen die speziellen Teilentladungsmeßgeräte als Zusatzeinrichtungen eingebaute Eichgeneratoren, umschaltbare Anzeige für Picocoulomb oder Mikrovolt, digitale Logik zur Automatisierung und Störunterdrückung etc. Manche Geräte erlauben durch ein in seiner Phasenlage verschiebliches Fenster zwischen Teilentladungen an Spitzen und Kanten in Gasen, und Teilentladungen in Hohlräumen zu unterscheiden und alle außerhalb des Fensters liegenden Störimpulse auszublenden. Weiter lassen sich mit einem Zähler stochastische Störimpulse beseitigen, indem Impulse nur dann als Teilentladungsimpulse gewertet werden, wenn sie in mindestens 10 aufeinanderfolgenden Halbschwingungen auftreten. Beschreibungen einiger spezieller Teilentladungsmeßeinrichtungen finden sich im Schrifttum [480, 482, 483, 484, 503, 754, 864, 865].

Bei geringeren Ansprüchen an Bedienungskomfort lassen sich Teilentladungen auch mit konventionellen Labormeßgeräten erfassen, für die ebenso wie bei den speziellen Teilentladungsmeßeinrichtungen eine systematische Einteilung in breit- und schmalbandig arbeitende Geräte möglich ist. Eine strenge Unterscheidung erübrigt sich hier jedoch, da bei konventionellen Meßgeräten die Art der Signalverarbeitung meist offenkundig ist und hinreichend bekannt sein dürfte.

Gewöhnliche Elektronenstrahloszilloskope ausreichender Bandbreite ermöglichen die Erfassung aller in der Einleitung dieses Abschnitts genannten Teilentladungsgrößen. Sie eignen sich jedoch weniger für Routinemessungen, die nach Möglichkeit auch von angelerntem Personal und unter Verzicht auf ununterbrochene Betrachtung eines Bildschirms durchgeführt werden müssen. Für die Ortung und Unterscheidung von Teilentladungen erweisen sie sich dagegen normalen Teilentladungsmeßeinrichtungen überlegen, weswegen aufwendigere Teilentladungsmeßeinrichtungen meist ein Elektronenstrahloszilloskop als integralen Bestandteil besitzen. Die Oszillogramme liefern neben den Scheitelwerten $\hat{u}_M$ auch noch Informationen über die Intensitätsverteilung der Entladungsimpulse innerhalb einer Wechselspannungsperiode. Dabei läßt sich aus der Gleichmäßigkeit der Verteilung (wenige große oder viele kleine Impulse) eine Aussage über die Gefährlichkeit der Entladungen machen. Weiter kennzeichnet die Phasenlage der Entladungsimpulse die Art der Entladungsstelle. Während bei Koronaentladungen metallischer Spitzen in Gasen die Entladungsimpulse immer während des Maximums der negativen und positiven Spannungshalbwellen auftreten, erscheinen die Teilentladungsimpulse bevorzugt im Nulldurchgang der Spannung, also im Bereich der größten Spannungsänderung $\mathrm{d}u/\mathrm{d}t$ [453, 456, 480, 492, 493, 499]. Bei einiger Erfahrung kann man aus der Form, Verteilung und Phasenlage der Impulse auf dem Bildschirm Hinweise zur Einkreisung und Lokalisierung ihres Entstehungsorts entnehmen.

Mangels empfindlicher Elektronenstrahloszilloskope wurden in den Anfängen der Teilentladungsmeßtechnik fast ausschließlich Störspannungsmeßgeräte der Funkstörmeßtechnik verwendet. Diese hochwertigen HF-Empfänger können zur Gruppe der schmalbandigen Teilentladungsmeßgeräte gerechnet werden und besitzen Bandbreiten von 9 kHz (CISPR [863]) oder 5 kHz (ANSI [862]). Störspannungsmeßgeräte sind Überlagerungsempfänger, ihre Wirkungsweise geht aus Bild 250 hervor [475—479].

Das Eingangssignal gelangt über einen Abschwächer *1* und einen abstimmbaren Vorkreis *2* zur Mischstufe *3*. Anschließend erfolgt die Verstärkung im Zwischenfrequenzverstärker *4* und die Bewertung mit Anzeige im Bewertungskreis *5*.

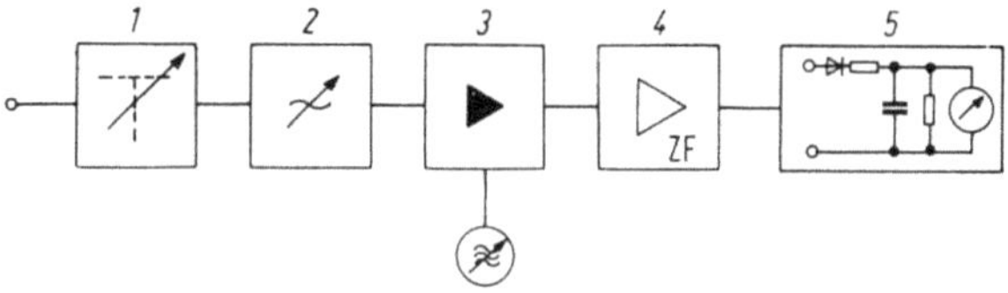


**Bild 250.** Vereinfachtes Blockschaltbild eines Störspannungsmeßgeräts. *1* Eingangsabschwächer, *2* abstimmbarer Eingangskreis, *3* *ZF*-Überlagerung, (Oszillator und Mischstufe), *4* ZF-Verstärker, *5* Bewertungsglied mit Anzeigevorrichtung.

Ausgehend vom ursprünglichen Verwendungszweck der Störspannungsmeßgeräte wird im Bewertungskreis der elektrische Wert der Störspannung in eine Anzeige umgewandelt, die dem physiologischen Störeindruck des menschlichen Ohrs entspricht. Dieses empfindet beim Rundfunkempfang Knackstörungen großen Scheitelwerts und geringer Häufigkeit ebenso störend wie Knackstörungen kleinen Scheitelwerts bei großer Häufigkeit (Psophometrische Kurve). Legt man daher an den Eingang eines Störspannungsmeßgeräts repetierende Spannungsimpulse gleichen Scheitelwerts, so steigt die Anzeige mit zunehmender Impulshäufigkeit an, unterscheidet sich jedoch ab 100 Impulsen/s nur noch etwa um den Faktor 1/2 vom Endwert bei sehr großer Impulshäufigkeit (Für Geräte mit CISPR-Bewertung). Es ist naheliegend, daß diese Bewertung nicht auch ein Maßstab für die Gefährlichkeit der gemessenen Spannungsimpulse im Hinblick auf die Lebenserwartung des Meßobjekts sein muß. Nähert sich die Wiederholfrequenz gar der Mittenfrequenz $f_0$, wird die Anzeige für Teilentladungsmessungen gänzlich unbrauchbar.

Die Anzeige von Störspannungsmeßgeräten erfolgt in Mikrovolt. Sie ist bei Berücksichtigung der Gerätebewertungskurve der Scheinbaren Ladung $Q$ des größten Teilentladungsimpulses proportional. Meßergebnisse in Picocoulomb und Mikrovolt sind bei korrekter Umrechnung kompatibel (s. 7.6).

Die Gesamtheit der Teilentladungsverluste läßt sich mit Schering-Meßbrücken erfassen (s. 6.2). Zunächst wird die Brücke wie gewohnt mit ihrem elektronischen Nullindikator abgeglichen und die gesamte Verlustleistung, bestehend aus den Leitfähigkeits- und Polarisationsverlusten sowie den Verlusten durch Teilentladungen bestimmt,

$$P = U^2 \omega C \tan \delta.$$

Ersetzt man den Nullindikator durch ein Oszilloskop, läßt sich der in Bild 251a idealisiert gezeichnete zeitliche Verlauf beobachten:

a) Abgleich auf Gesamtverluste,
b) Abgleich auf Grundverluste (Leitfähigkeit und Polarisation).

Gleicht man anschließend die Brücke mit dem Elektronenstrahloszilloskop auf die 50-Hz-Grundschwingung ab (Bild 251b), so erhält man in erster Näherung allein die Leitfähigkeits- und Polarisationsverluste. Die Differenz beider Messungen ergibt die Teilentladungsverluste [472, 496, 497, 499, 507—509, 528].

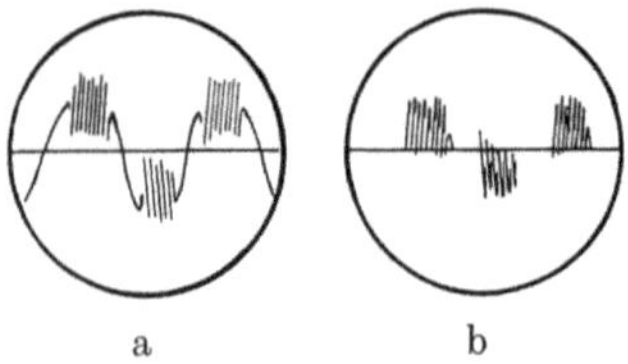


**Bild 251.** Messung von Teilentladungsverlusten mit der Schering-Brücke und Elektronenstrahloszilloskop als Nullindikator

Die Häufigkeit von Teilentladungsimpulsen kann mit elektronischen Zählern ermittelt werden. Da deren Eingangsempfindlichkeit meist veränderlich ist, erlauben sie gleichzeitig eine Amplitudendiskriminierung. Soll die Häufigkeit von Impulsen einer bestimmten Amplitude aus einer Vielzahl von Impulsen mit größeren und kleineren Amplituden gemessen werden, so wird vor den Zähler ein Impulshöhenanalysator geschaltet [868, 869]. Die Wirkungsweise eines Impulshöhenanalysator läßt sich vereinfacht an Hand von Bild 252 erläutern. Ein auf den Eingang des Diskriminators I gelangender Spannungsimpuls $u_M(t)$ erzeugt dann an dessen Ausgang ein Signal, wenn seine Amplitude größer als der eingestellte Ansprechpegel (Basislinie) war. Das Signal gelangt auf den Eingang eines Differenzverstärkers und ruft an dessen Ausgang einen Zählimpuls hervor. Übersteigt die Amplitude des Eingangsimpulses $u_M(t)$ auch den um die gewählte Kanalbreite höheren Ansprechwert des Diskriminators II, so entsteht an dessen Ausgang ein Signal etwa gleicher Form, wie am Diskriminator I. Die Differenz beider Signale ist Null, es entsteht kein Zählimpuls. Durch Vorgabe einer schmalen Kanal- oder

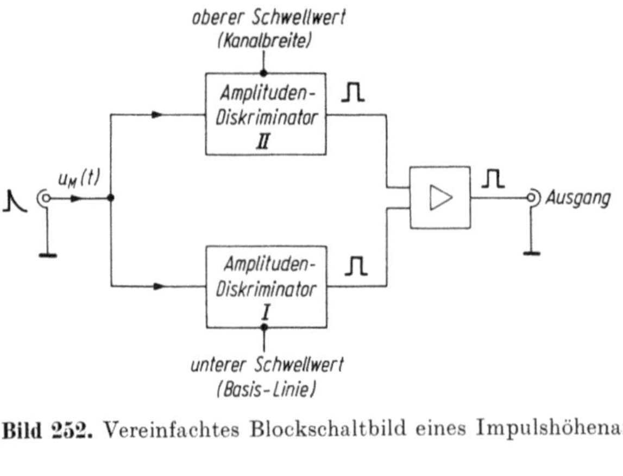


**Bild 252.** Vereinfachtes Blockschaltbild eines Impulshöhenanalysators (Fensterverstärker)

Fensterbreite und Verschieben der Basislinie kann also in einfacher Weise eine Impulshöhenanalyse durchgeführt werden. Voraussetzung für genaue Zählergebnisse sind ein entsprechend hohes Auflösungsvermögen des Zählers (einige Megahertz) und ausreichende Bandbreite eines eventuell vorgeschalteten Vorverstärkers; außerdem, was an sich selbstverständlich sein sollte, reflexionsfreie Anpassung der Zähleinrichtung an die Meßschaltung.

## 7.5 Aussagekraft der am Ankopplungsvierpol gemessenen Größen in bezug auf die Größe der tatsächlichen Teilentladungen

Je nach Art des Ankopplungsvierpols und der nachgeschalteten Meßgeräte können der zeitliche Verlauf der Spannungsimpulse $u_M(t)$, ihr Scheitelwert $\hat{u}_M$, die Spannungszeitfläche $\int u_M(t)\,\mathrm{d}t$, die Zahl der Teilentladungsimpulse u. a. m. gemessen werden. Es erhebt sich nun die Frage, welcher Zusammenhang zwischen den Größen $i_2(t)$, $\hat{\imath}_2$ und $\int i_2(t)\,\mathrm{d}t = Q$ des Teilentladungsstroms im Dielektrikum und den an $R_M$ gemessenen Größen besteht. Für idealisierte Verhältnisse — Vernachlässigung der Streuinduktivitäten und -kapazitäten — wurde der grundsätzliche Zusammenhang bereits im vorangegangenen Abschnitt beschrieben. Bei praktischen Teilentladungsmessungen sind jedoch parasitäre Bauelemente zu berücksichtigen. Zunächst erweist sich die Definition einer Meßkreiszeitkonstante unter Berücksichtigung der Streukapazität $C_5$ als zweckmäßig. Für die in Bild 244a dargestellte Grundschaltung erhält man im angepaßten Fall (Belastung des ohmschen Ankopplungsvierpols mit einem am Ende abgeschlossenen Meßkabel $Z = R_M$)

$$\tau_M = \frac{R_M}{2}\,\frac{C_3(C_4 + C_5)}{C_3 + C_4 + C_5}.$$

für die Grundschaltung nach Bild 244b

$$\tau_M = \frac{R_M}{2}\,\frac{C_4(C_3 + C_5)}{C_3 + C_4 + C_5}.$$

Diese Meßkreiszeitkonstante setzt man in bezug zu den Anstiegs- und Rückenzeitkonstanten $\tau_A$ bzw. $\tau_R$ der zu messenden Teilentladungsimpulse.

Die Zeitkonstanten $\tau_A$ und $\tau_R$ ergeben sich bei der Nachbildung eines Teilentladungsimpulses aus zwei Exponentialfunktionen [455]. Abhängig von der Geometrie der Störstelle kann das Verhältnis von Anstiegszeit zu Rückenhalbwertszeit vergleichsweise klein werden, so daß für die genaue Nachbildung eines Teilentladungsimpulses drei oder mehr Exponentialfunktionen benötigt werden [457]. Für die hier angestellten Betrachtungen genügt jedoch eine Charakterisierung der Entladungsimpulse durch zwei Zeitkonstanten.

Widmann [463] hat diese Zusammenhänge ausführlich untersucht und in einer Tabelle zusammengestellt, die hier in geringfügig gekürzter Form wiedergegeben ist (Tab. 5). Als Parameter dient jeweils das Verhältnis der Meßkreiszeitkonstante $\tau_M$ zur Anstiegszeitkonstante $\tau_A$ beziehungsweise zur Rückenzeitkonstante $\tau_R$ der Teilentladungsimpulse.

**Tabelle 5.** Zusammenhang zwischen den am Ankopplungsvierpol $R_M$ gemessenen Störgrößen und den elektrischen Größen des Teilentladungsimpulses über der Kapazität $C_2$ [463]

| Am Ankopplungs-vierpol gemessene Störgröße | Zuleitungs- u. Bauelemente-induktivität $L$ vernachlässigt | | Mit Zuleitungs- u. Bauelemente-induktivität $L$ | Langes Kabel $l > \tau_R v$ | | Wicklung | |
|---|---|---|---|---|---|---|---|
| | $\tau_M < \tau_A$ | $\tau_M > \tau_R$ | $\tau_M$ und $\frac{1}{f_0} > \tau_R$ | $\tau_M < \tau_A$ | $\tau_M > \tau_R$ | $\tau_M < \tau_A$ | $\tau_M > \tau_R$ |
| $\hat{u}_M$ prop. | $\hat{i}_2$ | $Q$ | $Q$ | $\frac{\mathrm{d}i}{\mathrm{d}t}$ (max) | $\hat{i}_2$ | undefiniert | undefiniert |
| bekannt muß sein: | $C_3, C_4$ | $C_3, C_4$ | $C_3, C_4, L, R_D$ | $Z, \tau_M$ | $Z$ | — | — |
| $u_M = f(t)$ prop. | $i_2(t)$ | $\exp(-t/\tau_M) \int i_2 \,\mathrm{d}t$ | $Q\omega t \exp(-t/T)$ | $C_4 \frac{\mathrm{d}i}{\mathrm{d}t}$ | $i_2(t)$ | undefiniert | undefiniert |
| bekannt muß sein: | $C_3, C_4$ | $C_3, C_4, \tau_M$ | $C_3, C_4, L, R_D$ | $Z, \tau_M$ | $Z$ | — | — |
| $\int_0^T u_M \,\mathrm{d}t$ prop. | $Q$ | $Q$ | $Q$ | $i_2(t)$ | $Q$ | undefiniert | $\sim Q$ |
| bekannt muß sein: | $C_3, C_4$ | $C_3, C_4$ | $C_3, C_4$ | $C_4, Z$ | $Z$ | — | $Z$ |

Die Tabelle zeigt, daß abhängig von der Auslegung des Meßkreises den Größen $\hat{u}_M$ und $u_M(t)$ die verschiedensten Größen des Teilentladungsstroms $i_2(t)$ entsprechen. Nur das Integral $\int u_M(t)$ ist mit zwei Ausnahmen immer der Ladung $Q$ proportional.

Die bisherigen Betrachtungen wurden im Zeitbereich angestellt. In der Begriffswelt des Frequenzbereichs läßt sich ebenfalls zwischen zwei ausgezeichneten Fällen unterscheiden:

1. Die Bandbreite eines Teilentladungsmeßgeräts ist größer als der Frequenzbereich, innerhalb dessen merkliche Spektralanteile der Teilentladungsimpulse liegen (z. B. Oszilloskop): Die Anzeige entspricht dem Scheitelwert der am Eingang des Meßgeräts ankommenden Spannungsimpulse, die längs ihres Übertragungswegs möglicherweise eine Verformung erfahren haben. Sie hängt damit von der Art des Prüflings und dem Versuchsaufbau ab und läßt sich nicht gut mit anderen Meßergebnissen vergleichen.
2. Die Bandbreite eines Teilentladungsmeßgeräts ist kleiner als der Frequenzbereich der Teilentladungsimpulse und liegt noch im Bereich konstanter Spektralamplituden (z. B. schmalbandiges Teilentladungsmeßgerät): Die Anzeige entspricht der Ladung $Q_M$ der am Eingang des Meßgeräts ankommenden Impulse und damit unter Berücksichtigung des Korrekturfaktors $K$ auch der Scheinbaren Ladung $Q$.

Der Fall 1 bedarf keiner Erläuterung, die Begründung für Fall 2 wird in 7.6 gegeben.

Wie in 7.2 gezeigt wurde, entspricht die Spannungszeitfläche $\int_0^T u_M(t)\,dt$ der durch den Ankopplungswiderstand geflossenen Ladung $Q_M$, die noch mittels des Korrekturfaktors $K = (C_3 + C_4)/C_4$ in die Ladung $Q$ umzurechnen ist. Da die Kapazitäten $C_3$ und $C_4$ wegen des parasitären Charakters der Kapazität $C_5$ häufig nicht genau definiert sind, und der Blindwiderstand einer verteilten Kapazität $C_3$ stark frequenzabhängig sein kann, wird das Übertragungsverhalten von Teilentladungsmeßkreisen meist durch Eichung mittels eines Eichimpulsgenerators [467, 469, 470, 480, 849] bestimmt. Bei der direkten Eichung erzeugt man über dem Prüfling einen bekannten Spannungssprung $\Delta U_0$ bzw. eine bekannte Ladungsänderung $Q_0$ und setzt diese in Beziehung zur Anzeige des Meßgeräts (Bild 253).

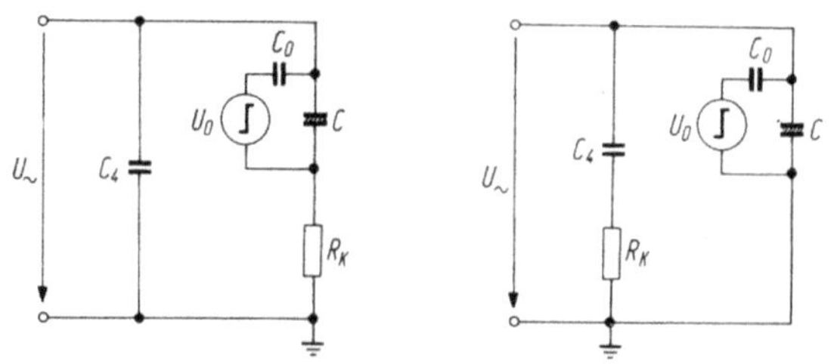


**Bild 253.** Direkte Eichung eines Teilentladungsmeßkreises mittels Eichimpulsgenerator, $Q_0 = C_0\,\Delta U_0$; $C_0 \ll C$ zur Vermeidung von Rückwirkungen

Selektiv arbeitende Störspannungsmeßgeräte zur Ermittlung der Funkstörspannungen von Koronaentladungen an Freileitungsarmaturen können auch mit Sinusspannungsgeneratoren geeicht werden [473].

Da die Eichgeneratoren für direkte Eichung vor Anlegen der Hochspannung entfernt werden müssen, hat man indirekte Eichverfahren entwickelt, bei denen die Eichimpulse am erdseitigen Ende der Schaltungen injiziert werden, so daß während der Messung Vergleiche mit einem Eichimpuls möglich sind. Es empfiehlt sich jedoch, diese Eichimpulse bei der erstmaligen Inbetriebnahme einer Teilentladungsmeßeinrichtung und bei jeder Schaltungsänderung auf der Hochspannungsseite mittels eines direkten Eichverfahrens zu bestätigen.

Ausführliche Hinweise über die experimentelle Bestimmung von Korrekturfaktoren, die verschiedenen Ankopplungsmöglichkeiten von Eichgeneratoren, Beeinflussung der Meßkreise durch die Innenwiderstände der Generatoren und andere mit der Eichung verbundenen Probleme finden sich im allgemeinen Schrifttum [463, 468, 745, 753, 845, 850, 855], sowie in den Vorschriftenwerken VDE [473, 477, 478, 520], NEMA [475, 501], ASTM [502] und IEC [866].

## 7.6 Äquivalenz von Teilentladungsmeßergebnissen in Picocoulomb und Mikrovolt

Wie bereits in 7.4 erwähnt, wurden in den Anfängen der Teilentladungsmeßtechnik fast ausschließlich Funkstörmeßgeräte verwendet, so daß aus dieser Zeit eine Vielzahl wertvoller Meßergebnisse vorliegt, in denen die Teilentladungsstärke in Mikrovolt angegeben ist. Auch heute finden Funkstörmeßgeräte noch vielfach Verwendung, insbesondere bei der Messung äußerer Teilentladungen an Freileitungsarmaturen sowie in der Fertigungskontrolle von Prüflingen kleiner Kapazität. Häufig stellt sich daher die Frage, wie Ergebnisse in Mikrovolt und Picocoulomb ineinander umgerechnet werden können. Zu ihrer Beantwortung muß man zunächst verstehen, wie die Anzeige eines Funkstörmeßgeräts zustandekommt (Bild 254).

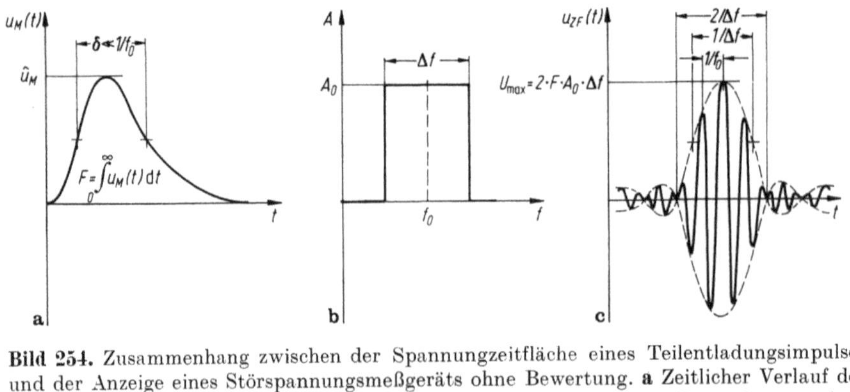


**Bild 254.** Zusammenhang zwischen der Spannungzeitfläche eines Teilentladungsimpulses und der Anzeige eines Störspannungsmeßgeräts ohne Bewertung. **a** Zeitlicher Verlauf des Teilentladungsimpulses; **b** Idealisierter Übertragungsfaktor des ZF-Verstärkers; **c** Ausgangsspannung des ZF-Verstärkers.

Der ZF-Verstärker des Funkstörmeßgeräts (s. 7.4) besitze den in Bild 254b gezeigten idealisierten Übertragungsfaktor, stellt also einen Bandpaß mit der Mittenfrequenz $f_0$ dar.

Gelangt an den Eingang des Störspannungsmeßgeräts ein Teilentladungsimpuls, dessen Dauer (mittlere Breite $\delta$) kurz ist verglichen mit $1/f_0$ (Bild 254a), so erscheint am Ausgang des ZF-Verstärkers eine Cosinusschwingung, deren Amplitude mit der Funktion $\mathrm{si}\, x = \sin x/x$ moduliert ist (Bild 254c). Unabhängig vom zeitlichen Verlauf des Eingangsimpulses wird die größte Amplitude

$$U_{\max} = 2A_0 F\, \Delta f,$$

worin $F$ die Spannungszeitfläche des Teilentladungsimpulses und $A_0$ die Grunddämpfung bzw. -verstärkung des ZF-Verstärkers bedeutet. Die Spannung $U_{\max}$ steht also wohlgemerkt in keiner Beziehung zum Scheitelwert des Teilentladungsimpulses sondern, da $A_0$ und $\Delta f$ Konstante sind, ausschließlich zu seiner Fläche. Setzt man $A_0 = 1$ und

$$F = \int_0^\infty u_M(t)\,\mathrm{d}t = \int_0^\infty R_M i_M(t)\,\mathrm{d}t = R_M Q_M\,,$$

so wird die größte Amplitude

$$U_{\max} = 2R_M Q_M\, \Delta f,$$

d. h. proportional zu der durch $R_M$ geflossenen Ladung $Q_M$. Dieser Spannungswert kann nach einer Spitzenwertgleichrichtung an einem Speicherkondensator gemessen werden (s. a. 3.4.3). Sieht man zunächst von der in 7.3 erwähnten Bewertung ab, so ist die Anzeige eines zum Speicherkondensator parallel liegenden hochohmigen Drehspulinstruments der Scheinbaren Ladung unabhängig von der Häufigkeit proportional.

Benutzt man als Ankopplungswiderstand $R_M$ den Eingangswiderstand des Störmeßgeräts ($R_i = 50\,\Omega$, $\Delta f = 9\,\mathrm{kHz}$), so erhält man für $Q_M = 1\,\mathrm{pC}$ und einem in Effektivwerten geeichten Drehspulinstrument die Spannung

$$U_{\mathrm{Anzeige}} = \frac{U_{\max}}{\sqrt{2}} = \frac{1}{\sqrt{2}} \cdot 2 \cdot 50 \cdot 10^{-12} \cdot 9 \cdot 10^3 \cdot \Omega\,\mathrm{Hz}\,\mathrm{C} = 0{,}6364\,\mu\mathrm{V},$$

woraus sich

$$U_{\max} = \sqrt{2} \cdot U_{\mathrm{Anzeige}} = 0{,}900\,\mu\mathrm{V}$$

ergibt. Für ältere Störspannungsmeßgeräte mit $60\,\Omega$ Innenwiderstand erhält man sinngemäß $U_{\max} = 1{,}08\,\mu\mathrm{V}$. Streng genommen müßte man statt $\Delta f$ die sogenannte Impulsbandbreite $\Delta f_{\mathrm{Imp}}$ verwenden, die sich jedoch im Rahmen der für $\Delta f$ ohnehin erlaubten Toleranzen bewegt.

Einer Ladung von 1 pC entspricht damit eine unbewertete, nicht in Effektivwerte umgerechnete Spannung $U_{\max} \approx 1\,\mu\mathrm{V} \pm 10\%$.

Berücksichtigt man die Bewertung, so wird die Anzeige von der Häufigkeit abhängig, da sich der Speicherkondensator in den Impulsphasen merklich entladen kann. Die Auf- und Entladezeitkonstanten eines Störspannungsmeßgeräts nach CISPR sind nun so ausgelegt, daß bei großer Häufigkeit ($> 2000$ Imp/s) der durch $\sqrt{2}$ geteilte Scheitelwert $U_{max}/\sqrt{2}$, bei 100 Imp/s die Hälfte von $U_{max}/\sqrt{2}$ und bei 2 Imp/s ein Zwanzigstel von $U_{max}/\sqrt{2}$ angezeigt wird (Bild 255).

Rechnet man die Anzeige eines Störspannungsmeßgeräts unter Berücksichtigung der Bewertung, der Effektivwerteichung und des wirksamen Ankopplungswiderstandes $R_{Meff} = R_M R_i/(R_M + R_i)$ zutreffend um, dann sind Ergebnisse in Picocoulomb und Mikrovolt völlig kompatibel.

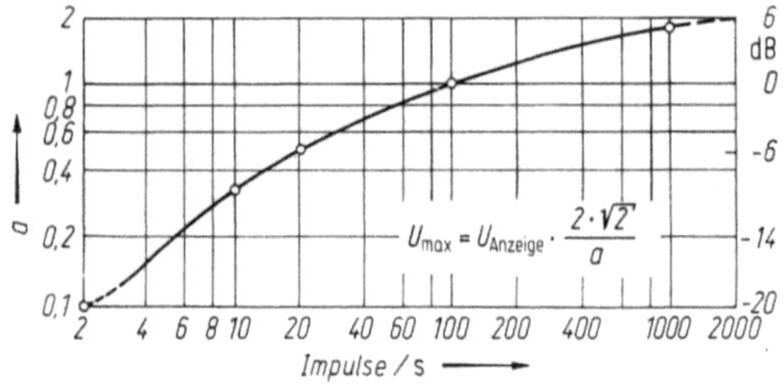


**Bild 255.** Zusammenhang zwischen $U_{max}$, $U_{Anzeige}$ und Impulshäufigkeit eines Störspannungsmeßgeräts nach CISPR.

In der Praxis berechnet man zunächst aus der angezeigten Spannung unter Berücksichtigung von Bild 255 den Scheitelwert $U_{max}$, anschließend die über den Ankopplungsvierpol geflossene Ladung

$$Q_M = \frac{1}{2 R_{Meff}\, \Delta f}\, U_{max},$$

und daraus schließlich die Scheinbare Ladung

$$Q = \frac{C_3 + C_4}{C_4}\, Q_M.$$

Die Umrechnung läßt sich kompakt in einer Gleichung darstellen:

$$Q = \frac{C_3 + C_4}{C_4}\, \frac{\sqrt{2}}{a R_{Meff}\, \Delta f}\, U_{Anzeige}.$$

Erfolgt die Anzeige in $x$ dB, so hat zuerst eine Umrechnung Dezibel in Mikrovolt zu erfolgen (0 dB $\triangleq$ 1 μV):

$$U_{Anzeige} = 10^{\frac{x}{20}\,\mathrm{dB}} \text{ in } \mu\mathrm{V}.$$

Abschließend soll nochmals betont werden, daß die vorstehenden Überlegungen nur zutreffen, wenn das Spektrum der Teilentladungsimpulse im Bereich $f_0 + \Delta f_{Imp}/2$ und darunter konstant ist, bzw. im Zeitbereich betrachtet, wenn die mittlere Dauer der Impulse kleiner $0{,}1/f_0$ ist. Diese Voraussetzung bedeutet keine Einschränkung speziell für Störspannungsmeßgeräte, sondern gilt auch für alle anderen schmalbandigen Teilentladungsmeßgeräte.

Weiter setzt die Anwendung der CISPR-Bewertungskurve voraus, daß die Teilentladungsimpulse periodisch sind. Diese Bedingung ist nicht erfüllt, da Teilentladungsimpulse streng genommen Markoff-Prozesse $n$-ter Ordnung sind. Der hierdurch entstehende Fehler ist jedoch im Rahmen der anderen Fehlermöglichkeiten vernachlässigbar.

Eine Spitzenspannungsmeßeinrichtung mit eingebauter Bewertung wird im englischen Sprachraum als „Quasi-Peak-Detector" bezeichnet, eine reine Spitzenspannungsmeßeinrichtung ohne Bewertung als „Peak-Detektor". Bei neueren Störspannungsmeßgeräten läßt sich die Bewertung abschalten, wodurch die häufigkeitsbedingte Korrektur nach Bild 255 entbehrlich wird [z. B. Rohde u. Schwarz Typ ESH 2]. Einzelheiten zur obigen Problematik finden sich im umfangreichen Schrifttum [503, 635, 637, 753, 856—863].

## 7.7 Abschließende Bemerkungen zur Teilentladungsmeßtechnik

Ein wesentlicher Gesichtspunkt für die Beurteilung der Brauchbarkeit einer Teilentladungsmeßanordnung ist ihre Empfindlichkeit, die letztlich durch das Eigenrauschen der Teilentladungsmeßgeräte bzw. ihres wirksamen Eingangswiderstands bestimmt wird. Als Nachweisgrenze für die Scheinbare Ladung $Q$ erhält man für Prüflinge mit konzentrierter Kapazität je nach Größe etwa 0,005 pC bis 10 pC, für lange Kabel etwa 1 pC. Diese optimalen Werte lassen sich selbstverständlich nur erreichen, wenn der allgemeine Störpegel im Versuchslokal (background) unter diesen Werten liegt und der Versuchsaufbau für den in Frage kommenden Spannungsbereich teilentladungsfrei ist. Mit beidem kann normalerweise ohne besondere Vorkehrungen nicht gerechnet werden.

Alle Teilentladungsmeßverfahren mit Ankopplungsvierpol und Schaltung nach Bild 244 erfassen nicht nur Teilentladungen im Prüfobjekt sondern auch Teilentladungen der Prüfspannungsquelle und des Koppelkondensators, sowie Koronaentladungen auf Hochspannungspotential befindlicher Teile des Versuchsaufbaus. Bei den selektiven Verfahren läßt sich der Einfluß der von der Prüfspannungsquelle herrührenden Entladungen durch einen in die Hochspannungszuleitungen geschalteten auf die Meßfrequenz abgestimmten Sperrkreis beseitigen [481]. Teilentladungsarme Prüftransformatoren und sprühfreie Zuleitungen (z. B. Westerflex-Rohre[3]) verringern den Entstöraufwand erheblich (Bild 256). Speziell bei der Prüfung von Transformatoren und Spannungswandlern läßt sich dieses Problem teilweise durch Eigenerregung umgehen, der Prüfling liefert seine Prüfspannung selbst.

Zu den im eigenen Versuchslokal erzeugten Störeinflüssen gesellen sich Störspannungen benachbarter Starkstromanlagen und starker Rundfunksender, die man durch eine Raumabschirmung entsprechend hoher Dämpfung [510, 511, 853, 871, 872], oder durch Ausweichen auf Tageszeiten geringen Grundstörpegels vermeiden kann. Eine weitere Möglichkeit besteht in der Verwendung von Brückenschaltungen (s. 7.3) und Differentialübertragern, bei denen Gleichtaktsignale durch Abgleich bzw. Kompensation der Durchflutungen vermindert

[3] Westerflex: Warenbezeichnung d. Fa. L. u. F. Westerbarkey

werden [464, 505, 506]. Schließlich lassen sich äußere Störungen in gewissem Umfang auch durch Neutralisation beseitigen, indem Störungen mittels Antennen erfaßt und an geeigneter Stelle im Signalpfad gegengekoppelt werden. Auf die Möglichkeiten der Störunterdrückung durch digitale Logik wurde bereits in 7.4 hingewiesen.

Vor der Aufnahme aufwendiger Entstörmaßnahmen empfiehlt sich eine sorgfältige Diagnose des Ursprungs der Störungen und ihrer Ausbreitungspfade. Einzelheiten hierzu finden sich in zwei ausführlichen Cigre-Berichten, in denen sowohl Wege zur Erkennung und Unterscheidung nicht vom Prüfling herrührender Signale als auch geeignete Maßnahmen zu ihrer Unterdrückung aufgezeigt werden

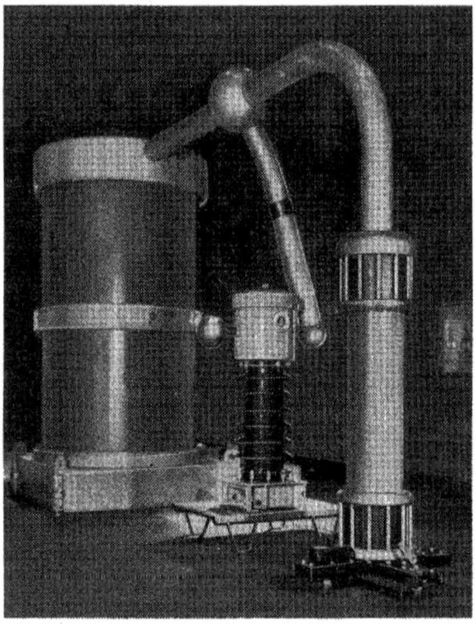

**Bild 256.** Teilentladungsmessung in einem vollgeschirmten Hochspannungslaboratorium. Glimmfreie Hochspannungszuleitung aus Westerflex-Rohren (Meßwandler-Bau)

[854, 877]. Im übrigen wird die Lektüre von 1.5. empfohlen, dessen Inhalt ebenfalls zum Verständnis der Störspannungsentstehung, -ausbreitung und -bekämpfung bei Teilentladungsmessungen beiträgt.

Die in den vorangegangenen Kapiteln beschriebenen Schaltungen erlauben bei einfachen Prüflingen und entsprechender Erfahrung eine Lokalisation der Entladungen. Auch in Großtransformatoren ist eine Ortung in beschränktem Umfang möglich, sie erfordert jedoch eine Vielzahl von Messungen an den einzelnen Klemmen der Transformatoren, möglichst bei verschiedenen Meßfrequenzen und unterschiedlichen Spannungen einzelner Wicklungsstränge. Aus dem quantitativen Vergleich der Meßergebnisse und unter Zuhilfenahme akustischer Methoden (Ortung von Schall- und Ultraschallquellen mittels Mikrophonen und geometrischer Triangulation, engl. passive sonar[4]) lassen sich dann markante Entladungsstellen einkreisen [460, 461, 518, 521, 745, 810, 841, 844, 845, 853, 878].

Gelegentlich werden die mit den Teilentladungsimpulsen verknüpften elektromagnetischen Felder zur Detektion und Ortung herangezogen. Da die Störfeld-

[4] engl.: Sound Navigation and Ranging, vgl. Radar.

stärke mit zunehmender Entfernung vom Störer abnimmt, kann man mittels einer auf die elektrische oder die magnetische Feldkomponente ansprechenden Antenne und einem Überlagerungsempfänger Teilentladungen orten [476, 514 bis 516]. Die Messung der Störfeldstärke erlaubt sogar in manchen Fällen die Lokalisierung der Quelle bis auf wenige Zentimeter genau (Ständerwicklungen von Generatoren, Isolatoren). Absolutmessungen der Störfeldstärken haben sich wegen der umständlich und schwierig zu berechnenden Geometriefaktoren nicht durchgesetzt.

Mit den an den Klemmen des Prüflings gemessenen Größen und den nach Umrechnung erhaltenen eigentlichen Kenngrößen der Teilentladung ist die meßtechnische Seite einer Teilentladungsprüfung als erledigt zu betrachten. Es verbleibt die Interpretation der Ergebnisse im Hinblick auf die voraussichtliche Lebenserwartung der Prüflinge, wobei eine eindeutige Beurteilung des Alterungsverhaltens nur bei Serienfabrikaten oder Vorliegen eines gravierenden Fertigungsfehlers möglich ist. Die treffende Beurteilung der Gefährlichkeit „normaler" Teilentladungen, insbesondere die Festlegung tolerierbarer Grenzwerte, beispielsweise 5 pC für Kabel und 5 bis zu einigen 100 pC für Wandler und Transformatoren, je nach Größe, ist gegenwärtig noch in der Diskussion [880].

# Literaturverzeichnis


1. Wegmann, L.: Ein Universal-Kathodenstrahloszillograph für industrielle Forschung und Kontrolle. Trans. Instrum. a. Measurem. Conference Stockholm 1952
2. Induni, G.: Moderne Hochspannungsoszillographen mit kalter Kathode. Arch. Techn. Messen, ATM-Blatt J 8345–6 (1953)
3. Zaengl, W.: Das Messen hoher rasch veränderlicher Stoßspannungen. Diss. TH München 1964
4. Lord, H. W.: High frequency transient-voltage measuring techniques. El. Engng. 82 (1963) 121–124
5. Wigington, R. L.; Nahmann, N. S.: Transient analysis of coaxial cables considering skin effect. Proc. I. R. E. 45 (1957) 166–174
6. Thurston, W. R.: The measurement of cable characteristics. General radio experimenter 31 (1957) Nr. 12 u. 32 (1957) Nr. 1, 2, 3, 7
7. Park, J. H.: Surge measurement errors introduced by coaxial cables. Trans. AIEE 77 (1958) Part I, 343–350
8. Park, J. H.: Shunts and inductors for surge-current measurements. J. of Research of N. B. S. 39 (1947) 191–212
9. Möller, K.: Über das Verhalten der metallischen Abschirmung von Hochspannungslaboratorien bei Funkendurchschlägen. ETZ A 85 (1964) 375–380
10. Möller, K.: Spannungsabfälle in den Wänden metallisch abgeschirmter Hochspannungslaboratorien. ETZ A 86 (1965) 421–426
11. Kind, D.; Sirait, T.: Über die Ermittlung der Erdströme von Stoßspannungsanlagen. ETZ A 85 (1964) 848–849
12. Ortloff, M.: Breitband-Funk-Entstörgeräte für Aufzugsanlagen und geschirmte Räume. ETZ B (1959) 136–139
13. Friess, W.: Einführung in die Technik der Spannungsmessungen III. Neues von Rhode und Schwarz 20 (1966) 33–40
14. Bethe, K.: Unterdrückung von Mantelströmen auf geschlossenen Hochfrequenzleitungen. Int. Elektr. Rundschau (1966) H. 3, S. 137–142
15. Kolar, R. H.: Variable persistance increases oscilloscope's versatility. Electronics 38 (1965) 66–70
16. Hille, G. H.: Die Sofortbildfotografie in der Oszillografentechnik. Elektronik 9 (1960) 267–271
17. Borries, B. von; Ruska, E.: Über die Beurteilung der Meßleistung von Kathodenstrahloszillographen. Arch. Elektrotech. 34 (1940) 161–166
18. Lewis, I. A. D.; Wells, F. H.: Millimicrosecond Pulse Techniques. London, New York: Pergamon-Press 1956
19. Schmidt, W. F.: Fortschritte bei der Entwicklung von Oszillographenröhren. Elektronik (1968) H. 2, S. 49–51
20. Strigel, R.: Elektrische Stoßfestigkeit, 2. Aufl. Berlin, Göttingen, Heidelberg: Springer 1955
21. Czech, J.: Oszillographenmeßtechnik, 2. Aufl. Berlin: Verlag für Radio-Foto-Kinotechnik 1959
22. Nielsen, M. R.; Odershede, J.: Hochspannungslaboratorium der Nordiske Kabel og Drahtfabriker. Ingeniøren 18 (1961)

23. Edgerton, H.: Travelling wave oscilloscope. Industrial Paper, Edgerton-Germeshausen u. Grier, Inc. Boston, Data Sheet 7071
24. Larsen, H.; Martin H.: Ein Näherungsverfahren zur Untersuchung der Verzerrungen von Meßimpulsen bei der Übertragung durch Koaxialkabel. Frequenz 10 (1956) 65—76
25. Nahmann, N. S.: A discussion on the transient analysis of coaxial cables considering high frequency losses. IRE-Trans. CT—9 (1962) 144—152
26. Gleborich, G. V.: Nanosecond pulse distortion on a coaxial cable (russ.). Radiotekhnika 18 (1964) 54—62
27. IEC: Radio frequency cables, general requirement and measuring methods. IEC Publ. 96—1, Genf 1962
28. Engels, R. D.: Die Messung der Abschirmwirkung von Kabelaußenleitern. F. u. G.-Rundschau 1966
29. Miller, C. J.; Wittibschlager, J. F.: Measurement of steep-front impulse waves with an isolated screen room installation. Trans. AIEE 77 (1958) 262—271
30. Frünge1, F.: High speed pulse technology, Bd. II. New York, London: Academic Press 1965
31. Schmied, H.: Meßmethoden zur oszillographischen Registrierung von Vorgängen in schnellen Stoßstromentladungen. Z. angew. Phys. 23 (1967), 458—461
32. Wunsch, D. C.; Erteza, A.: Kerr cell measuring system for high voltage pulses. Rev. Sci. Instrum. 35 (1964) 816
33. Schmied, H.: Die Messung von Hochspannungsimpulsen mittels Kerrzellen. Bull. SEV 59 (1968) 679—689
34. Kaden, H.: Wirbelströme und Schirmung in der Nachrichtentechnik, 2. Aufl. Berlin Heidelberg, New York: Springer 1966
35. Haefely u. Cie. AG: Die Erdung von Stoßspannungsanlagen Basel: Eigenverlag 1966
36. Fricke, H. W.: Die fotografische Registrierung von Elektronenstrahloszillogrammen. Philips Taschenbücher 1966
37. Clevite: Elimination of noise in low-level circuits. Clevite Corp., Brush Instruments Division. Cleveland (USA) 1967
38. Delson, J. H.: Elektromagnetic field phenomena in shielded aerial cables under surge conditions. Trans. AIEE (Power, App. a. Syst.) 77 (1958) 247—252
39. Dietrich, R. E.; Gillies, D. A.: Shielding measuring circuits from fast rise voltages and currents. AIEE Conference 1962
40. Gooding, F. H.; Slade, H. B.: Shielding of communication cables. Trans. AIEE (Comm. a. Electron) 74 (1955) 378—387
41. Pearlston, C. B.: Case and cable Shielding, bonding, and grounding considerations in electromagnetic interference. IRE Trans. (Radio Frequency Interference) 4 (1962) 1—16
42. Shankel, D. F.; Smith, H. M.: Switching surge instrumentation and measurement techniques for EHV systems. IEEE Winter Power Meeting 1963
43. Nelson, J. E.: Introduction to oscilloscope differential amplifiers. Tektronix Service-Scope Nr. 33 u. 34, 1965
44. Brno, J. J.: Die gleichlaufenden Spannungen in Datenverarbeitungsanlagen und Maßnahmen zur Störspannungsunterdrückung. Arch. Techn. Messen, ATM-Blatt J 084—5 1965
45. Klein, G.; Zahlberg van Zelst, J. J.: Allgemeine Betrachtungen über Differenzverstärker. Philips Techn. Rundschau 22 (1960/61) 403
46. Kimball, J. L.: Common-mode rejection in wide band D. C. systems. Electronics 1961, S. 61
47. Starke, L.: Erdpotentialfreie Eingangsschaltungen zur Messung in Starkstromnetzen. Elektronik 1960, S. 55
48. Berger, K.: Comparative Tests on Sparkgaps. Cigre-Bericht Nr. 326, S. 410—415
49. Einenkel, H.; Heinz, W.: Spannungsteiler zum Nachweis hoher Impulsspannungen im Mikrosekundenbereich. ETZ A 87 (1966) 789—792
50. Erozolimski, G.: Ein Generator für Nanosekunden-Einzelimpulse hoher Spannung. PTE (1963) Nr. 2, S. 93

51. Pavlowski, A.; Sklizkov, G.: Obtaining high voltage square pulses. Pribory i Tekhnika Eksperimenta 1962, Nr. 2
52. Romano, A.: Étude de diviseurs de tension en régime permanent. R. G. E. 65 (1956) 289–300
53. Hyltén-Cavallius, N.: Impulse tests and measuring errors. ASEA Journal 30 (1957) 75–84
54. Haefely u. Cie. AG: Die Erdung von Stoßspannungsanlagen. Basel: Eigenverlag 1965
55. Prinz, H.: Blitz, Feuer, Funke. München: F. Bruckmann 1965
56. Berger, K.; Asner, A.: Neue Erkenntnisse über das Verhalten und die Prüfung von Spannungsteilern zur Messung sehr hoher rasch veränderlicher Stoßspannungen. Bull. SEV 51 (1960) 769–783
57. Creed, F. C.; Collins, M. M. C.: The measurement of short duration impulse voltages. Trans. IEEE 82 (1963) 621–629
58. Asner, A.: Ersatzschema der Zuleitung in der Hochspannungsmeßtechnik, insbesondere bei der Messung rasch veränderlicher Stoßspannungen. Bull. SEV 52 (1961) 192–203
59. Nielsen, M. R.; Odershede, J.: Hochspannungslaboratorium der Nordiske Kabel og Drahtfabriker. Ingeniøren 18 (1961)
60. Rodewald, A.: Über den Einfluß des Wellenwiderstands der Zuleitung auf das Rechteckstoßverhalten eines Stoßspannungsmeßkreises. ETZ A 86 (1965) 24–25
61. Gary, C.: La measure des hautes tensions de choc, Les diviseur de tensions. R. G. E. 64 (1960) 517–552
62. Zaengl, W.; Feser, K.: Ein Beitrag zur Berechnung des Übertragungsverhaltens von Stoßspannungsteilern. Bull. SEV 55 (1964) 1250–1256
63. Wunsch, G.: Moderne Systemtheorie. Leipzig: Akademische Verlagsgesellschaft Geest und Portig 1962
64. Wunsch, G.: Theorie und Anwendung linearer Netzwerke, Teil I und II. Leipzig: Akademische Verlagsgesellschaft Geest und Portig 1961
65. Asner, A.: Neue Erkenntnisse über die Messung sehr hoher, rasch veränderlicher Stoßspannungen mittels Spannungsteiler. Diss. ETH Zürich Nr. 2975, 1960
66. Asner, A.: Fortschritte auf dem Gebiet der Messung sehr hoher rasch veränderlicher Stoßspannungen. BBC-Mitteilungen 47 (1960) 239–267
67. Kaden, H.: Impulse und Schaltvorgänge in der Nachrichtentechnik. München: Oldenbourg 1957
68. Bode, H.: Network analysis and feedback amplifier design. New York: Van Nostrand 1951
69. Claussen, H. H.: Zusammenhang zwischen Betrag und Phase zeitinvarianter linearer Mindestphasennetzwerke. Rohde und Schwarz-Mitteilungen 20 (1966) 280–288
70. Kaufmann, H.: Dynamische Vorgänge in linearen Systemen der Nachrichten- und Regelungstechnik. München: Oldenbourg 1959
71. Doetsch, G.: Einführung in Theorie und Anwendung der Laplace-Transformation. Basel, Stuttgart: Birkhäuser 1958
72. Nixon, F. E.: Beispiele und Tafeln zur Laplace-Transformation. Stuttgart: Franckh - sche Verlagshdlg. 1964
73. Hagenguth, J. H.: Stoßprüfung von Transformatoren nach amerikanischer Praxis. ETZ A 76 (1955) 828–831
74. Hagenguth, J. H.; Meador, J. R.: Impulse testing of power transformers. AIEE Technical Paper 52–194 (1952)
75. Kaiser G.: Erfahrungen mit der Stoßspannungsprüfung von großen Transformatoren. Elektrizitätswirtschaft 66 (1967) 761–771
76. Rabus, W.: Eine neue Methode der Fehleranzeige bei der Stoßprüfung von Transformatoren und Wandlern. VDE-Fachbericht 1953
77. Helmchen, G.: Fortschritte auf dem Gebiet der Stoßprüfung von Transformatoren. ETZ A 77 (1956) 193–201
78. Liebscher, F.; Meyer, H.: Die Stoßspannungsprüfung der Isolation elektrischer Maschinen. ETZ A 78 (1957) 481–490
79. Griscom, S. B.; Lloyd, B. L.; Hilemann, A. R.: Voltage divider for measuring impulse voltages on transmission lines. Trans. AIEE 73 (1954) Part III A, 228–235

80. Aked, A.: Peak voltage measurement of standard impulse voltage waves. Proc. IEE 103 (1956) Part C, 186–189
81. Meyer-Eppelen, W.: Die Messung der Frequenzcharakteristik linearer Systeme durch einmalige oder wiederholte Schaltvorgänge. Fernmeldetechn. Z. (1951) 174–182
82. Müller, I.: Bestimmung des Amplituden- und Phasengangs von linearen Übertragungssystemen. Fernmeldetechn. Z. (1951) 211–220
83. Schultz, W.: Messen und Prüfen mit Rechtecksignalen. Eindhoven (Holland): Philips Technische Bibliothek 1966
84. Wagner, K. W.: Operatorenrechnung und Laplacesche Transformation. Leipzig: Barth 1950
85. Fisher, F. A.: Transient response of impulse voltage dividers. Trans. AIEE 77 (1958) Part I, 411–420
86. Goldmann, S.: Transformation calculus and electrical transients. Englewood Cliffs: Prentice Hall 1949
87. Weber, E.: Linear transient analysis. New York: Wiley 1954
88. Glasoe, G. N.; Lebacqz, I. V.: Pulse generators. M. I. T. Radiation Laboratories Series Nr. 5. London: McGraw-Hill 1948
89. Creed, F. C.: La mesure des ondes de choc coupées sur le front. Cigren Bericht Nr. 320, 1958
90. Özkaya, M.: Über Meßfehler bei der Stoßspannungsmessung mit Spannungsteiler und Oszillograph. Diss. TH Stuttgart 1958.
91. Baatz, H.; Böcker, H.; Özkaya, M.: Die Eichung von Stoßspannungsmeßkreisen mittels Rechteckentladestoß. ETZ A 79 (1958) 553–560
92. Toepler, M.: Neuer Weg zur Bestimmung der Funkenkonstanten, einzelner Spannungsstöße mit berechenbarem gesamten Spannungsverlaufe. Arch. Elektrotech. 17 (1926) 67–70
93. Burawoy, O.: Funkenverzögerung bei Spannungsstößen von sehr kurzer Dauer. Arch. Elektrotech. 16 (1925) 186–219
94. Goodmann, D. H.; Sloan, D.; Trau, E.: A high voltage high speed square wave surge generator. Rev. Sci. Instrum. 23 (1952) 766
95. McDonald, D. F.; Benning, C. F.; Brient, S. J.: Subnanosecond risetime multikilovolt pulse generator. Rev. Sci. Instrum. 36 (1965) 504–506
96. Valley, G. E.; Wallman, H.: Vacuum tube amplifiers. New York, Toronto, London: McGraw-Hill 1948
97. VDE 0433: Erzeugung und Messung von Hochspannungen, Teil 3. Berlin: VDE-Verlag 1966
98. IEC Publ. Nr. 60: High-voltage test techniques. Genf: IEC 1962
99. Stephanides, H.: Spannungsteiler für hohe Stoßspannungen und ihre Anwendung und Meßgenauigkeit. Scientia Electrica IV (1958) 33–46
100. Wolf, H.: Über den Zusammenhang zwischen Bandbreite und Anstiegszeit. Elektronik (1963) 303–308
101. Mulvey, I.: Appraising Oscilloscope Specifications and Performance. Electrical Design News 1961
102. Küpfmüller, K.: Die Systemtheorie der elektrischen Nachrichtenübertragung, 2. Aufl. Stuttgart: Hirzel 1952
103. Davenport, W. B.; Root, W. L.: Random signals and noise. New York, Toronto, London: McGraw-Hill 1958
104. Paley, R. E. A. C.; Wiener, N.: Fourier transforms in the complex domain. Am. Math. Soc. Colloq. Publ. 19 (1934) 16
105. Schwenkhagen, H. F.: Allgemeine Wechselstromlehre Bd. 2, Vierpole, Leitungen, Wellen. Berlin, Göttingen, Heidelberg: Springer 1959
106. Marguerre, W.: Die Berechnung des Stoßkreises für eine gegebene Form der Stoßspannung. ETZ 60 (1939) 837–839
107. Etzel, O.; Helmchen, G.: Die Berechnung der Elemente des Stoßspannungskreises für die Stoßspannung 1,2/50, 1,2/5, 1,2/200. ETZ A 85 (1961) H. 18
108. Moeller, F.: Kapazität von Anordnungen mit Ebenen und Zylindern. Arch. Techn. Messen Z-130 1943.

109. Bellaschi, P. L.: The measurement of high-surge voltages. Trans. AIEE 52 (1933) 544—567
110. Elsner, R.: Die Messung steiler Hochspannungsstöße mittels Spannungsteiler. Arch. Elektrotechn. 33 (1939) 23—40
111. Schwab, A.: Spannungsteiler großer Bandbreite für hohe Stoßspannungen. ETZ A 85 (1964) 878—879
112. Harada, T.; Itami, T.: A new consideration on a resistor divider for impulse voltage measurements. IEEE Trans. Pow. App. a. Syst. 85 (1966) 511—523
113. Harada, T.: Improvement of the resistor divider response characteristics by the inductive resistor. Central Research Institute of Electric Power Industry, Tokio, Techn. Rep. E 64005
114. Zinke, O.: Frequenzunabhängige kapazitiv-ohmsche Spannungsteiler für Meßzwecke. ETZ 31 (1939) 927—930
115. Hagenguth, J. H.: Short-sparkover of gaps. El. Eng. 56 (1937) 67—76
116. Goosens, R. F.; Provoost, P. G.: Fehlerquellen bei der Registrierung hoher Stoßspannungen mit dem Kathodenstrahloszillographen. Ein neuer Hochspannungsmeßwiderstand. Bull. SEV 37 (1946) 175—184
117. Howard, P. R.: Errors in recording surge-voltage. Proc. IEE II/99 (1952) 371—383
118. Howard, P. R.: Measurement of impulse voltages an currents. Nat. Phys. Lab. Precision Electrical Measurements 1955, 18
119. Hortopan, G.: Das Verhalten eines abgeschirmten Spannungsteilers. Elektrie 17 (1963) 310—311
120. American Standard Association: American standard for measurement of voltage in dielectric tests. AIEE Nr. 4 ASA 3 68.1, 1953
121. Park, J. H.; Cones, H. N.: Puncture tests on porcelain distribution insulators using steep-front voltage surges. Trans. AIEE Power App. and Syst. 72 (1953) 737—746
122. Rohlfs, A. F.; Kresge, J. F.; Fisher, F. A.: The response of resistance voltage dividers to steep-front impulse waves. Trans. AIEE 76 (1957) Part I, S. 634—646
123. Starke, L.: Breitbandverstärker. Stuttgart: Franckh 1964
124. Slamecka, E.; Waterscheck, W.: Übertragung instationärer Spannungen durch Spannungsteiler. Siemens-Z. 41 (1967) 63—72
125. Gabor, D.: Forschungshefte der Studiengesellschaft für Höchstspannungsanlagen (1927) 7—74
126. Raske, W.: Meßteiler für hohe Spannungen. Arch. Elektrotech. 31 (1937) 653—666 u. 732—748
127. Raske, W.: Meßteiler für hohe Stoßspannungen. Arch. Techn. Messen, ATM-Blatt Z 116—1 (1938), —4 (1939), —5 (1939)
128. Höhl, H.: Der Hochspannungsteiler beim Kathodenstrahloszillographen. Arch. Elektrotech. 35 (1941) 663—671 u. 36 (1942) 324—331
129. Herbst, W.: Eine fahrbare Meßkabine zur oszillographischen Aufzeichnung schnell verlaufender Hochspannungsvorgänge. ETZ A (1956) 105—107
130. Gygi, E.; Schneider, F.: A nanosecond pulse generator of 200 kV amplitude. CERN 64—46 Genf 1964
131. Feser, K.: Einfluß des Niederspannungsteils auf das Übertragungsverhalten von Stoßspannungsteilern. Bull. SEV 57 (1966) 695—701
132. Burch, F. B.: On potential dividers for cathode ray oscillographs. Phil. Mag. 7/13 (1932) 760
133. Brady, M. M.; Dedrick, K. G.: High-voltage pulse measurement with a precision capacitive voltage divider. Rev. Sci. Instrum. 33 (1962) 1421—1428.
134. Fowkes, W. R.; Rowe, M. R.: Refinements in precision kilovolt pulse measurements. Trans. IEEE Instrum. a. Measurem. 15 (1966) 284—292
135. Creed, F. C.; Kawamura, T.; Newi, G.: The step response of measuring systems for high impulse voltages. IEEE Trans. PAS 86 (1967) 1408—1420
136. Fischer, H.: Nanosecond pulses of very low impedance (Fischer Nano-Pulse-Generator). Techn. Mitt. Hamburg Impulsphysik GmbH 1964
137. Hubbs, C.: The New Pulse. E—H Research Laboratories, Inc. Oakland (USA) 1967

138. Früngel, F.: Jittermessungen im ns-Bereich. Phys. Verhandlungen 1963, Nr. 7
139. Senior, D. A.: The Kerr cell, a high speed electrooptical shutter. Pts. Ia. II Instruments Practice 11 (1957) 338–441 u. 471–476
140. Holtmann, A. E. J.; Prime, H. A.: The operation and photographic characteristics of Kerr cell type electro-optical shutter. Proc. Phys. Soc. (London) 63 B (1950) 561–572
141. Pugh, E. M.; von Heine Geldern, R.; Fohner, S.; Mutschler, E. C.: Kerr cell photography of high speed phenomena. J. Appl. Phys. 22 (1951) 487–493
142. Zarem, A. M.; Marshall, F. R.; Hauser, S. M.: Millimicrosecond Kerr cell camera shutter. Rev. Sci. Instrum. 29 (1958) 1041–1044
143. Jacobsen, A.: Glasfaseroptik, ein neues Hilfsmittel bei der Licht- und Bildübertragung. Hausmitteilungen der Jos. Schneider u. Co., Bad Kreuznach 15 (1963) 10–19
144. Küpfmüller, K.: Einführung in die theoretische Elektrotechnik. Berlin, Heidelberg, New York: Springer 1973
145. Edwards, W. D.: High voltage saw-tooth and rectangular wave pulse generator. Electron. Eng. 26 (1954) 36–39
146. Appel, H.; Fünfer, E.: Firing delay and build-time in the thyratron. Z. angew. Phys. 8 (1956) 322–327
147. Fletcher, R. C.: Impulse breakdown in the $10^{-9}$ sec range of air at atmospheric pressure. Phys. Rev. 76 (1949) 1501–1511
148. Fletcher, R. C.: Production and measurements of ultra high speed impulses. Rev. Sci. Instrum. 20 (1949) 861–869
149. Kärner, H.: Die Erzeugung steilster Stoßspannungen hoher Amplitude. Diss. TH München 1967
150. Früngel, F.: High speed pulse technology, Vol. I. New York, London: Academic Press 1965
151. Zaengl, W.: Fortschritte auf dem Gebiet der Messung hoher Stoßspannungen. XI. Intern. Wiss. Kolloquium TH Ilmenau 1966. Vortragsreihe ,,El. Isolierstoffe u. Hochspannungstechnik".
152. Bitterich, H. C.: Korrektur des vereinfachten Ersatzschaltbilds ohmscher Spannungsteiler für hohe Stoßspannungen. Diplomarbeit am Hochspannungsinstitut der Universität Karlsruhe 1967
153. Wagner, S. W.: Stromversorgung elektronischer Schaltungen und Geräte Hamburg: Decker's 1964
154. Neubert, U.: Elektrostatik in der Technik, 2. Aufl. München: Oldenbourg 1954
155. Andresen, C.: Über Winkelfehler von Hochspannungswiderständen. Arch. Elektrotech. 31 (1931) 348
156. Gorce, P. de la: Hochspannungsmeßwiderstände. Génie civ. 98 (1933) 68
157. Bormann, E.: Leitgummi in der Elektrotechnik. VDE-Fachberichte 17 (1953) I/37–44
158. Hessenberg, K.: Der Hochspannungsvorwiderstand. Die 400-kV-Forschungsanlage Rheinau, Bd. I, Heidelberg: Eigenverlag 1955, S. 117.
159. Ertl, D.: Untersuchungen an Hochspannungs-Hochohmwiderständen. Diss. TH Darmstadt 1952
160. Kuhlmann, K.; Mecklenburg, W.: Ohmscher Meßwiderstand. Bull. SEV 26 (1935) 737
161. Heiber, E.: Vergleich einiger Eigenschaften von Kohle- und Metallschichtwiderständen. Stemag-Nachrichten 30 (1960) 818–822
162. Benthien, E.: Reversibler Temperaturverlauf elektrischer Widerstände. Stemag-Nachrichten 35 (1962) 951–954
163. Neubert, U.: Selbsterregender elektrostatischer Generator mit in Preßgas laufenden Ladungsbändern. Z. Phys. 110 (1938) 334–351
164. Tschernyscheff, A.: Absoluter Spannungsmesser von 10 bis 180 kV. Phys. Z. 9 (1910) 445
165. Palm, A.: Ein absolutes Voltmeter für 250 kV. Z. techn. Phys. 14 (1933) 390
166. Winkelbrandt, M.: Ein absolut eichbarer Hochspannungsmesser mit Dreifadenaufhängung. Arch. Elektrotech. 31 (1937) 672
167. Gänger, B.: Ein neuartiges Hochspannungsvoltmeter für Absolutmessungen. Arch. Elektrotech. 39 (1949) 443

168. Böcker, H.: Ein neuer Hochspannungsmesser für relative und absolute Messung. Arch. Elektrotech. 32 (1938) 44 u. 33 (1939) 801
169. Böning, P.: Pneumatische Anordnung zum Messen hoher elektrischer Spannungen (Fernmessung). Arch. Techn. Messen, ATM-Blatt J 762—4 (1949)
170. Hoppe, K. H.: Absolut eichbarer elektrostatischer Hochspannungsmesser mit pneumatischer Anzeige. ETZ A 79 (1958) 349—354.
171. Greinacher, H.: Über ein neues statisches Voltmeter. Bull. SEV 40 (1949) 816
172. Brooks, H. B.; Defandorf, J. M.; Silbsee, F.-B.: An absolute electrometer of the measurement of high alternating voltages. J. of Research of the National Bureau of Standards 20 (1938) 253
173. Starke, H.; Schroeder, R.: Ein Elektrometer für Messungen sehr hoher Gleich- und Wechselspannungen. Arch. Elektrotech. 20 (1928) 115—122
174. Starke, H.; Schroeder, R.: Das elektrostatische Voltmeter bei symmetrischer Spannung und bei einpoliger Erdung. Arch. Elektrotech. 26 (1932) 279—282
175. Nacken, M.: Ein Normalspannungsmesser für hohe Spannungen mit einstellbarer Empfindlichkeit. Arch. Elektrotech. 33 (1939) 60.
176. Hueter, E.: Über die Messung effektiver Spannungswerte mittels der Kugelfunkenstrecke. ETZ 55 (1934) 833
177. Palm, A.: Die absolute Messung hoher Spannungen. Arch. Techn. Messen, ATM-Blatt J 761—1 (1935)
178. Bauer, R.: Die Meßwandler. Berlin, Göttingen, Heidelberg: Springer 1953
179. Sweetana, A.; Flugum, R. W.: A new metering accuracy capacitive potential device. Trans. Pow. App. a. Syst. 85 (1966) 499—511
180. Gertsch, G. A.; Wettstein, E.: Thematische Zusammenfassung der in den „Micafil-Nachrichten" 1958 bis 1961 erschienenen Artikel über kapazitive Spannungswandler. Micafil AG Zürich (Schweiz) 1962
181. Ringger, W.: Über einige Meßwandlerprobleme. Bull. SEV 54 (1963) 921—933
182. Spriegel, W.: Kapazitive Spannungswandler. Elektrizitätswirtschaft 58 (1959) 803—806
183. Zahorka, R.: Unterschwingungen kapazitiver Spannungswandler. ETZ A 80 (1959) 108—112
184. Böning, P.: Das Messen hoher elektrischer Spannungen. Karlsruhe: G. Braun 1953
185. Zahorka, R.: Betriebsverhalten kapazitiver Spannungswandler. ETZ A 81 (1960) 381—385
186. Poleck, H.: Grundlagen kapazitiver Spannungswandler. Siemens-Z. 30 (1956) 326—330
187. Bauer, R.: Verwendung, Aufbau und Prüfung der kapazitiven Spannungswandler. Siemens-Z. 30 (1956) 330—333
188. Meier, H.: Schutzschaltungen gegen Kippschwingungen kapazitiver Spannungswandler. ETZ 20 (1968) 26—29
189. Hohle, W.: Eine tragbare Meßwandler-Prüfeinrichtung hoher Genauigkeit. Arch. Elektrotech. 27 (1933) 849
190. Keller, A.: Neuzeitliche Wandlerprüfeinrichtung nach dem Differentialverfahren. ETZ A 74 (1953) 105—108
191. Zinn, E.; Forger, K.: Ein Meßverfahren zum absoluten Bestimmen der Fehler von Spannungswandlern. ETZ A 75 (1954) 805—809
192. Forger, K.: Eine Differenzbrückenschaltung für die Bestimmung der Fehler von Spannungswandlern. Z. Instrumentenkd. 67 (1959) 199
193. Goldstein, J.: Die Meßwandler. Basel: Birkhäuser 1952
194. Beetz, W.: Die Meßwandler. Braunschweig: Vieweg 1950
195. Woelken, H.: Theorie des Spannungswandlers. Arch. Techn. Messen, ATM-Blatt Z 31—1 (1942)
196. Seifert, G.: Vereinfachte Spannungswandler-Berechnung I und II. Arch. Techn. Messen, ATM-Blatt Z 31—2/3 (1958)
197. Hohle, W.: Fehlergrößen des Spannungswandlers. Arch. Techn. Messen, ATM-Blatt Z 33—2 (1943)
198. Dobschall, G.: Bestimmung der Größen im Ersatzschaltbild der induktiven Meßwandler. AEG-Mitt. 55 (1965) 2—4

199. Möllinger, J.; Gewecke, H.: Zum Diagramm des Spannungswandlers. ETZ 32 (1911) 922
200. Clothier, W. K.; Medina, L.: The absolute calibration of voltage transformers. Proc. I. E. E. Vol. 104 (1957) 204–214
201. VDE 0414: Regeln für Meßwandler. VDE-Vorschrift 0414. Berlin: VDE-Verlag 1955/56
202. Beetz, W.; Schrohe, A.; Forger, K.: Elektrizitätszähler und Meßwandler. Karlsruhe: G. Braun 1959
203. Bödefeld, Th.; Sequenz, H.: Elektrische Maschinen, 6. Aufl. Wien: Springer 1962
204. Bechtoldt, H.: Das Verhalten von Prüftransformatoren hoher Eigenkapazität. Arch. Elektrotech. 24 (1930) 833–862
205. Andresen, K.: Über die Verzerrung der Spannung bei Hochspannungsprüfsätzen. Arch. Elektrotech. 36 (1942) 541–555
206. Schering, H.; Brülle, H.: Die Bestimmung der Hochspannung bei Verlustfaktormessungen mit der Scheringbrücke. ETZ 54 (1933) 51–54
207. Franck, S.: Meßentladungsstrecken. Berlin: Springer 1931
208. Gänger, B.: Der elektrische Durchschlag von Gasen. Berlin, Göttingen, Heidelberg: Springer 1953
209. Räther, H.: Die Elektronenlawine und ihre Entwicklung. Ergebnisse der exakten Naturwissenschaften, Bd. 33. Berlin, Göttingen, Heidelberg: Springer 1961
210. Flegler, E.: Einführung in die Hochspannungstechnik. Karlsruhe: G. Braun 1964
211. Roth, A.: Hochspannungstechnik, 5. Aufl. Wien, New York: Springer 1965
212. Russel, A.: Feldstärke zweier Kugeln. Phil. Mag. (6) Bd. 11, 1906
213. Moeller, F.: Kapazität von kugelförmigen und anderen Anordnungen. Arch. Techn. Messen, ATM-Blatt Z 130–2 (1943)
214. McMillen, F. O.; Starr, E. C.: The influence of polarity on high voltage discharges. Trans. AIEE 50 (1931) 23
215. McMillen, F. O.: Polarity limits of the sphere gap. El. Engng. 58 (1938) 655
216. VDE 0433: Erzeugung und Messung von Höchstspannungen, Teil 2, VDE 0433 Regeln für Spannungsmessungen mit einpolig geerdeten Kugelfunkenstrecken. Berlin: VDE-Verlag 1961
217. IEC Publ. Nr. 52: Recommendations for voltage measurement by means of sphere gap. Publ. Nr. 52. Genf 1960
218. Binns, D. F.; Randall, T. J.: Improved spark-gap voltmeter. Proc. IEE 113 (1966) 1557–1561
219. Binns, D. F.: Calculation of field factor for a vertical sphere gap taking account of surrounding earthed surfaces. Proc. IEE 112 (1965) 1575
220. Werner, E.: Theoretische und experimentelle Untersuchungen an Funkenstrecken. Arch. Elektrotech. 22 (1929) 1
221. Raske, W.: Scheitelspannungs-Messung mit der Kugelfunkenstrecke I und II. Arch. Techn. Messen, ATM-Blatt V 3381–2 und V 3381–3 (1940)
222. Frischmann, W.: Meßgenauigkeit der Kugelfunkenstrecke mit Meßkreisausschnitt bei hoher Wechselspannung. Elektrie 13 (1959) 322–327
223. Kuffel, E.: The influence of nearby earthed objects and of the polarity of the voltage on the direct breakdown of horizontal sphere gaps. Proc. Instn. Electr. Eng. A 108 (1961) 302–307
224. Kuffel, E.: The effect of irradiation on the breakdown voltage of sphere gaps in air under direct and alternating voltages. Proc. Instn. Electr. Eng. C 106 (1956) 133–139
225. Schwab, F.: Der Einfluß der Frontsteilheit, der kosmischen und der künstlichen Strahlung auf die Ansprechspannung von Kugel- und Stab-Platte-Funkenstrecken. Diss. ETH Zürich 1967
226. Wellauer, M.: Einführung in die Hochspannungstechnik. Basel, Stuttgart: Birkhäuser 1954
227. Kind, D.: Die Aufbaufläche bei Stoßbeanspruchung technischer Elektrodenanordnungen in Luft. Diss. TH München 1957
228. Wiesinger, J.: Stoßstromionisierte Funkenstrecken. Diss. TH München 1966
229. Bewley, L. V.: Travelling waves in transmission lines. New York: Wiley 1951

230. Rasquin, W.: Einfluß von überlagerten hochfrequenten Wechselspannungen auf die niederfrequenten Durchschlagsspannungen von Luft. ETZ A 87 (1966) 272
231. Rasquin, W.: Das Durchschlagsverhalten von Luft bei gleichzeitiger Einwirkung inhomogener elektrischer Gleich- und Wechselfelder. Diss. TH Aachen 1965
232. Depping, F.: Das Durchschlagsverhalten verschiedener Elektrodenanordnungen bei der Einwirkung von Gleichspannung mit überlagerter Hochfrequenzspannung. Diss. TH Aachen 1961
233. Buser, J.: Zündung der Plattenfunkenstrecke in verdünnter Luft bei Mischspannung. Z. angew. Phys. 19 (1965) 552—556
234. Baumann, W.: Statistischer Fehler bei der Bestimmung der 50%-Überschlagsstoßspannung. ETZ A 78 (1957) 369—374
235. Matthias, A.; Schwenkhagen, H.: Fortschritte in der Aufklärung der Gewittereinflüsse auf Leitungsanlagen. Elektrizitätswirtschaft 25 (1926) 300
236. Ollendorf, F.: Über Kapazitätsmaschinen. Arch. Elektrotech. 1923, 297
237. Kirkpatrick, P.: A rotary voltmeter. El. Engng. 51 (1932) 863—865
238. Kirkpatrick, P.: Further development of the rotary voltmeter. Rev. Sci. Instrum. 3 (1932) 430—438
239. Kirkpatrick, P.: Determination of voltage waveforms with the rotary voltmeter. Rev. Sci. Instrum. 5 (1934) 33—37
240. Shimazu Scisakusho AG: Rotierendes Voltmeter. Z. d. Elektrot. Ver. 56 (1936) 5 (jap.)
241. Henderson, J. E.; Goos, W. H.; Rose, J. E.: The use of rotary voltmeter for measurements up to 830 kVs. Rev. Sci. Instrum. 6 (1935) 63
242. Hamwell, G. P.; van Voorhis, S. N.: An electrostatic generating voltmeter. Rev. Sci. Instrum. 4 (1933) 540
243. van Atta, L. C.; Northrup, D. L.; van Atta, C. M.; van de Graaff, R. J.: The design operation and performance of the Round Hill Electrostatic Generator. Phys. Rev. 49 (1936) 761
244. Cramariuc, R.: Betrachtungen zu dem mit einem Rotationsvoltmeter erzeugten Strom. Arch. Elektrotech. 50 (1966) 401—406
245. Cramariuc, R.: Betrachtungen zu den Faktoren, die zur Verkleinerung des Feldes bei Rotationsvoltmetern führen. Arch. Elektrotech. 51 (1966) 16—22
246. Cramariuc, R.: Energiebilanz von Rotationsvoltmetern. Arch. Techn. Messen, ATM-Blatt V 3333 (1968)
247. Trump, J. G.; Safford, F. S.; van de Graaff, R. J.: Generator voltmeter for pressure insulated high voltage sources. Rev. Sci. Instrum. 11 (1940) 54
248. Schuchard, E. A.: Generating electrostatic voltmeter. Univ. of Washington, Engng. Experiment Station Series. Bull. Nr. 80, 1935
249. Herb, R. G.; Parkinson, D. B.; Kerst, D. W.: The development and performance of an electrostatic generator operating under high air pressure. Phys. Rev. 51 (1937) 75
250. Paasche, P.: Hochspannungsmessungen, Berlin: VEB-Verlag Technik 1957
251. Schwenkhagen, H.: Elektrostatischer Induktionsspannungsmesser. Elektrizitätswirtschaft 42 (1943) 120
252. Kind, D.: Meßgeräte für hohe Spannungen mit umlaufenden Meßelektroden. ETZ A 77 (1956) 14
253. Claussnitzer, W.: Hochspannungsvoltmeter nach dem Rotationsprinzip für Präzisionsmessungen von Gleichspannungen. Bericht über die Tätigkeit der Physik. Techn. Bundesanstalt im Jahre 1953, Braunschweig 1953
254. Belot, F.: La mesure de haute tension électrique en général et en particulier des hautes tensions continues. Rev. Gen. Electr. 66 (1957) 247
255. Gohlke, W.; Neubert, U.: Bemerkungen zur Hoch- und Höchstspannungsmessung. Z. techn. Physik 21 (1940) 217—222
256. Gohlke, W.; Neubert, U.: Messungen an einem Schwingvoltmeter. Z. techn. Phys. 23 (1942) 70—76
257. Prinz, H.: Hochspannungs-Messung mit dem rotierenden Voltmeter. Arch. Techn. Messen ATM-Blatt J 763—3 (1939) und ATM-Blatt J 763—4/5 (1942)
258. Böning, P.: Neuere Geräte zum Messen hoher Gleichspannung. Arch. Techn. Messen, ATM-Blatt J 762—5 (1959)

259. Schemmrich, O.: Untersuchungen an Kreisen mit variabler Kapazität. Arch. Elektrotech. 33 (1939) 229
260. Ziegler, H.: Stromkreise mit zeitlich veränderlicher Kapazität. Arch. Elektrotech. 32 (1938) 405
261. Loeb, L. B.: Static Electrification. Berlin, Göttingen, Heidelberg: Springer 1958
262. Löbel, W. u. a.: Statische Elektrizität Leipzig: VEB-Fachbuchverlag 1963
263. Grüner, H.: Untersuchungen über den Entstehungsmechanismus der elektrostatischen Aufladung von Faserstoffen. Faserforschung und Textiltechnik 4 (1953) 249–275
264. Lochmüller, O.: Zwei erprobte Einrichtungen zur Messung der elektrostatischen Aufladung an laufenden Textilfäden. Faserforschung und Textiltechnik 7 (1956) 408
265. Haase, H.: Statische Elektrizität und ihre Auswirkungen. Kunststoffe 45 (1955) 417–420
266. Wegener, E.; Hoth, E. G.: Die Auswirkungen des Raumklimas auf das Spinngut. Melliand Textilberichte 42 (1961) 1238, 1344 u. 43 (1962) 9, 224, 341
267. Silsbee, F. B.: Static electricity. US Department of Commerce. US Government printing office. 1942 (Circular of N. B. S., C., 438)
268. Kähler, K.: Über die Schwankung der elektrischen Raumladung in der Atmosphäre. Metereologische Zeitschrift 39 (1923) 204
269. Benndorf, H.: Raumladungsmessung in der freien Atmosphäre. Phys. Z. 27 (1926) 576
270. Israel, H.: Atmosphärische Elektrizität, Bd. I u. II. Leipzig: Akademische Verlagsgesellschaft Geest und Portig 1957
271. Kilinski, E.: Messung und Registrierung des luftelektrischen Potentialgefälles und der Vertikalstromdichte. Arch. Techn. Messen, ATM-Blatt V 656–4 (1958)
272. Mühleisen, R.: Radiosonden für luftelektrische Messungen. Arch. Techn. Messen, ATM-Blatt V 312–4 (1958)
273. Hinz, W.; Hüper, M.: Über den Einfluß des Isolationswiderstandes auf die Höhe einer elektrostatischen Aufladung. Wiss. Z. TH Dresden 13 (1964) 231–238
274. Palm, A.: Das elektrostatische Meßprinzip. Arch. Techn. Messen, ATM-Blatt J 760–1 (1935)
275. Palm, A.: Elektrostatische Voltmeter. Arch. Techn. Messen, ATM-Blatt. J 765–1 (1935)
276. Palm, A.: Elektrostatische Meßgeräte, Karlsruhe: G. Braun 1951
277. Böning, P.: Neue Formen von Elektrometern. Arch. Techn. Messen, ATM-Blatt J 765–2 (1950)
278. Kohlrausch, F.: Praktische Physik Bd. 2. Leipzig, Berlin: Teubner 1956
279. Dolezalek, H.: Elektrometerröhren, Teil II. Arch. Techn. Messen, ATM-Blatt J 8334–4 (1962)
280. Frommhold, E. A.: Der Gitterstrom in Elektrometerröhren. Nachrichtentechnik 8 (1958) 265
281. Kessler, G.: Die Gleichspannungsröhrenverstärker III, Modulationsschaltungen. Arch. Techn. Messen, ATM-Blatt Z 634–10 (1952)
282. Roosdorp, E.: Elektrostatisches Messen auf elektronischem Wege. VDE-Berichte 17 (1953) 23–27
283. Beiersdorf, W.: Messung elektrostatischer Felder. Wiss. Z. TH-Dresden 10 (1961) 993–999
284. Sevin, L.: Field effect transistors. London: McGraw-Hill 1965
285. McCaslin, J. B.: Electrometer for ionization chambers using metaloxide-semiconductor field effect transistors. Rev. Sci. Instrum. 35 (1964) 1587–1591
286. Geyger, W.: Fremdgesteuerte Meßgleichrichter. Arch. Techn. Messen, ATM-Blatt Z 52–7 (1948)
287. Potthoff, K.; Widmann, W.: Meßtechnik der hohen Wechselspannungen, 2. Aufl. Braunschweig: Vieweg 1965.
288. Raske, W.: Aufnahme von Hochspannungskurven technischer Frequenz. Arch. Techn. Messen, ATM-Blatt V 3621–5 (1938)
289. Grunert, W.: Fortschritte bei der Messung von Netzoberwellen. Arch. Techn. Messen, ATM-Blatt V 3621–8 (1954)

290. Raske, W.: Scheitelfaktor-Messung von Hochspannungswellen technischer Frequenz. Arch. Techn. Messen, ATM-Blatt V 3621–7 (1939)
291. Geyger, W.: Wellenform-Bestimmung. Arch. Techn. Messen, ATM-Blatt V 3621–2/3 (1937)
292. Chubb, L. W.; Fortescue, C.: Calibration of the sphere gap voltmeter. Trans. AIEE 32 (1913) 739–748
293. Schimpf, R.: Die Messung von Scheitel- und Augenblickswerten hoher Wechselspannungen. ETZ 46 (1925) 75–81
294. Stoerk, C.: Scheitelwertmeßeinrichtung für Hochspannungsprüffelder. ETZ 50 (1929) 95–96.
295. Boeck, W.: Eine Scheitelspannungsmeßeinrichtung erhöhter Genauigkeit mit digitaler Anzeige. ETZ A 84 (1963) 883–885
296. VDE 0433: Bestimmungen für Scheitelspannungsmeßeinrichtungen für hohe Wechselspannungen. VDE 0433, Teil 6. Berlin: VDE-Verlag 1963
297. Davis, R.; Bowdler, G. W.; Standring, W. G.: The measurement of high voltages with special reference to the measurement of peak voltages. Instn. electr. Eng. 68 (1930) 1222
298. Sharpe, C. H.; Doyle, E. D.: Crest voltmeters. Trans. AIEE 35 (1916) 99
299. Rabus, W.: Ein direkt zeigender Scheitelspannungsmesser mit Hochvakuumgleichrichter und elektrostatischem Voltmeter. Z. Elektrot. 2 (1949) 97
300. Rabus, W.: Scheitelspannungsmessung mit Hochvakuumgleichrichtern und elektrostatischem Voltmeter. Arch. Techn. Messen, ATM-Blatt V 3383–3 (1955)
301. Rabus, W.: Scheitelspannungsmessung in Zweigwegstützschaltung. Z. Elektrot. 3 (1950) 7
302. Zaengl, W.: Die Dimensionierung von Scheitelspannungsmeßgeräten nach der Zweiwegstützschaltung Teil I u. II. Arch. Techn. Messen, ATM-Blatt V 3383–6 und V 3383–7 (1961)
303. Haefely u. Cie. AG.: Hochspannungsvoltmeter zur Messung des Scheitel- und Effektivwertes von Wechselspannung mit Industriefrequenz. Druckschrift BD 658a. Basel 1967
304. Völcker, O.; Zaengl, W.: Messung des Scheitelwertes hoher Wechselspannungen II, Schaltungen mit Entladekreis. Arch. Techn. Messen, ATM-Blatt V 3383–5 (1961)
305. Meßwandler-Bau GmbH: Scheitelspannungsmeßeinrichtungen. Technische Mitteilung 24 B Bamberg 1960
306. Vogel, O.: Scheitelspannungsmeßeinrichtung für hohe Wechselspannungen. Arch. Techn. Messen (1964) Lieferung 339 R 33–36
307. Baker, W. P.: A novel high-voltage peak-voltmeter. Proc. Instn. electr. Eng. A 103 (1956) 519
308. van Bergen, H.; Binge, K.: Scheitelspannungsmessung von hochgespanntem Wechselstrom nach dem Gleichrichterverfahren mit Germaniumdioden und Drehspulinstrument. ETZ A 79 (1958) 310
309. Devivere, H. von: Einfluß von Gleit-Stielbüschelentladungen auf die Scheitelspannungsmessung nach Chubb-Fortescue: Zweiter Sitzungsbericht des Beirates für Hochspannungstechnik TH Hannover 1939
310. Pfeiffer, G. R.: Die Darstellung von Wanderwellen durch Exponentialfunktionen. Wiss. Z. Hochschule f. Elektrotech., Ilmenau 11 (1965) 109–117
311. Rabus, W.: Messungen von Überspannungen und Stoßspannungen mit Hochvakuumventil und elektrostatischem Spannungsmesser. ETZ A 75 (1953) 676–683
312. Rabus, W.; Fischer, E.: Ein neuer registrierender Spitzenspannungsmesser. VDE-Fachberichte, Bd. 18. Berlin: VDE-Verlag 1954
313. Palm, A.: Elektrometer. Arch. Techn. Messen, ATM-Blatt J 765–1 (1935)
314. Induni. G.: Die Verwendung von Kaltkathodenoszillographen für Strukturforschung und absolute Messungen mittels Elektronenbeugung. Schweiz. Arch. (1942) Nr. 2, 35–45
315. Induni, G.: Absolute Spannungsmessung. Scientia Electrica 1 (1954) 41–53.
316. Thomson, W.: Gesammelte Abhandlungen zur Lehre von der Elektrizität und dem Magnetismus, (Deutsche Ausgabe von Levy und Weinstein) Berlin: Springer 1890

317. Dekker, A. J.: Solid State Physics. London: Macmillan 1965
318. Thomson, W.: Rep. Brit. Ass. 1867, S. 497.
319. Ajzenberg, F.; Lauritsen, T.: Energy levels of light nuclei. Rev. Mod. Phys. 27 (1955) 76–166
320. Finkelnburg, W.: Einführung in die Atomphysik, 4. Aufl. Berlin, Göttingen, Heidelberg: Springer 1956
321. Willard, H. B. u. a.: The yield of gamma rays and neutrons from the proton bombardment of fluorine. Phys. Rev. 85 (1952) 849–851
322. Heilpern, W.: Kaskadengenerator zur Partikelbeschleunigung auf 4 MeV. Helv. Phys. Acta. 28 (1955) 485–491.
323. Winkler, H.; Zych, W.: 180°-Ablenkmagnet für die Absolutbestimmung von Partikelenergien. Helv. Phys. Acta 34 (1961) 449–454
324. Hetz, G.: Grundlagen und Arbeitsmethoden der Kernphysik. Berlin: VEB Akademie Verlag 1957
325. Rogowski, B., Steinhaus, W.: Über einige Anwendungen des magnetischen Spannungsmessers. Arch. Elektrotech. 1 (1912) 141–511
326. Baum, E.: Über eine Verbesserung des magnetischen Spannungsmessers nach Rogowski Arch. Elektrotech. 33 (1939) 275
327. Maier, H.: Eine 25-kV-Hochstromimpulsanlage zur Erzeugung von Hochtemperaturplasmen. Diss. TH Stuttgart 1966
328. Koppendörfer, W.: Induktionsspulen als Meßelemente an schnellen stromstarken Gasentladungen. Interner Arbeitsbericht des Instituts für Plasmaphysik. Garching bei München 1961,
329. Heumann, K.: Magnetischer Spannungsmesser zur Präzisionsmessung hoher Ströme. Diss. TU Berlin 1961
330. Heumann, K.: Magnetischer Spannungsmesser hoher Präzision. ETZ A 83 (1962) 349–356
331. Salge, J.: Über die Wanderung von Hochstromlichtbögen in engen Spalten bei Unterdruck. Diss. TH Braunschweig 1963
332. Tucker, M. J.: A note on electronic analogue integration and differentiation. Electron. Eng. 1953, S. 35
333. Wittke, H.: Elektrische Integrationsverfahren. Frequenz 9 (1955) 49
334. Wittke, H.: Fehlerfreie elektronische Integration. Elektron. Rundschau 11 (1957) 73
335. Spruth, W.: Messung des Nachstroms in Leistungsschaltern. Diss. TH Aachen 1957
336. Koppelmann, F.: Wechselstrommeßtechnik. Berlin, Göttingen, Heidelberg: Springer 1956
337. Krönert, J.: Meßbrücken und Kompensatoren, Bd. 1. München: Oldenbourg 1935.
338. Bodenseher, H.: Meßprobleme bei Stoßstromanlagen. BBC-Nachrichten 50 (1968) 30–33
339. Silsbee, F. B.: Notes on the design of four terminal resistance standards for a. c. N. B. S. Journ. Res. 4 (1930) 73
340. Bellaschi, P. L.: Heavy surge currents, generating and measurement. Elektron. Eng. 53 (1934) 86
341. Nielsson, R., Witt, H.: The construction of low ohmic measuring shunts TM 9108 Internal ASEA Report
342. Witt, H.: Response of low resistance shunts for impulse currents. Elteknik 1960, S. 45 u. 47
343. Lappe, F.; Westendorf, K. B.: Ein Meßwiderstand für Hochfrequenz. Z. angew. Phys. 3.(1951) 29–32
344. Pfestorf, G. K. M.; Rutloh, F.; Wagner, K. G.: Über die Messung des Nachstromes in Leistungsschaltern unter Verwendung von Meßwiderständen. Jb. der TH Hannover 1960/62
345. Schwab, A.: Niederohmige Meßwiderstände zur Messung schnellveränderlicher hoher Ströme. Abhdlg. d. Inst. f. Hochspannungstechnik u. el. Anlagen Nr. 12. TH Karlsruhe
346. Labuhn, F.; Weinhart, K.: Strommessungen an Impulsentladungen mit Rogowskispulen. München: Max-Planck-Institut für Physik und Astrohpysik 1963

347. Foitzik, R.: Versuche mit großen Stoßströmen. ETZ 60 (1939) 128
348. Schwab, A.; Heinrich, C.: Meßwiderstand zur Aufzeichnung schneller Stromänderungen im Nanosekundenbereich. ETZ A 87 (1966) 181
349. Rint, C.: Handbuch für Hochfrequenz- und Elektrotechnik, Bd. III. Berlin: Verlag für Radio-Foto-Kinotechnik
350. Nothing, F. W.: Kupfer-Nickel und Nickel-Kupfer-Legierungen. Düsseldorf: Nickel-Informationsbüro 1963/64
351. Balabanian, N.: Network synthesis. Englewood Cliffs: Prentice Hall 1958
352. Heumann, K.: Präzisionsmessung hoher Ströme. Acta Mesucora 1967, Paris, 17. bis 21. April
353. Heumann, K.: Magnetic potentiometer of high precision. Trans. IEE Instrum. a. Measurem. IM 15 (1966) 242—250
354. Behmann, U.; Siebert, J.: Die Grenzfrequenz von Nachstrommeßeinrichtungen. ETZ A 85 (1964) 139—147
355. Husa, V.; Cihelka, J.: Neue Meßmethode der Nachströme bei Hochspannungs- und Höchstspannungsschaltern. Elektrotech. Maschinenbau 172—175
356. Kopplin, H.: Untersuchung des Löschverhaltens eines 110 kV-Expansionsschalters mit Hilfe einer Nachstrommeßapparatur. Diss. TU Berlin 1959
357. Kopplin, H.; Schmidt, E.: Post-arc currents, their measurements and their importance for the interpretation of interruptions in high voltage low oil content circuit breakers. Cigre-Bericht 107, 1960
358. Kopplin, H.; Schmidt, E.: Beitrag zum dynamischen Verhalten des Lichtbogens in ölarmen Hochspannungsleistungsschaltern. ETZ A 80 (1959) 805—811
359. Ushiu, T.; Ito, T.: The behavior of air blast circuit breakers around current zero. Mitsubishi Denki Lab. Rep. April 1961
360. Schillmann, E.: Der Hallgenerator, ein neuartiges Bauelement der Elektrotechnik. Tech. Rundsch. 42 (1957) 9—13
361. Hartel, W.: Anwendung von Hallgeneratoren. Siemens-Z. 28 (1954) 376—384
362. Kuhrt, F.: Eigenschaften und Anwendungen der Hallgeneratoren. VDE-Fachberichte 19 (1956)
363. Kuhrt, F.; Maaz, K.: Messung hoher Gleichströme mit Hallgeneratoren. ETZ A 77 (1956) 487
364. Hongel, C.: P 6042 DC-to-50 MHz current probe. Service Scope 46 (1967) 10—12
365. Möllinger, J.; Gewecke, H.: Zum Diagramm des Stromwandlers. ETZ 33 (1912) 270—271
366. Ritz, H.: Zusammenhänge zwischen den für die Wirkungsweise und die Bemessung von Stromwandlern wichtigen Faktoren. Arch. Techn. Messen, ATM-Blätter Z 221—3/4/5 (1940)
367. Héroin, P.; Benoist, Ch.; Delamarre, Y.: Mesure d'un courant par un ampèremètre à effect Faraday. Rev. Gen. Electr. 76 (1967) 1045—1053
368. Pelenc, Y.; Bernard, G.: Prototype industriel de transformateur de courant à effet magnéto-optique. Rev. Gen. Electr. 76 (1967) 1055
369. Heywang, H.; Preissinger, H.: MP-Impulskondensatoren mit kleiner Selbstinduktivität. Siemens-Z. 38 (1964) 376—380
370. Held, W.; Kahl, W.; Pollmeier, F. J.: Energiespeicherkondensatoren. Siemens-Z. 41 (1967) 887—895
371. Weiss, H.: Feldplatten — magnetisch steuerbare Widerstände. ETZ B17 (1965) 289—293
372. Moulton, C. H.: Light pulse system shrinks high-voltage protection device. Ind. electronics 17 (1965) 71—75
373. Neumann, M.: Strommessung mit Laser-Diode. ETZ B 17 (1965) 619
374. Walcher, H.: Über die Eigenschaften und neuartige Anwendungsmöglichkeiten von Fotowiderständen aus CdS und CdSe. Diss. Hochspannungsinstitut TH Darmstadt 1967
375. Borkmann, D.: Hochstrommessungen mit Hallgeneratoren. Elektrie 18 (1964) 46—50
376. Saito, S. u. a.: 8 C1 — The laser current transformer for EHV power transmission lines. IEEE J. of Quantum Electronics, QE 8 (1966) 255—259

377. Justi, E.: Leitfähigkeit und Leitfähigkeitsmachanismus fester Stoffe. Göttingen: Vandenhoeck & Ruprecht 1948
378. Wagner, K. W.: Erklärung der dielektrischen Nachwirkungsvorgänge auf Grund Maxwellscher Vorstellungen. Arch. Elektrotech. 2 (1914) 371–387
379. Debye, P.: Polare Molekeln. Leipzig: Hirzel 1929
380. Gemant, A.: Elektrophysik der Isolierstoffe. Berlin: Springer 1930
381. Kreuger, F. H.: Detection and Location of discharges, 2. Aufl. Delft: Nederlandsche Kabelfabriken 1961
382. Petry, H.: Hohlraumentladungen in Polyäthylen. Diss. TH Karlsruhe 1963
383. Friess, W.: Meßgeräte und Meßanordnungen zur Bestimmung der dielektrischen Stoffkennwerte im Frequenzbereich von 50 Hz bis 7 GHz. Die Kurzinformation 10. München: Rohde und Schwarz 1964
384. Zinke, O.; Brunswig, H.: HF-Meßtechnik, 3. Aufl. Stuttgart: Hirzel 1959
385. Blechschmidt, E.: Präzisionsmessungen von Kapazitäten, Induktivitäten und Zeitkonstanten, 2. Aufl. Braunschweig: Vieweg 1956
386. Schering, H.: Brücke für Verlustmessung. Z. Instrumenten Kd. 40 (1920) 124
387. Hauffe, G.: Zur Theorie der Scheringschen Brücke. Arch. Elektrotech. 17 (1926) 422–423
388. Palm, A.: Scheringmeßbrücken. Arch. Techn. Messen, ATM-Blatt J 921–3 (1932)
389. Hague, B.: Alternating current bridge methods. 5. Aufl. London: Pitman 1959
390. Walcher, T.: Elektrostatische Abschirmung von Wechselstrammeßbrücken im Tonfrequenzbereich. Arch. Techn. Messen, ATM-Blatt J 025–1 (1936)
391. Samal, E.: Schirmung in Meßschaltungen. Arch. Techn. Messen, ATM-Blatt V 30–4/5 (1950)
392. Zickner, G.: Schirmung und Schützung. Z. Instrumenten Kd. 66 (1958) 195–199
393. Geyger, W.: Eine technische Wechselstrombrücke zur Messung von Kapazitäten, Induktivitäten und kleinen Phasenwinkeln. Arch. Elektrotech. 17 (1926) 201–207
394. Geyer, W.: Kapazitäts- und Verlustfaktormeßbrücken mit Schleifdrahtabgleichung. Arch. Techn. Messen, ATM-Blatt J 921–14 (1939)
395. Zickner, G.; Pfestorf, G. K. M.: Über die Verwendung der Hochspannungsbrücke nach Schering zur Untersuchung von großen Kapazitäten. Z. techn. Phys. 12 (1931) 210–213
396. Rutloh, F. W.: Verlustfaktormeßbrücke mit Schleifwendelabgleich und linearer Verlustwinkelskala. ETZ A 83 (1962) 798–800
397. Hall, H. P.: Die Messung von Elektrolytkondensatoren bis 1 Farad. Gen. Radio Experimenter 40 (1966) 3–11
398. Ruthloh, F. W.: Konvergenz von Meßbrücken zur Messung des Verlustfaktors von Kondensatoren. ETZ 86 (1965) 596–599
399. Schering, H.; Vieweg, F.: Ein Meßkondensator für Höchstspannungen. Z. techn. Phys. 9 (1928) 442
400. Keller, A.: Preßgaskondensatoren als verlustfreies Normal für Hochspannungsmessungen. ETZ A 75 (1954) 817–819
401. Warnecke, H.: Hochspannungs-Meßkondensatoren Teil II: Preßgaskondensatoren. Arch. Techn. Messen, ATM-Blatt Z 131–5 (1958)
402. Keller, A.: Konstanz der Kapazität von Preßgaskondensatoren. ETZ A 80 (1959) 757–761
403. Kusters, N. L.; Petersons, O.: The voltage coefficients of precision capacitors. Trans. IEEE CE 69 (1963) 601–611
404. Tschiassny, L.: Die Meßgenauigkeit der Scheringbrücke. Arch. Elektrotechn. 18 (1927) 248–256
405. Schering, H.: Die Empfindlichkeit einer Wechselstrombrücke. ETZ 52 (1931) 1133 bis 1134
406. Angern, K. von: Empfindlichkeit und Genauigkeit bei der Messung kleiner Verlustfaktoren mittels Brückensystemen bei Niederfrequenz, ins besondere bei Ölmessungen Bull. SEV 154 (1963) 1109–1114
407. Miller, J. L.: Die Empfindlichkeit der Scheringbrücke. E. u. M. 49 (1931) 677 bis 678

408. Keller, A.: Meßbereich und Empfindlichkeit der Hochspannungsmeßbrücke nach Schering. ETZ 71 (1950) 232–234
409. Mense, L.: Eine abgeschirmte Schleifdrahtmeßbrücke für Feinmessung von Verlustwinkeln an hochwertigen flüssigen Isolierstoffen. Arch. Elektrotech. 34 (1940) 568
410. Poleck, H.: Eine neue Kapazitäts- und Verlustfaktormeßbrücke für Niederfrequenz mit Hand- und Selbstabgleich. Wiss. Veröff. d. Siemens-Konzerns. 18 (1939) 129 bis 147
411. Lamson, H. W.: An electronic nulldetector for impedance bridges. Rev. Sci. Instrum. 9 (1938) 272–275
412. Cassidy, B. R.; Simpson, J. H.: A transistorized cathode-ray phase sensitive null detector, Trans. IEEE Instrum. a Measurem. IM 14 (1965) 75–77
413. Helke, H.: Wechselstromnullindikatoren. Arch. Techn. Messen, ATM-Blatt J 850 (1967)
414. Veltiner, M. F.: Équilibrage de ponts de mesures en courant alternatif. Rev. Gen. Electr. 63 (1954) 316–318
415. Busse, G.; Hofmann, H. J.: Wandlermeßeinrichtung für höhere Frequenzen. ETZ 78 (1957) 789–792
416. Hoadley, E. B.: The science of balancing and impedance bridge. Journ. of the Franklin Institut 228 (1939) 733–754
417. Wagner, K. W.: Zur Messung dielektrischer Verluste mit der Wechselstrombrücke. ETZ 32 (1911) 1001–1002 u. 33 (1912) 635–637
418. Dabrowski, G.: Genauer Meßbrückenabgleich. Neues von Rohde und Schwarz 23 (1966) 30–37
419. Keller, A.: Eine einfache Hilfsbrücke für genaue Verlustfaktormessungen mit der Scheringbrücke. ETZ A 76 (1955) 826–827
420. Wiessner, W.: Beseitigung von Störungen durch Streukapazitäten in Kapazitätsmeßbrücken mit Wagnerscher Hilfsschaltung. Z. Instrumenten Kd. 65 (1957) 139 bis 144
421. Tettex AG: Hilfszweige der Typenserie 2900 für Wechselstrommeßbrücken. Techn. Mitt. BG, 2900 D–5–8.66 der Firma Tettex AG Zürich 1966
422. Hasler, E. F.: An amplifier-detector for Schering bridge measurements at power frequency. Electrical Energy 1958, S. 372–377
423. Mayo, C. G.: An electronic Wagner earthing device. Technique 1,6 (1947)
424. Mau, J.: Neue Wechselstrommeßbrücke zur Feinmessung dielektrischer Verluste. Arch. Elektrotech. 31 (1937) 473–487
425. Blumlein, A. D.: Brit. Patent. Spec. Nr. 322037, 1928
426. Glynne, A.: Bridges with inductively coupled Ratio-arms. Bull. electr. engng. Educ. (1952) 69–73
427. Baker, W. P.: Recent developments in 50 c/s bridge networks with inductively coupled ratio arms for capacitance and loss-tangent measurements. Proc. Instn. Electr. Eng. A 109 (1963) 243–247
428. Hartmann u. Braun: Bedienungsanleitung zur $C$-tan $\delta$-Meßbrücke für Hoch- oder Niederspannung mit direkter Ablesung des tan $\delta$ und des Kapazitätsverhältnisses $C_X/C_N$. EH/G 14–0, L-Nr. 4241–313 Frankfurt/Main: Hartmann und Braun AG 1967
429. Petersons, O.: A transformer-ratio-arm bridge for measuring large capacitors above 100 volts. Trans IEEE PAS 87 (1968) 1354–1360
430. Foord, T. R.; Langlands, R. C.; Binne, A. J.: transformer-ratio bridge with precise lead compensation. Proc. IEE 110 (1963) 86
431. Poleck, H.: Die Abgleichkonvergenz von Wechselstrommeßbrücken I und II. Arch. Techn. Messen, ATM-Blatt J 90–3/4 (1951/52)
432. Kusters, N. L.; Petersons, O.: A transformer-ratio arm bridge for high voltage capacitance measurements. J. IEE. Trans. Commun. Electronics 69 (1963) 606–611
433. Geyger, W.: Selbsttätige Abgleichung von komplexen Kompensations- und Brückenschaltungen mit phasenabhängigen Nullmotoren. Arch. Elektrotech. 29 (1935) 842–850
434. Schmidt, J.; Golbig, W.: Selbstabgleichende Hochspannungsbrücke für Kapazitäts- und Verlustfaktormessungen. Elektrie 18 (1964) 42–46

435. Geyger, W.: Über die Verwendung eines $C$-tan $\delta$-Schreibers in Verbindung mit der Scheringmeßbrücke. Arch. Elektrotech. 31 (1937) 115—123
436. Geyger, W.: Kapazitäts- und Verlustfaktormeßbrücke mit selbsttätiger Abgleichung. Arch. Techn. Messen, ATM-Blatt J 924—1 (1936)
437. Hemmer. N.: Universal-$C$-tan $\delta$-Meßbrücke mit schreibendem Schnellabgleich. Siemens-Z. 38 (1964) 500—506
438. Poleck, H.: Kompensator-Meßbrücke für Kapazitäts- und Verlustfaktormessung mit Registrierung. ETZ A 76 (1955) 822—826
439. Moran, F.: Power system phase angle measurements. Proc. Instn. electr. Eng. A 105 (1958) 613—617
440. Westendorf, K. W.: Ein registrierendes Verlustfaktormeßgerät für Hochspannung. Arch. Elektrotech. 41 (1954) 333—346 u. Diss. TH Hannover 1954
441. Möller, K.: Neues Verfahren zur Aufzeichnung eines schnellveränderlichen dielektrischen Verlustfaktors. ETZ A 84 (1963) 8—13
442. Calvert, R.; Mildwater, J.: Self-balancing transformer ratio arm bridges. Electron. Eng. 35 (1963) 782—787
443. Petersons, O.: A self-balancing high-voltage capacitance bridge. IEEE Trans. on Instrum. and Measurem. IM 13 (1964) 216—224
444. Bormann, E.; Seiler, J.: Dielektrische Verlustmessung an Drehstromkabeln bei betriebsmäßiger Beanspruchung ETZ 49 (1928) 239—247
445. Potthoff, K.: Messung dielektrischer Verluste bei Drehstrom. ETZ 52 (1931) 474 bis 477
446. Potthof, K.: Die Gleichgewichtsbedingung von Wechselstrommeßbrücken mit Gegeninduktivitäten. ETZ 58 (1937) 793—794
447. Mathiesen, B.: Eine Regelinduktivität mit großer linearer Skala. Arch. Elektrotech. 36 (1942) 43—48
448. Früngel, F.: Einfaches Messen von Verlustwinkeln an verlegten Hochspannungskabeln. Elektro-Anzeiger 39 (1955) 373
449. Freise, W.; Früngel, Fr.: Zur Messung des Verlustwinkels von großen einseitig geerdeten Kapazitäten. ETZ A 80 (1959) 296—300
450. Miri, A. M.: Verlustfaktormessung mit dem „Verfahren der gedämpften Schwingung". Diss. TH Karlsruhe 1965
451. Gemant, A.: Die Wechselfeldbeanspruchung von Hochspannungskabeln. Wiss. Veröff. des Siemens-Konzerns. 7 (1929) 305—311
452. Gemant, A.; Philippoff, G.: Die Funkenstrecke mit Vorkondensator. Z. techn. Phys. 13 (1932) 425—430
453. Böning, W.: Luftgehalt und Luftspaltverteilung geschichteter Dielektrika. Arch. Elektrotech. 48 (1963/64) 7—22
454. Stark, K. H.: Assessment of insulation Serviceabilities of turbo alternator stators and of high voltage bushings. Proc IEE 109 A 86 (1962)
455. Schwab, A.: Über die Anstiegszeiten von Koronaentladungsimpulsen. Z. angew. Phys. 16 (1963) 23—27
456. Petry, H.: Hohlraumentladungen in Polyäthylen. Diss. TH Karlsruhe 1963
457. König, D.: Über die Vergleichbarkeit von Koronamessungen an Spitze-Platte-Funkenstrecken in Luft bei Wechselspannung. Bull. SEV 57 (1967) 1155—1163
458. Praehauser. T.: Messung von Ionisation an Kondensatoren. Bull. SEV 57 (1966) 701—708
459. Fischer, J.: Grundlagen der Elektrotechnik. Hütte I (1955) 301
460. Kreisinger, V.: A method of localisation of the starting point of corona in a transformer at the test with induced voltage. Acta Techn. CSAV 7 (1962) 296—305
461. Tangen, K. O.: Eine neue Methode zum Bestimmen der Teilentladungsstellen in Hochspannungstransformatoren. ETZ A 85 (1964) 752—755
462. Kreuger, F. H.: Detection of internal discharges, particular in high voltage cables. Cigre-Bericht 204 (1958)
463. Widmann, W.: Beitrag zur Bestimmung der Meßempfindlichkeit bei Teilentladungsprüfungen von Hochspannungsgeräten. AEG-Mitt. 55 (1965) 28—39
464. Jolley, H. W. E.: Methodes and techniques for obtaining significant discharge measure-

ment on high voltage bushings. IEE-Conference on Dielectric and Insulating Materials. April 1964
465. Mason, J. H.: Discharge detection and measurements. Proc. IEE 112 (1965) 1407 bis 1423
466. Kreuger, F. H.: Discharge detection methods, recommendations for discharge tests on cables. Cigre-Bericht 209 M (1966)
467. Rabus, W.: Kugelfunkenstrecken-Rauschgenerator. ETZ A 83 (1962) 328—331
468. Povey, E. H.: Guide for calibration of test equipment and circuits for measurement of corona pulses. IEEE Commitee Report. IEEE Trans. Pow. App. a. Syst. PAS 86 (1967) 1185—1191
469. Doreswamy, C. V.: Neue Erkenntnisse über Wechselspannungskorona. Energ. Tech. (1964) 129—136
470. Kreuger, F. H.: Discharge detection in high voltage equipment. London: Temple Press 1964
471. Rabus, W.: Über die Voraussetzungen für vergleichbare Korona-Isolationsprüfungen. ETZ A 84 (1963) 775—780
472. Kind, D.; König, D.: Untersuchungen an Epoxidharzprüflingen mit künstlichen Hohlräumen bei Wechselspannungsbeanspruchungen. Elektrie 1967, S. 9—13
473. VDE 0434: Richtlinien für Teilentladungsprüfungen an Betriebsmitteln mit Wechselspannungen bis 500 Hz. VDE-Bestimmungen 0434, Teil I und II. Berlin: VDE-Verlag 1966
474. Heintz, W.: Untersuchung des hochfrequenten Spektrums periodischer Entladungen. Z. angew. Phys. 11 (1959) 51—57
475. N. E. M. A.: Methods of measuring radio noise. NEMA Publ. Nr. 107. New York 1971
476. Koske, B.: Prüfung der Isolation von Hochspannungsfreileitungen und Schaltanlagen. Essen: Girardet 1951
477. VDE 0876 Vorschriften für Funkstörmeßgeräte. Berlin: VDE-Verlag 1955
478. VDE 0877 Leitsätze für das Messen von Funkstörspannungen. Berlin: VDE-Verlag 1956
479. Schühlein, E.: Glimmessungen am Hochspannungsdielektrikum. ETZ A 80 (1959) 777—783
480. Widmann, W.: Beurteilung und Messung der Korona bei Isolationsprüfungen. ETZ A 81 (1960) 801—807
481. Koenig, J.: Ermittlung von Entladungsvorgängen bei hohen Spannungen. Elektrie 13 (1959) 327—332
482. Renaudin, D.: Instrument for measuring ionization in transformers. Cigre-Bericht 5 (1954) Anhang II
483. Mole, G.: The ERA discharge detectors. A comparison of their characteristics and applications. Instrument Practice 17 (1963) 400 u. 625
484. Mole, G.: Design and performance of a portable a. c. discharge detector. ERA Report V/T. 115 (1952)
485. Woelken, H.: Spannungswandler. Arch. Techn. Messen, ATM-Blatt Z 30—F 1 (1968)
486. Keithley, J. F.: Electrometer measurements. Applikationsbericht der Firma Keithley Instruments INC. 1968
487. Howard, P. R.: The effect of electric stress on the life of cables, incorporating a polythene dielectric. Proc. IEE 98 II (1951) 365
488. Golinski, J.: Ionisationserscheinungen und Fragen der Lebensdauer von Gießharzisolationen. Elektrie 20 (1966) 341—344
489. Parkmann, N.: Effect of small discharges on some insulating materials. Teil I und II ERA-Bericht L/T 321 und L/T 364 (1956 u. 1957)
490. Dakin, T. W.; Lim, J.: Corona measurement and interpretation. Trans. AIEE Teil II 76 (1957) 1059
491. Buchmann, E., Gänger, B.; Goldstein, A.: Meßanordnungen zur Erfassung innerer Ionisation. Bull. SEV 57 (1966) 511—517
492. Whitehead, S.: Dielectric brakdown of solids. Oxford: Clarendon Press 1953
493. Veverka, A.: Zur Problematik der Ionisation. Elektrie 17 (1963) 4—9

494. Ogawa, K.: General theory and earthing device of alternating current bridges. Electr. Lab. Min. Comm. Tokyo. Res. (1929) Nr. 254, S. 1—45 sowie (1930) Nr. 247, S. 1—22
495. Dye, D. W.; Jones, T. I.: A radio frequency bridge for impedance and Power factor measurements. J. IEE 72 (1933) 169—181
496. Baumann, E.: Meßmethode zur Ionisations-Verlustmessung und Messung des zeitlichen Ablaufs von Entladungsimpulsen bei Wechselspannung. ETZ A 81 (1960) 127—129
497. Gelez, J. Ph.: Die getrennte Messung der Glimmentladungsverluste in einem inhomogenen Isolierstoff. ETZ A 81 (1960) 129—132
498. Böning, W.: Der Einfluß von Spannungsoberschwingungen auf den Verlustfaktor von Maschinenisolierungen. ETZ A 84 (1963) 717—722
499. Gemant, A.: Oszillographie von Strömen in Isolierstoffen. Arch. Elektrotech. 23 (1930) 683—694
500. Liebscher, F.: Über die dielektrischen Verluste und die Kurvenform der Ströme in geschichteten Isolierstoffen bei hohen Wechselfeldstärken bei 50 Hz. Wiss. Veröff. d. Siemens-Konzerns 21 (1943) 214—248
501. N. E. M. A.: Radio noise meter. NEMA Publ. Nr. 102. New York: NEMA 1950
502. ASTM: Tentative method for corona measurement. ASTM-Standard D 1868—61 T
503. Meier, H.: Aussprachen zum Thema Koronameßverfahren. ETZ A 84 (1963) 789
504. Jinsiwale, S. D.: Contribution of the discussion of the paper "High voltage power transformer insulation". Proc. IEE 110 (1962) 1797
505. Arman, A. N.; Starr W. T.: The measurement of discharges in dielectrics. J. Instn. Electr. Eng. 79 (1936) 67
506. Austen, A. E. W.; Hackett, W.: Internal discharges in dielectrics. Their Observation and analysis. J. Instn. Electr. Eng. 91 (1944) 298
507. Veverka, A.: Contribution to the method of measuring ionization in transformers. Electrotechn. Obser. 50 (1961) 192
508. Dakin, T. W.; Malinarec, P. J.: A capacitance bridge method for measuring integrated corona charge transfer and power loss per cycle. Trans. AIEE. Teil III 79 (1960) 648
509. Simons, J. S.: The measurement of integrated discharge energy in high voltage insulation using dielectric loss analyser with loop trace display. IEE Conf. on Dielectric and Insulating Materials 1964
510. Lampe, W.: Screening of buildings against electromagnetic fields. Elteknik 7 (1954) 53—58
511. Ortloff, M.: Hochfrequenznetzverriegelungen für elektromagnetisch geschirmte Räume und Hochspannungshallen. ETZ B 14 (1962) 630—633
512. Boeck, W.: Verfahren zur Ladungs- und Leistungsmessung bei Koronaentladungen an Isolierstoffen. ETZ A 84 (1963) 752—756
513. Kaiserwerth, H. P.: Funkentstörung Teil I und II. Siemens Bauteile-Informationen 1966/67, H. 4 u. 1
514. Koske, B.: Über die Prüfung von Hochspannungsisolationen auf dem Prüfstand mit HF-Meßmethoden. Energietechnik 2 (1952) 181—186
515. Povey, E. H.; Oliver, F. S.: Nondestructive testing of generator insulation. El. Engng. 70 (1951) 498
516. Schwarz, H.: Isolationsfehlersuche an Hochspannungsanlagen während des Betriebs mit HF-Meßmethoden. Elektrotechn. 5 (1951) 322—327
517. Mason, J. H.: I. The sequence and location of internal discharges in dielectrics. The British Electrical and Allied Industries Research Assoc. Techn. Rep. L/T 210 (1949) II. Breakdown of insulation by discharges. Proc. Instn. Electr. Eng. 100 Teil II A (1953)
Starr, W. T.: Corona properties of insulating materials. Electrical Manufacturing. 1956, S. 132—139
Veverka, A.: Entladungen im festen Dielektrikum und die dabei auftretenden energetischen Umwandlungen. Acta Technica (1956) 317—341
Held, W.; Kunze, R. C.: Glimmentladungen im Kondensatordielektrikum. VDE-Fachberichte. Berlin: VDE-Verlag 1958, S. 1—7
Veverka, A.; Chladek, J.: Eine neue Anordnung zur Messung der Leistung bei Ionisationsvorgängen. Bull. SEV 49 (1958) 45—50

Bartnikas, R.: Pulsed corona loss measurements in artificial voids and cables. Cigre-Bericht 202 (1966)
Heron, R.; Fallou, B.; Bertein, H.: Essais d'endurance des matériaux isolants a l'action des decharges electriques ionisantes. Bull. d'inf. du lab. centr. des ind. électriques 27 (1960)
Hylten-Cavallius, N.; Fryxell, J.: Corona in power transformers and associated test problems. Cigre-Bericht 104 (1962)
Gsodam, H.: Die Messung und Bewertung der von Teilüberschlägen im Dielektrikum herrührenden Impulse. Elin-Z. 13 (1961) 49
Knosp, R.; Moreau, J. L.: La mesure de l'intensité de décharges partielles dans les transformateurs. Bull. d'inf. du Lab. Centr. des Ind. Électriques 34 und Rév. Gén. Elect. 71 (1962) 297
Hawley, R.; Jinsiwale, S. D.: Measuring partial discharges. Electrical Times 146 (1964) 711–714 u. 147, 41–46 u. 321–325 (64 weitere Literaturhinweise)

518. Carpenter, I. H.; Kresge, I. S.; Murick, C. B.: Ultrasonic corona detection in transformers. IEEE. Trans. Pow. App. a. Syst. 84 (1965) 647–651
519. Vora, J. P.; Foster, S. P.: Power transformers and corona testing. IEEE. Trans. Pow. App. a. Syst. 84 (1955) 707–714
520. VDE 0414: Regeln für Meßwandler. VDE 0414c. Berlin: VDE-Verlag 1966
521. Veverka, A.; Hon, A.: New method of location of internal discharges in transformers. Cigre-Bericht 109 (1966)
522. Bartnikas, R.; D'Ombrain, G. L.: A method for determining the dissipation factor value from corona intensity and pulse count. IEEE Trans. on Power, App. a. Syst. 82 (1963) 336–375
523. Widmann, W.: Messung innerer Teilentladungen an Transformatoren. Bull. SEV 58 (1967) 1001–1009
524. Bruce, R.; Hickling, G. H.; Hawley, R.: Measurement of partial discharges. El. Rev. 17 (1966)
525. Rogers, E. C.: The self-extinction of gaseous discharges i n cavities in dielectrics. Proc. IEE 105 (1958) 623–630
526. Heller, B.; Chladek, J.: Das kapazitive Ersatzschema für die Koronavorgänge im festen Dielektrikum. Acta Technica CSAV 10 (1965) 613–622
527. Modoni, V.: Sull' invecchiamento da ionizzazione dei dielettrici. Energia Elettrica 39 (1962) 843–861
528. König, D.: Erfassung von Teilentladungen in Hohlräumen von Epoxydharzplatten zur Beurteilung des Alterungsverhaltens bei Wechselspannung. Diss. TH Braunschweig 1967
529. Bui, A.; Fantin, J.-P.; Pham Van Uui: Statistische Berechnung der Lebensdauerkurven von Isolatoren, die der Wirkung von Teilentladungen ausgesetzt sind. Rev. Gen. Electr. 76 (1967) 1183–1188
530. Kreuger, F. H.: The point discharge gap. Electrotechniek 41 (1963) 364
531. Landolt-Börnstein: Zahlenwerte und Funktionen, 6. Aufl., II. Bd., 6. Teil. Elektrische Eigenschaften I. Berlin, Göttingen, Heidelberg: Springer 1959
532. Wiesinger, J.: Eine neue Speicherschaltung zur Messung von Spannungsimpulsen. Bull. SEV 59 (1968) 303–307
533. Zinke, O.: Widerstände, Kondensatoren, Spulen und ihre Werkstoffe. Berlin, Göttingen, Heidelberg, New York: Springer 1965
534. Liebscher, F.; Held, W.: Kondensatoren. Berlin, Göttingen, Heidelberg, New York: Springer 1965
535. Möller, K.: Eine einfache Anordnung zum Messen der Rechteckstoßwiedergabe von Strommeßwiderständen kurzer Anstiegszeit. ETZ A 89 (1968) 414–415.
536. Best, R.: Erdungs- und Abschirmungsprobleme. Der Elektroniker 7 (1968) 153–163
537. Müller, H. F.: Dielektrische Verluste im Zusammenhang mit dem polaren Aufbau der Materie. Ergebnisse der exakten Naturwissenschaften, Bd. XVII. Berlin: Springer 1939, S. 164–228
538. Paul, G.; Schroeter, H.: Meßwertübertragung über große Potentialunterschiede. Elektrie 22 (1968) 261–265

539. Lago, B.; Eatock, R.: Coaxial Shunt. Proc. IEE 114 (1967) 1317–1324
540. Petersons, O.: A transformer-ratio-arm bridge for measuring large capacitors above 100 volts. IEEE Trans. PAS 87 (1968) 1354–1361
541. De Vere, Ch.: Circuit concepts. Cathode-ray tubes, 2. Aufl. Beaverton (USA): Tektronix Inc. 1967
542. Anderson, R. H.: Circuit concepts. Storage cathode-ray tubes and circuits, 2. Aufl. Beaverton (USA): Tektronix Inc. 1958
543. Tektronix: Developing a writing speed specification. Tektronix Service Scope Nr. 49 (1968)
544. Merlin-Gerin: Magnetooptische Stromwandler. Industrie-Elektrik und Elektronik 13 (1968) B 21
545. Peschke, E.: Der Durch- und Überschlag bei hoher Gleichspannung in Luft. Diss. TH München 1968
546. Hagemeyer, E.: Messung der elektrischen Feldstärke im Gleichfeld. Diss. TH Stuttgart 1968
547. Schwab, A.: Die Berechnung der Bandbreite und der Anstiegszeit rohrföhrmiger Meßwiderstände unter Berücksichtigung der Stromverdrängung. ETZ A 89 (1968) 604–606
548. Böcker, H.; Hagemeyer, E.: Ein Beitrag zur Messung der elektrischen Feldstärke bei hoher Gleichspannung. ETZ A (1966) 829–831
549. Newi, G.: A high impedance, nanosecond rise time probe for measuring high voltage pulses. IEEE Trans. PAS. (1968) 1780–1786
550. Krämer, H.; Messner, D.: Zur elektrostatischen Aufladung von Kunststoffen. Kunststoffe 58 (1968) 673–679
551. Bopp, K.: Eine Verallgemeinerung des Begriffs der Zeitkonstanten von Exponentialfunktionen. Arch. Elektrotech. 51 (1968) 378–395
552. Zijlstra, H.: Experimental methods in magnetism. Amsterdam: North-Holland 1967
553. Fusukawa, G. T.: Electrical resistances of wires of low temperature coefficient of resistance useful in calorimetry. Rev. Sci. Instrum. 35 (1964) 113–114
554. Woolam, F. A.: Evanohm resistance to 18 T (180 kG) at 4.2° K. Rev. Sci. Instrum. 41 (1970) 248–85
555. Thomas, R. F.: Response of capacitive voltage dividers. Microwaves 6 (1967) 50–53
556. Wellard, L. C.: Resistance and resistors. New York: McGraw-Hill 1960
557. Wright, E. S.; Fahn, R. G.: Miniature Rogowski coil probes for direct measurement of current-density distribution in transient plasmas. Rev. Sci. Instrum. 36 (1965) 1891–92
558. Wright, E. S.: The design and development of Rogowski coil probes for measurement of current-density distribution in a plasma pinch. M.S.E. Thesis, Princeton Univ., 1965
559. Thomas, R. F.; Hearst, F. R.: An electronic scheme for measurement of exploding wire energy. Lawrence Radiation Lab. Livermore, Calif. Rep. UCRL 14170 (1965)
560. Nail, C. D.: Measuring mega-ampere transient currents. Lawrence Radiation Lab. Livermore, Calif. Rep. UCRL 5553 (1959)
561. Thomas, R. F.: Fast light-pulse measurement schemes. Trans. IEEE, IM-17 (1968) 12–18
562. McAbel, W. E.: Probe measurements. Beaverton, Oregon: Tektronix Inc. 1969
563. Weber, F.: Oscilloscope probe circuits. Beaverton, Oregon: Tektronix Inc. 1969
564. Philips, R. C.; Turner, A. B.: Construction and calibration techniques of high-frequency magnetic probes. Rev. Sci. Instrum. 36 (1965) 1822–1825
565. McCartan, T.; Barrault, M. R.: An optical magnetic probe. J. Sci. Instrum. 44 (1967) 265–268
566. McKibbin, F.; Stradling, B. B. M.; Aust, I. E.: The use of delta modulation in pulse transmission systems. EE Trans. EE 6 (1970) 36–39
567. Jordan, C. E.; Keith, B. E.: Electromagnetic waves and radiating systems. Englewood Cliffs, N. J.: Prentice-Hall 1967
568. Clausnitzer, W.: A generating voltmeter with calculable voltage-current ratio for precise high-voltage measurements. Trans. IEEE IM 17 (1968) 252

569. Clark, H. A. M.; Vandemlyn, P. B.: Double-ratio A.C. bridges with inductively coupled ratio arms. Proc. IEE 96 (1949) 365—378
570. Bartnikas, R.; Levi, T. H. E.: A simple pulse-height analyser for partial-discharge-rate measurements. Trans. IEEE IM-18 (1969) 341—345
571. Burch, F. P.; Whelpton, R. V.: The technique of the high-speed cathode-ray oscillograph. J.I.E.E. 71 (1932) 380—388
572. Cones, H. N.: A high-voltage pulse generator and tests on an improved deflecting system of a cold-cathode oscillograph. J. Res. N.B.S. 57 (1956) 143—152
573. Hagenguth, F. H.: Progress in impulse testing of transformers. Trans. IEEE 63 (1944) 999—1005
574. Aicher, L. C.: Experience with transformer impulse failure detection methods. Trans. IEEE 67 (1948) 1621—1627
575. Schelkunoff, S. A.: The electromagnetic theory of coaxial transmission lines and cylindrical shields. Bell Syst. Techn. J. 13 (1934) 532—79
576. Khalifa, M.; Kamal, A.: Correlation of radio noise and quasi-peak measurements to corona pulse randomness. Trans. IEEE PAS 88 (1969) 1512—1521
577. Bell, R. A.: Principles of cathode ray tubes, phosphors, and high-speed oscillography Hewlett Packard Appl. Note 115 (1970)
578. Bird, G. R.; Ames, A. E.; Rodriguez, T.: High-speed oscillography. Image Technology, 9 (1967) 30—32, and 10 (1967/68) 10—17
579. Irons, H. R.; Schwee, L. T.: Fast transient recorder using magnetic thin films. Rev. Sci. Instrum. 41 (1970) 1451/56
580. Thomas, R. J.: High-voltage pulse reflection-type Attenuators with subnanosecond response. Trans. IEEE IM 16 (1967) 146/54
581. Bewley, L. V.: Travelling waves on transmission systems. 2. ed. New York: Dover 1963
582. Thomas, R. J.: Principles of high-voltage pulse reflection-type attenuators. Lawrence Radiation Lab. Livermore, Calif. Rep. UCRL 14722 and 14723 (1966)
583. Kazan, B.; Knoll, M.: Electronic image storage. New York: Academic Press, 1968
584. Hylten-Cavallius, N. R.; Vaughan, R. L.: Calibration and checking methods of rapid high-voltage impules measuring circuits. Trans. IEEE PAS 89 (1970) 1393—1403
585. Zaengl, W.: Zur Ermittlung der vollständigen Übertragungseigenschaften eines Stoßspannungsmeßkreises. ETZ A 90 (1969) 457—462.
586. Zentner, R.: Der räumlich-zeitliche Aufbau der negativen impulsförmigen Koronaentladung. Mitt. 14 des Lab. f. Hochspannungstechnik der Univ. Karlsruhe
587. Zentner, R.: Über die Anstiegszeiten der negativen Koronaimpulse. Z. angew. Phys. 29 (1970) 294—301. (The risetimes of Trichel pulses)
588. Creed, F. C.; Collins, M. M. C.: The Systems concept in generating high-voltage impulses. Trans. IEEE PAS 89 (1970) 1383—87
589. Creed, F. C.; Collins, M. M. C.: Transient impedance of high-voltage impulses. Trans. IEEE PAS 89 (1970) 1387—93
590. Flegler, E.: Probleme des elektrischen Durchschlags. Forschungsberichte des Landes Nordrhein Westfalen 194 (1969)
591. Institute of Electrical and Electronic Engineers: USA and IEEE standard techniques for dielectric tests. No. 4. New York: IEEE 1969
592. Ficchi, R. C.: Electrical interference. New York: McGraw-Hill 1963
593. Peschke, E.: Einfluß der Feuchtigkeit auf das Durchschlage- und Überschlagverhalten bei hoher Gleichspannung in Luft. ETZ A 90 (1969) 7
594. Homan, D. N.: Applications of coaxial chokes to AC bridge circuits. J. of Res. NBS 72C (1968) 161—165
595. Thomas, R. T.: High-impulse current and voltage measurement. Trans. IEEE IM-19 (1970) 102—117
596. Truxal, T. G.: Control system synthesis. New York: McGraw-Hill 1955
597. Rüdenberg, R.: Transient performance of electric power systems Cambridge, Mass.: MIT Press 1969
598. Rüdenberg, R.: Electrical shock waves in power systems. Cambridge, Mass.: Harvard Univ. Press. 1968

599. Jenkins, B. D.: Introduction to Instrument transformers. London: Newnes 1967
600. Lührmann, H.: Fremdfeldbeeinflussung kapazitiver Spannungsteiler. ETZ A 91 (1970) 332–35
601. Blalock, T. J.; et al.: A capacitive voltage divider for UHV outdoor testing. Trans. IEEE PAS 89 (1970) 1404–1412
602. Nelson, D. F.: The modulation of laser light. Sci. Am. 218 (1968) 17–23
603. Cassidy, E. C.: Calibration of Kerr-cell system for high-voltage pulse measurements. Trans. IEEE IM 17 (1968) 313–320
604. Gray, L. H., et al.: A neutron generator for biological research. Brit. J. Radiol. 13 (1940) 82–93
605. Craggs, J. D.: A note on the stability of liquid high resistances. J. Sci. Instrum. 19 (1942) 62–63
606. Kelley, G. E.: The ferroresonant circuit. Trans. IEEE CE-77 (1959) 843–848
607. Dennard, R. H.: Behavior of the ferroresonance series circuit containing a squared-loop reactor. Trans. IEEE CE 77 (1959) 903–911
608. Hague, B.: Instrument transformers. London: Pitman 1936
609. Gemant, S. A.: Liquid dielectrics. New York: Wiley 1933
610. Lochte-Holtgren, W.: Plasma diagnostics New York: Wiley 1968
611. Raether, H.: Electron avalanches and breakdown in gases. Washington: Butterworths 1964
612. Alston, L. L.: High-voltage technology. Oxford: Oxford University Press 1968
613. Lockau, T.: Messung und Registrierung hoher Gleichspannungen mit Hilfe eines rotierenden Voltmers. ETZ A 90 (1969) 651–652
614. Böcker, H.; Wilhelmy, L.: Messung der elektrischen Feldstärke bei hohen transienten und periodisch zeitabhängigen Spannungen. ETZ A 91 (1970) 427–430
615. Micro-Instruments: Theory and application of peak electrical measurements. Applic. note. Hawthorne, Cal.: Micro Instruments Inc. 1970
616. Electronic Instruments Digest: Using electronic electrometers to extend the range of DC-parameter measurements. Electronic Inst. Dig., Feb. 1967, 6–13
617. Keithley, J. F.: Electrometer measurements. Instrum. Control Syst. 35 (1962) 74–81
618. Ruhlmann, R.: Messung der Amplitude und des zeitlichen Verlaufs von Stoßströmen. Arch. Techn. Messen, V 327–4 (1958)
619. Tölke, F.: Praktische Funktionenlehre, Bd. II: Theta Funktionen und spezielle Weierstraßsche Funktionen. Berlin, Heidelberg, New York: Springer 1966
620. Jordan, C. E.; Balmain, K. G.: Electromagnetic waves and radiating systems, 2. ed. Englewood Cliffs, N.J.: Prentice-Hall 1968
621. Möller, N.: Das Übergangsverhalten von reusenförmigen Meßwiderständen. ETZ A 90 (1969) 256–260
622. Malewski, R.: New device for current measurement in exploding wire circuits. Rev. Sci. Instrum. 39 (1968)
623. Schwab, A.: Low-resistance shunts for impulse currents. Trans. IEEE PAS (1971)
624. Wagner, C. F.; McCann, G. D.: New instruments for recording lightning currents. Trans. AIEE 59 (1940) 1061
625. McCann, G. D.: The measurement of lightning currents. Trans. AIEE 63 (1944) 1157
626. Högberg, L.: IGc/s bandwidth shunts for measurements of current transients in the 10A-10kA range. J. Sci. Instrum. 42 (1965) 273–279
627. Böcker, H.; Wesner, F.: Messung rasch veränderlicher hoher Stoßströme mit koaxialen Flächenwiderständen. ETZ A 90 (1969) 211–212
628. Wesner, F.: Koaxiale Flächenwiderstände zur Messung hoher Stoßströme mit extrem kurzer Anstiegszeit. ETZ A 91 (1970) 521–524
629. Hudlestone, R. H.; Leonard, S. L.: Plasma diagnostic techniques. New York: Academic Press 1965
630. Thomas, R. J.: Choosing coaxial cable for fast pulse response. Microwaves 7 (1968) 56–65
631. Fano, R. M.; Chu, L. J.; Adler, R. B.: Electromagnetic fields, energy and forces. Cambridge, Mass.: MIT Press 1968

632. Hippel, A. R. von: Dielectric materials and applications. Cambridge, Mass.: MIT Press 1954
633. Harrold, R. T.; Sletten, A. M.: Corona location in transformers by radio-frequency spectrum analysis. Trans. IEEE, PAS 89 (1970) 1584–1599
634. Cheny, C.: Pulses and transients in communication circuits. London: Chapman and Hall 1949
635. Haber, F.: Response of quasi-peak detectors to periodic impulses with random Amplitudes. Trans. IEEE EMC 9 (1967) 1–6
636. Peters, J.: Design of quasi-peak detectors with specified time constants. Trans. IEEE RFI (1959) 18–23
637. Geselowitz, D. B.: Response of ideal noise meter to continuous sine wave, recurrent impulses and random noise. Trans. IEEE RFI (1961) 2–7
638. Anderson, L. K.; McMurtry, B. J.: High-speed photo detectors. Proc. IEEE 54 (1966) 1335–1349
639. Ziegler, N. F.: Dual highly stable 150 kV divider. Trans. IEEE IM-19 (1970) 281–285
640. Cassidy, E. C., et al.: Development and evaluation of electrooptical high-voltage pulse measurement techniques. Trans. IEEE IM 19 (1970) 395–402
641. Couper, W. C.: A technique for measuring the dielectric properties of materials. Insulation/Circuits (1970) 27–31
642. Auis, H.; Comsa, R. P.: Identification and generation of non-standard switching surges. Trans. IEEE PAS 90 (1970) 1415–1423
643. Pedersen, A.; Larsen, P.: Dynamic Properties of impulse measuring systems. Trans. IEEE PAS 90 (1970) 1424–1432
644. Zaengl, W.: Der Stoßspannungsteiler mit Zuleitung. Bull. SEV. 61 (1970) 1003 bis 1017
645. Settles, J. L., et al.: The analytical and graphical determination of complete potential transformer characteristics. Trans. IEEE PAS (1961) 1213–1219
646. Lipinski, K.: Speicherverfahren in Oszillographenröhren. Int. Elektron. Rundsch. 1972, S. 259–264
647. Lipinski, K.: Das Oszilloskop, Funktion und Anwendung. Heidelberg: Hüthig 1976
648. Tektronix: 7000 Series Appl. Note No. 42: Writing Speed.
649. Wiesendanger, P.: Entwicklungstendenzen der Laborautomatisierung in der Hochspannungsversuchstechnik. Bull. ASE/UCS 65 (1974) 30–33
650. Feser, K.; Niederhauser, R.: Automatisierungstendenzen bei Stoßpannungsprüfungen. 2. Symp. High-Voltage Engng. Zürich 1975, S. 301–306
651. Fister, V.; Fischer, A.: Selbstätige Meßwerterfassung und -verarbeitung bei Stoßspannungsversuchen. 2. Symp. High-Voltage Engng. Zürich 1975, S. 307–310
652. Hangauer, W. et al.: Erfahrungen bei der Automatisierung des Betriebes und der Datenerfassung von Hochspannungsversuchsanlagen. 2. Symp. High-Voltage Engng. Zürich 1975, S. 311–315
653. Pedersen, Aa. et al.: A new device for automatized high-voltage impulse testing. 2. Symp. High-Voltage Engng. Zürich 1975, S. 316–320
654. Pratt, W. J.: Don't lean on a/d specs. Electronic Design 8 (1974) 80–84
655. Wiesendanger, P.: Automatische, digitale Aufzeichnung und Auswertung von transienten Signalen in der Hochspannungstechnik. Diss. ETH Zürich 1977
656. Hayes, R.; Culter, R. G.; Hawken, K. W.: Storage tube with silicon target captures very fast transients. Electronics (1873) 97–102
657. Schulz, E.: Der Reduktionsfaktor von Schirmen Frequenz 21 (1967) 292–300
658. Pfund, E. T. et al.: The shielding effectiveness of concentric high-frequeney transmission lines. Proc. 6. Con. on Radio Interference Reduction and Electromagnetic Compatibility 1960, S. 130–134
659. Bridges, J. E.; Zalewski, R.: Magnetic field pickup by flexible braid coaxial cables. IEEE Trans. EMC, vol. EMC-10 (1968) 130–134
660. Ochem, H.: Der Kopplungswiderstand koaxialer Leitungen. Hochfrequenztech. Elektroakust. 48 (1936) 251–259
661. Wild, W.: Die Beeinflussung von Breitbandkabeln durch Hochfrequenzsender. Hochfrequenztech. Elektroakust. 48 (1936) 191–201

662. Seitzer, D.: Elektronische Analog-Digital-Umsetzer, Berlin, Heidelberg, New York: Springer 1977
663. Hawken, K.; Taylor, K.; Farley, H.: Rapid writing rate lets storage oscilloscope grab 1-nanosecond single-shot signals. Electronics. 22 (1977) 73–77
664. VDE 0432: Hochspannungsprüftechnik (Anwendungsrichtlinie). Berlin: VDE-Verlag 1978
665. IEC: High-voltage test technique: Part 2
666. Schwab, A.; Bellm, H.; Sauter, D.: Peak-error correction for front-chopped impulses. 3. Symp. High-Voltage Engng. Milano 1979. Symp. Rep. 42.13
667. Pedersen, A.; Lausen, P.: Dynamic properties of impulse measuring systems. IEEE Trans. PAS 90 (1971) 1424–1432
668. Hyltén-Cavallius, N.; Vaughan, L.: Calibration and checking methods of rapid high-voltage impulse measuring circuits. IEEE Trans. PAS 7 (1970) 1393–1403
669. Jouaire, J.; Sabot, A.: High-voltage measurements, present state and future development. basic concepts. Rev. Gen. Electr. (1968) 9–18
670. Pedersen, A.: Aspects of the practical evaluation of impulse measurements. Rev. Gen. Electr. (1978) 39–54
671. Kersten, W. F. J.: The three component system for measuring lightning impulses with capacitive or shielded resistive high-voltage dividers. Elektrotechnik 49 (1971) 847–860
672. Springer, U.: Breakthroughs throughout push scope to 1 GHz. Electronic Design 2 (1979) 60–65
673. Praxl, G.: Automated evaluation of high-voltage tests. 3. Symp. High-Voltage Engng. Milano 1979, Symp. Rep. 42.09
674. Schwab, A.; Herold, J.: Electromagnetic interference in impulse measuring systems. IEEE Trans. PAS 93 (1974) 333–339
675. Schwab, A.; Herold, J.: Elektromagnetische Interferenzerscheinungen während der Messung schnell veränderlicher Spannungen und Ströme. Arch. Techn. Messen, Blatt V 3362 (1973)
676. Schwab, A.; Geibig, F.: Übertragungseigenschaften kapazitiver Spannungsteiler mit räumlich getrenntem Hoch- und Niederspannungsteil. ETZ-Archiv 2 (1980)
677. Rabiner, L. R.; Rader, C. M.: Digital signal processing. New York: IEEE-Press 1972, S. 223ff.
678. Peier, D.: Ohmscher Stoßspannungsteiler mit kleiner Antwortzeit. PTB-Mitt. 88 (1978) 315ff.
679. Malewski, R.; Maruvada, S.: Computer assisted design of impulse voltage dividers. IEEE Trans. PAS 95 (1976) 1267ff.
680. Di Napoli, A.; Mazetti, A.: Electrostatic and electromagnetic field computation for the h.v. resistive divider design. IEEE Trans. PAS 98 (1979)
681. McGovern, P.: Nanosecond passive voltage probes IEEE Trans. IM 26 (1977) 46 bis 52
682. Haag, E.: Ankopplungsprobleme beim Oszillographieren von Impulsen. Arch. Techn. Messen Blatt I 8347 (1969) 57–62
683. Harries, N. W.: High voltage probe for liquid immersion Rev. Sci. Instrum. 45 (1974) 961ff.
684. Sarjeant, W. J.; Alcock, A. J.: High-voltage probe system with subnanosecond risetime. Rev. Sci. Instrum. 47 (1976) 1283ff.
685. Lookner, S.: E. G. u. G. High-voltage attennators and terminators for field application. E. G. u. G. Appl. Note
686. Suthpin, H. D.: Subnanosecond high voltage attenutor. Rev. Sci. Instrum. 43 (1972) 1535ff.
687. Pellinen, D. G.; Smith, I.: A reliable multimegavolt voltage divider. Rev. Sci. Instrum. 43 (1972) 299ff.
688. Pellinen, D. G.; Quintin, J.; Mitchell, A.: A picosecond risetime high-voltage divider. Rev. Sci. Instrum. 45 (1974) 944ff
689. Harada, T. et al.: A high-quality voltage divider using optoelectronics for impulse voltage measurements. IEEE Trans. PAS (1971) 494–500

690. Thomas, R. J.: High-voltage reflection-type attenuators with subnanosecond response. IEEE Trans. IM. 16 (1967) 146—154
691. Kersten, W. F. J: The three component system for measuring lightning impulses with capacitive or shielded resitive voltage dividers. Elektrotechnik 49 (1971) 847—860
692. Simon, M. F.; Leroy, G. L.: Contribution to a better understanding of impulse voltage measuring systems. IEEE Trans. PAS (1971) 478—484
693. Pfeiffer, W.: Aufbau und Anwendung kapazitiver Spannungsteiler extrem kurzer Anstiegszeit für gasisolierte Koaxialsysteme. ETZ A, 94 (1973) 91—94
694. Maleski, R.; Hyltén-Cavallius, N.: A low-voltage arm for EHV impulse dividers. IEEE Trans. PAS (1974) 1797—1803
695. Leroy, G. et al.: High-voltage measurements, present state and future development. Rev. Gen. Electr. Juni 1978 (Sonderh.)
696. Creed, F. C. et al.: Evaluating impulse measurements — a new approach. IEEE Trans. PAS (1971) 485—494
697. Richardson, A. V.; Ryan, H. M.: Computer aided analysis of an impulse voltage measuring system. IEEE Trans. PAS (1973) 1—9
698. Palva, V.: Facing UHV measuring problems. Electra 35 (1974) 157—256
699. Hyltén-Cavallius, N.; Vaughan, R. L.: Calibration and checking methods of rapid high-voltage impulse measuring circuits. IEEE Trans. PAS 89 (1970) 1393—1403
700. Wesner, F.: Kapazitiver Spannungsteiler zur Messung rascher Spannungsänderungen an koaxialen Kabelanordnungen. ETZ A, 92 (1971) 633—636
701. Schwab, A. J.; Pagel, J. H. W.: Precision capacitive voltage divider for impulse voltage measurements. IEEE Trans. PAS 91 (1972) 2376—2382
702. Grant, A. E.; Heaton, A. G.: Capacitance potential dividers, use with high-voltage system transients. Electrical times 18 (1968) 633—637
703. Stepan, L. G.: An improved technique to measure transmission system switching surge phenomena. IEEE Trans. PAS 92 (1973) 1987—1991
704. Feser, U.: Ein neuer Spannungsteiler für die Messung hoher Stoß- und Wechselspannungen. Bull. SEV 62 (1971) 929—935
705. Malewski, R.; Train, D.; Dechamplain, A.: Cavity resonance effect in large HV-Laboratories equipped with electromagnetic shield. IEEE Trans. PAS 96 (1977) 1863—1871
706. Lührmann, H.: Leitungsgebundene Ausbreitung elektromagnetischer Wellen in räumlich ausgedehnten Hochspannungsversuchskreisen. Arch. Elektrotech. 57 (1975) 253—264
707. Ari, N.: Strahlungsfelder in Hochspannungsmeßanordnungen für Stoßspannungen. Bull. SEV 65 (1974) 1222—1229
708. Ari, N.: Electromagnetic phenomena in impulse voltage measuring systems. IEEE Trans. PAS 96 (1977) 1162—1172
709. Wacker, W.; Boecker, H.: Recent measurements and computations of transient electromagnetic field propagation near high-voltage arrangements. 3. Symp. High-Voltage Engng. Milano 1979, Symp. Rep. 42.17
710. Gonschorek, K. W.: The electromagnetic behaviour of widely extended high-voltage test circuits. 3. Symp. High-Voltage Engng. Milano 1979. Symp. Rep. 42.02
711. Darveniza, M.; Holcombe, B. C.: A fast Fourier transform technique for correcting impulse voltage divider measurements. 3. Symp. High-Voltage Engng. Milano 1979. Symp. Rep. 42.15
712. Zaengl, W.: Ein Beitrag zur Schrittantwort kapazitiver Spannungsteiler mit langen Meßkabeln. ETZ A 98 (1977) 792—795
713. Pagel, J.: Beitrag zur Messung hoher Stoßspannungen mittels kapazitiver Spannungsteiler. Diss. Univ. Karlsruhe 1974
714. Frank, H.: Eine Wechselspannungprüfkaskade für 1500 kVA/1200 kV. Elektrie 18 (1964) 133—135
715. Bowdler, G. W.: Measurements in high-voltage test circuits. Oxford: Pergamon Press 1973
716. Feser, K.: Transient behaviour of damped capacitive voltage dividers of some million volts. IEEE Trans. PAS 93 (1974) 116—121

717. Muoton, L.; Stalewski, A.; Bullo, P.: Non conventional current and voltage transformers. Electra 59 (1978) 91–122
718. Grau, G. K.: Quantenelektronik: Optik und Laser. Braunschweig: Vieweg 1978
719. Beesley, M. J.: Lasers and their applications. London: Taylor and Francis 1971
720. Landolt-Börnstein: Zahlenwerte u. Funktionen, Teil III Bd. 1, 2, 11. Berlin, Heidelberg, New York: Springer 1979
721. Weast, R. C.: Handbook of Lasers. Cleveland: The Chemical Rubber Co. 1971
722. Rogers, A. J.: Electrogyration effect in crystalline quartz. Electronics Letters 12 (1976) 103–105
723. Rogers, A. J.: The electrogyration effect in quartz and its use in high-voltage measurements. Electro Optics/Lasers Int. 76 UK
724. Rogers, A. J.: Method for simultaneous measurement of current and voltage on high-voltage lines using optical techniques. Proc. IEE. 123 (1976) 957–960
725. Rogers, A. J.: Optical methods for measurement of voltage and current on power systems. Optics and Laser Technology 1977, S. 273–283
726. Shurcliffe, W. A.: Polarized light. Cambridge: Harvard University Press 1962
727. Hebner, R. E.; Cassidy, E. C.; Jones, J. E.: Improved techniques for the measurement of high-voltage impulses using the electrooptic Kerr effect. IEEE Trans. IM 24 (1975) 361–366
728. Defechereux, J.; Kirschvink, M.; Petry, H.: Mikrowellenstromwandler für sehr hohe Spannungen. ETZ B 24 (1972) 322–325
729. Hebner, R.; Malewsky, R.; Cassidy, E.: Optical methods of electrical measurement at high voltage levels. (149 Literaturstellen!) Proc. IEEE 65 (1977) 1524–1548
730. Massey, G. A.; Erickson, D. C.; Kadleck, R. A.: Electromagnetic field components: their measurement using linear electrooptic and magnetooptic effects. Applied Optics 14 (1975) 2712–2719
731. Brendler, W.: Moderne Methoden der Meßwerterfassung und Meßwertverarbeitung in Elektroenergiesystemen. Elektrie 28 (1974) 629–632
732. Kaminow, I. P.; Turner, E. H.: Electrooptic light modulators. (Weitere 125 Literaturzitate) Proc. IEEE 54 (1966) 1374–1390
733. Rzewnski, M. N.; Tarnawecky, M. Z.: Unconventional methods of current detection and measurement in EHV and UHV transmission systems. (Weitere 42 Literaturzitate) IEEE Trans. Instrumentation and Measurements 24 (1975) 43–51
734. Müller, W.: Unkonventionelle Meßwandler für Höchstspannungsanlagen. ETZ A 39 (1972) 362–366
735. Afanasjew, V. V.; Zubkov, V. P.; Karstina, A. D.: Optische Meßwandler für Höchstspannungsanlagen. Arch. f. Energiewirtschaft (1975) 1132–1151
736. Hermstein, W.: Entwicklungstendenzen im Wandlerbau. Elektrizitätswirtschaft 68 (1969) Heft 8
737. Berril, J. et al.: A high presision 300 kV DC measuring system. 3. Symp. High-Voltage Engng. Milano 1979, Symp. Rep. 43.03
738. Peier, D.; Graetsch, V.: A 300 kV DC measuring System. 3. Symp. High-Voltage Engng. Milano 1979, Symp. Rep. 43.08
739. House, H.; Waterton, F. W.; Chew, J.: 1000 kV standard voltmeter. 3. Symp. High-Voltage Engng. Milano 1979, Symp. Rep. 43.05
740. Karlsson, G.: Loss tangent digital meter 3. Symp. High-Voltage Engn. Milano 1979, Symp. Rep. 43.10
741. Seitz, P.; Osvath, P.: Microcomputer controlled transformer ratio-arm bridge. 3. Symp. High-Voltage Engng. Milano 1979, Symp. Rep. 43.11
742. Schulz, W.: High-voltage AC peak measurement with high accuracy. 3. Symp. High-Voltage Engng. Milano 1979, Symp. Rep. 43.12
743. Gertsch, G. A.: Measuring errors of instrument transformers in the frequency range of 1 to 10.000 Hz. 3. Symp. High-Voltage Engng. Milano 1979, Symp. Rep. 43.14
744. Battistelli, L.; Mangoni, V.; Gertsch, G. A.: Influence of magnetic saturation and of the residual induction on the transient behaviour of capacitive voltage transformers. 3. Symp. High-Voltage Engng. Milano 1979, Symp. Rep. 43.15
745. James, R. J.; Trick, F. E.; McMullan, P. J.: Location of partial discharges in power

transformers with special reference to an internal winding calibration technique. 3. Symp. High-Voltage Engn. Milano 1979, Symp. Rep. 43.17

746. Stark, W. B.: A significant improvement in the performance of the rotating electrostatic fluxmeter. 3. Symp. High-Voltage Engng. Milano 1979, Symp. Rep. 44.08

747. Teich, T. H.; Neall, J. A. G.: Current measurement by means of the faraday and the Pockelseffect. 3. Symp. High-Voltage Engng. Milano 1979, Symp. Rep. 44.04

748. Arturi, C. M.; Carminati, E.: Industrial prototype of a frequency modulated electro-optical current transformer. 3. Symp. High-Voltage Engng. Milano 1979, Symp. Rep. 44.10

749. Bertschinger, A.; Brandestini, M.: Impulse peak voltmeter with a novel memory circuit. 2. Symp. High-Voltage Engng. Zürich 1975, Symp. Rep. 3.1—01, S. 194—198

750. Kachler, A. J.: Contribution to the problem of impulse voltage measurements by means of sphere gaps. 2. Symp. High-Voltage Engng. Zürich 1975, Symp. Rep. Nr. 3.1—05, S. 217—221

751. Malewski, R.: An improvement of the tubular shunt. 2. Symp. High-Voltage Engng. Zürich 1975, Symp. Rep. 3.1—08, S. 230—233

752. Black, A. I.: A pulse discrimination system for discharge detection in electrically noisy environments. 2. Symp. High Voltage Engng. Zürich 1975, Symp. Rep. 3.2—02, S. 239—243

753. Praehauser, Th.: The calibration of partial discharge measuring circuits, accuracy and estimation of errors. 2. Symp. High-Voltage Engng. Zürich 1975, Symp. Rep. 3.2—07, S. 265—269

754. Reynold, J. G.: Partial discharge measuring techniques. 2. Symp. High-Voltage Engng. Zürich 1975, Symp. Rep. 3.2—08, S. 271—275

755. Kunckel, K. H.: Abbildungstreue kapazitiver Spannungswandler bei schnellen Änderungen der Primärspannung. Elektrie 30 (1976) 314—316

756. Sweetana, A.: Transient response characteristics of capacitive potential devices. IEEE Trans. PAS 1971

757. Strauß, W.: Ein Gleichspannungsmeßgerät speziell für die Hochspannungstechnik. etz-Archiv (1979) 255—257

758. Kon'hova, E.: Correction of electrostatic voltmeter readings in ungrounded circuits. Pribory i Tekhnika Eksperimenta (1975) 249

759. Hammer, K.: Waagerechte Meßkugelfunkenstrecken. Elektrie 22 (1968) 56—57

760. Streubel, H.: Vorwiderstand von Meßkugelfunkenstrecken. Elektrie 23 (1969) 289 und 290

761. Singer, H.; Steinbigler, H.: Berechnung des Umgebungseinflusses bei vertikal angeordneten, einpolig geerdeten Kugelfunkenstrecken. ETZ A 98 (1977) 796—799

762. Schwab, A.; Hollinger, F.: Bestrahlung von Meßfunkenstrecken mit UV-Laserlicht. ETZ-A 1973, Heft 8

763. Allibone, T. E.; Dring, D.: Influence of radiation on the sparkover of sphere gaps and crossed-cylinder gaps stressed with impulse voltages. Proc. IEE 120 (1973) 815—821

764. Wehrli, H.: Messung von Oberschwingungen in elektrischen Verteilnetzen. Der Elektroniker (1975) El5—El8

765. Pfeiffer, W.: Ultra-high speed methods of measurement for the investigation of breakdown development in gases. IEEE Trans. IM 26 (1977) 367—372

766. Tietze, W.; Schenk, Ch.: Halbleiterschaltungstechnik, 4. Aufl. Berlin, Heidelberg, New York: Springer 1978

767. Clausnitzer, W.: Kaskadenschaltung mit Preßgaskondensatoren. Meßtechnik 11/70. S. 226—229

768. Heine, K. F.: Ein Spitzenspannungsmesser für einmalige kurzzeitige Vorgänge. Elektron. Rundschau 13 (1959) 365ff.

769. Gerhard, H.: Bau eines Stoßspannungsmeßgeräts. Arbeit Nr. 420/64. Inst. für Hochspannungstechnik Universität Ilmenau

770. Rump, W.: Verfahren zur Prüfung von Scheitelwertmeßgeräten. Elektrie 16 (1962) 129—132

771. Fischer, E.: Eine Eicheinrichtung für Stoßspannungsmeßgeräte und ihre Anwendung. ETZ-A 82 (1961) 97–102
772. English, L. C.: Recording voltmeter checking device. Electr. World 138 (1952) 162–167
773. Rairly, E. S.: The measurement of peak voltages using a cathode-ray tube. Brit. J. Appl. Phys. (1957) 101–104
774. Titus, J. A.; Rony, P. R.; Larsen, D. G.: Abtast-Halteschaltungen. Der Elektroniker 7 (1978) El 25–El 27
775. Best, R.: Das dynamische Verhalten der Operationsverstärker, D/A-Converter und A/D-Converter. Der Elektroniker 4 (1973) El1–El10
776. Redaktion: Die Abtast- und Halte-Schaltung. Elektronik 1975, Arbeitsblatt 88
777. Graeme, J. G.: Designing with operational amplifiers. New York: McGraw-Hill 1977
778. Peiser, R.; Strauss, W.: Impulse peak-voltmeter with extended measuring possibilities. 3. Symp. High-Voltage Engng. Milano 1979, Symp. Rep. 42.07
779. Robra, J.: Ein universelles breitbandiges Scheitelspannungsmeßgerät Meßtechnik 5/71, S. 107–109
780. Peier, D.; Großwendt, B.: Möglichkeiten zur Darstellung eines Fixpunktes der Spannungsskale im Hochspannungsbereich. Arch. Elektrotech. 62 (1980) 37–42
781. Palevsky, H.; Swank, R. K.; Grenchik, R.: Design of dynamic condenser electrometers. Rev. Sci. Instrum. 18 (1947) 298–314
782. Thomas, D. G.; Finch, H. W.: A simple vibrating condenser electrometer. Electron. Eng. 22 (1950) 385–399
783. Keiner, H.: YG 1000, eine neue Elektrometer Tetrode. Telefunken Röhrenmitteilungen für die Industrie RMI 6903/148
784. Ashcraft, T. I.; Riney, J.; Hackermann, N.: Electrostatic voltmeter for the measurement of surface potentials. Rev. Sci. Instrum. 34 (1963)
785. Schwarz, B.: Influenz-E-Feldmeter als empfindliches Meßgerät. Elektronik 1977, S. 49–50
786. Stark, W. B.: A significant improvement in the performance of the rotating electrostatic fluxmeter. 3. Symp. High-Voltage Engng. Milano 1979, Symp. Rep. 44.08
787. Serov, R.; Richardson, M. C.; Burtyn, P.: Probe for the measurement of magnetic fields with sub-nanosecond resolution. Rev. Sci. Instrum. 46 (1975) 886–888
788. Hentschke, S.; Illgen, M.: Messung extremer Blitzströme an Fernmeldetürmen. ETZA 96 (1975) 352–355
789. Honnea, D.; Medley, S. S.: Improved construction of Rogowski coils for measurement of plasma currents. J. of Physics E: Sci. Instr. 1974, S. 537ff.
790. Keitel, J.; Beer, F.; Wernecke, W.: Strommessung mit Rogowskispule. Elektrie 33 (1979) 251–253
791. Pellinen, D. G.; Spence, P. W.: A nanosecond-risetime megampere current monitor. Rev. Sci. Instrum. 42 (1971) 1699–1701
792. Lee, S. C. et al.: Determination of lightning current using frame aerials. IEEE Trans. PES 98 (1979) 1669–1674
793. Labuhn, F.; Weinhardt, K.: Strommessungen an Impulsentladungen mit Rogowskispulen. Meßtechnik 6/71, S. 127–134
794. Hildebrand, P.: Spulen für die Messung zeitlich veränderlicher Magnetfelder. Frequenz 27 (1973) 335–341
795. Stechenko, V. M.: Design features of broad-band transformers with ferrite cores. Pribory i Tekhnika Eksperimenta (1975) 150ff.
796. Kiryushin, Y. T.; Kolesnikov, Y. M.: Rogowski loop with ferrite core for precision measurement of high-power current-pulses. Pribory i Tekhnika Eksperimenta (1976) 116–119
797. Anderson, J. M.: Wide frequency range current transformers. Rev. Sci. Instrum. 42 (1971) 915–926
798. Avinor, M.; Hasson, A.: A simple, fast, side-looking current transformer. Rev. Sci. Instrum. 46 (1975) 324–325
799. Böttger, O.; Popp, G.: Potentialfreie Messung schnellveränderlicher Ströme. Wiss. Ber. AEG-Telefunken 43 (1970) 62–66

800. Ohm, H. J.: Strommessung in Schweißmaschinen und Stromrichteranlagen.
801. Decker, G.; Honnea, D. L.: Magnetic probes with nanosecond response time for plasma experiments. J. of Physics E: Sci. Instr. 1972, S. 481–484
802. Tietze, U.; Schenk, Chr.: Halbleiterschaltungstechnik. 4. Aufl. Berlin, Heidelberg, New York: Springer 1978
803. Schwab, A.; Imo, F.: Übergangsverhalten koaxialer Strommeßwiderstände mit exzentrischem Spannungsabgriff. ETZ-Archiv 2 (1980)
804. Lührmann, H.; Malewski, R.: Sprungantwort und Antwortzeit rohrförmiger koaxialer Strom-Meßwiderstände beliebiger Wandstärke. Arch. Elektrotech. 57 (1975) 111–118
805. Malewski, R.: Micro-ohm shunts for precise recording of short-circuit currents. IEEE Trans. PAS 96 (1977) 579–585
806. Malewski, R.: Transient measurement techniques in EHV systems. IEEE PAS 97 (1978) 893–902
807. Brocewell, R. N.: The Fourier transform and its applications. New York: McGraw-Hill 1978
808. Malewski, R. et al.: Elimination of the skin effect error in heavy current shunts. IEEE Power Conf. Minneapolis 1980
809. Malewski, R.; Dechamplain, A.: Digital impulse recorder for high-voltage laboratories. IEEE Trans. PAS-99 (1980) 636–644
810. Källberg, B.: Location of partial discharges in power transformers by computation and measurement of capacitively transmitted voltage pulses. IEEE Trans. PAS (1980) 589–594
811. Pellinen, D. et. al.: A computerized measuring system for nanosecond risetime pulsed accelerators. Proc. 2nd Int. Pulsed Power Conf. Lubbock, Juni 1979
812. Pellinen, D.; Di Capua, M. S.: Two-megavolt divider for pulsed high-voltages in vacuum. Rev. Sci. Instrum. 51 (1980) 70–73
813. Thomsen, I. E. et. al.: Optical measurement of high electric and magnetic fields. IEEE Trans. Instr. u. Meas. 1976
814. Matthiesen, P.; Weigl, W.: Spannungswandler für Hochspannungsanlagen mit kapazitivem Teiler und elektronischem Meßverstärker. Bull. ASE (1980) 450–455
815. Bommer, V. H.: Elektronische Hochspannungswandler Elektrizitätswirtschaft 78 (1979) 103ff.
816. Ermisch, J.: Der TRASER-Wandler. Elektrie 28 (1974) 633–635
817. Thomas, R. C.: The Tracer System for light coupled current measurement at EHV. Allis Chalmers 1966
818. Moulton, C. H.; Brack, H. W.: New laser system shows extreme accuracy in EHV current monitoring. Power Engng. Jan. 1967, S. 38–39
819. Sun, S. C.; Gambale, J. C.: An EHV current transducer. IEEE Summer Power Conf. Vancouver 1973
820. Saito, S. et. al.: Development of the laser current transformer for EHV-power transmission lines. IEEE J. of Quantum Electronics QE-3 (1967) 589–597
821. Okamoto, H.; Kenji, H.; Tomiyama, J.: Partial discharge tests and noise suppression of 500 kV transformers. IEEE Summer Power Conf. Vancouver 1973
822. Aumont, P.; Pelletier, E.: Réducteurs de courant magnéto-optiques à effet Faraday. Rev. Gen. Electr. 80 (1971) 617–622
823. Müller, W.: Ein Verfahren zur Messung von Wechselströmen im Frequenzbereich von 10 Hz bis 1 MHz in Hochspannungsanlagen. Elektroanzeiger 10 (1969) 212–217
824. Saito, S. et. al.: Microwave current transformer for EHV power transmission lines. European Microwave Conf. 1971 Paper C 9
825. Rogers, A. J.: Optical technique for measurement of current at high voltage. Proc. IEE 120 (1973) 261–267
826. Hemmer, U.: Magnetooptische Messung des Stromverlaufs in Stickstofflasern. Studienarbeit Hochspannungsinstitut Karlsruhe 1979
827. Schwab, A.; Hollinger, F.: Compact high-power $N_2$ Laser. IEEE J. Quantum Electronics QE12 (1976) 183–188
828. Cassidy, E. C. et. al.: Kerr-effect studies of an insulating liquid under varied high-voltage conditions. IEEE Trans. El. Insulations EI9 (1974) 43–56

829. Thomsen, J. E.; Kristiansen, M.; Hagler, M. O.: Optical measurements of high electric and magnetic fields. IEEE Trans. on Instr. a. Meas. IM-54 (1976) 1—7

830. Pfister, J.: Zur Meßtechnik von Störspannungen. PTT-Mitteilungen 9 (1951) 321 bis 328

831. Mouton, L.: Non-conventional current and voltage transformers. CIGRE Rep. 1980

832. Nunnally, W. C.; Kristiansen, M.; Hagen, M. O.: Differential measurement of fast energy discharge capacitor, inductance, and resistance. IEEE Trans. on Instr. and Meas. 24 (1975) 112—114

833. Zinkernagel, J.: Modellrechnungen zur Spannungsabhängigkeit der Kapazität von Preßgaskondensatoren. Arch. Elektrotech. 60 (1978) 299—305

834. Rosemann, K. H.; Sundermeier, B.: Transformatormeßbrücke zur Bestimmung großer Verlustfaktoren unter Berücksichtigung des Parallelersatzschaltbildes. ETZ A 99 (1978) 674—677

835. Schröter, H.: Der Faradayeffekt in der Meßtechnik. msr-Meß-Steuer- und Regelungstechnik. 13 (1970) 267—271

836. Klein, R.: Étude de la mesure d'impulsions haute tension rapides au moyen de capteurs électro-optiques. Diss. Univ. Straßburg 1974

837. Nassisi, V.; Luches, A.: Rogowski coils: Theory and experimental results. Rev. Sci. Instrum. 50 (1979) 900—902

838. Elsley, K. R.: Accurate ultrasonic measurements with the biomation 8100 Transient Recorder. NBS-Symp. on Ultrasonic Materials Characterization Washington 1978

839. Nicolet, A.: Teilentladungsmessungen an Transformatoren. Brown Boveri Mitteilungen 7 (1979) 456—460

840. Orbeck, Tor: Dicussion of practical value of internal partial discharge measurements for high-voltage insulation systems for rotating machines. IEEE Trans. Electr. Insulation EI8 (1973) 98—107

841. Kratochvil, J. A.; Bec, I. P.; Churchman, J. H.: Location of partial discharges in transformers and reactors from the measurement of instantaneous terminal voltages at the instant of discharge inception. IEEE Power Summer Meeting Vancouver 1973

842. Kawaguchi, Y.; Yanaba, S.: Partial-discharge measurement on high-voltage power transformers. IEEE Trans. PAS 88 (1969) 1187—1194

843. Rabus, W.: Model tests on the multiterminal PD measurements on transformers. ETZ A 96 (1974) 364—368

844. Austin, J.; Marshall, P.: Partial discharge location in transformers and reactors by waveshape recognition. IEEE Trans. PAS 97 (1978). S. 2041—2044

845. Nieschwitz, H.; Stein, W.: Teilentladungsmessungen an Hochspannungstransformatoren als Mittel der Qualitätskontrolle. ETZ A 11 (1976)

846. Borsi, H.: Einfluß räumlich verteilter Hohlräume im Hochspannungskabel auf die Anzeige von Teilentladungsmeßgeräten. ETZ A 99 (1978) 595—599

847. Beinert, J.; Amir, K. E.; Schuppe, W. D.: Die Bedeutung der Teilentladungsmessung bei kunststoffisolierten Mittelspannungskabeln. Elektrizitätswirtschaft 76 (1977) 925—928

848. Beyer, M.; Hossein Borsi: Teilentladungsmessung an Hochspannungskabeln — Ursachen für Meßfehler und Möglichkeiten zu ihrer Vermeidung. Elektrizitätswirtschaft 76 (1977) 931—936

849. Tananescu, F.: Ein neues Teilentladungseichmaß zur Eichung von Meßkreisen. Arch. Techn. Messen 1969, Blatt V 3361—1

850. Mole, G.: Basic characteristics of corona detector calibrators. IEEE Trans. PAS 89 (1970) 198—204

851. Mole, G.: Measurement of the magnitude of internal corona in cables. IEEE Trans PAS 89 (1970) 204—211

852. Degn, P.: Partial discharges in solid dielectrics. El. Power u. Engng. Dept. Techn. Univ. of Denmark, Lyngby 1971

853. Praehauser, Th.: Lokalisierung von Teilentladungen in Hochspannungsapparaten. Bull. SEV 63 (1972) 893—905

854. Brookes, A. S.: Elimination of Interference in discharge detection. Electra 21 (1973)
855. CIGRE, S.C. 12: Measurement of partial discharges in transformers. Electra 19 (1971) 13–65
856. Hyltén-Cavallius, N.; Fryxell J.: Corona in power transformers and assoc. test problems. CIGRE 1962, Rep. 104
857. Hölzler, E.; Holzwarth, H.: Theorie und Technik der Pulsmodulation. Berlin, Göttingen, Heidelberg: Springer 1957
858. Maruvada, S. M.; Hyltén-Cavallius, N.; Chin, N. T.: Radio noise meter response to random pulses by computer simulation. IEEE Summer Power Conf. 1973 Vancouver
859. Praehauser, T. C.: Comparison of measuring instruments and circuits. CIGRE 1968 Rep. 12–10 Part B
860. Küpfmüller, K.: Die Systemtheorie der elektrischen Nachrichtenübertragung. Stuttgart: Hirzel 1949
861. Harrold, R. T.; Dakin, T. W.: The relationship between the pico Coulomb and Microvolt for corona measurements on HV-transformers and other apparatus. IEEE-Winter Power Conf. 1972 New York
862. ANSI: American National Standard C 63.2 (1969) "Specifaction for Radio Noise and Field Strength Meters, 0.015 to 30 Mc/s."
863. CISPR: Comité International des Perturbations Radio Electriques. Publ. No 1 1961 "Specifications for CISPR radio interference apparatus for the frequency range 0.15 Mc/s to 30 Mc/s"
864. Lemke, E.: Gerätesystem zur Messung von Teilentladungen. Elektrie 26 (1972) 165–167
865. Franke, E. A.; Czekaj, E.: Wide-band partial discharge detector. IEEE Trans. El. Insul. EI 10 (1975) 112–116
866. IEC: International Electrical Commission Publ. 270 (1968)
867. Lemke, E.: A new method for PD-measurement of polyethylene insulated power cables. 3. Symp. High-Voltage Engng. Milano 1979. Symp. Rep. 43.13
868. Mangiavacchi, C.; Rabach, G.: Partial discharges amplitudes spectra measurement and analyses in aging process evaluation. 3. Symp. High-Voltage Engng. Milano 1979. Symp. Rep. 43.04
869. Umemoto, K. et. al.: Partial discharge measurement system using pulse hight analyser. 3. Symp. High-Voltage Engng. Milano 1979. Symp. Rep. 43.07
870. VDE 0533: Richtlinien für die Durchführung von Teilentladungsisolationsmessungen an Transformatoren. Berlin: VDE-Verlag 1968
871. König, D.; Schmiedel, W.; Willecke, M.: Teilentladungsstückprüfungen an Gießharzmassenteilen. Calor Emag Mitteilungen Heft 1 (1972), S. 3 bis 14.
872. Lukaschewitsch, A.; Peschke, E.: Geschirmte Hochspannungshallen für Teilentladungsmessungen an Kunststoffkabeln. Siemens-Z. 50 (1976) 481–485
873. Beinert, J.; El Amir; Schuppe, W.: Die Bedeutung der Teilentladungsmessung für die Erkennung von Störstellen bei kunststoffisolierten Mittelspannungskabeln. Elektrizitätswirtschaft 76 (1977) 925–928
874. Van Hove, C.; Lippert, A.; Wiznerowicz, F.: Interferenzerscheinungen bei der Teilentladungsmessung an langen Kabeln. Elektrizitätswirtschaft 73 (1974) 776 bis 779
875. Eager, G. S.; Bader, C.; Silver, A.: Corona detection experience in commercial production of power cables with extruded insulation. IEEE Trans. PAS 88 (1969) 342–364
876. Douglas, I. L.; Pratt, F. C.; Rushton, F.: A critical assessment of methods of measuring partial discharges in EHV Transformers. CIGRE 1974
877. CIGRE: Rep. 12–03. Recognition of dischanges. Working Group 21–03. Electra 11 (1969) 61–98
878. Harrold, R.: Ultrasonic spectrum signatures of under-oil corona sources. IEEE Trans. El. Ins. El 10. 109–112
879. König, D.; Meier, A.: Akustische Teilentladungsmessungen an metallgekapselten Hochspannungs-Schaltanlagen mit Isoliergasfüllung. Calor Emag Nachrichten (1973) 28–32

880. Beyer, M.: Möglichkeiten und Grenzen der Teilentladungsmessungen und -ortung. Grundlagen und Einrichtungen. ETZ A 99 (1978) 96–99 u. 128–132

881. Schultz, H.; Zimmer, H. H.: Erfassung äußerer Teilentladungen mit Restlichtverstärkern und Ultra-Schalldetektoren. Elektrizitätswirtschaft 19 (1980)

882. Fox, A. J. u. T. M. Bruton: Measurements of the electro-optic and electrogyratory coefficients in the optically active compounds $Bi_{12}Tio_{20}$ and $Bi_{40}Ga_2O_{63}$. Electro-Optics/Laser Int. (1975) Uk, S. 131–135

883. Anastassakis, E.: Electrooptical activity of crystals. Appl. Phys. Lett. Vol. 21 (1972) S. 212–213

884. Anastassakis, E.: Optical Activity and External Forces. Proc. Soc. Photo-Optical Instr. Engineers Vol. 38 (1973) S. 135–143

885. Rogers, A. J.: Optical measurement of current and voltage on power systems. Electric Power Applications (1979) Vol. 2 S. 120–124

# Sachverzeichnis

721/7/81

MIX
Papier aus verantwortungsvollen Quellen
Paper from responsible sources
FSC® C105338

If you have any concerns about our products,
you can contact us on
**ProductSafety@springernature.com**

In case Publisher is established outside the EU,
the EU authorized representative is:
**Springer Nature Customer Service Center GmbH**
**Europaplatz 3, 69115 Heidelberg, Germany**

Printed by Libri Plureos GmbH
in Hamburg, Germany